Umweltmanagementsysteme
zwischen Anspruch und Wirklichkeit

Springer-Verlag Berlin Heidelberg GmbH

Doktoranden-Netzwerk Öko-Audit e.V. (Hrsg.)

Umweltmanagementsysteme zwischen Anspruch und Wirklichkeit

Eine interdisziplinäre Auseinandersetzung mit der
EG-Öko-Audit-Verordnung und der DIN EN ISO 14001

Mit 89 Abbildungen und 11 Tabellen

 Springer

DOKTORANDEN-NETZWERK ÖKO-AUDIT E.V.
Karlsruhe

Der Vorstand

JENS PAPE
Raichbergweg 2
D-70771 Leinfelden-E.

HEIKE RIEGER
Tonhallenstr. 53
D-47051 Duisburg

KNUT UNGER
Kaiser-Joseph-Str. 252
D-79085 Freiburg

MARTIN MÜLLER
Wielandstr. 2
D-06114 Halle (Saale)

Umschlagfoto: Eisenbahnschienen (Foto: Günter Pape, Ulm)

ISBN 978-3-642-63816-9   ISBN 978-3-642-58987-4 (eBook)
DOI 10.1007/978-3-642-58987-4
Die Deutsche Bibliothek - CIP-Einheitsaufnahme

Umweltmanagementsysteme zwischen Anspruch und Wirklichkeit: Eine interdisziplinäre Auseinandersetzung mit der EG-Öko-Audit-Verordnung und der DIN EN ISO 14001 / Hrsg.: Doktoranden-Netzwerk Öko-Audit e.V. - Berlin; Heidelberg; New York; Barcelona; Budapest; Hong Kong; London; Mailand; Paris, Singapur, Tokio: Springer 1998
ISBN 978-3-642-63816-9

Dieses Werk ist urheberrechtlich geschützt. Die dadurch begründeten Rechte, insbesondere die der Übersetzung, des Nachdrucks, des Vortrags, der Entnahme von Abbildungen und Tabellen, der Funksendung, der Mikroverfilmung oder der Vervielfältigung auf anderen Wegen und der Speicherung in Datenverarbeitungsanlagen, bleiben, auch bei nur auszugsweiser Verwertung, vorbehalten. Eine Vervielfältigung dieses Werkes oder von Teilen dieses Werkes ist auch im Einzelfall nur in den Grenzen der gesetzlichen Bestimmungen des Urheberrechtsgesetzes der Bundesrepublik Deutschland vom 9. September 1965 in der jeweils geltenden Fassung zulässig. Sie ist grundsätzlich vergütungspflichtig. Zuwiderhandlungen unterliegen den Strafbestimmungen des Urheberrechtsgesetzes.

Die Wiedergabe von Gebrauchsnamen, Handelsnamen, Warenbezeichnungen usw. in diesem Werk berechtigt auch ohne besondere Kennzeichnung nicht zu der Annahme, daß solche Namen im Sinne der Warenzeichen- und Markenschutz-Gesetzgebung als frei zu betrachten wären und daher von jedermann benutzt werden dürften.

© Springer-Verlag Berlin Heidelberg 1998
Softcover reprint of the hardcover 1st edition 1998

Umschlaggestaltung: de'blik, Berlin
Satz: Reproduktionsfertige Vorlage von dem Herausgeber
Redaktionelle Bearbeitung: Alexandra S. Fuchs, Kernen i.R. und Jens Pape, Leinfelden-E.

SPIN: 10675750   30/3136   -   5 4 3 2 1 0 - Gedruckt auf säurefreiem Papier

Vorwort

Wie in keinem anderen europäischen Land werden in der Bundesrepublik Deutschland seit nunmehr 3 Jahren in Unternehmen der unterschiedlichsten Branchen Umweltmanagementsysteme nach der EG-Öko-Audit-Verordnung bzw. der weltweit geltenden Umweltmanagement-Norm ISO 14.001 angewendet. Pilotprojekte beschäftigen sich mit der Übertragbarkeit der EG-Verordnung auf weitere, bisher nicht in deren Anwendungsbereich fallende Branchen.

Nach drei Jahren scheinen – insbesondere im Lichte der Revision der EG-Öko-Audit-Verordnung – ausreichend Erfahrungen vorzuliegen, um den Wirkungen von Umweltmanagementsystemen „zwischen Anspruch und Wirklichkeit" nachzugehen. In vielen Gremien, Ausschüssen und Einrichtungen wird dieses Thema bearbeitet, werden Erfahrungen „beruflich Betroffener" ausgetauscht, werden Stimmen der „interessierten Kreise" gehört und ausgewertet, wird die *Wirklichkeit* des betrieblichen Umweltmanagements zu erfassen versucht, um diese schließlich mit den ursprünglichen *Ansprüchen* der Verordnung zu vergleichen und die Ergebnisse in die überarbeitete EG-Öko-Audit-Verordnung – gemeinhin als „EMAS 2" bezeichnet – einzubringen. Dabei wird die Komplexität der auftretenden Fragestellungen ebenso schnell deutlich wie die Notwendigkeit fachübergreifender Auseinandersetzungen.

Mit dem Inkrafttreten der EG-Öko-Audit-Verordnung gründete sich vor nunmehr drei Jahren das Doktoranden-Netzwerk Öko-Audit e.V. als Diskussionsplattform, als Forum für wissenschaftliche Arbeiten rund um das Thema Umweltmanagement (vgl. hierzu den Beitrag von Heiko Falk und Ulrich Nissen). Eine Zusammenführung von Doktoranden schien insbesondere deshalb sinnvoll zu sein, weil von dem Themenfeld Umweltmanagement zahlreiche Fachdisziplinen angesprochen werden. Ein interdisziplinärer Austausch von Meinungen, Ansichten und Erfahrungen war daher äußerst wünschenswert – was sich in der Praxis dann auch bewahrheitet hat.

Mit dem vorliegenden Buch – das sich an beruflich Betroffene, an Unternehmen ebenso wie an Behörden und Wissenschaftler wendet – wollen die aus unterschiedlichen Fachdisziplinen stammenden Autorinnen und Autoren einen Beitrag zur Diskussion über „Anspruch und Wirklichkeit von Umweltmanagementsystemen" leisten. Die 16 Fachbeiträge können dabei nur einen Ausschnitt der vielfältigen wissenschaftlichen Perspektiven darstellen, aus denen das Themenfeld Umweltmanagement betrachtet wird.

Im einführenden Teil beschäftigen sich die Beiträge von Helga Kanning und Annett Baumast mit den Wurzeln des Umweltmanagements, wobei die herausragende Bedeutung des Leitbildes einer nachhaltigen Entwicklung (sustainable development) verdeutlicht und die Geschichte von Umwelt-Audits aufbereitet wird.

Teil zwei des Buches befaßt sich mit Detailproblemstellungen zur EG-Öko-Audit-Verordnung. Henrik Janzen geht auf die Bedeutung von Öko-Audits für das betriebliche Umwelt- und Risikomanagement ein. Frank Orthmann zeigt den Stand der Diskussion über Deregulierungs- und Substitutionsmaßnahmen im Zusammenhang mit der EG-Öko-Audit-Verordnung auf.

Von dem Regelungsauftrag zur Unterrichtung der Öffentlichkeit über die EG-Öko-Audit-Verordnung und der Bedeutung der Öffentlichkeit im Öko-Audit-Prozeß handelt der Beitrag von Ulrich Nissen, Jens Pape, Simone A. M. Vollmer und Gerald Kreiner-Cordes.

Ein wesentliches Element der EG-Öko-Audit-Verordnung ist die Institution des Umweltgutachters, der als unabhängiger Externer den Standort auf Verordnungskonformität prüft und die Umwelterklärungen für gültig erklärt. Mit dieser Berufsgruppe befaßt sich der Aufsatz von Sandra M. van Bon und Martin Müller. Untersucht werden die Stellung und die Prüfungsqualität des Umweltgutachters im Öko-Audit-System.

Die Erhebung einer Vielzahl von umweltrelevanten Daten im Unternehmen zählt ebenso zur „Wirklichkeit" eines betrieblichen Umweltmanagementsystems wie die umfassenden Dokumentationspflichten. Dies macht oftmals eine entsprechende EDV-Unterstützung notwendig. Dieser Themenbereich wird zum einen von Gabriele Poltermann untersucht. In ihrem Beitrag beschäftigt sie sich mit EDV-Systemen zur Unterstützung des betrieblichen Umweltmanagements. Zum anderen arbeiten Andreas Chudalla und Harald Hagel in ihrem Aufsatz die Notwendigkeit prozeßorientierter Anwendungssysteme heraus.

Der dritte Teil des Buches – „Die EG-Öko-Audit-Verordnung: ein 'ausbaufähiges' Rechtsinstrument" – greift vier unterschiedliche Themenfelder auf: Martin Müller, Ulrich Nissen und Jens Pape erläutern in ihrem Beitrag die Notwendigkeit und die Möglichkeiten der Normung von Umwelterklärungen. Carsten Nagel und Achim Schwan prüfen, inwieweit Umweltkennzahlen die kontinuierliche Verbesserung des betrieblichen Umweltschutzes unterstützen können. Guido Kaupe stellt Schnittstellen zwischen dem UVP-Gesetz, der EG-Öko-Audit-Verordnung und der IVU-Richtlinie dar.

Jörg Bentlage und Heike Rieger gehen in ihrem Beitrag auf die aktuelle Entwicklung hinsichtlich der Erweiterung des Adressatenkreises der Verordnung in der Bundesrepublik Deutschland ein. Alexandra S. Fuchs, Thomas Keßeler und Thorsten Zellmann schließen den Teil mit einer Prüfung der Übertragbarkeit der Verordnung auf den Agrarsektor ab.

Im vierten Teil des Buches wird auf die Koexistenz der EG-Öko-Audit-Verordnung und der Umweltmanagementnorm ISO 14.001 eingegangen. Peter M. Thimme arbeitet die wesentlichen Unterschiede zwischen diesen beiden Managmentsystemen heraus, und Gabriele Poltermann stellt die Ergebnisse einer empirischen Untersuchung ISO 14.001-zertifizierter Unternehmen vor.

Der abschließende Beitrag von Alexander Pischon und Dirk Iwanowitsch „Generische Managementsysteme als zukünftige Option" bildet den Abschluß und enthält zugleich einen Blick in die Zukunft.

An dieser Stelle sei allen Mitautorinnen und -autoren für ihr Engagement, für ihre Mühe und die pünktliche Manuskriptabgabe gedankt. Besonderer Dank gilt Alexandra S. Fuchs für die Unterstützung bei der redaktionellen Bearbeitung des Buches. Für ihren Beitrag zur Projektplanung sei den Netzwerk-Kollegen Jörg Bentlage, Dirk Iwanowitsch und Guido Kaupe gedankt und für die verlegerische Betreuung Frau Luisa Tonarelli, Frau Marion Schneider und Herrn Christian Witschel vom Springer-Verlag.

Stuttgart, im Mai 1998 *Jens Pape.*

Inhaltsverzeichnis

Das Doktoranden-Netzwerk Öko-Audit e.V. — Rückblick und Ausblick 1
Heiko Falk und Ulrich Nissen

Teil I
Einführung

1   „Sustainable development" als Leitbild der
    EG-Öko-Audit-Verordnung 11
    Helga Kanning

2   Die Entstehungsgeschichte des Umwelt-Audit 33
    Annett Baumast

Teil II
3 Jahre EG-Öko-Audit-Verordnung:
Anspruch und Wirklichkeit des Gemeinschaftssystems

3   Die Bedeutung des Öko-Audit für das betriebliche Umwelt-
    und Risikomanagement 59
    Henrik Janzen

4   Stellung und Prüfungsqualität des Umweltgutachters im
    Öko-Audit-System 85
    Sandra M. van Bon und Martin Müller

5   Der an die EU-Mitgliedstaaten gerichtete Regelungsauftrag zur
    Unterrichtung der Öffentlichkeit über die EG-Öko-Audit-Verordnung ... 109
    Ulrich Nissen, Jens Pape, Simone A. M. Vollmer
    und Gerald Kreiner-Cordes

6   Der Stand der Diskussion über Deregulierungs- und
    Substitutionsmaßnahmen im Zusammenhang mit der
    EG-Öko-Audit-Verordnung 131
    Frank Orthmann

7   Vergleich von EDV-Systemen zur Unterstützung des betrieblichen
    Umweltmanagements 143
    Gabriele Poltermann

8   Prozeßorientierte Anwendungssysteme für das Umweltmanagement 151
    Andreas Chudalla und Harald Hagel

Teil III
Die EG-Öko-Audit-Verordnung: ein „ausbaufähiges" Rechtsinstrument

9   Normung von Umwelterklärungen – Notwendigkeit und
    Lösungsmöglichkeiten 161
    Martin Müller, Ulrich Nissen und Jens Pape

10 Betriebliche Umweltkennzahlen – Effektives Werkzeug zur
    Unterstützung des KVP-Prozesses im Kontext von
    Umweltmanagementsystemen 179
    Carsten Nagel und Achim Schwan

11 Schnittstellen zwischen dem UVP-Gesetz, der EG-Öko-Audit-
    Verordnung und der IVU-Richtlinie 199
    Guido Kaupe

12 Aktuelle Entwicklungen zur Erweiterung des Anwendungsbereiches
    der EG-Öko-Audit-Verordnung 221
    Jörg Bentlage und Heike Rieger

13 Die Einbeziehung der Landwirtschaft in den Anwendungsbereich
    der EG-Öko-Audit-Verordnung 239
    Alexandra S. Fuchs, Thomas Keßeler und Thorsten Zellmann

Teil IV
Umweltmanagementsysteme: Vergleich und Ausblick

14 Der Wettbewerb zwischen EG-Öko-Audit-Verordnung und
    DIN ISO 14.001 265
    Peter M. Thimme

15 Erste Erfahrungen mit der Anwendung der DIN ISO 14.001 –
    eine empirische Untersuchung 287
    Gabriele Poltermann

16 Generische Managementsysteme als zukünftige Option 313
    Alexander Pischon und Dirk Iwanowitsch

Autorinnen und Autoren 351

Autorenverzeichnis

BAUMAST, ANNETT, DIPL.-ÖK.
　Linsebühlstrasse 28
　CH - 9000 St. Gallen

BENTLAGE, JÖRG, DIPL.-GEOGR.
　Postfach 13 64
　91003 Erlangen

BON, SANDRA M. VAN, REFERENDARIN
　Kegelhofstraße 17
　20251 Hamburg

CHUDALLA, ANDREAS, DIPL.-ING.
　Benno-Scharl-Straße 7
　85461 Bockhorn-Grünbach

FALK, HEIKO, DR. IUR., ASSESSOR
　Pestalozzistraße 15
　75031 Eppingen

FUCHS, ALEXANDRA S., DIPL.-ING. SC. AGR.
　Kelterstraße 28
　71394 Kernen im Remstal

HAGEL, HARALD, DR.-ING., DIPL.-WIRTSCH.-ING.
　Gustav-Heinemann-Ring 76
　81739 München

IWANOWITSCH, DIRK, DR. RER. POL., DIPL.-VOLKSWIRT
　Am Berg 15
　69488 Birkenau

JANZEN, HENRIK, PROF. DR. RER. POL., DIPL.-KFM.
　Lise-Meitner-Straße 15
　40591 Düsseldorf

KANNING, HELGA, DIPL.-ING.
Lenaustraße 12
30169 Hannover

KAUPE, GUIDO, DR. RER. POL., DIPL.-KFM.
Lenbachstraße 23
67061 Ludwigshafen

KEßELER, THOMAS, DIPL.-ING. AGR.
Kommerner Straße 14
53879 Euskirchen

KREINER-CORDES, GERALD, DIPL. AGR.-BIOL.
Nachtweide 1
76744 Wörth

MÜLLER, MARTIN, DIPL.-KFM.
Wielandstraße 2
06114 Halle (Saale)

NAGEL, CARSTEN, DIPL.-ING.
Düsseldorfer Straße 35
44143 Dortmund

NISSEN, ULRICH, DIPL.-WIRTSCH.-ING.
Mäulenstraße 28
70327 Stuttgart

ORTHMANN, FRANK, DIPL.-WIRTSCH.-ING.
Wenckstraße 10
64289 Darmstadt

PAPE, JENS, DIPL.-ING. SC. AGR.
Raichbergweg 2
70771 Leinfelden

PISCHON, ALEXANDER, DIPL.-VOLKSWIRT
Schillerstraße 39
69115 Heidelberg

POLTERMANN, GABRIELE, DIPL.-ING.
Friedhofstraße 28
71711 Steinheim-Kleinbottwar

RIEGER, HEIKE, DIPL.-ING.
Tonhallenstraße 53
47051 Duisburg

SCHWAN, ACHIM, DIPL.-ING.
Prießnitzstraße 1
91056 Erlangen

THIMME, PETER M., DIPL. CHEM.
Fritzlarer Straße 34
60487 Frankfurt am Main

VOLLMER, SIMONE A. M., MSC, MEM
Eifelwall 48
50674 Köln

ZELLMANN, THORSTEN, DIPL.-ING. (FH)
Birkenhof
56355 Endlichhofen

Das Doktoranden-Netzwerk Öko-Audit e.V. — Rückblick und Ausblick

Heiko Falk und Ulrich Nissen

1 Entstehungshintergründe

Im Herbst 1990 erschienen die ersten Konsultationsdokumente für eine Rechtsnorm der Europäischen Gemeinschaft, durch die Umweltmanagementsysteme und Öko-Audits - gedacht zunächst in der Form einer EG-Richtlinie mit Teilnahmepflicht, ab 1991 dann ausgestaltet als freiwillig anzuwendende EG-Verordnung - rechtlich normiert werden sollten. Abzusehen war damals schon, daß hierdurch eine Umweltmanagementregelung auf die Unternehmen zukommen wird, die sich - insbesondere in Deutschland - in vielerlei Hinsicht gravierend vom traditionellen umweltpolitischen Instrumentarium unterscheidet. Sicherlich auch aus diesem Grund sind daher bereits lange Zeit vor der Verabschiedung der Verordnung in großer Anzahl Veröffentlichungen über diese geplanten Regelung erschienen, die eine intensive wissenschaftliche (Vorfeld-)Diskussion dokumentieren und darüber hinaus auch Aufmerksamkeit in Nicht-Fachkreisen erzeugten.

Erwartungsgemäß hat sich auch nach ihrer Verabschiedung im Juni 1993 das wissenschaftliche Interesse an der EG-Öko-Audit-Verordnung nicht gelegt. Aufgrund ihres neuartigen Regelungscharakters wurden insbesondere Nachwuchswissenschaftler herausgefordert, das Gemeinschaftssystem wissenschaftlich zu durchleuchten und auszulegen, die Wirkungen des Vollzugs zu untersuchen, Unterstützungsinstrumentarien für die Einführung von Umweltmanagementsystemen zu entwickeln, Übertragungsmöglichkeiten zu klären, länderübergreifende Rechtsvergleichungen anzustellen und vieles mehr. Von besonderem Reiz und großer Faszination war und ist auch die große Anzahl an Fachdisziplinen, die von der EG-Öko-Audit-Verordnung angesprochen werden. Sie legt die Institutionalisierung von fachübergreifenden Diskussionen nahe.

Es war daher fast eine logische Folge, daß ein Bedürfnis entstand, die anzunehmende wissenschaftliche Motivation zu bündeln, Synergieeffekte zu nutzen sowie Erfahrungen und Meinungen auszutauschen. So kam im Mai 1995 die Idee auf, ein multidisziplinäres Doktoranden-Netzwerk zu gründen. Ihm sollten Doktoranden und Habilitanden aus möglichst vielen unterschiedlichen Fachdisziplinen angehören, die unmittelbar oder mittelbar das Thema Öko-Audit bearbeiten.

Mit dem Ziel, ein solches Vorhaben in die Wege zu leiten, wurde von Mai bis September 1995 in zahlreichen Fachzeitschriften eine Mitteilung veröffentlicht, die auf die Initiierung eines solchen Netzwerkes hinwies. Die Resonanz war sehr erfreulich. Nicht nur von den über 40 potentiellen Mitgliedern wurde großes Interesse signalisiert, sondern auch zahlreiche andere Fachvertreter hielten die Idee für äußerst sinnvoll, sprachen uns ihre Anerkennung aus und wünschten uns viel Glück.

Im Oktober 1995 fand dann das erste Treffen in Heidelberg statt. Die achtzehn Doktoranden und Habilitanden aus Österreich und Deutschland, die an dieser ersten Sitzung teilnahmen, begrüßten die Idee und beschlossen, dem Netzwerk eine geordnete Struktur zu verleihen, also eine Organisation mit klaren Zielen und geplanten Abläufen zu schaffen. So wurde bereits in Heidelberg damit begonnen, Aufgaben zu definieren, die von einzelnen Teilnehmern des Treffens übernommen wurden, darunter auch die Erarbeitung eines Vereinssatzungsentwurfes. Eine weitere - wie sich vor allem später herausstellen sollte, sehr wichtige - Aufgabe war, ein Literatur-Informationsnetz einzurichten.

Aufgrund intensiv betriebener Öffentlichkeitsarbeit erhöhte sich der Bekanntheitsgrad des Netzwerkes rasch. So nahm die Anzahl an telefonischen Anfragen bei den Koordinatoren ein Ausmaß an, das die Aufbauarbeit zunächst auch erschwerte. Zeitweilig gingen etwa 20 Anfragen pro Woche mit der Bitte um Zusendung von Informationsmaterial ein. Es war daher notwendig, eine eigenständige Arbeitsgruppe Öffentlichkeitsarbeit vorzusehen.

Ein zweites Treffen, das gleichfalls erste konstituierende Mitgliederversammlung war, fand am 13. und 14. Januar 1996 in Erlangen statt. Nach intensiver Diskussion wurde dort die in Entwurfsform vorliegende Vereinssatzung durch die anwesenden 27 Doktoranden und Habilitanden verabschiedet und der erste Vorstand gewählt. Durch die Verabschiedung der Satzung und die Wahl des Vorstandes war der organisatorische Rahmen des Netzwerkes geschaffen worden, auf dessen Basis in der Folgezeit effektiv den beschlossenen Aktivitäten des Netzwerkes nachgegangen werden konnte. Neben der Verabschiedung der Satzung - und damit der Gründung des Vereins „Doktoranden-Netzwerk Öko-Audit" - sowie der Wahl des Vorstands wurden die Arbeitsgruppe (AG) Öffentlichkeitsarbeit, die auch als Ansprechpartner für potentielle Mitglieder fungierte, sowie weitere AGs gebildet.

Eine zweite Mitgliederversammlung fand am 11. und 12. Mai 1996 in Innsbruck statt. Ähnlich wie in Erlangen standen auch dort noch zu klärende organisatorische Fragestellungen im Vordergrund der Tagung. Am zweiten Tag begann dann die inhaltliche Arbeit an Öko-Audit-spezifischen Problemstellungen im Rahmen der Arbeitsgruppen[1]. Im Anschluß an die Mitgliederversammlung wurden die notwendigen Maßnahmen eingeleitet, um als gemeinnützig anerkannter Verein registriert zu werden. Die Registrierung erfolgte am 10.10.1996. Die Etablierung des Doktoranden-Netzwerk Öko-Audit e.V. war damit abgeschlossen.

---

[1] Dazu der Bericht in Umwelt- und Planungsrecht (UPR) 1996, S. 301 f.

2 Ziele und Selbstverständnis des Netzwerkes

Der Verein Doktoranden-Netzwerk Öko-Audit e.V. zielt gemäß seiner Satzung darauf ab, durch interdisziplinäre wissenschaftliche Reflexion und Diskussion zur Umsetzung der Gesetzgebung und Normung zum Umweltmanagement auf allen betroffenen Fachgebieten beizutragen. Hiermit soll auf eine nachhaltige Entwicklung (sustainable development) hingewirkt sowie Wissenschaft und Forschung im Bereich des Umweltschutzes gefördert werden. Zu den konkreten Zielen des Vereins zählen:

- Förderung des Informationsaustausches;
- interdisziplinäre Arbeit und Erfahrungsaustausch;
- kritische Auseinandersetzung mit wissenschaftlichen Veröffentlichungen zum Thema Umweltmanagement/Öko-Audit;
- Diskussionsbeiträge in Form von Veröffentlichungen in Fachzeitschriften und Tageszeitungen, Positionspapieren und Büchern;
- Durchführung von Veranstaltungen wie Symposien und Fachtagungen;
- Anregungen für anstehende Revisionen der Umweltmanagement/Öko-Audit relevanten Regelwerke;
- Kooperation mit interessierten Kreisen;
- Vereinfachung der Informationsbeschaffung.

Seit den ersten Anfängen verfolgt und fördert das Doktoranden-Netzwerk Öko-Audit ausschließlich wissenschaftliche Zwecke. Denn zusammengeführt wurden die Mitglieder durch ihre jeweiligen Dissertations- bzw. Habilitationsvorhaben im Bereich Umweltmanagement oder Öko-Audit. Daneben haben gewerbliche, berufliche oder wirtschaftliche Interessen im Netzwerk keinen Raum.

Wegen dieser klaren Ausrichtung an der Wissenschaft bestehen keine Abgrenzungsprobleme zu anderen Institutionen wie dem Institut der Umweltgutachter und -berater (IdU) e. V. oder dem Verband der Umweltbetriebsprüfer und -gutachter e. V. (UBV). Nicht zuletzt auch deshalb ist dem Doktoranden-Netzwerk Öko-Audit ein „Bekenntnis zum Öko-Audit um jeden Preis" fremd. Das Öko-Audit und Umweltmanagementsysteme stehen - wie viele der neueren Steuerungsinstrumente - in der umweltpolitischen Diskussion, an der wir uns mit unserem wissenschaftlich-kritischen Sachverstand beteiligen, ohne als Verfechter des Öko-Audit auftreten zu müssen; auch davon zeugen die Beiträge in diesem Buch.

Das Doktoranden-Netzwerk versteht sich auch nicht als Alternative zu den Graduiertenkollegs, die an zahlreichen Hochschulen - gefördert von der Deutschen Forschungsgemeinschaft - bestehen. Gewiß gibt es Gemeinsamkeiten wie die regelmäßigen Treffen der Doktoranden, der gegenseitige Informationsaustausch oder gemeinsame Fachveranstaltungen. Jedoch bestehen gravierende strukturelle Unterschiede: Bei der Aufnahme ins Doktoranden-Netzwerk gibt es keine weitere Auslese nach Qualifikation der einzelnen. Die Mitgliedertreffen finden ohne Doktorväter (oder - mütter) statt und bieten Raum für Experimentierfreude und Unfertiges. Die Koordination der Aufgaben wird allein von den Mitgliedern geleistet - insoweit ist das Netzwerk in einer Weise selbstorganisierend wie es auch sein Betrachtungsgegenstand „Umweltmanagementsysteme" ist bzw. versucht zu sein. Der gemeinsame Nenner Öko-Audit/Umweltmanagement generiert eine spontane und offene Koordination verschiedenster Fachdisziplinen. Selbstverständlich gibt auch die jetzt erreichte Breite nur den momentanen Stand wider; andere Disziplinen wie etwa Psychologie oder Medizin könnten sich ebenfalls einfügen und das Netzwerk bereichern. Die wissenschaftlichen, oftmals auch freundschaftlichen Beziehungen der Mitglieder erzeugen eine gegenseitige Motivation, die dabei hilft, so manche Durststrecke zu überwinden, die im Laufe der eigenen Arbeit unvermeidlich auftritt. Es bleibt nicht bei der Frage: "Was macht Deine Diss?" - es schließen sich Vorschläge an wie: "Frag' doch mal bei ... oder ... nach, die haben dazu 'was gemacht." Wir hoffen, daß so unsere „Abbrecherquote" weiterhin sehr niedrig bleibt.

Ganz von alleine kann dies alles freilich nicht geleistet werden. Aufbau, Organisation und Arbeitsweise des Netzwerks sollen daher im folgenden kurz skizziert werden.

3 Aufbau, Organisation und Arbeitsweise des Netzwerkes

Das Doktoranden-Netzwerk Öko-Audit e.V. ist organisatorisch aufgeteilt in einen aus vier Personen bestehenden Vorstand und die Mitgliederversammlung.

3.1 Die Mitgliederversammlung

Die Mitgliederversammlung des Netzwerkes besteht aus Personen, die sich im Rahmen ihrer Dissertation oder Habiltiation wissenschaftlich mit den Themen Umweltmanagement und Öko-Audit sowie daran angrenzende Bereiche beschäftigen. Zur Zeit umfaßt das Netzwerk 53 Mitglieder aus Deutschland, Österreich, Belgien, Schweiz und Großbritannien. Ihre akademische Ausbildungen umfassen die folgenden 16 Fachdisziplinen (Abb. 1).

Die Mitgliederversammlungen dienen dazu, über aktuelle Entwicklungen zu diskutieren, in Arbeitsgruppen Meinungen auszutauschen und konkrete Problemstellungen zu bearbeiten, sich gegenseitig kennenzulernen und die Möglichkeit zu erhalten, einzelne Passagen von Dissertationen zur Diskussion zu stellen. Regelmäßig werden Gastreferenten zu den Versammlungen eingeladen. Des weiteren wird über die Aktivitäten des Vorstands berichtet, organisatorische Fragen erörtert und Anträge an den Vorstand gestellt.

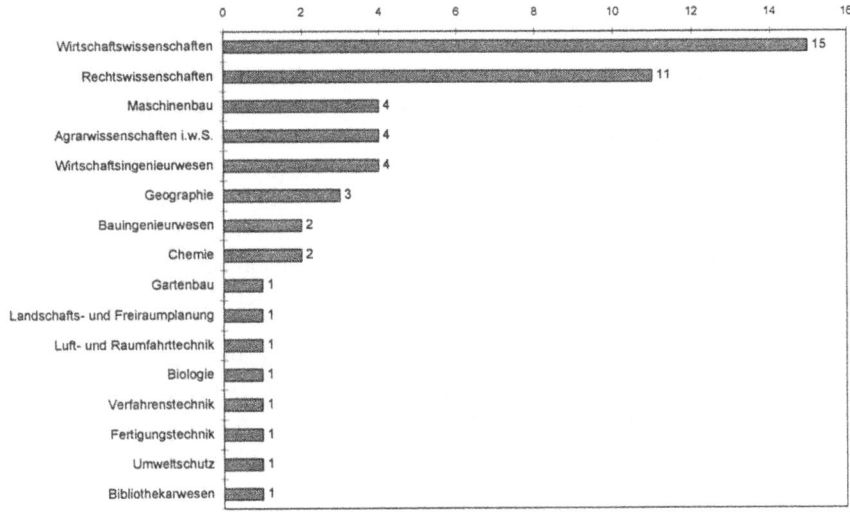

Abb. 1. Akademische Ausbildung der Netzwerkmitglieder

3.2 Kommunikation und Förderung des Kontaktaufbaus unter den Netzwerkmitgliedern

Der Informations- und Meinungsaustausch der Mitglieder des Doktoranden-Netzwerk Öko-Audit e.V. erfolgt im Rahmen der Mitgliederversammlungen, durch sich selbst organisierende ad-hoc-Arbeitsgruppensitzungen sowie ferner durch das Informations-Netz (dazu weiter unten). Hierbei kommt der Möglichkeit, Informationen über Email auszutauschen, herausragende Bedeutung zu, da die Mehrzahl der Mitglieder über einen Internet-Anschluß verfügt.

Um eine effektive Kommunikationsstruktur aufzubauen, ist grundsätzlich vorgesehen, ein gegenseitiges Kennenlernen stark zu unterstützen und weiter zu fördern. So werden Mitgliederversammlungen mit einem gemütlichen Beisammensein am Vorabend begonnen. Ferner erarbeitet der Vorstand regelmäßig die sogenannten „Steckbriefe". Es handelt sich hierbei um Zusammenfassungen wichtiger Informationen eines jeden Mitgliedes (Adressen, Themenschwerpunkt, Berufserfahrung im betrieblichen Umweltschutz, Ausbildung etc.), die den Kontaktaufbau fördern sollen. Sie werden regelmäßig auf den neuesten Stand gebracht und (ausschließlich) den Mitgliedern im Rahmen der Mitgliederversammlungen als Dateikopien übergeben. Des weiteren werden wichtige Netzwerkinformationen den Mitgliedern über das Zeitschriften-Informations-Netz übermittelt.

3.3 Der Vorstand

Die Vorstandspolitik war und ist darauf ausgerichtet, den Bekanntheitsgrad des Netzwerkes stetig zu erhöhen, eine effektive Organisations- und Arbeitsstruktur aufzubauen, den internen Kontaktaufbau der Mitglieder zu fördern, sich selbst organisierende Netzwerk-Aktivitäten (z.B. die Arbeitsgruppen) zu forcieren und die interessierte Öffentlichkeit zu informieren. Sämtliche Aufgaben werden von den Vorstandsmitgliedern auf ehrenamtlicher Basis weitestgehend gemeinschaftlich ausgeführt. Die Aktivitäten werden durch „Vorstandsrichtlinien", „Resolutionen" der Mitgliederversammlung und Programme (hierbei handelt es sich um Auszüge des Beschlußbuches) geregelt.

Der Vorstand ist gemäß Satzung von der Mitgliederversammlung für die Dauer von einem Jahr gewählt. Üblicherweise finden Vorstandssitzungen via Internet statt. Hierzu wird überwiegend ein Internet-Chatting-Programm eingesetzt. Diese Art, Sitzungen abzuhalten, hat sich als äußerst effektiv erwiesen. Die Sitzungsteilnehmer können von ihrem Schreibtisch aus per Computer online mit den „Gesprächspartnern" kommunizieren. Die Informationsübermittlung erfolgt hierbei per Tastatur. Diese zunächst umständlich und aufwendig anmutende Kommunikationsform wird aufgrund folgender Vorteile genutzt:

- Chatting-Sitzungen zwingen die Gesprächspartner, zu klärende Fragestellungen auf den Punkt zu bringen und verhindern so nebensächliche Randdiskussionen. Hierdurch kann die Sitzungsdauer minimiert werden.
- Durch die Informationseingabe per Tastatur wird quasi automatisch ein Sitzungsprotokoll angefertigt.
- Aufwendige Reisen zu Sitzungsorten werden vermieden und dadurch die Umweltbelastung und auch die Kosten auf einem Minimum gehalten.

Da die Erfahrung gezeigt hat, daß Vorstandssitzungen, die ausschließlich über das Internet erfolgen, zu Kommunikationsproblemen führen können, finden sie in - sehr begrenztem - Umfang auch in herkömmlicher Weise statt.

3.4 Arbeitsgruppen

Im Doktoranden-Netzwerk Öko-Audit e.V. bilden sich nach Bedarf und wissenschaftlichem Interesse regelmäßig verschiedene Arbeitsgruppen (AGs), die sich mit wichtigen Einzelaspekten des Umweltmanagements und Öko-Audits beschäftigen und ihre Ergebnisse z.T. (etwa über die Schriftenreihe des Netzwerkes oder in Form von Zeitschriften- oder Buchaufsätzen) publizieren. Arbeitsgruppensitzungen (die zum einen im Rahmen der Mitgliederversammlungen und zum anderen auf selbstorganisierter Basis zwischen den Versammlungen stattfinden) bieten eine Gelegenheit, über konkrete Problemstellungen mit Mitgliedern aus anderern Fachdisziplinen zu diskutieren. Ferner sind sie eine Plattform, um Informationen über neueste Entwicklungen aus Wissenschaft und Praxis auszutauschen, aktuelle Publikationen vorzustellen und einen Meinungsaustausch zu ermöglichen.

4 Zeitschriften-Informationsnetz

Das Doktoranden-Netzwerk Öko-Audit e.V. hat ein Zeitschriften-Informations-Netz eingerichtet, auf das jedes Mitglied via Internet (bzw. durch Austausch von Disketten) zugreifen kann. Es handelt sich hierbei um einen Informationsservice, durch den die Mitglieder über die neuesten Veröffentlichungen aus Fachzeitschriften zum Thema Umweltmanagement/Öko-Audit informiert werden. Zur Zeit sind 53 Zeitschriften erfaßt. Das Informationsnetz wird auf folgende Weise regelmäßig auf den neuesten Stand gebracht: Jedes Netzwerkmitglied ordnet sich zu Beginn der Mitgliedschaft eine oder mehrere Fachzeitschriften zu, die fortan von ihm „betreut" werden. Diese Zeitschriften werden monatlich auf relevante Aufsätze hin gesichtet. Im Anschluß daran erfolgt eine Meldung - i.d.R. verbunden mit Kurz-Abstracts (nach vorgegebenem einheitlichen Schema) von relevanten Aufsätzen - an den Koordinator des Informations-Netzes, der die eingehenden Informationen zusammenfaßt und sie den Mitgliedern entweder per Diskette oder Email zukommen läßt.

5 Öffentlichkeitsarbeit und Homepage

Die Öffentlichkeitsarbeit des Doktoranden-Netzwerk Öko-Audit e.V. verfolgt zwei Ziele. Zum einen soll der Bekanntheitgrad des Netzwerkes ausgebaut werden. Zum anderen sollen potentielle Mitglieder - also Doktoranden und Habilitanden mit den Themenstellungen Umweltmanagement und Öko-Audit - auf das Netzwerk aufmerksam gemacht werden.

Sie konzentrierte sich in der Anfangsphase des Netzwerkes darauf, die Idee einer solchen geplanten Vereinigung durch Presseaufrufe bekannt zu machen. Nachdem die Reaktionen erstaunlich positiv ausfielen und der Mitgliederstamm rasch wuchs, wurde die Mitgliederakquisition allmählich durch Pressemitteilungen ersetzt, die über die internen Aktivitäten berichteten.

Neben den Pressemitteilungen sind eine ganze Reihe von Veröffentlichungen von Netzwerkmitgliedern erschienen, die mit einem Hinweis auf das Doktoranden-Netzwerk Öko-Audit versehen worden sind. Ferner wurde das Netzwerk verschiedentlich auf Konferenzen und Tagungen vorgestellt.

Um Informationen über das Doktoranden-Netzwerk Öko-Audit e.V. einer breiten Öffentlichkeit auf einfache Weise zugänglich zu machen, ist eine Internet-Homepage eingerichtet. Ihre Adresse lautet:

http:// www.uni-hohenheim.de/~pape/dnw_emas.htm.

Folgende Informationen können der Homepage entnommen werden:
- allgemeine Informationen über das Netzwerk (z.B. Vereinssatzung);
- Kontaktadressen der Vorstandsmitglieder;
- Liste der Veröffentlichungen einiger Mitglieder;
- Liste der Schwerpunktthemen einiger Mitglieder;
- die jeweils neueste Pressemitteilung;
- Jahresberichte;
- Liste der Mitglieder mit anklickbaren Emailadressen;
- einzelne Publikationen der Schriftenreihe des Netzwerkes.

6 Ausblick

Das Doktoranden-Netzwerk Öko-Audit hat sich seit seinem Bestehen sehr positiv entwickelt. Erwartungen sind sowohl hinsichtlich des Interesses seitens der Doktoranden und Habilitanden an einer Mitgliedschaft, der aktiven Mitarbeit einzelner Mitglieder, als auch der Reaktionen aus der Öffentlichkeit weit übertroffen worden. Die durch den rasanten Mitgliederzuwachs hervorgerufenen anfänglichen organisatorischen Schwierigkeiten konnten bewältigt werden, so daß seit zweieinhalb Jahren eine geeignete Organisationsstruktur des Netzwerkes vorliegt, die noch mehr als bisher eine effiziente „Arbeit an der Sache" gewährleistet.

Auch am Beispiel des „Buchprojekts", das mit dem vorliegenden Werk abgeschlossen wird, ließe sich die Geschichte des Doktoranden-Netzwerks aufzeigen. Geisterte die Idee eines gemeinsamen Buches schon seit dem ersten Heidelberger Treffen im Oktober 1995 durch die Köpfe der Mitglieder, war es bis zu ihrer Verwirklichung ein langer, aber stets spannender und lehrreicher Weg.

Vielleicht wird mit einem (derzeit nicht feststellbaren) abnehmenden wissenschaftlichen Interesse am Umweltmanagement/Öko-Audit auch das Interesse an einem „Doktoranden-Netzwerk Öko-Audit" versiegen - angesichts der spontanen Entstehung und Entfaltung wäre ein solches Ende dem Netzwerkgedanken nicht systemfremd. Vielleicht vollzieht sich auch im Netzwerk parallel zur wissenschaftlichen Diskussion eine Verlagerung der Interessensschwerpunkte - für entsprechend anpassungsfähig halten wir die Struktur des Netzwerks allemal.

Das Modell „Doktoranden-Netzwerk" in der hier dargestellten, sich stets weiterentwickelnden und verbessernden Form hat sich bewährt. Da uns jeglicher missionarischer Eifer fremd ist, mögen andere entscheiden, ob es lohnend ist, unser Modell auf andere Institutionen zu übertragen.

Teil I
Einführung

mit Beiträgen von:

Helga Kanning
„Sustainable development" als Leitbild der
EG-Öko-Audit-Verordnung

Annett Baumast
Die Entstehungsgeschichte des Umwelt-Audit

1 „Sustainable development" als Leitbild der EG-Öko-Audit-Verordnung

Helga Kanning

1.1 Nachhaltige Entwicklung als übergeordnete Leitvorstellung von EMAS

Das „Environmental Management and Audit Scheme" (EMAS) bzw. das Öko-Audit nach der Verordnung (EWG) 1836/1993[1] ist eingebettet in ein umweltpolitisches Zielbündel, das über den einzelbetrieblichen Umweltschutz weit hinausgeht. Leider wird dieses in der derzeitigen bundesdeutschen Diskussion um Deregulierung und Substitution häufig übersehen. Möglicherweise wird dies dadurch mitbegründet, daß sich die mit der EMAS-VO verfolgten Ziele nur zum Teil aus der Verordnung selbst ergeben. Zu verstehen ist sie jedoch erst vor dem Hintergrund des 5. EG-Umweltaktionsprogramms (EG, 1992). Dessen übergeordnete Zielsetzung ist die Förderung einer „dauerhaft und umweltgerechten Entwicklung", die seit der Ratifizierung der Rio-Deklaration, der Agenda 21 und weiterer Dokumente die umfassende politische Zielsetzung der (über 160) Staaten bildet, welche die Rio-Dokumente unterzeichnet haben.

Trotz der kaum noch überschaubaren Materialfülle widmet sich auch der vorliegende Beitrag einleitend dem Themenfeld der nachhaltigen Entwicklung[2], weil es beinahe sechs Jahre nach der Rio-Konferenz noch immer nicht gelungen ist, über die allgemeine Leitvorstellung hinaus gemeinsame Strategien zu entwickeln. Im folgenden sollen zunächst einige Facetten der Nachhaltigkeitsdebatte skizziert werden, um abschließend einen möglichen „Standort" für EMAS auf der regionalen Ebene zu beschreiben.

Den „Regionen" wird neben den Kommunen eine Schrittmacherfunktion auf dem Weg zu einer nachhaltigen Entwicklung zugesprochen (SRU, 1996)[3]. Dies

---

[1] Im folgenden wird anstelle der deutschen Abkürzung Öko-Audit die Abkürzung EMAS der englischen Bezeichnung verwendet, weil diese die beiden Elemente der Verordnung, das Umweltmanagement und das Audit, umfaßt.

[2] Im folgenden wird die deutsche Bezeichnung 'nachhaltige Entwicklung' verwendet, weil sich diese durchgesetzt hat und andere, z.T. mehrwortigen Übersetzungen unnötig verkomplizierend wirken.

[3] Nach Ansicht des Sachverständigenrates für Umweltfragen kommt der lokalen und regionalen Ebene eine Schrittmacherfunktion bei der Umsetzung einer nachhaltigen

korrespondiert mit einem Bedeutungsgewinn, den Regionen in jüngster Zeit durch zwei wesentliche Entwicklungen erfahren. Zum einen wächst („bottom-up") in Städten und Gemeinden die Erkenntnis, daß viele Probleme, z.B. im Bereich der Verkehrsbewältigung, der Abfallentsorgung, der Wasser- und Energieversorgung etc., nur noch in Kooperation mit anderen Kommunen gelöst werden können. Zum anderen werden wegen der sinkenden Handlungsfähigkeit auch von nationaler Seite („top-down") Entscheidungen zunehmend auf die regionale Ebene verlagert. In diesem neuen regionalen Aktionsfeld könnte EMAS wichtige Impulse für den Diskurs um nachhaltigere, regionale Entwicklungsstrategien geben, wie die nachfolgenden Ausführungen zeigen sollen.

1.2 Theoretische Bausteine einer nachhaltigen Entwicklung

Aus der bunten Palette möglicher Annäherungen an den Begriff der nachhaltigen Entwicklung ist es bisher nicht gelungen, einen gesamtgesellschaftlichen Konsens herzustellen[4]. Viele Wissenschaftler hatten sich zwar bemüht, die Erwartungen an den Begriff zu begrenzen und auf den ursprünglich sehr beschränkten Verwendungszusammenhang in der Forstwirtschaft hinzuweisen[5], jedoch führt der Begriff ein Eigenleben. So ist er inzwischen zur „schillernden Modedroge"[6] avanciert und sorgt immer noch für „nachhaltige Sprachverwirrung" (Jüdes, 1997).

Als wesentliche Gründe lassen sich hierfür v.a. unterschiedliche gesellschaftliche Wertvorstellungen[7] und unterschiedliche Bedeutungsgehalte in den verschiedenen Wissenschaftsdisziplinen anführen. Daraus resultiert eine weitverzweigte Debatte um die adäquate Operationalisierung. Zwar gestehen Ökonomen, Ökologen und Soziologen ein, daß die Forschungsfelder der jeweils anderen von Bedeutung sind, betrachten diese jedoch nicht aus der Sicht der anderen. Demzufolge

---

Entwicklung zu (SRU, 1996, Tz 35). Üblicherweise sind mit der „lokalen" Ebene die Städte und Gemeinden gemeint, die durch administrative Grenzen definiert sind. Eine Einschränkung auf administrative Grenzen ist unter Nachhaltigkeitsaspekten aber problematisch, weil sie die Verflechtungen nicht widerspiegeln und Stoffströme nicht an diesen halt machen. Im folgenden wird daher die Region als räumlicher Bezugsrahmen gewählt. Eine klare Abgrenzung kann an dieser Stelle nicht gezogen werden, weil diese je nach Betrachtungsgegenstand sehr unterschiedlich sein kann. Gemeint ist damit aber ein Bereich oberhalb der Städte und Gemeinden und unterhalb eines Bundeslandes.

[4] Der Begriff 'sustainable development' ist mit seinen zahlreichen deutschen Übersetzungen mittlerweile soweit in die Wissenschaftsdiskussion eingedrungen, daß sich eine Wiederholung seiner etymologischen Entwicklung hier erübrigt (vgl. hierzu z.B. Haber, 1994; Peters et al., 1996; Spehl, 1995).

[5] S. dazu z.B. Nutzinger und Radke in Diefenbacher et al., 1997, S. 21.

[6] Grießhammer (1994) bezeichnet das „Leitbild Sustainable Development" anschaulich als neue Modedroge „LSD".

[7] S. dazu weiterführend Gustedt und Kanning, 1998.

reicht die Spannweite der Konzepte vom nachhaltigen Wirtschaftswachstum[8] bis zu Nachhaltigkeitsvorstellungen, die jedweden Eingriff in die globalen Ökosysteme ausschließen[9].

Für die Wirtschaftswissenschaften bedeutet die Nachhaltigkeitsdiskussion eine Renaissance der Einbeziehung des Faktors Natur in das theoretische Konzept der Produktionsfunktionen. Ausgehend von der neoklassischen Ressourcenökonomie haben sich in der neueren ökonomischen Diskussion bereits mehrere Denkrichtungen entwickelt, die sich mit der Beziehung zwischen natürlichem Kapital und künstlichem Kapital befassen[10]. Unmittelbar verwendbare Vorschläge zur Operationalisierung der Nachhaltigkeit bietet die Literatur zur ökonomischen Umwelttheorie bislang jedoch noch nicht[11].

Auch die Ökologie ist nicht geeignet, als normative Leitdisziplin zu fungieren, da sie eine primär beschreibende wissenschaftliche Disziplin ist. Ihre Ausweitung zu einer normativen Disziplin würde die spezifische Methodik der Ökologie als Wissenschaft zumindest infrage stellen[12]. So kommen auch Renn und Kastenholz (1996, S. 91) in ihrer ausführlichen Analyse der theoretischen Grundlagen zusammenfassend zu dem Schluß, daß sich das Konzept einer nachhaltigen Entwicklung umfassend „weder aus dem Gedankengebäude der Naturwissenschaften noch aus dem Fundus der Wirtschafts- oder der Sozialwissenschaften ableiten läßt".

Am größten sind die Gemeinsamkeiten noch auf der abstrakten Ebene, der im Brundtland-Bericht vorgeschlagenen Definition von „sustainable development". Danach ist eine Entwicklung anzustreben, „die die Bedürfnisse der Gegenwart befriedigt, ohne zu riskieren, daß künftige Generationen ihre eigenen Bedürfnisse nicht befriedigen können" (Hauff, 1987, S. 46)". Der Schlüssel für die Gestaltung nachhaltiger Entwicklungsprozesse liegt demnach in der Auseinandersetzung mit den menschlichen „Bedürfnissen". Damit verknüpft ist die Erkenntnis, daß ökonomische, soziale und ökologische Entwicklungen notwendig als eine innere Einheit zu sehen sind, wenn auch künftigen Generationen die Befriedigung ihrer eigenen Bedürfnisse gewahrt bleiben soll. Für die Bewältigung der gemeinsamen

---

[8] Serageldin versieht Konzepte der „wirtschaftlichen Nachhaltigkeit" treffenderweise mit dem Kürzel „WiN" (zit. in: van Dieren, 1995, S. 121).

[9] In jeder genannten Disziplin kristallisieren sich bei genauerer Betrachtung unterschiedliche Ansätze heraus. Zusammenstellungen s. z.B. Serageldin, 1993a; Serageldin, 1993b; van Dieren, 1995; Tisdell, 1993; Diefenbacher et al., 1997.

[10] Zur neuen Methodenkonkurrenz in der umweltökonomischen Theorie s. z.B. Gawel, 1996.

[11] Eine Zusammenstellung ökonomischer Konzepte ist z.B. zu finden in Rennings, 1994. Ökologisch orientierte Dauerhaftigkeitskonzepte können danach weiter differenziert werden nach Vertretern des Entropie-Ansatzes wie Daly (1992), Georgescu-Roegen (1971) oder solchen Ansätzen, die ökologische Schlüsselbegriffe verwenden wie ökologisches Gleichgewicht (Bonus, 1981); Stabilität und Resilienz (Common und Perrings 1992); Biodiversität, Selbstregulation, Homöostase (Hampicke, 1992) und Lebensfähigkeit ökologischer Systeme (Opschoor, Reijnders 1991).

[12] Vgl. SRU, 1996, Tz 88, S. 128.

Zukunft der Menschheit enthält diese allgemeine Zielbestimmung eine Programmatik, „die - wenn sie ernst genommen wird - revolutionär sein kann" (SRU, 1994, Tz 1), jedoch ist die Praxis derzeit noch weit davon entfernt.

Weitergehend wird die ökologische Dimension der Nachhaltigkeitsdebatte durch ein naturwissenschaftlich-technisches Begriffsverständnis bestimmt. Sie wird üblicherweise durch die ursprünglich von Daly und Meadows (1992) formulierten drei Anforderungen definiert, die sich an den thermodynamischen Grundsätzen orientieren. Danach

1. dürfen nicht erneuerbare Ressourcen nicht schneller verbraucht werden, als gleichzeitig erneuerbare Rohstoffquellen für dieselbe Art von Nutzung geschaffen werden,
2. die Nutzungsrate erneuerbarer Ressourcen darf deren Regenerationsrate nicht überschreiten,
3. die Rate der Schadstoffemissionen darf die Kapazität zur Schadstoffabsorption der Umwelt nicht übersteigen.

In weiterführenden Arbeiten ist der Rahmen über diese auch als „ökologische Grundregeln" bezeichneten Anforderungen zum Teil erheblich breiter abgesteckt[13]. Die meisten neueren Arbeiten über nachhaltige Entwicklung lehnen sich aber an die vorstehend genannten Grundregeln an, so daß ein Wissenschafts-Konsens darüber vermutet werden kann[14]. Die in der Agenda 21 formulierten Handlungsbereiche gehen jedoch über die o.g. stoffbezogenen Grundregeln hinaus (z.B. die „Erhaltung der biologischen Vielfalt" in Kapitel 15 der Agenda 21) (BMU, 1992). Auch gibt es für die ökonomische und soziale Dimension bisher keine vergleichbaren Regeln.

So läßt sich als eines der wichtigsten Erkenntnisfortschritte im Zusammenhang mit der Diskussion über eine nachhaltige Entwicklung die Einsicht festhalten, daß ökonomische, ökologische und soziale Faktoren nicht mehr voneinander abgehoben oder gar gegeneinander ausgespielt werden dürfen (UBA, 1997, S. 8). In dieser angesichts der gesamtgesellschaftlichen Dimension trivial klingenden Feststellung liegt jedoch gleichzeitig die besondere Brisanz. Denn hieraus folgt die Notwendigkeit, in allen Debatten über die Nachhaltigkeit gesellschaftlicher Entwicklungen immer sowohl die „ökologische", bisher v.a. naturwissenschaftlich-technisch geprägte, Seite, als auch die sozioökonomische Seite zu sehen. Dies legt eine besonders enge Verzahnung des naturwissenschaftlichen und des gesell-

---

[13] Als weiteres elementares Prinzip hebt die Enquete-Kommission (1993, 1994) „Schutz des Menschen und der Umwelt" den *Faktor Zeit* hervor und definiert ihn als vierte ökologische Grundregel. Der SRU (1994, Tz 12) hebt als weiteren wesentlichen Aspekt den *Gesundheitsschutz* hervor. Ebenso wie die Enquete-Kommission stellt die BfLR (1996) den *technischen Fortschritt* als einen wichtigen Aspekt heraus. Darüber hinaus werden in umsetzungsorientierten Konzepten weitere Aspekte genannt wie die *Marktkonformität* und die *Monetarisierung der Natur* (Renn und Kastenholz, 1996).
[14] Vgl. Atmatzidis, 1995, S. 23; Bundesregierung, 1997, S. 9.

1 „Sustainable development" als Leitbild der EG-Öko-Audit-Verordnung

schaftlichen Diskurses nahe (ebd.), doch genau hier läßt sich eine Zweiteilung der Debatte erkennen (vgl. Peters et al., 1996, S. 24) (s. Abbildung 1).

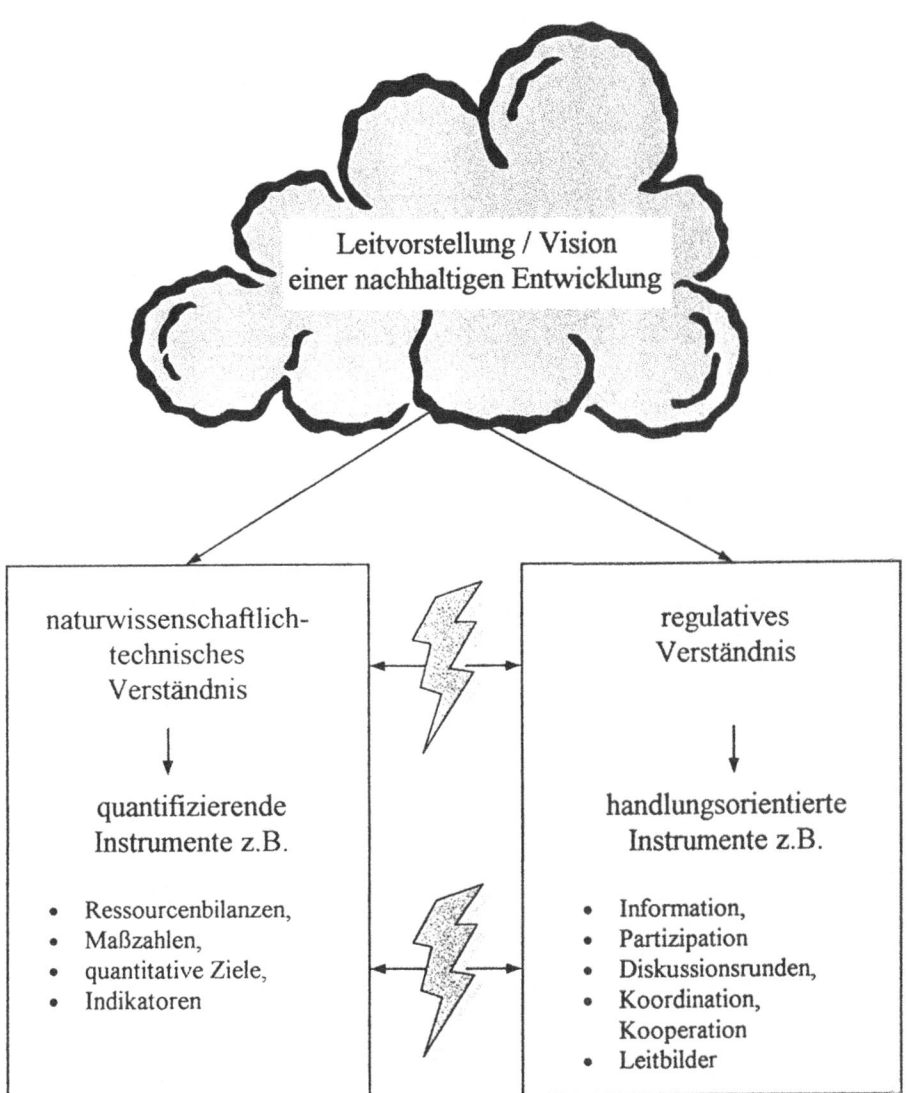

Abb. 1. Begriffsverständnisse und Instrumente nachhaltiger Entwicklungsprozesse

1.2.1 Die naturwissenschaftlich-technische / quantitative Sichtweise

Mit dem naturwissenschaftlich-technischen Begriffsverständnis gehen in der Regel Forderungen nach quantifizierenden Instrumenten einher. Zu nennen sind hier besonders die zahlreichen und äußerst vielfältigen Ansätze, die sich in den Diskussionen der ökonomischen Umwelttheorie entwickelt haben[15].
In den neueren Diskussionen um nachhaltige Entwicklung sind in der wissenschaftlichen Debatte besonders drei Ansätze[16] populär geworden[17]:

- MIPS (material input per unit of service) (Schmidt-Bleek, 1993),
- der „ecological footprint" (Rees und Wackernagel, 1992) und
- das Konzept des Umweltraums (Friends of the Earth Netherland, 1994).

Trotz der recht unterschiedlichen methodischen Ansätze kommen die Autoren zu vergleichbaren Ergebnissen, „d.h. zur Forderung nach einer Reduzierung des durchschnittlichen Umweltverbrauchs um einen Faktor vier bis zehn" (Spangenberg, 1996, S. 205). So ist es verständlich, daß viele andere Beiträge ohne genauere Messungen davon ausgehen, daß der Ressourcenverbrauch und Schadstoffausstoß westlicher Gesellschaften generell zu hoch ist, und eine pragmatischere, handlungsorientierte Vorgehensweise wählen.

1.2.2 Die regulative / handlungsorientierte Sichtweise

Wer den Begriff vornehmlich als regulative Idee versteht, sieht gerade in der relativen Unbestimmtheit die Möglichkeit, ihn immer wieder zum Gegenstand gesellschaftlicher Diskurse zu machen. Positiv gesehen läßt sich nachhaltige Entwicklung damit interpretieren als ein „Suchprozeß, „der ein zeitlich unbegrenztes bzw. über einen längeren Zeitraum balanciertes Verhältnis zwischen den menschlichen Bedürfnissen einerseits und der Kapazität der Erde andererseits (...) zum Ziel hat" (Jüdes, 1997, S. 27).
    Für viele gesellschaftliche Bereiche sind bereits ökologisch orientierte Optionen für ressourcenschonendere Strategien erarbeitet worden, z.B. für den Verkehrsbereich, für die Nutzung regenerativer Energien und in neueren Ansätzen die Schließung von Stoffkreisläufen. Zu deren Umsetzung werden „weiche" Steuerungsinstrumente wie Information der Beteiligten, Partizipation, Diskussionsrun-

---

[15] Siehe hierzu z.B. van Dieren, 1995.
[16] Eine kurze Übersicht über die drei Ansätze geben beispielsweise Peters et al., 1996, 26ff.
[17] Daneben drehen sich die Diskussionen derzeit verbunden mit dem Auftrag der Agenda 21 (Kapitel 40) um die Entwicklung eines international abgestimmten Indikatorenkonzepts, die an dieser Stelle aber nicht weiter ausgeführt werden sollen. Verwiesen sei hier auf die Arbeiten der CSD-Kommission (UN, 1994) und des BMU zu dieser Thematik (z.B. BMU, 1997).

1 „Sustainable development" als Leitbild der EG-Öko-Audit-Verordnung

den, Koordination, Kooperation etc. bevorzugt[18]. An die Stelle quantitativer Zielsetzungen treten zumeist Leitbilder, die motivieren und Vorstellungen davon vermitteln sollen, wie eine Umkehr vonstatten gehen kann (vgl. Peters et al., 1997, S. 28ff).

1.2.3 Zur Verbindung der Sichtweisen

In der Praxis laufen die beiden Diskussionsstränge noch weitgehend nebeneinander her. Dies tritt am deutlichsten auf der lokalen Ebene in den „Lokalen Agenda 21-Prozessen" zutage. In Anlehnung an die Charta von Aalborg[19] sind hier v.a. Partizipationsmethoden und Diskussionen um Leitbilder prägend, während quantifizierende Methoden - wenn überhaupt - noch eher nach dem „St.-Florians-Prinzip" bzw. der vorhandenen Datenlage herangezogen werden[20].

Für die erfolgreiche Umgestaltung der Entwicklungsprozesse ist aber eine Verbindung der beiden Sichtweisen notwendig, um einerseits Prozesse in Gang zu setzen (und zu halten) und andererseits prozeßbegleitend beurteilen zu können, wo sich eine Region auf dem Weg zu einer nachhaltigen Entwicklung befindet und an welcher Stelle eventuelle Kurskorrekturen notwendig sind. In neueren Indikatoren-Konzepten spiegelt sich dies beispielsweise durch die Einbeziehung des „institutionellen" Aspektes wieder. So wird im Modell des Forum Umwelt & Entwicklung (1997) das Dreieck der Nachhaltigkeit um den institutionellen Bereich zum „Tetraeder der Zukunftsfähigkeit" erweitert, um vor allem Fragen der Partizipation einbeziehen zu können. Besonders auf regionaler Ebene hat die Partizipation eine hohe Bedeutung, weil sich die Akteure hier mit den Problemen identifizieren und die Folgen ihres Handelns erfahren können.

Auf theoretischer Ebene wurden die beiden Herangehensweisen erstmals in der Studie des Wuppertal-Instituts für die ökologische Dimension in größerem Stil zusammengeführt. Ausgehend vom Modell des Umweltraums wurden aus statistischen Analysen quantitative nationale Zielgrößen abgeleitet sowie handlungsfeldbezogene Leitbilder formuliert. Da bisher in Deutschland eine Umsetzung durch nationale, politische Zielvorgaben aussteht (wie sie beispielsweise in den Niederlanden und in Österreich mit den nationalen Umweltplänen erarbeitet worden ist), befinden sich die Zielfindungsprozesse auf den nachgeordneten Ebenen in einem

---

[18] Zur Rolle kommunikativer Instrumente s. auch Gustedt und Kanning (1998). Weiterführend zur Koordination und Kooperation s. z.B. Fürst (1997). Danach kann Koordination als ein Vorgang verstanden werden, der alle relevanten Akteure einbezieht. Dieser enthält sowohl organisationstechnische wie auch konfliktminimierende sowie zielorientierte Elemente. Damit unterscheidet sich der Begriff nur noch marginal von der Kooperation.

[19] Charta der Europäischen Städte und Gemeinden auf dem Weg zur Zukunftsbeständigkeit, beschlossen am 27. Mai 1994 von den Teilnehmern der Europäischen Konferenz über zukunftsbeständige Städte und Gemeinden in Aalborg, Dänemark.

[20] Ausnahmen bilden hier einige laufende Modellprojekte für die kommunale Ebene, z.B. die „Kommunale Naturhaushaltswirtschaft" (ICLEI, 1996).

Dilemma. Einerseits fehlen Rahmenvorgaben, andererseits sollen sich die Ziele aber getreu dem Motto „think globally, act locally" in das globale Leitbild einfügen.

1.2.4 Zur Konzeptionierung regionaler Ziele

Als konzeptioneller Rahmen für die ökologische Dimension können die Arbeiten der Enquete-Kommissionen des 12. und 13. Bundestages „Schutz des Menschen und der Umwelt" herangezogen werden, die sich ausgehend vom stofflichen Bereich systematisch mit der Erarbeitung von „Umweltzielen" für eine nachhaltige Entwicklung auseinandersetzen.

Basierend auf den eingangs genannten Grundregeln formulierte die Enquete-Kommission des 12. Bundestages zunächst allgemeine ökonomische, ökologische und soziale Schutz- und Gestaltungsziele (1993, 1994). Abgesehen von den Defiziten im sozio-ökonomischen Bereich erwies sich die Formulierung derart allgemeiner Ziele noch als relativ unproblematisch, zugleich aber auch als wenig handlungsleitend. Nach mehreren Beratungen ist die Enquete-Kommission des 13. Bundestages inzwischen übereingekommen, keine allgemeine ökologische, ökonomische und soziale Zieldebatte zu führen. Vielmehr spricht sie sich für einen *ökologischen Zugang* aus. Die notwendige Integration der drei Dimensionen soll dagegen am konkreten Problemfall vorgenommen werden (Enquete-Kommission, 1997, S. 33ff). Letzteres korrespondiert mit der Sichtweise der Bundesregierung (1997) und der in raumordnerischen (und damit auch in regionalen) Fragestellungen wissenschaftlich beratenden Bundesforschungsanstalt für Landeskunde und Raumordnung (BfLR, 1996). Aus ökologischer Perspektive ist die Hervorhebung des ökologischen Zielbereichs äußerst begrüßenswert, jedoch mildert sie nicht die Problemlösung auf regionaler Ebene, wo eine Abwägung zwischen den in der Regel konfligierenden ökologischen, ökonomischen und sozialen Zielen stattfinden muß.

Für die Gestaltung regionaler Zielfindungsprozesse von Bedeutung sind besonders die von den Enquete-Kommissionen herbeigeführten begrifflichen Unterscheidungen der Umweltzielkategorien (s. Abbildung 2). Denn bisher werden diese in Diskussionen häufig vermengt, obwohl sie unterschiedliche Adressaten betreffen und damit auch unterschiedliche Steuerungswirkungen entfalten können. Neben den übergreifenden *Umweltzielen* für die wichtigsten Umweltproblembereiche oder Umweltmedien wird unterschieden zwischen

– wirkungs- bzw. schutzgutbezogen *Umweltqualitätszielen* (UQZ) und
– akteurs[21]- bzw. belastungsbezogen *Umwelthandlungszielen* (UHZ).

---

[21] Das UBA verwendet hier den Begriff „Verursacher" (UBA, o.J., S. 111f). Im vorliegenden Beitrag wird jedoch der Begriff „Akteure" bevorzugt, denn Stoffströme fließen im Wirtschaftsprozeß über verschiedene Produktions- und Verbrauchsstufen, bis sie schließlich als Immissionen in die Umwelt gelangen. Welche der einzelnen Stufen die

1 „Sustainable development" als Leitbild der EG-Öko-Audit-Verordnung 19

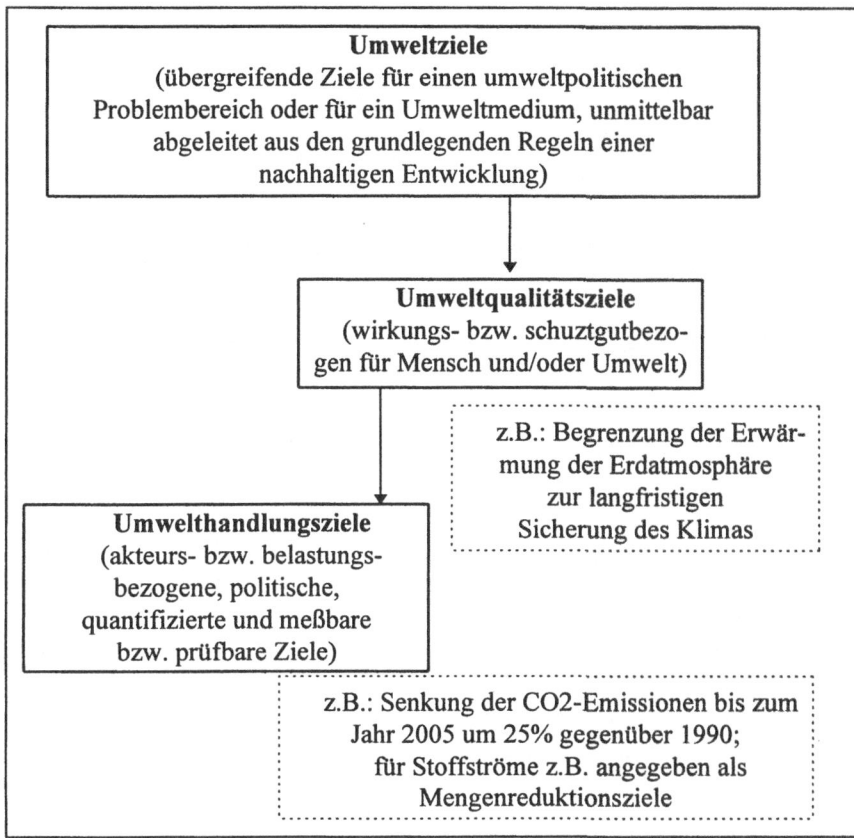

Abb. 2. Umweltziele - Umwelthandlungsziele - Umweltqualitätsziele Darstellung in Anlehnung an UBA (1995, S. 112); Enquete-Kommission (1997, S. 38f) und UBA (1997, S.32ff.).

Mit der Unterscheidung in wirkungs- und akteursbezogene Zielkategorien liegt ein methodisches Grundgerüst vor, anhand dessen auch auf regionaler Ebene ein Diskurs um Umweltziele gestaltet werden könnte. Allerdings bedarf die Vorgehensweise einer Modifizierung. Denn die von der Enquete-Kommission vorgeschlagene Ableitung von akteursbezogenen Umwelthandlungszielen aus Umweltqualitätszielen ist zwar logisch, z.Z. aber auf regionaler Ebene wenig praktikabel, da sich auch Umweltqualitätsziele noch in der Entwicklung befinden[22]. In der Praxis wird man daher (zunächst) parallel vorgehen und die Ziele immer wieder überprüfen und anpassen müssen.

Stoffströme veranlaßt, läuft auf das berühmte „Henne oder Ei"-Problem hinaus und ist einer Zielfindung nicht unbedingt zuträglich (vgl. Plinke et al., 1995, S. 34).
[22] S. hierzu z.B. Arbeitsgemeinschaft Umweltqualitätsziele, 1994; Dickhaut, 1996.

1.3 Zum „Standort" von EMAS auf regionaler Ebene

Wenden wir uns nun EMAS zu, so läßt sich feststellen, daß hiermit ein anspruchsvolles Instrument entwickelt wurde, das die naturwissenschaftliche-technische Sichtweise mit der regulativen Sichtweise verbinden helfen kann (s. Abbildung 3). Anschaulich läßt sich der „Standort" von EMAS auf der regionalen Ebene zusammenfassend als „Scharnier" für die Verbindung zwischen der quantitativen und der regulativen Sichtweise beschreiben. Neben den handlungsorientierten Elementen, insbesondere der Öffentlichkeitsorientierung durch die Umwelterklärung sowie der mit der Implementation des Umweltmanagementsystems angestrebten Stärkung der Eigenverantwortung und der ökologischen Bewußtseinsbildung zeichnen sich inzwischen mit den betrieblichen Input-Output-Analysen (bzw. Stoff- und Energiebilanzen) auch quantitative Instrumente ab, die in den ersten Diskussionsrunden noch vom „Checklisten-"Denken des compliance-audit überprägt waren.

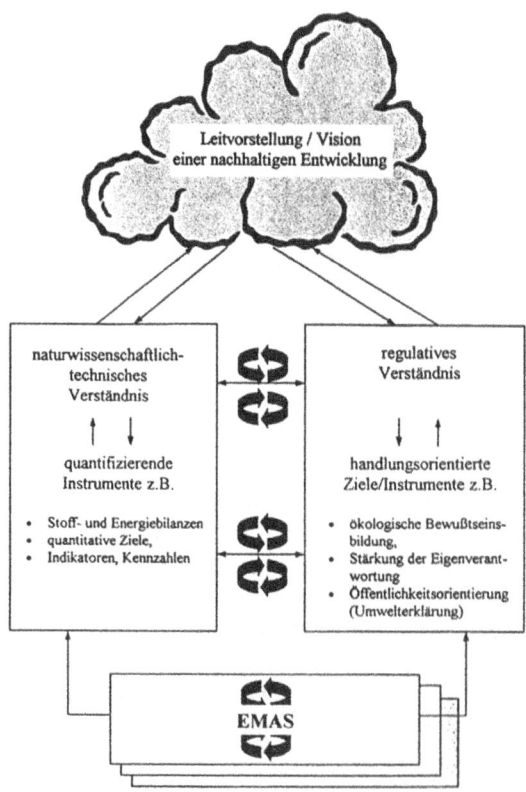

Abb. 3. EMAS als Scharnier für nachhaltige Entwicklungsstrategien

Damit ergeben sich besonders auf der regionalen Ebene Potentiale im Hinblick auf die Gestaltung nachhaltiger Entwicklungsprozesse, die zumindest in der bundesdeutschen Diskussion noch nicht hinreichend beachtet werden - möglicherweise wirkt das Denken in ordnungsrechtlichen Kategorien noch zu „nachhaltig". Jedoch könnte EMAS - bei einer entsprechenden Ausgestaltung - ein wichtiger Impulsgeber für die notwendige Umgestaltung bisher nicht nachhaltiger Wirtschaftsweisen sein.

Dies sei im folgenden anhand einiger Aspekte skizziert, die eine fördernde bzw. hemmende Wirkung im Diskurs um regionale Nachhaltigkeitsstrategien vermuten lassen. Neben den quantifizierenden und handlungsorientierten Aspekten werden in Tabelle 1 zusätzlich solche Aspekte aufgeführt, die sich aus der Umsetzung bzw. dem Verfahren an sich ergeben.

Tabelle 1. Stärken und Schwächen von EMAS auf dem Weg zu einer nachhaltigen Entwicklung [Erläuterungen zu den Ziffern im Text]

	quantifizierende Aspekte	handlungsorientierte Aspekte	Umsetzung/ Verfahren
Stärken	- Erfassung der betrieblichen Stoff- u. Energieflüsse [1] - Indikatoren, Kennzahlen - quantitative Ziele	- ökologische Bewußtseinsbildung - Stärkung der Eigenverantwortung - Öffentlichkeitsorientierung (Umwelterklärung)	- Verbreitung der „besten Praktiken" des Umweltmanagements [5] - kontinuierliche Verbesserung der Umweltleistung [6]
Schwächen	- Kompatibilität mit internationalen, nationalen Indikatoren [2]	- mittel-langfristiger Lernprozess [7]	- aus ökologischer Sicht derzeit kaum „Standort"bezug [8] - vorwiegende Ausrichtung auf Produktionsprozesse [9]
	- noch geringe Beteiligung klein- und mittelständischer Unternehmen [3] - Begrenzung auf Sektoren [4]		

1.3.1 EMAS als Baustein regionaler Stoff- und Energiebilanzen

Den ökologischen Grundregeln entsprechend wird die Analyse und Kontrolle der regionalen Stoff- und Energieströme künftig eine wesentliche Rolle bei der Gestaltung nachhaltigerer Entwicklungsstrategien spielen. Bisher fehlt hierfür aber geeignetes Informationsinstrumentarium. Als „neue" Instrumente gerieten in diesem Kontext insbesondere regionale Stoff- und Energiebilanzen ins Blickfeld, wie sie schon Ende der 80er Jahre von Hofmeister (1989)[23] vorgezeichnet wurden. Zur Erlangung optimaler Informationsgewinne wurde ein zweistufiges Implementationsverfahren vorgeschlagen (vgl. Hofmeister und Hübler, 1990, S. 70):

– In einem ersten Schritt die Erstellung regionaler, stoffbezogener Bilanzen zur Abschätzung der Relevanz einzelner Stoffströme und
– in einem weiteren Schritt die sukzessive Verknüpfung mit prozeßbezogenen, betrieblichen Stoff- und Energiebilanzen zur Identifizierung regionaler Handlungsoptionen.

In der Praxis wurde dieses für die Regionalplanung skizzierte Konzept bisher nicht systematisch weiterverfolgt. Die Gründe hierfür liegen vermutlich zum einen in finanziellen, personellen und ideellen Restriktionen seitens der Regionalplanung, zum anderen aber v.a. auch in befürchteten Zugriffen auf privatwirtschaftliche Entscheidungssphären (vgl. Hofmeister und Hübler, 1990, S. 61ff).

Mit der in der EMAS-VO geforderten Offenlegung der betrieblichen Umweltauswirkungen ändern sich hier die Rahmenbedingungen erheblich. Im Zuge der Anwendung des EMAS-Verfahrens zeichnet sich ab, daß am Audit-System teilnehmende Unternehmen künftig kaum umhin kommen werden, die betrieblichen Stoff- und Energieströme systematisch zu erfassen und auszuwerten, um die Auswirkungen der unternehmerischen Tätigkeit auf die Umwelt beurteilen und ständig verbessern zu können. So enthalten beispielsweise sowohl die Leitfäden von Industrie- und Handelskammern (z.B. IHKV, 1995), als auch die Entwürfe der internationalen Normen zum Umweltmanagement (ISO/TC 207/SC 4, 1997)[24] entsprechende Hinweise zur sukzessiven Entwicklung betrieblicher Stoff- und Energiebilanzen (s. Tabelle 1 [1])[25].

In Verbindung mit den Ansätzen zur Weiterentwicklung der Umweltökonomischen Gesamtrechnung und den damit einhergehenden Material- und Energieflußrechnungen (s. z.B. Bringezu, 1995) scheint damit eine Entwicklung in die vorstehend skizzierte Richtung gestaltbar. Die betrieblichen Stoff- und Energiebilanzen fungieren dabei als Bindeglieder zu den nationalen Material- und Energieflußrechnungen („Makro-mikro-link") (vgl. BMU, 1996, S. 19f). Angesichts der globalen Dimension der Leitbildes der nachhaltigen Entwicklung bedarf es für die Umsetzung allerdings einer Standardisierung der betrieblichen Daten

---

[23] S. dazu auch vorbereitend: Bechmann et al., 1987 und zusammenfassend Hofmeister und Hübler, 1990.

[24] Im Rahmen der International Organization for Standardization (ISO) befaßt sich das Technical Committee (TC) 207 „Environmental Management" in 6 Unterausschüssen (subcommittees (SC) 1-6) und einer Arbeitsgruppe (WG 1) mit der Normierung des betrieblichen Managements. Für die Bewertung der betrieblichen Umweltleistung ist der Unterausschuß SC 4 „Environmental Performance Evaluation" zuständig.

[25] Die Ziffern in den eckigen Klammern beziehen sich auf die Zusammenstellung in Tabelle 1.

unter Berücksichtigung internationaler Indikatorenkonzepte [2]. Weiterführende Ansätze in diese Richtung sind möglicherweise von dem Projekt ECO-Integral zu erwarten, das den Aufbau eines Referenzmodells für ein dv-gestütztes Umweltmanagement zum Ziel hat (Krcmar et al., 1997).

Sowohl für die Erstellung einer validen Datenbasis als auch für die im folgenden skizzierten Potentiale für den Diskurs um regionale Umweltziele ist darüber hinaus eine möglichst breite Beteiligung am EMAS-Verfahren von Bedeutung. Dies impliziert die Erweiterung auf alle Sektoren[26] sowie insbesondere auch die Beteiligung der klein- und mittelständischen Unternehmen, die in der Regel das Gros der regionalen Wirtschaftsakteure ausmachen [3, 4].

1.3.2 EMAS als Impulsgeber für regionale Zielfindungsprozesse

Über vorstehend skizzierten quantitativen Aspekt hinaus besitzt EMAS besonders für den notwendigen Dialog um *regionale Nachhaltigkeitsziele* einen besonderen „Charme"[27].

Wie die vorangegangenen Ausführungen gezeigt haben, beschränken sich die konzeptionellen Ansätze derzeit v.a. auf den ökologischen Bereich (Umweltziele), während die ökonomische und soziale Dimension am konkreten Problemfall diskutiert werden soll. Hierfür schafft EMAS gute Voraussetzungen, denn durch die Standardisierung der „besten Managementpraktiken" [5] wird ein *allgemeines Grundgerüst* geschaffen, das in verschiedenen Bereichen Anwendung finden kann und somit bisherige Verständigungsbarrieren überbrücken hilft. Dies zeigt sich z.Z. besonders im Rahmen der Modellprojekte zum „Kommunalen Öko-Audit". Hier dokumentieren beispielsweise Erfahrungen aus Hessen und Baden-Württemberg[28], daß das betriebliche System prinzipiell auf Kommunen übertragbar ist. Dadurch kann es besonders im Rahmen der Lokalen Agenda 21-Prozesse dialogfördernd („man spricht eine gemeinsame Sprache") und strukturiend wirken. Entsprechende positive Schlüsse werden besonders aus dem baden-württembergischen Modellprojekt gezogen: „Das Öko-Audit erfüllt für Verwaltungen und Kommunen eine zentrale Anfordung der Agenda 21: die Integration von Umweltzielen in die Entscheidungsfindung auf der Politik-, Planungs- und Managementebene. Der gesamte Audit-Prozeß und besonders der Aufbau eines Umweltmanagementsystems bilden ein ideales Instrumentarium zur Umsetzung dieses zentralen Anliegens der Agenda 21" (Oelsner, 1997, S. 207).

Daneben bieten die am Audit-System teilnehmenden Unternehmen gute Voraussetzungen für den Diskurs um *regionale Umweltziele*, denn schon heute zeich-

---

[26] S. hierzu den Beitrag von Bentlage und Rieger im vorliegenden Buch.
[27] Wie sich ein Vertreter des niedersächsischen Umweltministeriums kürzlich (charmanterweise) zum Öko-Audit äußerte (Seminar zum Thema „Öko-Audit - ein neues umweltpolitisches Instrument", veranstaltet vom Institut für Landesplanung und Raumforschung der Uni Hannover am 22.01., 23.01., 29.01., 30.01.98).
[28] S. z.B. Friebel, 1997; Oelsner, 1997.

nen sie sich durch hohe Kooperationsbereitschaft aus[29]. Im Rahmen von EMAS sind Unternehmen bekanntlich dazu angehalten, ihre Umweltleistungen kontinuierlich zu verbessern [6]. Da Praxiserfahrungen zeigen, daß allein technische Innovationen zur Verbesserung der betrieblichen Produktionsprozesse bald ausgeschöpft sind[30], kann eine gewisse Aufgeschlossenheit gegenüber weitergehenden innovativen Ansätzen unterstellt werden, vorausgesetzt sie sind ökonomisch tragfähig. Auch wenn eine über die einzelbetriebliche Ebene hinausgehende Zieldiskussion sicher noch eines mittel- bis längerfristigen Lernprozesses zwischen allen Akteuren bedarf [7], kann EMAS aber helfen, die Weichen hierfür zu stellen.

Orientiert am eingangs skizzierten konzeptionellen Grundgerüst zur Zielfindung müßten Diskurse an den zwei komplementären Seiten ansetzen:

1. Von der wirkungsbezogenen Seite her muß die lokale Umweltsituation einbezogen werden (→ Umweltqualitätsziele).
   Durch eine verbesserte Kooperation mit den regionalen Umweltbehörden könnte dieses zudem auch für Unternehmen gewinnbringend für die Teilnahme am EMAS-Verfahren ausgestaltet werden („Win-Win"-Prinzip).
2. Von der akteursbezogenen Seite her müssen die Umwelthandlungsziele (idealerweise von der Prozeßorientierung zur Bedürfnisorientierung) erweitert werden.

1.3.2.1 Einbeziehung der lokalen Umweltsituation

Zur Beurteilung der Verbesserung des betrieblichen Umweltschutzes am jeweiligen Standort - wie es das erklärte Ziel von EMAS ist - reicht allein eine verbrauchsbezogene Beurteilung wie sie derzeit vorherrscht nicht aus [8]. Denn je nach Ausprägung der naturräumlichen Gegebenheiten, den Vorbelastungen und auch der Dauer der Einwirkung kann die gleiche Menge an Ressourcenverbrauch an verschiedenen Standorten sehr unterschiedliche Umweltauswirkungen hervorrufen[31]. Solange hier keine verbindlichen Zielvorgaben wie kritische Eintragsoder Konzentrationsraten o.ä. vorliegen (vgl. SRU, 1994, Tz 183ff), kann die Beurteilung der Umweltauswirkungen am Standort daher konsequenterweise nicht das einzelne Unternehmen allein leisten, sondern benötigt hierfür externen Beistand.

---

[29] Die folgenden Ausführungen begründen sich v.a. auf Gespräche mit Unternehmensvertretern sowie Vertretern der Industrie- und Handelskammer Hannover-Hildesheim, des Niedersächsischen Umwelt- und Wirtschaftsministeriums anläßlich eines Seminars am Institut für Landesplanung und Raumforschung der Uni Hannover (a.a.O.).

[30] Dies gilt umso eher, je höher das technologische Niveau des Unternehmens ist („Saustallkoeffizient").

[31] Die diskutierte Ausweitung des Standort-Begriffs auf den Organisations-Begriff ist insofern aus ökologischer Sicht nicht unproblematisch, was jedoch an dieser Stelle nicht weiter vertieft werden soll.

1 „Sustainable development" als Leitbild der EG-Öko-Audit-Verordnung

Diese Notwendigkeit wird sowohl in den Entwürfen der internationalen Guideline ISO 14031 zur „Environmental Performance Evaluation" (ISO/TC 207/SC 4, 1996 u. 1997), als auch daran angelehnt seitens des BMU und UBA bestätigt[32]. Neben der Erarbeitung betriebsinterner Indikatoren bzw. Kennzahlen[33] zur Beurteilung der Umweltleistung und des Umweltmanagements empfehlen letztere die Einbeziehung von Kennzahlen für die lokale/regionale Umweltsituation (Umweltzustandskennzahlen) (BMU und UBA, 1997, S. 7, S. 37f). Für die Entwicklung der Umweltzustandsindikatoren wird v.a. auf externe Zuständigkeiten und die lokalen und regionalen Behörden verwiesen (ISO/TC 207/SC 4, 1997, S. 13; BMU und UBA, 1997, ebd.).

Übertragen auf die deutsche Planungslandschaft und das eingangs skizzierte Grundgerüst zur Zielfindung entsprechen die „Umweltzustandskennzahlen" dem Bereich der wirkungsbezogenen Umweltqualitätsziele, wenngleich das Verständnis des BMU und UBA hier derzeit noch eher vom traditionellen technischen Umweltschutz geprägt ist und es daher im Sinne einer nachhaltigen Entwicklung noch einer Weiterentwicklung bedarf[34]. Ungeachtet dessen sind zur Umsetzung von EMAS folglich aber künftig auch die umweltrelevanten Planungen aufgerufen, entsprechende regionale Zielvorgaben für den Umweltzustand zu entwickeln (Umweltqualitätsziele) und diese idealerweise adressatenbezogen für besondere Problemfelder von branchentypischen Ressourceninanspruchnahmen zu spezifizieren. Dies gilt in besonderem Maße für die Landschaftsplanung mit ihren vorsorgeorienten Planungsansätzen. Insofern ist eine Kooperation zwischen Betrieben und den regionalen Umweltbehörden vorgezeichnet, dies wird aber von seiten der Umweltplanungen bisher kaum wahrgenommen.

So könnte EMAS aber auch für die (Weiter-)Entwicklung der wirkungsbezogenen Umweltqualitätsziele seitens der umweltrelevanten Planungen neue Impulse auslösen, denn bisher beschränkt sich die Kenntnis über betriebliche Produktionsprozesse allenfalls auf „Black Boxes", so daß stoffbezogene Qualitätsziele bisher kaum formuliert werden können[35]. Mit den Informationen über branchenspezifische Stoff- und Energieflüsse könnten daher in der regionalen Zusammen-

---

[32] Auch frühere betriebswirtschaftliche Arbeiten weisen in eine ähnliche Richtung (z.B. Böning, 1995).
[33] Während die Entwürfe zur ISO 14031 die Einbeziehung von „Indikatoren" empfehlen, schlagen das BMU und UBA sinngemäß die Entwicklung von „Kennzahlen" vor.
[34] Auf eine weitere begriffliche Differenzierung wird an dieser Stelle verzichtet, da auch der Bereich der Umweltzustandskennzahlen noch unklar definiert ist. Weiterführend siehe hierzu den Beitrag von Nagel und Schwan im vorliegenden Buch. Für den Bereich der Umweltqualitätsziele sei weiterführend beispielsweise auf Fürst et al., 1992 und die AG Umweltqualitätsziele, 1994 verwiesen. Anstelle des Kennzahlenbegriffs scheint an dieser Stelle jedoch die englische Terminologie „Indikator" geeigneter, da die Definition von Umweltqualitäten normativ ist, während es sich bei Kennzahlen um objektivsachliche Kategorien handelt (s. Beitrag von Nagel und Schwan im vorliegenden Buch).
[35] S. hierzu weiterführend Deutscher Rat für Landespflege, 1994.

schau auch die planerischen Vorgaben für Umweltqualitätsziele erheblich verbessert werden.

Ebenso könnte durch eine verbesserte Kooperation mit den regionalen Umweltbehörden ein Nutzen für die Beteiligung von Unternehmen am EMAS-Verfahren erwirtschaftet werden („Win-Win"-Strategie), denn besonders das Gros der klein- und mittelständische Unternehmen zeigt sich derzeit nicht zuletzt aus Kostengründen noch zurückhaltend. Für deren Motivation zur Teilnahme am EMAS-System scheint daher künftig eine problemorientierte Vorgehensweise von ausschlaggebender Bedeutung zu sein.

Ein entsprechendes Verständnis liegt auch den Entwürfen zur ISO 14031 zugrunde. Vorgeschlagen wird hier kein umfassendes, allgemeingültiges Indikatorenset, sondern im Vordergrund stehen Hinweise für die Auswahl problemspezifischer Indikatoren. Danach könnten Selektionskriterien z.B. betriebstypische Emissionen oder auch spezifische Umweltqualitäten der lokalen Umgebung sein. So wäre es z.B. denkbar, daß ein Unternehmen in einem Gebiet mit hoher Luftbelastung, aber einer guten Qualität der Oberflächengewässer den Betrachtungsschwerpunkt vornehmlich auf luftbezogene Indikatoren legt (ISO/TC 207/SC 4, 1996, S. 18ff; vgl. ISO/TC 207/SC 4, 1997, S. 12f, Anhang B). Ein solches Vorgehen ist auch aus ökologischer Sicht tragfähig, allerdings kann die Schwerpunkte nicht das Unternehmen allein setzen, sondern diese sind problemspezifisch aus der regionalen Situation heraus zu entwickeln und bedürfen daher der Hinzuziehung externen Sachverstands.

1.3.2.2 Erweiterung der Umwelthandlungsziele

Um bei den Diskussionen um akteursbezogene Umwelthandlungsziele nicht bei dem bekannten Dilemma „Alter Wein in neuen Schläuchen" stehen zu bleiben, müssen diese über die traditionelle, end-of-pipe-orientierte Emissions- bzw. Schadstoffkontrolle hinausgehen und sich zu den Quellen, also zum Input an natürlichen Ressourcen orientieren, wie es auch das Wuppertal-Institut als zukunftsfähige Handlungsmaxime propagiert (Bleischwitz und Loske, 1995). Hierfür werden mit den betrieblichen Input-Output- bzw. Stoff- und Energiebilanzen die geeigneten Analyseinstrumente bereitgestellt[36], jedoch sind EMAS in der längerfristigen Perspektive systembedingte Grenzen auferlegt.

Systemimmanent ist die vorwiegende Ausrichtung von EMAS auf den betrieblichen Produktionsprozeß [9]. Zwar ist die Einbeziehung von Produkten eingeschränkt vorgesehen, doch wird sie derzeit zumeist übersehen[37]. Wie beispielsweise Schneidewind (1994) und Minsch et al. (1996) anschaulich darlegen, reichen aber letztlich für den erforderlichen „ökologischen Umbau" der bisher nicht nach-

---

[36] Vgl. Kanning, 1996.
[37] Eine Diskussion, inwieweit eine Ausweitung beispielsweise auf den Produktbereich realisierbar und ökonomisch tragfähig wäre, würde den Rahmen dieses Beitrags sprengen.

haltigen Wirtschaftsweisen weder prozeß- noch produktorientierte ökologische Innovationen aus. Im Sinne des Nachhaltigkeitsgedanken sind darüber hinaus weitere ökologische Innovationen notwendig, die über Funktionsinnovationen bis hin zu bedürfnisorientierten Innovationen reichen müßten[38]. Sicher ist dies ein langer Weg und dem stehen viele Restriktionen sowohl von unternehmerischer, als auch von politischer Seite gegenüber (s. Minsch et al., 1996, S. 161ff). Sicher ist auch *ein* Instrument überfordert, dieser heute noch recht visionären Vorstellung Gestalt zu verleihen. Jedoch können gewisse Hoffnungen darein gesetzt werden, daß das ökologische Problembewußtsein von Unternehmen durch die Teilnahme am EMAS-Verfahren geschärft wird und damit der Weg für den Diskurs um regional tragfähige, nachhaltigere Entwicklungsperspektiven geebnet wird.

1.4 Ausblick

Im Sinne einer nachhaltigeren Entwicklung soll an dieser Stelle keine abschließende Zusammenfassung gegeben, sondern die Diskussion geöffnet werden, denn eines sollte deutlich geworden sein,

Sustainable Development is not a final destination, but a process"
(Schmidheiny, 1992, S. 63)

... und EMAS könnte helfen, den Weg in eine andere, nachhaltigere Richtung zu beschreiten. Jedoch bedarf es dafür Innovationen in allen gesellschaftlichen Bereichen und der Kooperation aller beteiligten Akteure, denn die

„*eigentlich neue Dimension ist hierbei die Vernetzungsproblematik*"
(SRU, 1996, Tz 10).

Literatur

Arbeitsgemeinschaft Umweltqualitätsziele (1994): Aufstellung kommunaler Umweltqualitätsziele, Anforderungen und Empfehlungen zu Inhalten und Verfahrenweise, Dortmund.

Atmatzidis, E., Behrendt, S., Helm, C., Knoll, M., Kreibich, R. und Nolte, R. (1995): Das Leitbild der nachhaltigen Entwicklung in der wissenschaftlichen und politischen Diskussion. UBA-Texte, Heft 43.

Bechmann, A., Hofmeister, S. und Schultz, S. (1987): Umweltbilanzierung - Darstellung und Analyse zum Stand des Wissens zu ökologischen Anforderungen an die ökonomisch-ökologische Bilanzierung von Umwelteinflüssen. UBA-Texte, Heft 5.

BfLR - Bundesforschungsanstalt für Landeskunde und Raumordnung (1996): Städtebaulicher Bericht. Nachhaltige Stadtentwicklung. Herausforderungen für einen ressourcenschonenden und umweltverträglichen Städtebau, Bonn.

---

[38] S. hierzu weiterführend auch Schneidewind et al., 1997.

Bleischwitz, R. und Loske, R. (Wuppertal Institut für Klima, Umwelt, Energie GmbH) (1995): Zukunftsfähiges Deutschland. Ein Beitrag zur global nachhaltigen Entwicklung. Endbericht. Wuppertal.

BMU - Bundesumweltministerium (1992): Konferenz der Vereinten Nationen für Umwelt und Entwicklung im Juni 1992 in Rio de Janeiro. -Dokumente-. Agenda 21. Umweltpolitik, Bonn.

BMU - Bundesumweltministerium (1996): Umweltpolitik. Umweltökonomische Gesamtrechnung. Zweite Stellungnahme des Beirats Umweltökonomische Gesamtrechnung, Bonn.

BMU - Bundesumweltministerium (1997): Teilnahme Deutschlands an der Testphase der CSD-Nachhaltigkeitsindikatoren (Informationsvermerk des BMU, Stand: Juni 1997), Bonn.

BMU und UBA - Bundesumweltministerium und Umweltbundesamt (1997): Leitfaden Betriebliche Umweltkennzahlen, Bonn, Berlin.

Böning, J. (1995): Methoden betrieblicher Ökobilanzierung, Marburg.

Bringezu, S. (1995): Neue Ansätze der Umweltstatistik. Ein Wuppertaler Werkstattgespräch. Wuppertal Texte, Wuppertal.

Bundesregierung (1997): Auf dem Weg zu einer nachhaltigen Entwicklung in Deutschland, Bonn.

Daly, H.E. (1992): Sustainable Growth? No Thank You, Resurgence, No. 153, July-August, 8-10.

Deutscher Rat für Landespflege (1994): Ökologische Umstellungen in der industriellen Produktion - Steuerung von Stoffströmen zur Sicherung des Naturhaushaltes. In: Deutscher Rat für Landespflege: Ökologische Umstellungen in der industriellen Produktion. Schriftenreihe des Deutschen Rates für Landespflege, Heft 65, Meckenheim, S. 5-38.

Dickhaut, W. (1996): Möglichkeiten und Grenzen der Erarbeitung von Umweltqualitätszielkonzepten in kooperativen Planungsprozessen - Durchführung und Evaluierung von Projekten - Dissertation am Fachbereich 13 der TH-Darmstadt. Schriftenreihe WAR, Heft 94, Darmstadt.

Diefenbacher, H., Karcher, H., Stahmer, C. und Teichert, V. (1997): Nachhaltige Wirtschaftsentwicklung im regionalen Bereich. Ein System von ökologischen, ökonomischen und sozialen Indikatoren. Texte und Materialien der FEST, Reihe A, Heft 42, Heidelberg.

van Dieren, W. (1995): Mit der Natur rechnen. Der neue Club-of-Rome-Bericht: Vom Bruttosozialprodukt zum Ökosozialprodukt, Basel, S. 121.

EG-Kommission der Europäischen Gemeinschaften (1992): "Für eine dauerhafte und umweltgerechte Entwicklung - Fünftes Umweltaktionsprogramm der EG" KOM (92) 23/II endg. Brüssel.

Enquete - Kommission "Schutz des Menschen und der Umwelt" (1993): Verantwortung für die Zukunft - Wege zum nachhaltigen Umgang mit Stoff- und Materialströmen. Zwischenbericht, BT-Drs. 15/5812 v. 30.09.93, Bonn.

Enquete - Kommission "Schutz des Menschen und der Umwelt" des 13. Bundestages (1997): Konzept Nachhaltigkeit: Fundamente für die Gesellschaft von morgen; Zwischenbericht. Zur Sache, Heft 1, 1997, Bonn.

Enquete - Kommission "Schutz des Menschen und der Umwelt" des Bundestages (1994): Die Industriegesellschaft gestalten. Perspektiven für einen nachhaltigen Umgang mit Stoff- und Materialströmen, Bonn.

EWG 1993 - Verordnung (EWG) Nr. 1836/93 des Rates v. 29. Juni 1993 über die freiwillige Beteiligung gewerblicher Unternehmen an einem Gemeinschaftssystem f. d. Umweltmanagement u. d. - Umweltbetriebsprüfung (Öko-Audit-VO) vom 29.06.93, i.d.F. vom 10.07.93. Amtsblatt der Europäischen Gemeinschaften 36.

Forum Umwelt & Entwicklung (1997): Wie zukunftsfähig ist Deutschland? Entwurf eines alternativen Indiaktorensystems. Werkstattbericht des AK Indikatoren des Forums Umwelt & Entwicklung, Bonn.

Friebel, M. (1997): Erfahrungen aus Pilotprojekten des Dienstleistungsbereiches. In: Hessische Landesanstalt für Umwelt (HLfU): Öko-Audit im öffentlichen Dienstleistungsbereich. Vorträge der Fortbildungsveranstaltung vom 14. Oktober 1997 in Friedberg, Kap. I, 1-12. Umweltplanung, Arbeits- und Umweltschutz, Heft 241,Wiesbaden.

Friends of the earth Netherland (Milieu Defensie) / Institut für sozial-ökologische Forschung (Hrsg) (1994): Sustainable Netherlands - Aktionsplan für eine nachhaltige Entwicklung der Niederlande, Frankfurt.

Fürst, D. (1997): Der Agenda 21-Prozeß als Koordinations- und Kooperationsproblem. In: Wöhler, K. et al. (Hrsg.): Tourismusjournal. Zeitschrift für tourismuswissenschaftliche Forschung und Praxis, 1. Jg., Heft 1, 1997, S. 117-128.

Fürst, D., Kiemstedt, H. und Gustedt, E. et al. (1992): Umweltqualitätsziele für die ökologische Planung. UBA-Texte 37/92.

Gawel, E. (1996): Neoklassische Umweltökonomie in der Krise? Kritik und Gegenkritik. In: Köhn, J. und Welfens, M.J. (Hrsg.): Neue Ansätze in der Umweltökonomie. Marburg, S.45-88.

Grießhammer, R. (1994): Konzepte für die Stoffdealer. Endbericht der Chemie-Enquete-Kommission. Öko-Mitteilungen, Heft 4, 1994, S.22-23.

Gustedt, E. und Kanning, H. (1998): Fünf Jahre nach Rio - Facetten einer Vision und deren Umsetzungsproblematik. www.laum.uni-hannover.de/ilr/veroef/5j_rio.html; Raumforschung und Raumordnung (in Vorbereitung).

Haber, W. (1994): „Sustainability" und „Sustainable Development" ökologisch kommentiert. In: Akademie für Raumforschung und Landesplanung (ARL): Dauerhaft, umweltgerechte Raumentwicklung. Arbeitsmaterialien, Nr. 212, Hannover, S. 156-187.

Hauff, V. (1987): Unsere gemeinsame Zukunft, Bericht der Weltkommission für Umwelt und Entwicklung, deutsche Fassung. Greven.

Hofmeister, S. (1989): Stoff- und Energiebilanzen. Zur Eignung des physischen Bilanz-Prinzips als Konzeption der Umweltplanung. Schriftenreihe des Fachbereichs Landschaftsentwicklung, Heft 58.

Hofmeister, S. und Hübler, K.-H. (1990): Stoff- und Energiebilanzen als Instrument der räumlichen Planung, Hannover.

ICLEI - Erdmenger, C., Otto-Zimmermann, K. und Dette, B. (1996): Demonstrationsvorhaben Kommunale Naturhaushaltswirtschaft. Endbericht Phase I an die DBU, Teil 1, Freiburg.

IHKV - Vereinigung der niedersächsischen Industrie- und Handelskammer (1995): Öko-Audit. Ein Leitfaden für Unternehmen zur Teilnahme am EU-Umweltmanagement- und Betriebsprüfungssystem, Hannover.

ISO/TC 207/SC 4 (1996): Committee Draft ISO/CD 14031.1 "Environmental management - Environmental performance evaluation - Guideline" v. 5.12.96, Stockholm.

ISO/TC 207/SC 4 (1997): Committee Draft ISO/CD 14031.2 "Environmental management - Environmental performance evaluation - Guidelines", Kyoto.

Jüdes, U. (1997): Nachhaltige Sprachverwirrung. Auf der Suche nach einer Theorie des Sustainable Development. In: Busch-Lüty, Ch., Dürr, H.-P. und Langer, H. (ökom Gesellschaft für Ökologische Kommunikation mbH - Hrsg.): Geduldspiel Nachhaltigkeit. Agenda 21 als Leitfaden für das nächste Jahrhundert. Politische Ökologie, Heft 52, München, S. 26-29.

Kanning, H. (1996): Räumliche und ökologische Aspekte der technischen Infrastrukturplanung - zukünftige Aufgaben der Regionalplanung und die Bedeutung des Öko-Audits. In: Institut für Regionalentwicklung und Strukturplanung (IRS): „Ökologische Raumplanung II". Umweltorientiertes Infrastrukturmanagement in Kommune und Region, Erkner, S. 23-33.

Krcmar, H., Wagner, B., Fischer, H., Seifert, E.K. et al. (1997): ECO-Integral-Referenzmodell für DV-gestütztes betriebliches Umweltmanagement. IdU-news, Heft 10, S.1-4.

Mayer, J. (1995): Initiativen für eine nachhaltigere Entwicklung in Niedersachsen. Die Agenda 21 auf lokaler und regionaler Ebene. Loccumer Protokolle, Heft 55, Rehburg-Loccum.

Meadows, D.H. und D.L., Randers, J. (1992): Die Neuen Grenzen des Wachstums, die Lage der Menschheit: Bedrohung und Zukunftschancen, Stuttgart.

Minsch, J., Eberle, A., Meier, B. und Schneidewind, U. (1996): Mut zum ökologischen Aufbau. Innovationsstrategien für Unternehmen, Politik und Akteure, Basel, Boston, Berlin.

Oelsner, G., 1997: Modellprojekt Kommunales Öko-Audit Baden-Württemberg. uvp-report, Heft 4+5, S. 204-207.

Peters, U., Sauerborn, K., Spehl, H., Tischer, M. und Witzel, A. (1996): Nachhaltige Regionalentwicklung - ein neues Leitbild für eine veränderte Struktur- und Regionalpolitik, Trier.

Plinke, E., Kämpf, K., Schulz, J. und Meckel, H. (Prognos) (1995): Erfassung von Stoffströmen aus naturwissenschaftlicher und wirtschaftswissenschaftlicher Sicht zur Schaffung einer Datenbasis für die Entwicklung eines Stoffstrommanagements.

Rees, W.E. und Wackernagel, M. (1992): Ecological footprints and appropriated carrying capacity: Measuring the natural capital requirements of the human economy (revised draft). Contribution to the Second Meeting, Stockholm.

Renn, O. und Kastenholz, H.G. (1996): Ein regionales Konzept nachhaltiger Entwicklung. GAiA, Ecolgical Perspektives in Science, Humanities and Economics, Heft 5, S. 86-102.

Rennings, K. (1994): Indikatoren für eine dauerhaft-umweltgerechte Entwicklung. Materialien zur Umweltforschung, Heft 24, Stuttgart.

Schmidheiny, S. (1992): Öko-Effizienz und Weitsichtigkeit. Unternehmerische Herausforderungen für eine nachhaltige Entwicklung. Politische Ökologie, Sonderheft 4.

Schmidt-Bleek, F. (1993): Wieviel Umwelt braucht der Mensch ? MIPS - Das Maß für ökologisches Wirtschaften, Berlin.

Schneidewind, U. (1994): Mit COSY (Company Oriented Sustainability) Unternehmen zur Nachhaltigkeit führen. IWÖ-Diskussionsbeitrag, Heft 15.

Schneidewind, U., Hummel, J. und Belz, F. (1977): Wettbewerbsgerechtes und nachhaltiges Umweltmanagement: Von der Vision zur Transformation - Initiierung ökologischer Wandlungsprozesse durch COSY-Workshops. IWÖ-Diskussionsbeitrag, Heft 43.

Serageldin, I. (1993a): Making development sustainable. Finance and Development Nr. 30/4/93, S. 6-10.

Serageldin, I. (1993b): Development partners: Aid and cooperation in the 1990s, SIDA, Stockholm.
Spangenberg, J.H. (1996): Welche Indikatoren braucht eine nachhaltige Entwicklung? In: Köhn, J. und Welfens, M.J. (Hrsg.): Neue Ansätze in der Umweltökonomie, Marburg, S. 203-226.
Spehl, H. (1995): Nachhaltige Regionalentwicklung - ein neuer Ansatz für das Europa der Regionen. In: Gahlen, B. et al. (Hrsg.): Standort und Region, Wirtschaftswissenschaftliches Seminar Ottobeuren, Bd. 24, S. 307-330.
SRU - Der Rat von Sachverständigen für Umweltfragen (1994): Umweltgutachten 1994, Stuttgart.
SRU - Der Rat von Sachverständigen für Umweltfragen (1996): Umweltgutachten 1996, Stuttgart.
Tisdell, C.A. (1993): Economics of environmental conservation, Amsterdam.
UBA - Umweltbundesamt (o.J.): Jahresbericht 1995, Berlin.
UBA - Umweltbundesamt (1997): Nachhaltiges Deutschland. Wege zu einer dauerhaft umweltgerechten Entwicklung, Berlin.
UN - United Nations Department for Policy Coordination and Sustainable Development (1996): Workprogramme on Indicators of Sustainable Development ot the Commission on Sustainable Development.

2 Die Entstehungsgeschichte des Umwelt-Audit

Annett Baumast

Vielfach wird angenommen, daß die Europäischen Gemeinschaften mit der Entwicklung der sog. EG-Öko-Audit-Verordnung das Umwelt-(oder Öko-)Audit erst geschaffen haben. Doch schon lange bevor die ersten Überlegungen für eine solche Verordnung bei der EG angestellt wurden, hatte sich das Umwelt-Audit als gut funktionierendes Instrument im betrieblichen Umweltschutz erwiesen - in den USA wie auch im europäischen Raum. Seit inzwischen mehr als zwanzig Jahren greifen Unternehmen aus unterschiedlichen Motiven auf dieses Instrument zurück, um ihren betrieblichen Umweltschutz voranzutreiben.

2.1 Das Umwelt-Audit wurde nicht in Europa erfunden - back to the roots

2.1.1 „Silent Spring" und weitere prägende Entwicklungen in Nordamerika

Als im Jahre 1962 das Buch „Silent Spring" von Rachel Carson[1] in den Vereinigten Staaten von Amerika erschien, waren die hierdurch ausgelösten heftigen Reaktionen ein erstes Anzeichen, das auf eine allgemeine Umorientierung in der Denk- und Handlungsweise der Menschen in Bezug auf anthropogen verursachte Umweltveränderungen hindeutete.

Eine Dekade später waren es „Die Grenzen des Wachstums" (Meadows et al., 1972), ein Bericht an den Club of Rome, die auf den Konflikt zwischen wirtschaftlichem Wachstum und natürlicher Umwelt hinwiesen.

Offenkundig gewordene Umweltverschmutzungen und ökologische Katastrophen taten ein übriges, um Ende der sechziger, Anfang der siebziger Jahre sowohl die Öffentlichkeit als auch die Fachwelt in den USA für die Dringlichkeit ökologischer Probleme zu sensibilisieren. Insektizide sorgten bereits in den sechziger Jahren für globale Schwierigkeiten; Seveso und Bophal sind Synonyme für anthropogen verursachte Umweltkatastrophen geworden. In den USA führte nicht

---

[1] Die deutsche Ausgabe „Der stumme Frühling" ist 1968 erschienen. Vgl. Carson, R. (1968).

zuletzt folgender Vorfall dazu, daß dem Umweltbereich auf einer unternehmerischen Ebene von heute auf morgen größere Beachtung zuteil wurde: 1975 wurden bei Mitarbeitern der *Allied Chemical Corporation* in Hopewell, Virginia, die dem *Allied-Signal* Konzern angehört, Gesundheitsschäden diagnostiziert, die von dem Pestizid Kepone, mit dem die Arbeiter an ihrem Arbeitsplatz in Berührung kamen, herrührten. Im Zuge einer daraufhin eingeleiteten Schwachstellenanalyse im Unternehmen stellte man zudem fest, daß neben diesem Pestizid zwei weitere Polymere ohne Wissen des obersten Management im angrenzenden James River entsorgt wurden (Würth, 1993, S. 100). Als Konsequenz aus diesen Ereignissen nahm *Allied-Signal* auf Seiten der Industrie eine Pionierrolle ein, auf die im folgenden noch näher eingegangen wird.[2]

2.1.2 Die nordamerikanische Umweltschutzgesetzgebung

Ein weiterer Ausdruck des sich ändernden Umweltbewußtseins in den USA war die sprunghafte Zunahme von Gesetzesbeschlüssen im Bereich des Umweltschutzes. So wurde 1969 der *National Environmental Policy Act* (NEPA) vom US Kongreß verabschiedet, der sich auf große staatliche Aktivitäten (z.B. Vorschläge, Genehmigungen und Gesetze) mit möglichen signifikanten Auswirkungen auf die Umwelt bezieht. Nach diesem Gesetzesbeschluß führten sowohl die USA als auch Kanada die Umweltschutzgesetzgebung als nationale Angelegenheit weiter, die bundesstaatlichen bzw. provinziellen Gesetzgebungsbestrebungen übergeordnet war.

In relativ rascher Folge wurden daraufhin grundlegende Umweltschutzgesetze in den USA erlassen, die in der folgenden Tabelle zusammengefaßt sind:

Tabelle 1. Umweltschutzgesetze in den USA[3]

Jahr	Gesetz
1970	Clean Air Act (CAA)
1972	Clean Water Act (CWA)
1976	Resource Conservation and Recovery Act (RCRS)
1978	Toxic Substances Control Act (TSCA)
1980	Comprehensive Environmental Response, Compensation, and Liability Act (CERCLA oder Superfund)
1986	Superfund Amendment and Reauthorization Act (SARA)
1991	Novellierung des CAA

---

[2] Vgl. Kapitel 2.1.3.
[3] Quelle: Würth, S. (1993), S. 103.

Die in den siebziger Jahren verabschiedeten Gesetze zielen auf das Verhalten von Industrieunternehmen und sehen erhebliche Geldstrafen- bzw. Bußgeldregelungen vor. So wurde beispielsweise der *Exxon* Konzern zu einer Geldstrafe von 100 Mio. US$ und *Texaco* zu einer Zahlung von 21 Mio. US$ verurteilt (Arthur D. Little, 1992, S. 54; für weitere Beispiele s. Cahill, 1996, S. 9 ff.).

1980 wurde der *Comprehensive Environmental Response, Compensation, and Liability Act* (CERCLA oder Superfund) verabschiedet, der die vorher nicht berücksichtigten Altlasten[4] einbezieht. Potentiell verantwortliche Parteien sind nach diesem Gesetz u. a.:

- zum Zeitpunkt der Verursachung des Umweltproblems tätige ehemalige Eigentümer oder Betreiber einer Anlage;
- derzeit tätige Eigentümer oder Betreiber (die nicht mit der Verursachung des Umweltproblems in Verbindung stehen müssen) (Würth, 1993, S. 104).

Diese bereits sehr strikte Gesetzgebung im Bereich der Altlasten, die es ermöglicht, auch an dem eigentlichen Belastungs- bzw. Verschmutzungsvorgang völlig unbeteiligte Parteien zur Rechenschaft zu ziehen, wurde sechs Jahre später durch den *Superfund Amendment Act and Reauthorization Act* (SARA) weiter verschärft. Nach dieser Gesetzesänderung sind die jeweiligen Eigentümer kontaminierter Standorte für deren Dekontamination verantwortlich, wobei von den Umständen ihrer Eigentümerschaft abstrahiert und eine verschuldensunabhängige Haftung angenommen wird. Sie sind dementsprechend auch dann haftbar zu machen, wenn sie beim Erwerb keine Kenntnis von der Kontamination des betreffenden Standortes hatten. Die einzige Ausnahme, die den Käufer nach CERCLA von einer Haftung entbindet, ist die Durchführung einer umfassenden Risikoanalyse, bevor er den Kauf tätigt (Bartsch, 1995, S. 14ff.). Die Novellierung des CERCLA enthält des weiteren die Verpflichtung für Unternehmen, die Daten über ihre gesamten Emissionen der Öffentlichkeit zugänglich zu machen.

Im selben Jahr, 1986, hat die US-amerikanische Umweltschutzbehörde (US Environmental Protection Agency - EPA) in einer Erklärung das Konzept eines Umwelt-Auditing unterstützt (EPA, 1986, S. 25004-10). Ein Konzept, das bis zu diesem Zeitpunkt durch die Aktivitäten der Industrie im Bereich des betrieblichen Umweltschutzes entstanden war.

2.1.3 Die Industrie als Vorreiter

Auf Druck der Öffentlichkeit und durch die immer schärfer werdende Umweltgesetzgebung in den USA wurde es für Unternehmen der Industrie (teilweise überlebens-)notwendig, sich mit Umweltschutz auf einer betrieblichen Ebene zu beschäftigen. Das negative Bild der Industrie als Umweltverschmutzer sollte besei-

---

[4] Unter Altlasten werden hier kontaminierte Standorte verstanden. Vgl. dazu Heinrich, D. und Hergt,M. (1990), S. 215.

tigt werden, und so wurde nach Maßnahmen gesucht, die nicht nur den Unternehmen ein positives Image verleihen, sondern vor allem vor gesetzlichen Verstößen im Umweltbereich schützen sollten.

Die bereits unter 2.1.1 geschilderten Vorkommnisse bei *Allied-Signal* im Jahre 1976 dokumentieren die Ausgangssituation der Entstehung eines wichtigen Instruments im betrieblichen Umweltschutz: Des Umwelt-Audit. Daß *Allied-Signal* nicht das alleinige Urheberrecht beanspruchen kann, verdeutlichen die weiteren Ausführungen. Lediglich die Öffentlichkeitswirksamkeit des Gesundheitsskandals in Hopewell, Virginia lenkt das Augenmerk zunächst auf dieses Unternehmen.

Bei *Allied-Signal* wird seit der erstmaligen Durchführung einer Schwachstellenanalyse im Umweltbereich des Unternehmens regelmäßig ein Audit-Programm vom *Corporate Health, Safety and Environmental Science Department* durchgeführt. Das *Health, Safety and Environmental Surveillance Program* wird von drei hauptamtlichen Auditoren betreut. Mindestens einer dieser Auditoren ist Mitglied eines Audit-Teams, welches für die Durchführung der Audits zuständig ist. Des weiteren arbeiten externe Berater und bei Bedarf Umweltspezialisten aus einer anderen Abteilung am Audit mit (Arthur D. Little, 1991, S. 37ff.).

Das Ziel eines solchen Umwelt-Audit ist die Bereitstellung von Informationen über die Einhaltung gesetzlicher und betrieblicher Bestimmungen im Umweltschutz für das oberste Management. Die externe Beratung sorgt für die Verifizierung der ermittelten Daten. Die Verantwortlichen des Umweltmanagement leiten aus den bereitgestellten Informationen Schlüsse über das Umweltverhalten im Unternehmen ab, und das Linienmanagement bei *Allied-Signal* erhält durch das Umwelt-Audit Unterstützung in Umweltbelangen (Arthur D. Little, 1991, S. 51).

Mit dieser Darstellung ist die klassische und ursprüngliche Form des *Umwelt-Audit*, wie es in den siebziger Jahren in der US-amerikanischen Industrie entwickelt wurde, beschrieben: Das sogenannte *compliance auditing* im Rahmen eines *internen Audits*.

Bevor weitere Beispiele aus der amerikanischen Industrie dargestellt werden, soll auf diese Begriffe zunächst vertieft eingegangen werden. Förschle et al. (1994) bezeichnen *Umwelt-Audits* als eine „periodisch stattfindende, systematisch durchgeführte Bestandsaufnahme" sowie „Prüfungen des Umweltschutzes im Unternehmen". Unterschiedliche Prüfungsbereiche eines Umwelt-Audit sind das *compliance audit*, in dessen Rahmen überprüft wird, ob die umweltrelevanten gesetzlichen Vorschriften eingehalten werden, das *environmental management system audit*, welches betriebliche Umweltmanagementsysteme auf ihre Funktionsfähigkeit hin untersucht und schließlich das *performance audit*, das prüft, ob betriebliche Leistungswerte und Zielvorgaben eingehalten werden (Förschle et al., 1994, S. 1093).

Allied-Signal und auch die Aktivitäten in anderen amerikanischen Industriebetrieben beschränkten sich (noch) auf das *compliance audit*, das vor allem die Funktion eines Schutzes vor Gesetzesübertretungen im Umweltbereich erfüllen sollte, um auf diese Weise Forderungen aus Haftungsansprüchen vorzubeugen.

Des weiteren grenzen Förschle et al. (1994) das *interne Audit* vom externen ab: Sie sehen interne Audits als Instrument zur Informationsbereitstellung für das Management, was sich mit den Audit-Zielen von *Allied-Signal* ebenfalls deckt. Zu betonen ist außerdem die Durchführung dieser Audits durch Mitarbeiter bzw. Mitarbeiterinnen des Unternehmens, eventuell mit der Hilfe einer externen Beratung, die einer gewissen „Betriebsblindheit" entgegenwirken und die Ergebnisse verifizieren sollen. Bei *externen Audits* hingegen werden für die Durchführung bzw. für die Überprüfung eines erfolgten Audit vom Unternehmen völlig unabhängige Auditoren beauftragt. Sie gründen zudem meist auf gesetzliche Vorgaben, d.h. entschließt sich ein Unternehmen für ein Umwelt-Audit nach einer solchen Vorlage, ist es an die gesetzlichen Anforderungen gebunden. Ein weiteres wichtiges Merkmal externer Umwelt-Audits ist die Öffnung der Unternehmen nach außen, also die Bereitstellung von Informationen über den betrieblichen Umweltschutz für die Öffentlichkeit (Förschle et al., 1994, S. 1093).

Als Ergänzung zur Darstellung der Aktivitäten von *Allied-Signal* sollen im folgenden zwei weitere Beispiele amerikanischer Firmen, die in den siebziger Jahren Umwelt-Audits eingeführt haben, vorgestellt werden.

Die *Olin Corporation*[5] führte 1978 ein Umwelt-Audit-Programm in ihrem Unternehmen ein, das sich auf ihr laufendes Umweltverhalten bezog. Die Gründe dafür waren einerseits die ständig zunehmende Zahl von Gesetzen und Vorschriften im Umweltbereich, andererseits die Entdeckung, daß in dem Unternehmen Angestellte falsche Informationen an das obere Management und auch an die Behörden weitergegeben hatten. Das Umwelt-Audit-Programm sollte die Einhaltung sämtlicher für das Unternehmen relevanter Umweltgesetze sowie deren Kontrolle sicherstellen und Rückmeldungen an das Management liefern. Das Umwelt-Audit hat sich in der *Olin Corporation* etabliert und wird seither jährlich durchgeführt (Cutler, 1984, S. 3-99ff.).

Bereits 1972 hat *General Motors (GM)*, ein Konzern der Automobilbranche, ein Umwelt-Audit-Programm eingeführt. Dieses Programm soll sicherstellen, daß Umweltprobleme in den einzelnen Niederlassungen des Konzerns richtig erfaßt werden und daß über sie an die Geschäftsleitung korrekt berichtet wird. Zudem sollen mit Hilfe des Programms Schwachstellen im Umweltbereich aufgedeckt und Verbesserungsmaßnahmen entwickelt und durchgeführt werden. Eine Schulung des Betriebspersonals ist ebenfalls in diesem Audit-Programm enthalten. Die Umwelt-Audits werden von GM Mitarbeitern durchgeführt und vertraulich behandelt. Dies begründet GM mit einer höheren Effektivität bei der Bewertung eigener Umweltleistungen (General Motors, 1994, S. 25). Ziel dieser Aktivitäten ist es, die Einhaltung sämtlicher Umweltbestimmungen und Umweltgesetze sowie aller *General Motors* Standards zu gewährleisten und Risiken im Umweltbereich vorzubeugen. Die Schwerpunkte hat *General Motors* u.a. auf die Bereiche Luft- und Wasserqualität, Abfallmanagement und den Transport gefährlicher Güter gelegt. Der zu Beginn des Umwelt-Audit-Programms eingeführte vierjährige

---

[5] Die Olin Corporation ist der Chemie- bzw. Metallindustrie zuzuordnen.

Zyklus der Audits in allen Herstellungsbetrieben in den USA und Kanada wird zur Zeit überprüft und im Zuge von Verbesserungsmaßnahmen auf eine kürzere Zykluslänge herabgesetzt (General Motors, 1994, S. 25).

Allied-Signal, Olin und *General Motors* sind nur drei von vielen Unternehmen in den USA, die in den siebziger Jahren Umwelt-Audits eingeführt haben, um einerseits dem öffentlichen Druck nach Berücksichtigung von Umweltschutzaspekten im betrieblichen Bereich und andererseits dem immer stärker steigenden Anspruch der Umweltgesetzgebung in den USA gerecht zu werden und sich vor Haftungsansprüchen aus Umweltverschmutzungen bzw. -zerstörungen zu schützen (Förschle et al, 1994, S. 1093; Hemmelskamp et al., 1994, S. 201).

Doch nicht nur die Umweltschutzgesetzgebung und die Industrie - und diese durchaus maßgeblich - haben auf die Entwicklung des Umwelt-Audit in den USA Einfluß genommen. Auch andere Organisationen haben zur Evolution dieses Instruments im Bereich des betrieblichen Umweltschutzes beigetragen.

2.1.4 Sonstige Aktivitäten in Nordamerika

2.1.4.1 Securities and Exchange Commission (SEC)

Als staatliche Wertpapier- und Börsenaufsichtskommission, welche die Aufgabe hat, die Öffentlichkeit bei finanziellen Transaktionen zu schützen, beeinflußt die *Securities and Exchange Commission (SEC)* sehr stark die US-amerikanischen Grundsätze zur Rechnungslegung und Prüfung (Würth, 1993, S. 106).

Seit 1971 fordert die SEC, daß von Aktiengesellschaften in den USA öffentlich über Umweltschutzaspekte in ihrem Unternehmen berichtet wird, falls sich aus diesen stärkere finanzielle Folgen ergeben können (Bartsch, 1995, S. 14). Diese Forderung korrespondierte mit der sich verschärfenden Umweltgesetzgebung und war für die Unternehmen ein weiterer Anlaß, Umwelt-Audits durchzuführen, da mit deren Hilfe die geforderten Informationen ermittelt und an die SEC weitergegeben werden können.

2.1.4.2 U.S. Environmental Protection Agency (U.S. EPA)

1970 wurde vom US-Kongreß die auf Bundesebene zuständige Umweltbehörde *U.S. Environmental Protection Agency (U.S. EPA)* gegründet, deren Aufgabe es ist, die menschliche Gesundheit und die Umwelt vor Risiken, die durch die zunehmende Umweltverschmutzung entstehen, zu schützen (Würth, 1993, S. 107).

Im Laufe der Jahre hat die EPA verschiedene Maßnahmen eingeleitet, um Umwelt-Audits in ihrer Arbeit zu berücksichtigen. Der erste Versuch Mitte der siebziger Jahre schlug fehl: Die Umweltbehörde zog in Erwägung, Auditoren zuzulassen, welche die Einhaltung von Umweltprogrammen im Bereich Wasser unterstützen sollten. Nicht zuletzt die hohen Kosten, die für die Akkreditierung der Auditoren auf die EPA zugekommen wären, schreckten diese von der Durchführung ihres Vorhabens ab. 1981 machte die EPA einen weiteren Versuch, einen Anreiz für die Durchführung von Umwelt-Audits zu schaffen. Sie regte an, niedrigere Versicherungsprämien im Umwelthaftungsbereich für auditierte Unternehmen einzuführen. Dies scheiterte an der fehlenden Bereitschaft des Versicherungsmarktes. Weitere Anreizmaßnahmen wurden von der EPA in Betracht gezogen und wieder verworfen, da es ihr vor allem um die Einführung des Umwelt-Audit als solides internes Managementinstrument und nicht die Ausarbeitung unwirksamer „Papiertiger" ging (Kuusinen, 1992, S. II-3).

Im Jahre 1983 näherte sich die EPA mit einer wesentlich weniger strukturierten Methode der Unterstützung und Weiterverbreitung des Umwelt-Audit: Auf Workshops und Konferenzen erläuterte sie den Unternehmen das Instrument, analysierte die Merkmale und den Nutzen effektiver Umwelt-Audits und unterstützte vor allem Bundesbehörden bei der Durchführung konkreter Umwelt-Audit-Projekte (Kuusinen, 1992, S. II-3f.).

Im folgenden Jahr begann die EPA mit der Ausarbeitung einer Politik zum Umwelt-Audit, die zunächst im November 1985 und schließlich, mit geringen Änderungen, im Juli 1986 veröffentlicht wurde.

Ganz allgemein fördert die EPA ein solides Umweltmanagement, um einen effektiven Umweltschutz auf betrieblicher Ebene zu erzielen. Das Umwelt-Audit stellt in diesem Zusammenhang für die EPA ein besonders wichtiges Instrument dar, da es zu einer besseren Identifizierung, Lösung und Vermeidung von Umweltproblemen beitragen kann. Es unterstützt die verantwortlichen Manager und Managerinnen eines Unternehmens bei der Einhaltung rechtlicher Umweltschutzvorschriften, für die sie Sorge tragen. Trotz dieser positiven Wirkung schreibt die EPA keine Umwelt-Audits vor, sondern legt Wert auf deren Durchführung auf freiwilliger Basis, da sie der Ansicht ist, daß nur freiwillig durchgeführte Umwelt-Audits in den Unternehmen auf volle Unterstützung stoßen und zu befriedigenden Ergebnissen führen (Kuusinen, 1992, S. II-4).

In ihrem 1986 veröffentlichten Statement zum Umwelt-Audit (EPA, 1986, S. 25004-10) geht die EPA u.a. auf folgende Punkte vertieft ein:

- Die EPA reduziert ihre Forderung nach Umwelt-Audit-Berichten. Sie ist der Ansicht, daß die routinemäßige Abfrage von solchen Berichten langfristig sowohl die Qualität als auch die Quantität der Umwelt-Audits reduziert.
- Auch bei Einführung eines Umwelt-Audit-Systems behält sich die EPA Untersuchungen zur Einhaltung und die Geltendmachung umweltrechtlicher Vorschriften vor.
- Die EPA wird weiterhin die Einführung von Umwelt-Audits propagieren.
- Einen Schwerpunkt ihrer Tätigkeit bildet die Förderung von Umwelt-Audits in Bundesbehörden.
- Um das Umwelt-Audit auf nationaler Ebene zu verbreiten, empfiehlt die EPA auch staatlichen und lokalen Behörden eine ähnliche Position zu diesem Instrument einzunehmen (Kuusinen, 1992, S. II-5ff.).

1987 veröffentlichte die EPA einen Bericht über Stand der Einführung von Umwelt-Audits auf Bundesebene. Seit dem Vorjahr hatten insgesamt 17 Behörden Umwelt-Audit-Programme durchgeführt oder aber den Grundstein für eine Einführung gelegt. Viele weitere Behörden sind diesem Beispiel gefolgt (Kuusinen, 1992, S. II-11).

2.1.4.3 Arbeitsgruppen

Im Januar 1982 wurde in den USA der *Environmental Auditing Roundtable* (EAR)[6] gegründet, eine professionelle Einrichtung, welche die Entwicklung und professionelle Anwendung des Instruments „Umwelt-Audit" fördert.

Zunächst diente diese Vereinigung als Austauschmöglichkeit für Angestellte unterschiedlicher Firmen, die mit der Durchführung von Audit-Programmen beauftragt waren. Zwei Jahre nach ihrer Gründung, im September 1984, wurde die zuerst nur aus einigen wenigen Spezialisten bestehende Gruppe für alle Interessierten geöffnet.

Im Juni 1987 wurden die allgemeinen Bedingungen für die Teilnahme am EAR definiert und eine Direktion bestellt, die aus fünf Mitgliedern gebildet wird. Die viermal jährlich stattfindenden Versammlungen des EAR, auf denen vor allem den Problemen der Industrie Gehör geschenkt wird, werden inzwischen von bis zu 200 Mitgliedern besucht. Insgesamt hatte der EAR 1995 500 Mitglieder (Cahill, 1996, S. 20).

Zwei Jahre nach der Gründung des EAR wurde das *Environmental Auditing Forum* (EAF) ins Leben gerufen. Dies ist ein informeller Zusammenschluß Interessierter, der eine Plattform für den Austausch von Informationen über Umwelt-Audit und auch Umweltmanagement bildet und das Ziel verfolgt, das Umwelt-Audit bekannter zu machen. An den ca. drei jährlichen Treffen nehmen Personen unterschiedlichster Branchen teil. So sind sowohl Produktionsbetriebe, wie auch staatliche Organisationen, Finanzinstitute und Unternehmensberatungsfirmen im EAF vertreten (Cahill und Kane, 1992, S. I-13).

Im *Environmental Auditing Institute*[7] haben sich 1987 Umwelt-Auditoren und Umweltmanager in einer formellen Vereinigung zusammengeschlossen. Es existieren Untergruppen auf regionaler Ebene, die Veranstaltungen in den einzelnen Bundesstaaten der USA durchführen. Ziele des IEA sind u.a. die weitere Verbreitung des Umwelt-Audit zu fördern, Informationen vor allem für staatliche Organisationen über die Handhabung von Umwelt-Audits zur Verfügung zu stellen, Information und Weiterbildung von Personen, die ihre Tätigkeit im Bereich des

---

[6] Kontaktadresse: Environmental Auditing Roundtable, Kathy Reith, Administrator, 35888 Mildred Avenue, North Ridgeville, OH 44039, Tel.: (216) 327-6605, Fax: (216) 327-6609.

[7] Kontaktadresse: The Environmental Auditing Institute, P.O. Box 23686, L'Enfant Plaza Station, Washington, DC 20026-3686.

Umwelt-Audit ausüben sowie die Publikation eines „Newsletter" mit Arbeitspapieren zum Thema Umwelt-Audit (Cahill und Kane, 1992, S. I-13f.).

2.2 Umwelt-Audits in Europa[8]

2.2.1 „Amoco Cadiz" und „Torrey Canyon" - vom Umweltschmutz zum Umweltschutz

Im Gegensatz zu vielen anderen Bereichen fand die Entwicklung hin zu einem Bewußtsein für Umweltprobleme in den westlichen Industrienationen Europas nicht erst mit einer Zeitverzögerung zu den Entwicklungen in den USA statt.

Ebenso wie in den USA machte Rachel Carsons „Stummer Frühling" die Menschen auch im westlichen Teil Europas sensibel für Umweltbelange (Unger, 1994, S. 5). Ebenfalls sensibilisierende Wirkung hatten Umweltkatastrophen wie z.B. die Tankerunfälle der *Torrey Canyon* (1967) und der *Amoco Cadiz* (1978) sowie der Giftunfall im italienischen Seveso (1976), die sozusagen „vor der europäischen Haustür" stattfanden und großes Aufsehen erregten. Sie veranlaßten die Menschen dazu, die auf permanentes (Wirtschafts-)Wachstum ausgerichtete Gesellschaft im Hinblick auf ihre Umweltverträglichkeit zu hinterfragen. Umfragen, die seit 1973 auf diesem Gebiet durchgeführt werden, zeigen, daß bereits sehr früh Themen wie Umweltverschmutzung und Natur- bzw. Umweltschutz hohe Priorität bei den Europäern und Europäerinnen genossen (EG, 1987a, S. 24).

Diese Besorgnis fand u.a. ihren Ausdruck in der Gründung zahlreicher Umweltinitiativen, von denen einige, wie z.B. *Greenpeace*, bis heute Bestand haben und gerade in jüngster Zeit mehr Zuspruch und Unterstützung denn je erleben.[9]

Viele Unternehmen in Europa sehen sich seit den achtziger Jahren nicht zuletzt auf Druck der Öffentlichkeit dazu veranlaßt, Umweltgesichtspunkte in ihren Strategien und Unternehmenspolitiken zu berücksichtigen. Teilweise wird von ihnen unter Berücksichtigung betriebswirtschaftlichen Gewinnstrebens erkannt, daß es gilt, die Umwelt zu schonen, wenn die weitere Existenz (der jeweiligen Unternehmen, aber auch der Menschheit, aus der sich letztendlich der Kundenkreis eines Unternehmens rekrutiert) gesichert sein soll (Siehe dazu u.a. Hopfenbeck, 1990).

Wie in Punkt 2.2.3 anhand einiger Beispiele erläutert wird, hielt auch in Europa das Instrument Umwelt-Audit langsam Einzug in die Unternehmen. Der Schwer-

---

[8] Im folgenden werden unter dem Begriff „Europa" die in der Europäischen Union zusammengeschlossenen Staaten verstanden. Das Kürzel EG/EU wird je nach zeitlichem Zusammenhang verwendet. Für Quellen und Ereignisse vor 1994 wird die Abkürzung EG benutzt, für alle späteren das Kürzel EU.

[9] Hier sei auf den Fall der Bohrinsel „Brent Spar" hingewiesen, der im Juni 1995 breite Unterstützung durch die Öffentlichkeit erfuhr.

punkt lag allerdings bald nicht mehr auf reinen *compliance audits*[10], wie vor allem zu Beginn des Einsatzes von Umwelt-Audits in den USA, sondern auf der langfristigen Sicherung des betrieblichen Umweltschutzes. Es fällt auf, daß bis auf wenige Ausnahmen Umwelt-Audits in Europa erst seit Ende der achtziger, Anfang der neunziger Jahre durchgeführt werden.

Auch auf Ebene der Europäischen Gemeinschaften wurde, wie bereits in den USA, auf das neu entstandene Umweltbewußtsein reagiert, indem der Umweltgesetzgebung ein deutlich höheren Stellenwert als bis dahin eingeräumt wurde und schlagartig die Anzahl verabschiedeter Gesetzesbeschlüsse in die Höhe schnellte.

2.2.2 Umweltschutzgesetzgebung in Europa

In den letzten zwei Jahrzehnten sind auf Europaebene etwa 200 Gesetze erlassen worden, die sich dem Umweltschutz zurechnen lassen (Hillary, 1994, S.3). Folgende Tabelle zeigt einige ausgewählte Verordnungen, Richtlinien und andere Maßnahmen, die für den Bereich des Umweltschutz eine Rolle spielen:

Tabelle 2. Auswahl EG-Rechtsnormen zum Umweltschutz

Jahr	Bestimmung
1967	Richtlinie zur Einstufung, Verpackung und Kennzeichnung gefährlicher Stoffe[a]
1970	Richtlinien über Geräuschpegel und Luftverunreinigung durch Kraftfahrzeuge[b]
1973	Erstes Aktionsprogramm für den Umweltschutz[c]
1977	Richtlinie über die biologische Überwachung der Bevölkerung auf Gefährdung durch Blei[d]
	Zweites Aktionsprogramm für den Umweltschutz[e]
1978	Richtlinie über giftige und gefährliche Abfälle[f]
1983	Drittes Aktionsprogramm für den Umweltschutz[g]
1985	Richtlinie über die Umweltverträglichkeitsprüfung bei bestimmten öffentlichen und privaten Projekten[h]
1986	Einheitliche Europäische Akte (EEA)[i]
1987	Viertes Aktionsprogramm für den Umweltschutz (1987-1992)[j]
1990	Richtlinie des Rates über den freien Zugang zu Informationen über die Umwelt[k]
1992	Verordnung über ein gemeinschaftliches System zur Vergabe eines Umweltzeichens[l]
1993	Fünftes Aktionsprogramm für den Umweltschutz (1993-2000)[m]
	EG-Öko-Audit-Verordnung[n]

a	EG, 1967	h	EG (1985)
b	EG, 1970a und EG, 1970b	i	EG (1986)
c	EG (1973)	j	EG (1987b)
d	EG (1977a)	k	EG (1990)
e	EG (1977b)	l	EG (1992b)
f	EG (1978)	m	EG (1993a)
g	EG (1983)	n	EG (1993c)

---

[10] Vgl. Kapitel 2.1.3.

Nach der 1972 in Stockholm abgehaltenen *United Nations Conference on Environment and Development* (UNCED) fand im selben Jahr in Paris ein Treffen der Staats- und Regierungschefs der Europäischen Gemeinschaften statt, das den Anstoß für eine Umweltpolitik auf europäischer Ebene und der dazugehörigen Instrumente in der EG gab. Die Gemeinschaften wurden aufgefordert, ein Umweltaktionsprogramm aufzustellen, das im November 1973 als „Erstes Aktionsprogramm für den Umweltschutz" der EG angenommen wurde. Hierin wurden die Grundprinzipien und -ziele einer europäischen Umweltpolitik erläutert und die in den folgenden Jahren anzustrebenden Ziele im Bereich Umweltschutz festgelegt (EG, 1992c, S. 28).

Nachdem das erste und auch noch das zweite, 1977 von der EG angenommene, Aktionsprogramm für den Umweltschutz Abhilfemaßnahmen für bereits bestehende Umweltprobleme in den Vordergrund stellten, stützte sich das dritte Aktionsprogramm der EG auf das Instrument der Umweltverträglichkeitsprüfung (UVP). Dies war Ausdruck der seitdem auf europäischer Ebene angenommenen Haltung einer vorsorgenden Umweltschutzpolitik, denn die Durchführung einer UVP bedeutet die vorherige Überprüfung von Maßnahmen im Bereich Industrie und Infrastruktur auf ihre umweltrelevanten Folgen. Umweltbelastungen sollen von vornherein vermieden bzw. niedrig gehalten werden, so daß nicht erst dann eingeschritten wird, wenn die Umweltprobleme bereits aufgetreten sind. Das vierte Umweltprogramm von 1986 war ein weiterer Schritt in diese Richtung. Die UVP blieb Schwerpunkt und weiterhin das präferierte Instrument, um umweltrelevante Fragestellungen bereits in der Planungphase mit einzubeziehen. Die im gleichen Jahr beschlossene Einheitliche Europäische Akte (EEA) bestätigte diese Linie auf vertraglicher Basis (Wicke und Huckestein, 1991, S. 12f.). Mit der EEA wurde außerdem zum ersten Mal in der Geschichte der europäischen Umweltschutzpolitik das Vorsorge- und das Verursacherprinzip in einem Vertrag verankert (Wicke und Huckestein, 1991, S. 14; zu Vorsorge- bzw. Verursacherprinzip s. z.B. Wicke, 1993, S. 150ff.).

Als Reaktion auf die von den Vereinten Nationen durchgeführte Konferenz zu Umwelt und Entwicklung, die 1992 in Rio de Janeiro[11] stattfand, fußt das fünfte Aktionsprogramm der EG, das am 1. Februar 1993 beschlossen wurde und den Zeitraum bis zur Jahrtausendwende abdeckt, auf dem Gedanken des *sustainable development*.[12] Die Europäische Union sieht dieses bis jetzt letzte Umweltaktionsprogramm als einen Wendepunkt in ihrer Umweltpolitik an, da es ein integriertes Konzept aufweist, dessen Hauptaugenmerk u.a. auf den Bereichen Industrie,

---

[11] Als wichtige Verpflichtungserklärungen sind die *Rio-Deklaration*, die *Agenda 21*, die *Klimarahmenkonvention*, *die Konvention zum Schutz der biologischen Vielfalt* und die *Waldgrundsatzerklärung* anläßlich dieser Konferenz entstanden.
[12] Unter „sustainable development", also einer dauerhaften oder nachhaltigen, umweltgerechten Entwicklung versteht der Bericht der Weltkommission für Umwelt und Entwicklung (auch als Brundtland-Bericht bekannt) eine „Entwicklung, die die Bedürfnisse der Gegenwart einlöst, ohne die Fähigkeit der künftigen Generationen, ihre Bedürfnisse zu erfüllen, zu beeinträchtigen". (EG,1993b, S. 48).

Energie und Verkehr liegt. Sie will außerdem sowohl die private Wirtschaft als auch die Öffentlichkeit mit in das Programm einschließen und nicht nur staatliche Träger ansprechen und setzt auf die Eigeninitiative der relevanten Gruppen (EU, 1994, S. 186).

Neben den Umweltaktionsprogrammen der EG wurde eine Vielzahl von Umweltgesetzen verabschiedet, was u.a. dazu geführt hat, daß in vielen Unternehmen Unklarheit über die zu befolgenden Beschlüsse herrscht, da der Überblick über die nationale und supranationale Gesetzgebung verloren gegangen ist. Gleiches gilt für die Behörden, die nicht zuletzt aufgrund des immer wieder beklagten Personalmangels nicht in der Lage sind, auf den Vollzug und die Einhaltung aller Umweltvorschriften zu achten (Würth, 1993, S. 135).

Wie auch in den USA spielen auch für die Unternehmen in Europa Gesetze im Bereich der Umwelthaftung eine wichtige Rolle, da auf Grundlage dieser Vorschriften schwerwiegende finanzielle Folgen aus einer Umweltschädigung resultieren können. So gab es nicht nur in Nordamerika spektakuläre Fälle von Umweltverschmutzung, die hohe Zahlungen der Verursacher zur Folge hatten.[13] Nachdem durch einen Brand in einem Chemielager bei der Firma *Sandoz* in Basel in der Schweiz Umweltschäden verursacht wurden, sah sich der Konzern Forderungen von insgesamt 1.200 Parteien gegenüber (Schilling, 1991, S. 81).

Eines der m.E. wichtigsten umweltpolitischen Instrumente der letzten Jahre haben die Europäischen Gemeinschaften mit der sog. EG-Öko-Audit-Verordnung (die in der internationalen Diskussion als EMAS-Verordnung bezeichnet wird) geschaffen, deren Entstehung im folgenden dargelegt werden soll. (Für eine Beurteilung der Verordnung vgl. z.B. Dyllick, 1995)

Die ersten Überlegungen zu einer EG-Richtlinie bezüglich des Umwelt-Audit bestimmter industrieller Bereiche nahmen im Dezember 1990 Form an: Von der EG-Kommission, die politisch verantwortlich, und von der *Generaldirektion XI (DG XI) für Umwelt, Verbraucherschutz und nukleare Sicherheit*, die für die Umsetzung zuständig ist, wurde ein erster Entwurf für eine Richtlinie vorgelegt, die das Umwelt-Audit zum Inhalt hatte: *A consultation paper on draft elements for a Council Directive on the Environmental Auditing of certain Industrial Activities* (Würth, 1993, S. 138). Die Basis für diesen Entwurf bildete die Erfahrung der USA, dort vor allem der U.S. EPA, mit dem Instrument Umwelt-Audit sowie ein Positionspapier der Internationalen Handelskammer (ICC) und der noch zu erwähnende British Standard (BS) 7750.

Nur zwei Monate später, im Februar 1991, lag der nächste Entwurf vor, der allerdings nicht mehr eine Richtlinie für ein Umwelt-Audit bestimmter industrieller Aktivitäten vorsah, sondern zu einer Verordnung führen sollte.[14] Eine weitere

---

[13] Vgl. Kapitel 2.1.2.
[14] Eine *Richtlinie* ist zwar für jeden durch sie angesprochenen Staat verbindlich, überläßt diesem aber die Wahl der Form und Mittel, um ihre Ziele zu erreichen. Eine *Verordnung* hingegen ist allgemeingültig und verbindlich in allen ihren Teilen. Sie gilt unmittelbar in jedem Mitgliedstaat. (Schöndube, 1981, S. 225).

Version des Vorschlags für eine Verordnung folgte im Mai 1991 und beinhaltete zum ersten Mal den (zu einem späteren Zeitpunkt wieder gestrichenen) Ausdruck „Öko-Audit", unter dem schließlich die Verordnung bekannt wurde. Einen Monat später erschien ein Entwurf für den Anhang zur Verordnung. Im Juli 1991 wurde ein weiterer Vorschlag für eine Verordnung vorgelegt, der einen anderen Titel enthielt und deutlich machte, daß eine Schwerpunktverschiebung stattgefunden hatte: Es ging nicht mehr nur um ein Konzept für ein Umwelt-Audit der Gemeinschaften, sondern um eine Bewertung und Verbesserung der „Umweltleistung" einiger gewerblicher Tätigkeiten, sowie um die Bereitstellung von Umweltinformationen für die Öffentlichkeit (Würth, 1993, S. 138f.).

Ein dreiviertel Jahr lang wurden weitere Änderungen an der letzten Version des Verordnungsvorschlages vorgenommen, bevor dieser schließlich am 6. März 1992 als Entwurf einer EG-Verordnung von der Kommission der Europäischen Gemeinschaften vorgelegt wurde. Der Titel dieses Entwurfes lautete: *Vorschlag für eine Verordnung (EWG) des Rates, die die freiwillige Beteiligung gewerblicher Unternehmen an einem gemeinschaftlichen Öko-Audit-System ermöglicht* (EG, 1992a). Nach einer Stellungnahme vom Wirtschafts- und Sozialausschuß sowie vom Europäischen Parlament und zwei weiteren Änderungen des Verordnungsvorschlages wurde schließlich die als EG-Öko-Audit-Verordnung bekanntgewordene *Verordnung (EWG) Nr. 1836/93 des Rates vom 29. Juni 1993 über die freiwillige Beteiligung gewerblicher Unternehmen an einem Gemeinschaftssystem für das Umweltmanagement und die Umweltbetriebsprüfung* im Juni 1993 verabschiedet und einen Monat darauf veröffentlicht (EG, 1993c). Sie trat somit im Juli 1993 in den Mitgliedsstaaten der Europäischen Union in Kraft und gilt seit April 1995.

2.2.3 Die Rolle der Unternehmen

Die Entwicklungen des Umwelt-Audit im Bereich der Industrie in Europa sollen im folgenden beispielhaft an drei Unternehmen dargestellt werden.

1. Beispiel: *Ciba-Geigy*[15]
1980 führte der Exekutivausschuß von *Ciba-Geigy* als eines der ersten europäischen Unternehmen an allen Standorten außerhalb der USA ein Umwelt-Audit auf institutioneller Ebene durch (Ciba-Geigy, 1994, S. 26).

Das Ziel dieses Audit war einerseits die Gewährleistung der Einhaltung regionaler, nationaler und internationaler Bestimmungen, sowie die Umsetzung von konzerninternen Richt- und Leitlinien, die den Umweltschutz betreffen. Andererseits diente das Umwelt-Audit der Beurteilung technischer, organisatorischer und personeller Maßnahmen, die *Ciba-Geigy* im Bereich des betrieblichen Umwelt-

---

[15] Die Produktpalette des Ciba-Geigy Konzerns umfaßt u.a. Pharmazeutika, Herbizide, Fungizide, Insektizide, Saatgut und Färbemittel bzw. Chemikalien für die textilverarbeitende Industrie.

schutzes durchgeführt hatte. Des weiteren sollen zukünftige Problemfelder aufgedeckt werden, um daraus Schritte abzuleiten, die deren Auftreten entgegenwirken können (Hopfenbeck, 1990, S. 509f.).

1993 führte *Ciba-Geigy* ein überarbeitetes Umwelt-Audit-Konzept ein, das u.a. Umwelt-Audits in den wichtigsten Produktionsstätten im Abstand von fünf Jahren fordert. Die Verantwortung für die Einhaltung der Umweltgesetze wurde in dieser Konzeption den einzelnen Unternehmen des Konzerns übertragen, da nur diese den Überblick über die anzuwendende nationale und internationale Gesetzgebung besitzen. Im Jahr darauf wurde ein Trainingskurs für 24 Auditoren durchgeführt, um ihnen und ihren Unternehmen Hilfestellung für die Durchführung von Umwelt-Audits an ihrem Standort an die Hand zu geben (Ciba-Geigy, 1994, S. 26).

2. Beispiel: The Body Shop International[16]

Ein starker Verfechter von Umwelt-Audits ist das in England gegründete Unternehmen *The Body Shop International*. Es hat 1989 die erste „Umweltrevision" durchgeführt, die vor allem auf die Überprüfung der Lieferanten hinsichtlich ihres Umweltverhaltens und des Produktlebenszyklus der *vom Body Shop International* hergestellten Produkte abzielte (Wheeler, 1994, S. 13f.).

Diese erste Überprüfung umweltrelevanter Aspekte hat bis heute eine Weiterentwicklung erfahren, die weit über die Anfänge hinausgeht. *The Body Shop International* hat es sich zur Aufgabe gemacht, ein nachhaltig wirtschaftendes Unternehmen zu werden und hat auf ihrem Weg dorthin ganz bewußt die Öffentlichkeit miteingeschlossen. Regelmäßig werden Umwelterklärungen herausgegeben und die Einhaltung der darin aufgestellten Ziele (für meistens ein Jahr) bestätigt oder weiter verfolgt.[17] Dabei wurde bereits 1993 auf die zu diesem Zeitpunkt gerade erst verabschiedete EG-Öko-Audit-Verordnung reagiert und deren Bestimmungen im Green Book 2 (Mai 1992) berücksichtigt (The Body Shop, 1994, S. 1). Im Vorfeld der Verordnung kämpfte *The Body Shop International* dafür, daß statt der nun freiwilligen Teilnahme an der EG-Öko-Audit-Verordnung eine verpflichtende Teilnahme festgelegt würde. Nach eigener Aussage will *The Body Shop International* als Konsequenz der Einführung einer freiwilligen Teilnahme durch das eigene Beispiel andere Unternehmen zur Beteiligung am EG-Öko-Audit anregen (The Body Shop, 1994, S. 10).

---

[16] The Body Shop International PLC stellt Produkte für die Haut- und Haarpflege her.
[17] Das aktuell vorliegende Green Book 5, das im Values Report 1997 des Body Shop enthalten ist, weist nicht mehr die gleiche Detailtiefe der vorangegangenen Umwelterklärungen auf. Dies liegt darin begründet, daß derzeit die von der EG-Öko-Audit-Verordnung geforderten standortbezogenen Umwelterklärungen für die 3 Standorte des Body Shop im Vereinigten Königreich erstellt werden, die dann wiederum alle Details in der gewohnten Tiefe enthalten werden. Die Umwelterklärungen der Standorte erscheinen Mitte 1998.

3. Beispiel: *IBM*[18]

Seit einigen Jahren setzt *IBM* Umwelt-Audits ein, und das nach eigenen Angaben auch mit großem ökonomischen Erfolg (Henkel, 1991, S. 137).

Der Umweltschutz ist bei *IBM* durch die „Geschäftsanweisung Umweltschutz allgemein" in die betrieblichen Abläufe eingegliedert, die der Erreichung der generellen Umweltschutzziele des Unternehmens dient, die im folgenden skizziert werden (Rhotert, 1992, S. 124):

- Einhaltung gesetzlicher Bestimmungen
- Einhaltung *IBM*-interner Standards
- Umweltfreundlichkeit von Produktionsverfahren und Materialien
- Verwendung sicherer und energiesparender Technologien
- Minimaler Ressourcenverbrauch
- Unterstützung anderer Organisationen bei der Lösung von Problemen im Umweltbereich

Das von *IBM* eingesetzte Umwelt-Audit überprüft die Einhaltung der gesetzlich bzw. intern vorgegebenen Richtlinien und hat somit die Aufgabe, im Zusammenhang mit einem Umwelt-Controlling den Umweltschutz zu sichern (Henkel, 1991, S. 124).

Wichtig für das Audit ist die „Fachanweisung Eigenkontrollverfahren", die folgende Maßnahmen beinhaltet (Rhotert, 1992, S. 124):

- Maßnahmen der Eigenkontrolle
- Ablauf der Erfassung und Meldung von umweltrelevanten Störfällen
- Überprüfung des Umweltschutzprogrammes mit Hilfe von Eigenaudits und Kontrolle der Anlagen
- Überwachung der Emissionen in allen Bereichen
- Die Audits werden teilweise von *IBM*-Mitarbeitern durchgeführt, teilweise beauftragt das Unternehmen externe Experten zur Durchführung von Umwelt-Audits, was der Vermeidung der bereits in 1.2.3 angesprochenen „Betriebsblindheit" dienen soll (Henkel, 1991, S. 128).

2.2.4 Beispiele für sonstige Aktivitäten in Europa

2.2.4.1 British Standards Institution (BSI)

Wie auch in den USA waren und sind vor allem auf nationaler Ebene in Europa weitere Entwicklungen im Bereich des Umwelt-Audit zu verzeichnen, die nicht in den gesetzgebenden Körperschaften oder der Industrie vor sich gehen.

Ein Beispiel ist der von der *British Standards Institution* (BSI) entwickelte weltweit erste Standard für ein Umweltmanagementsystem (UMS), der sich an der Norm für Qualitätsmanagementsysteme, dem *Quality Systems Standard BS 5750*,

---

[18] IBM entwickelt und produziert weltweit Informationstechnik.

orientierte: Die *Specification for Environmental management systems (BS 7750)* (BSI, 1992).

Die BSI sieht dabei das UMS als ein Mittel, welches sicherstellen soll, daß die umweltrelevanten Auswirkungen der Aktivitäten eines Unternehmens nicht mit seiner eigenen Umweltpolitik und damit verbundenen Zielen kollidieren. Inhalt des BS 7750 sind die Vorbereitung dokumentierter systematischer Vorgehensweisen sowie Anweisungen in Übereinstimmung mit der Norm und die tatsächliche Implementierung dieser systematischen Vorgehensweisen und Anweisungen (BSI, 1992, 4.1.). Bis zu seiner Zurückziehung im März 1997[19] aufgrund der Übernahme der ISO 14001 als Britischem Standard (BS EN ISO 14001) waren alle Arten von Organisationen nach dem BS 7750 zertifizierbar. Sowohl im gewerblichen (auf den sich die EG-Öko-Audit-Verordnung noch beschränkt), wie auch im nichtgewerblichen, staatlichen oder sozialen Bereich konnte der BS 7750 als Zertifizierungsgrundlage verwendet werden (BSI, 1992, 3.15.).

2.2.4.2 Das niederländische Regierungsprogramm

Das niederländische Parlament hat im Jahre 1989 einen Maßnahmenkatalog zur Einführung von Umweltmanagementsystemen verabschiedet, mit dem bezweckt wird, in den beteiligten Unternehmen die Einhaltung von Umweltgesetzen sicherzustellen und die Belastungen der Umwelt zu verringern (van Someren, 1994, S. 47f.).

10.000 bis 12.000 Betriebe, die starke Umweltbelastungen verursachen und 250.000 Betriebe mit weniger starken Umweltauswirkungen haben an diesem Programm der Regierung bisher teilgenommen. Ziel war für die erste sogenannte „10.000-Gruppe" die vollständige Einführung eines Umweltmanagementsystem (UMS) bis 1995. Für die zweite, die „250.000-Gruppe", sollten 1995 von den Industrie- und Handelskammern sowie von den Industrieverbänden Programme ausgearbeitet werden, auf deren Grundlage Umweltmanagementsysteme in dieser Gruppe implementiert werden können (van Someren, 1994, S. 48).

Die 10.000-Gruppe, die hier von größerem Interesse ist, da es bereits um die Einführung von UMS geht, setzt sich aus Betrieben zusammen, die u.a. zu den Bereichen Chemie, Metall und Dienstleistungen gehören.

Für 1991, 1992 und 1994 sah das Regierungsprogramm Zwischenuntersuchungen vor, zu denen auch ein Umwelt-Audit gehörte. Dieses Audit bildete den abschließenden Teil der Implementierung eines UMS und wurde bei 55 Firmen durch eine Beratungsfirma durchgeführt.

Im Herbst 1993 beschloß die niederländische Regierung, der jeweils zuständigen Umweltbehörde die Möglichkeit zu geben, Unternehmen zu verpflichten, ein

---

[19] Existieren internationale Normen, die mit nationalen Normen identisch sind (oder als dazu identisch erachtet werden), so werden letztere nach Erscheinen der internationalen Norm nicht mehr als Zertifizierungsgrundlage verwendet und von den nationalen Normungsinstitutionen zurückgezogen.

Umwelt-Audit durchzuführen, um die Einführung von UMS weiter zu forcieren. Dies geschieht weiterhin im Rahmen der Freiwilligkeit, unter der das Regierungsprogramm steht (van Someren, 1994, S. 50).

2.3 Umwelt-Audit auf internationaler Ebene

2.3.1 Die Entwicklung einer internationalen Norm für Umweltmanagementsysteme durch die International Organization for Standardization (ISO)

Die *International Organization for Standardization* (ISO), die auf internationaler, nicht-staatlicher Ebene für Standardisierung zuständig ist, wurde 1946 gegründet und hat ihren Sitz in Genf. Mitglieder sind die nationalen Normungsorganisationen, für Deutschland das Deutsche Institut für Normung (DIN) (Koch, 1994, S. 38).

Mit der Gründung der Strategic Advisory Group on Environment (SAGE) am 16. August 1991 begann die ISO ihre Arbeit im Bereich Umweltmanagement. Die SAGE hatte den Auftrag, den Bedarf an Umweltmanagementnormen zu untersuchen und gegebenenfalls Handlungsvorschläge zu erarbeiten. Knapp zwei Jahre später (im Juni 1993) wurde aufgrund der Untersuchungsergebnisse dieser Gruppe, der den Bedarf einer Normierung in diesem Bereich aufzeigt, die SAGE aufgelöst. Nach Prüfung der bereits vorhandenen Normen zum Qualitätsmanagement (ISO 9000er Reihe) beschloß die ISO, eine vollkommen neue und von der ISO 9000er-Reihe unabhängige Normenreihe für das Umweltmanagementsystem zu erarbeiten, weil sie es als nicht ausreichend betrachtete, den Umweltschutz lediglich in ein Qualitätsmanagementsystem zu integrieren.[20] Da das Technische Komitee 176 (Technical Committee - TC 176), das die ISO 9000 bearbeitet hat, als nicht geeignet erschien, einen Standard für Umweltmanagement und Umwelt-Audit zu entwerfen, wurde im Juni 1993 in Toronto von der ISO ein neues Technical Committee (TC 207) ins Leben gerufen, um diese Aufgabe zu übernehmen und auf die sogenannte ISO 14000er-Reihe hinzuarbeiten (Koch, 1994, S. 39).

Das TC 207 wird hauptsächlich aus den ehemaligen SAGE-Mitgliedern gebildet und besteht aus insgesamt sechs Untergruppen (Subcommittees - SC), von denen sich die ersten beiden mit Umweltmanagementsystemen bzw. Umwelt-Audit beschäftigen und die sich wie folgt aufteilen (Koch, 1994, s. 39):

---

[20] Hierzu sei angemerkt, daß quer durch alle nationalen und internationalen Organisationen die sogenannte ISO 9000er-Fraktion hart für eine Integration von Umweltschutzaspekten in die bereits bestehende Norm für Qualitätsmanagement kämpft.

- SC 1: Environmental Management Systems (EMS)
    WG 1: EMS specification[21]
    WG 2: EMS guidelines
- SC 2: Environmental Auditing
    WG 1: General principles
    WG 2: Audit procedures
    WG 3: Qualification of Auditors
    WG 4: Other types of environmental investigation[22]

Nach mehreren Treffen, an denen vor allem die einzelnen Working Groups, teilweise auch Mitglieder der Technical Committees teilnahmen, fand im September 1995 das letzte Treffen der Technical Committees statt, auf dem das SC 1 den fertigen Normenentwurf ISO (DIS)[23] 14001 vorstellte (zur Entwicklung der Arbeit betreffend der Normierung von Umweltmanagementsystemen und Umwelt-Audits auf internationaler Ebene vgl. Koch, 1994, S. 39ff. und Barz, 1994). Dieser Entwurf sowie drei weitere (ISO (DIS) 14010, ISO (DIS) 14011-1, ISO (DIS) 14012)24 wurden auf dieser Konferenz verabschiedet und lagen ab Oktober 1995 der Öffentlichkeit zur Stellungnahme vor. Im August 1996 wurde schließlich die endgültige Norm ISO 14001 „Umweltmanagementsysteme - Spezifikation mit Anleitung zur Anwendung" verabschiedet und gleichzeitig ohne Änderungen als europäische Norm (EN ISO14001) übernommen.

2.3.2 Weitere internationale Aktivitäten zum Umwelt-Audit

2.3.2.1 United Nations Organization (UNO)

1975 wurde in Paris das Büro der *United Nations Environment Programme/Industry and Environment Office* (UNEP/IEO) als Umweltorganisation der Organisation der Vereinten Nationen gegründet. Es hat die Aufgabe, Industrie, Regierungen und Organisationen zu einer internationalen Zusammenarbeit auf dem Gebiet einer umweltfreundlichen Entwicklung zu bewegen, anzuleiten und zu koordinieren (UNEP, 1989 und UNEP, 1992). Der Schwerpunkt für das UNEP/IEO liegt im Bereich des *sustainable development*.[25]

Die Förderung von Umweltmanagementinstrumenten durch das UNEP/IEO umfaßt auch die des Umwelt-Audit. So wurde u.a. 1989 eine Arbeitstagung in

---

[21] WG steht für den englischen Ausdruck Working Group.
[22] Die anderen drei Subcommittees beschäftigen sich mit: SC 3 „Environmental Labelling", SC 5 „Life Cycle Analysis", SC 6 „Definitions".
[23] DIS = Draft International Standard.
[24] ISO 14010: Leitfäden für Umweltaudits - Allgemeine Grundsätze, 1996 veröffentlicht.
ISO 14011: Leitfäden für Umweltaudits - Auditverfahren - Audit von Umweltmanagementsystemen, 1996 veröffentlichtISO 14012: Leifäden für Umweltaudits - Qualifikationskriterien für Umweltauditoren, 1996 veröffentlicht.
[25] Vgl. Kapitel 2.2.2.

Paris zum Umwelt-Audit durchgeführt, an der Experten verschiedener Unternehmen teilnahmen, die sich mit Umwelt-Audits befaßten. Eine weitere Verbreitung des Instruments „Umwelt-Audit" sieht die UNEP/IEO als wünschenswert an. (UNEP, 1990).

2.3.2.2 International Chamber of Commerce (ICC)

Die *International Chamber of Commerce* (ICC) hat es sich seit vielen Jahren zur Aufgabe gemacht, Regeln für die unterschiedlichsten Bereiche zu veröffentlichen, die auf internationaler Ebene freiwillig Beachtung bei der Wirtschaft finden. So gibt sie u.a. seit Mitte der siebziger Jahre *die ICC Environmental Guidelines for World Industry* heraus, die auch in die deutsche Sprache übersetzt und bereits mehrmals aktualisiert worden sind (ICC, 1993, Einführung).
Diese Richtlinien empfehlen den Industrieunternehmen eine hohe moralische Verpflichtung gegenüber der Umwelt und werden ergänzt durch die 1990 erschienene *Charter für eine langfristig tragfähige Entwicklung - Grundsätze des Umweltmanagements* (ICC, 1991, S. 1f.) Diese Charter enthält sechzehn Grundsätze, von denen der letzte, der Einhaltung und Berichterstattung festlegt, auch das Umwelt-Audit als Instrument erwähnt: „Den Erfolg der Umweltschutzmaßnahmen zu überprüfen, *Umweltschutz-Audits* durchzuführen, die Einhaltung der Anordnungen des Unternehmens, der rechtlichen Auflagen und dieser Grundsätze zu überprüfen und Vorstand, Aktionäre, Beschäftigte, Behörden und Öffentlichkeit regelmäßig in geeigneten Formen zu informieren." (ICC, 1991, S. 2)[26] Weltweit sind die Unternehmen aufgefordert, ihre Zustimmung zu dieser Charter und ihren Willen zu deren Umsetzung mit ihrer Unterzeichnung zu bezeugen.
Die internationale Verbreitung von Umwelt-Audits hat die ICC schließlich durch ein 1989 erschienenes Positionspapier mit dem Titel „Umweltschutz-Audits" vorangetrieben (ICC, 1989).

2.4 Standortbestimmung: Wo befindet sich das Umwelt-Audit heute? - Resümee und Ausblick

Über eine Sensibilisierung der Menschen und damit auch der Unternehmen für die Dringlichkeit der Berücksichtigung von Umweltbelangen im täglichen Handeln fand schließlich die Entwicklung des Umwelt-Audit statt. Die US-amerikanischen Unternehmen (und hier vor allem solche, die aus „Risikobranchen" wie z.B. der chemischen Industrie stammten) entwickelten die „Revision im ökologischen Bereich" zu einem wertvollen internen Informationsinstrument, das der Unternehmensleitung Informationen über alle umweltrelevanten Auswirkungen der Tätigkeit des Unternehmens zur Verfügung stellt. Eventuelle Verstöße gegen die

---

[26] Hervorhebung durch die Autorin.

Umweltgesetzgebung können so behoben und die zukünftige Einhaltung der Vorschriften gesichert werden. Die Unternehmen sind somit vor Haftungsansprüchen relativ gut geschützt, die aus Umweltschädigungen (also Gesetzesverstößen) resultieren und vor allem in den USA sehr hohe finanzielle Ausmaße annehmen können.

Das in den USA entstandene Instrument ist in Europa nicht unverändert übernommen worden. Zumeist Tochtergesellschaften US-amerikanischer Unternehmen setzten und setzen Umwelt-Audits in Europa ein und nahmen auch hier Einfluß auf deren Weiterentwicklung. Im Gegensatz zu den USA sind Umwelt-Audits in Europa nicht vorrangig auf ein *compliance audit* (also die Einhaltung der relevanten Umweltvorschriften) ausgerichtet, sondern umfassen auch die Bereiche *system* und *performance audit* und gliedern sich somit ein in eine mehr ganzheitliche Idee eines betrieblichen Umweltschutzes. Von einem Großteil der europäischen Unternehmen wird sehr bewußt die Öffnung nach außen und die Erhöhung der Transparenz umweltrelevanter Auswirkungen ihrer Tätigkeit vollzogen. Das Umwelt-Audit ist nicht mehr nur ein internes Informationsinstrument für die Unternehmensleitung, sondern die Ergebnisse der Überprüfung werden auch der Öffentlichkeit zur Verfügung gestellt.[27] Aus dem rein intern angewandten Instrument in den USA hat sich in Europa so ein „offenes" Umwelt-Audit entwickelt.

Der Unterschied zwischen der Anwendungsweise von Umwelt-Audits in den USA und in Europa kann nicht zuletzt auf die sehr strikte Umwelthaftungsgesetzgebung in den USA zurückgeführt werden, welche die Unternehmen vor einer Veröffentlichung von Daten, die ihre Umweltauswirkungen betreffen, zurückschrecken läßt, da sie Konsequenzen aus Haftungsansprüchen befürchten.

Das Ende der achtziger Jahre entwickelte Konzept der ICC nimmt diese Befürchtungen der Unternehmen auf, indem es ein rein *internes* Umwelt-Audit beschreibt, wie es bereits über Jahre hinweg in der Praxis angewandt wird. Das Positionspapier der ICC faßt erstmals systematisch die in der Industrie mit Umwelt-Audits gemachten Erfahrungen zusammen und soll noch nicht auditierenden Unternehmen somit den Einstieg in die Einführung des Umwelt-Audit erleichtern.

Das System der EG-Öko-Audit-Verordnung hingegen bezieht die Öffentlichkeit (in Form der zu veröffentlichenden Umwelterklärung) ganz bewußt mit ein und macht aus dem Umwelt-Audit ein umweltpolitisches Instrument auf nationaler bzw. europaweiter Ebene.

Mit der ISO 14001 ist neben der nur in Europa als Validierungsgrundlage verwendbaren EG-Öko-Audit-Verordnung eine internationale Norm zu Umweltmanagementsystemen entwickelt worden, die zunächst vor allem als Konkurrenz zur EG-Verordnung gesehen worden ist. Mit der Anerkennung der ISO 14001 als Grundlage für eine Teilnahme am EG-Öko-Audit-System, über die hinaus nur einige weitere Punkte befolgt werden müssen, ist dieser Konkurrenzsituation jedoch die Schärfe genommen. Viele Betriebe, die sich für eine Registrierung

---

[27] Im Rahmen einer Teilnahme am System der EG-Öko-Audit-Verordnung in Form einer Umwelterklärung für die Unternehmensstandorte.

nach der EG-Öko-Audit-Verordnung entscheiden, lassen sich häufig gleichzeitig auch nach der ISO 14001 zertifizieren und umgekehrt. Den Ausschlag für eine Entscheidung zwischen diesen beiden Normensystemen gibt vor allem die nationale, europäische oder internationale Ausrichtung eines Unternehmens.

Mit der EG-Öko-Audit-Verordnung und der ISO 14001 ist die Entwicklung des Umwelt-Audit, das in den letzten zwanzig Jahren sehr viele verschiedene Formen angenommen hat, sicherlich nicht abgeschlossen. Zwar ist für die nahe Zukunft eine Vereinheitlichung zu erwarten, was die Durchführung von Umwelt-Audits und Einführung von Umweltmanagementsystemen (deren Teil sie sind) anbelangt. Doch werden die Unternehmen weiterhin das Umwelt-Audit ihren betriebsspezifischen Bedingungen anpassen und somit dem Instrument seine Individualität belassen. Die Weiterentwicklung des Umwelt-Audit ist auch vor dem Hintergrund derzeitiger Diskussionen um integrierte Managementsysteme für Umwelt, Qualität und Arbeitssicherheit zu sehen, die Auswirkungen auf die Gestaltung und den Ablauf von Umwelt-Audits haben wird.

Literatur

Arthur D. Little (1992): Umweltschutz-Auditing: Wirksames Instrument zum umweltgerechten Management. Auditforum vom 22./23. Juni 1992 in Wiesbaden.

Arthur D. Little (1991): Current Practices in Environmental Auditing. Classic Edition: Study for the U.S. Environmental Protection Agency, Cambridge (USA).

Bartsch, T. (1995): Erfahrungen mit Umwelt-/Öko-Audits in den USA. In: Zeitschrift für Umweltrecht, Heft 1/95, S. 14 - 19.

Barz, J. (1994): Darstellung des Standes der Normung von Umweltmanagementsystemen (UMS) und Überlegungen zur Guideline im Rahmen einer Normenfamilie ISO 14XXX. Hrsg.: Bundesministerium für Umwelt, Naturschutz und Reaktorsicherheit, Referat G I 4, Bonn, 1994.

BSI - British Standards Institution (1992): Specification for Environmental Management Systems. British Standard BS 7750:1992, London (England).

Cahill, L.B. (1996): Environmental Audits. 7th edition, Rockville (USA): Government Institutes.

Cahill, L.B. und Kane, R.W. (1992): Environmental Audits. 6th edition, Rockville (USA): Government Institutes.

Carson, R. (1968): Der stumme Frühling. München.

Ciba-Geigy (1994): Corporate Environmental Report 1994. Basel (Schweiz).

Cutler, R.W. (1984): Case Study: Olin Corporation. In: Harrison, L.L. (eds.): The McGraw-Hill Environmental Auditing Handbook. New York (USA) etc., S. 3-99ff.

Dyllick, T. (1995): Die EU-Verordnung zum Umweltmanagement und zur Umweltbetriebsprüfung (EMAS-Verordnung) im Vergleich mit der geplanten ISO-Norm 14001. Eine Beurteilung aus Sicht der Managementlehre. In: Zeitschrift für Umweltpolitk & Umweltrecht, 18. Jg. Heft 3/95, S. 299-339.

EG - Europäische Gemeinschaften (1993a): Entschließung des Rates und der im Rat vereinigten Vertreter der Regierungen der Mitgliedstaaten vom 1. Februar 1993 über ein Gemeinschaftsprogramm für Umweltpolitik und Maßnahmen im Hinblick auf eine dauerhafte und umweltgerechte Entwicklung. In: EG (1993b), Für eine dauerhafte und umweltgerechte Entwicklung. Luxemburg, S. 23-29.

EG - Europäische Gemeinschaften (1993b): Für eine dauerhafte und umweltgerechte Entwicklung. Luxemburg.

EG - Europäische Gemeinschaften (1993c): Verordnung (EWG) Nr. 1836/93 des Rates vom 29. Juni 1993 über die freiwillige Beteiligung gewerblicher Unternehmen an einem Gemeinschaftssystem für das Umweltmanagement und die Umweltbetriebsprüfung. Amtsblatt der Europäischen Gemeinschaften Nr. L168 vom 10. Juli 1993, S. 1-18.

EG - Europäische Gemeinschaften (1992a): Vorschlag für eine Verordnung (EWG) des Rates, die die freiwillige Beteiligung gewerblicher Unternehmen an einem gemeinschaftlichen Öko-Audit-System ermöglicht. Amtsblatt der Europäischen Gemeinschaften Nr. C76 vom 27. März 1992, S. 2-13.

EG - Europäische Gemeinschaften (1992b): Verordnung (EWG) Nr. 880/92 des Rates vom 23. März 1992 betreffend ein gemeinschaftliches System zu Vergabe eines Umweltzeichens. Amtsblatt der Europäischen Gemeinschaften Nr. L99 vom 11. April 1992, S. 1-7.

EG - Europäische Gemeinschaften (1992c): Report of the Commission of the European Communities to the United Nations Conference on Environment and Development - Rio de Janeiro. Juni 1992, Luxemburg.

EG - Europäische Gemeinschaften (1990): Richtlinie des Rates vom 7. Juni 1990 über den freien Zugang zu Informationen über die Umwelt. Amtsblatt der Europäischen Gemeinschaften Nr. L158 vom 23. Juni 1990, S. 56-58.

EG - Europäische Gemeinschaften (1987a): The State of the Environment in the European Community 1986. Luxemburg.

EG - Europäische Gemeinschaften (1987b): Entschließung des Rates der Europäischen Gemeinschaften und der im Rat vereinigten Vertreter der Mitgliedstaaten vom 19. Oktober 1987 zur Fortschreibung und Durchführung einer Umweltpolitik und eines Aktionsprogramms der Europäischen Gemeinschaften für den Umweltschutz (1987-1992). Amtsblatt der Europäischen Gemeinschaften Nr. C328 vom 7. Dezember 1987, S. 1-44.

EG - Europäische Gemeinschaften (1986): Einheitliche Europäische Akte und Schlußakte. Luxemburg.

EG - Europäische Gemeinschaften (1985): Richtlinie des Rates vom 27. Juni 1985 über die Umweltverträglichkeitsprüfung bei bestimmten öffentlichen und privaten Projekten. Amtsblatt der Europäischen Gemeinschaften Nr. L175 vom 5. Juli 1985, S. 40-48.

EG - Europäische Gemeinschaften (1983): Entschließung des Rates der Europäischen Gemeinschaften und der im Rat vereinigten Vertreter der Mitgliedstaaten vom 7. Februar 1983 zur Fortschreibung und Durchführung einer Umweltpolitik und eines Aktionsprogramms der Europäischen Gemeinschaften für den Umweltschutz (1982-1986). Amtsblatt der Europäischen Gemeinschaften Nr. C46 vom 17. Februar 1983, S. 1-16.

EG - Europäische Gemeinschaften (1978): Richtlinie des Rates vom 20. März 1978 über giftige und gefährliche Abfälle. Amtsblatt der Europäischen Gemeinschaften Nr. 84 vom 31. März 1978, S. 43-48.

EG - Europäische Gemeinschaften (1977a): Richtlinie des Rates vom 29. März 1977 über die biologische Überwachung der Bevölkerung auf Gefährdung durch Blei. Amtsblatt der Europäischen Gemeinschaften Nr. L105 vom 28. April 1977, S. 10-17.

EG - Europäische Gemeinschaften (1977b): Entschließung des Rates der Europäischen Gemeinschaften und der im Rat vereinigten Vertreter der Mitgliedstaaten vom 17. Mai 1977 zur Fortschreibung und Durchführung der Umweltpolitik und des Aktionsprogramms der Europäischen Gemeinschaften für den Umweltschutz. Amtsblatt der Europäischen Gemeinschaften Nr. C139 vom 13. Juni 1977, S. 1-46.

EG - Europäische Gemeinschaften (1973): Erklärung des Rates der Europäischen Gemeinschaften und der im Rat vereinigten Vertreter der Regierungen der Mitgliedstaaten vom 22. November 1973 über ein Aktionsprogramm der Europäischen Gemeinschaften für den Umweltschutz. Amtsblatt der Europäischen Gemeinschaften Nr. C112 vom 20. Dezember 1973, S. 1-53.

EG - Europäische Gemeinschaften (1970a): Richtlinie des Rates vom 6. Februar 1979 zur Angleichung der Rechtsvorschriften der Mitgliedstaaten über den zulässigen Geräuschpegel und die Auspuffvorrichtung von Kraftfahrzeugen. Amtsblatt der Europäischen Gemeinschaften Nr. L42 vom 23. Februar 1970, S. 16-20.

EG - Europäische Gemeinschaften (1970b): Richtlinie des Rates vom 20. März 1970 zur Angleichung der Rechtsvorschriften der Mitgliedstaaten über Maßnahmen gegen die Verunreinigung der Luft durch Abgase von Kraftfahrzeugmotoren mit Fremdzündung. Amtsblatt der Europäischen Gemeinschaften Nr. L76 vom 6. April 1970, S. 1-22.

EG - Europäische Gemeinschaften (1967): Richtlinie des Rates vom 27. Juni 1967 zur Angleichung der Rechts- und Verwaltungsvorschriften für die Einstufung, Verpackung und Kennzeichnung gefährlicher Stoffe. Amtsblatt der Europäischen Gemeinschaften Nr. L196 vom 16. August 1967, S. 1-98.

EPA - Environmental Protection Agency (1986): Environmental Auditing Policy Statement. Federal Register, Vol. 51,1986, No. 131, S. 25004-25010.

EU - Europäische Union (1994): Einundvierzigster Überblick über die Tätigkeit des Rates (Bericht des Generalsekretärs). 1. Januar - 31. Dezember 1993, Luxemburg.

Förschle, G., Herrmann, S. und Mandler, U. (1994): Umwelt-Audits. In: Der Betrieb, 47. Jg., Heft 22/94, S. 1093 - 1100.

General Motors (1994): The General Motors 1994 Environmental Report, Detroit.

Hemmelskamp, J., Neuser, U. und Zehnle, J. (1994): Audit gut, alles gut? - eine kritische Analyse der EG-Umwelt-Audit-Verordnung. In: ZEW Wirtschaftsanalysen, 2. Jg., S. 199-227.

Henkel, H.-O. (1991): Umwelt-Auditing bei der IBM. In: Steger, U. (Hrsg.): Umwelt-Auditing: ein neues Instrument der Risikovorsorge. Frankfurt am Main, S. 120-137.

Hillary, R. (1994): The Eco-Management and Audit Scheme: A practical Guide. Letchworth (England).

Hopfenbeck, W. (1990): Umweltorientiertes Management und Marketing: Konzepte - Instrumente - Praxisbeispiele. Landsberg/Lech.

ICC - International Chamber of Commerce (1993): Sammelband ICC-Konzepte zum Umweltmanagement. ICC-Publikation Nr. 210, Köln.

ICC - International Chamber of Commerce (1991a): Charta für eine langfristig tragfähige Entwicklung. In: ICC (1993), Sammelband ICC-Konzepte zum Umweltmanagement, ICC-Publikation Nr. 210, Köln, Abschnitt 3.

ICC - International Chamber of Commerce (1989): Umweltschutz-Audits. In: ICC (1993), Sammelband ICC-Konzepte zum Umweltmanagement, ICC-Publikation Nr. 210, Köln, Abschnitt 6.

Koch, A. (1994): Stand der Normungsarbeiten von Umweltmanagementsystemen - Eine Entwicklungsgeschichte. In: Umweltwirtschaftsforum, Heft 6/94, S. 37 - 43.

Kuusinen, T. (1992): A Government Perspective. In: Cahill, L.B. and Kane, R.W. (eds.): Environmental Audits. 6th edition, Rockville (USA): Government Institutes, S. II-1 - II-14.

Meadows, D.H., Meadows, D.L., Randers, J. and Behrens, W.W. (1972): The Limits to Growth. New York (USA); Deutsche Ausgabe: *Die Grenzen des Wachstums.* Stuttgart, 1972.

Rhotert, H. (1992): Umwelt-Auditing. Verantwortung und Selbstverpflichtung. In: Roth, K. und Sander, R. (Hrsg.): Ökologische Reform der Unternehmen: Innovationen und Strategien. Köln, S. 118-135.

Schilling, H. (1991): Erweiterte Unternehmenshaftung durch neues Umweltrecht. In: Steger, U. (Hrsg.): Umwelt-Auditing: ein neues Instrument der Risikovorsorge. Frankfurt am Main, S. 81-94.

Schöndube, C. (1981): Europa Taschenbuch, 8. Auflage, Bonn.

Someren, T.C.R. van (1994): Erfahrungen mit der Einführung von Umweltmanagementsystemen in den Niederlanden. In: Umwelt, Nr. 2/94, S. 47-51.

The Body Shop (1994): The Green Book 3 - The Body Shop 1993/94 Environmental Statement. Littlehampton (England).

UNEP - United Nations Environment Programme (1992): Two Decades of Achievement and Challenge. Nairobi (Kenia).

UNEP - United Nations Environment Programme (1990): Environmental Auditing. Technical Report Series, Paris (Frankreich).

UNEP - United Nations Environment Programme (1989) Action on the Environment: the role of the United Nations. Buckshire (England).

Unger, K. (1994): Praxis des Umweltmanagement. Renningen-Malmsheim

Wheeler, D. (1994): Auditing for Sustainability: Philosophy and Practice of The Body Shop International. In: Eco-Management and Auditing, Volume 1, Issue 1, Herbst, London (England), 1993, S. 10-16.

Wicke, L. (1993): Umweltökonomie: eine praxisorientierte Einführung. 4. Auflage, München.

Wicke, L. und Huckestein, B. (1991): Umwelt Europa - der Ausbau zur ökologischen Marktwirtschaft. Gütersloh.

Würth, S. (1993): Umwelt-Auditing. Band 118 der Schriftenreihe der Treuhand-Kammer, Zürich.

Teil II

3 Jahre EG-Öko-Audit-Verordnung: Anspruch und Wirklichkeit des Gemeinschaftssystems

mit Beiträgen von:

Henrik Janzen
Die Bedeutung des Öko-Audit für das betriebliche Umwelt- und Risikomanagement

Sandra M. van Bon und Martin Müller
Stellung und Prüfungsqualität des Umweltgutachters im Öko-Audit-System

Ulrich Nissen, Jens Pape, Simone A. M. Vollmer und Gerald Kreiner-Cordes
Der an die EU-Mitgliedstaaten gerichtete Regelungsauftrag zur Unterrichtung der Öffentlichkeit über die EG-Öko-Audit-Verordnung

Frank Orthmann
Der Stand der Diskussion über Deregulierungs- und Substitutionsmaßnahmen im Zusammenhang mit der EG-Öko-Audit-Verordnung

Gabriele Poltermann
Vergleich von EDV-Systemen zur Unterstützung des betrieblichen Umweltmanagements

Andreas Chudalla und Harald Hagel
Prozeßorientierte Anwendungssysteme für das Umweltmanagement

3 Die Bedeutung des Öko-Audit für das betriebliche Umwelt- und Risikomanagement

Henrik Janzen

3.1 Das Umwelt-Audit als Thema der Betriebswirtschaft

Unternehmen wird zunehmend Verantwortung für negative ökologische Folgen aus der Inanspruchnahme natürlicher Ressourcen, aus der Produktion und Verwendung von Erzeugnissen sowie aus der Abfallentsorgung zugewiesen. Dieses manifestiert sich u.a. in möglichen Inanspruchnahmen aus bestimmten (z.T. neuen oder verschärften) Haftungsregeln, in der Gefahr der Anordnung von Betriebsstillegungen oder auch in denkbaren plötzlichen Änderungen des Konsumentenverhaltens. Für die Unternehmen werden damit zunehmend spezifische umweltökonomische Risiken virulent. Dies erzwingt die Implementierung eines gerade solche Risiken beachtenden Umweltmanagements, hier verstanden als Management der unternehmerischen Beziehungen speziell zur ökologischen Umwelt.

Allerdings gehören Ansätze zum Management unternehmerischer Risiken, wie Versicherung und Reservebildung, zum instrumentellen Standardrepertoire der Unternehmenspolitik. Unternehmerisches Umweltmanagement und Risikomanagement repräsentieren demnach jeweils spezifische Ansätze zur Handhabung umweltökonomischer Risiken (vgl. Janzen, 1996). Dabei werden in instrumenteller Hinsicht - ausgehend von Konzepten der internen und externen Revision - bewährte Verfahren aufgegriffen und vielfältig weiterentwickelt. Die Kategorie "Umwelt-Audit" ist ein aktuelles Ergebnis dieses Prozesses.

Auch die EG-Verordnung zum Umweltmanagement und zur Umweltbetriebsprüfung (siehe Der Rat, 1993) - im folgenden als "EG-VO" bezeichnet - wird unter diesem Stichwort "Umwelt-Audit" diskutiert. Parallel mit ihrer Entwicklung und Einführung wurde und wird national, EU- und weltweit an der Erarbeitung von Normen zum Umwelt-Audit, aber auch zum Umweltmanagement, gearbeitet. Die Verflechtung zwischen den verschiedenen Normen, aber auch zwischen diesen Normen und bestimmten Vorschriften der EG-VO, läßt erkennen, daß sich die Entwicklung von Umwelt-Audits mittlerweile gegenüber den ursprünglichen Zielen und Aufgaben verselbständigt hat. Die daraus resultierenden Entwicklungen werden hier unter den spezifischen Perspektiven des Umwelt- und des Risikomanagements beleuchtet.

3.2 Vom Financial-Auditing zur Normierung von Umweltmanagement

Ausgehend von der Übersetzung als "Buch-" oder "Wirtschaftsprüfung", aber auch als "Revision", umfaßt der Begriff "Audit" sowohl externe wie interne Aspekte des Prüfungswesens. Der historische Startpunkt, das Financial-Auditing, beinhaltete dabei externe und interne Revision des unternehmerischen Finanz- und Rechnungswesens. In der darauffolgenden Entwicklung war eine Ausweitung von Prüfungstätigkeiten (ausgehend von der Belegkontrolle) und insbes. von Prüfungsobjekten feststellbar, letzteres zunächst bezogen auf das Organisationssystem (Operational-Auditing) bis später hin zum Management-Auditing als Versuch einer Leistungsbeurteilung der Unternehmensführung. Die Prüfung anderer Bereiche als jenes des Rechnungswesens ist also seit der Entwicklung hin zum Operational-Auditing gängige Praxis.

3.2.1 Unternehmerisches Risikodenken als Ausgangspunkt der Entwicklung des Umwelt-Auditing

Erste auf unternehmerische Umweltwirkungen bezogene interne Prüfungen - als Prüfkriterium die Einhaltung umweltrechtlicher Vorschriften beinhaltend (Compliance-Audits) - entwickelten sich in den USA seit etwa Mitte bis Ende der 70er Jahre als Reaktion auf die ständige Zunahme umweltrechtlicher Vorschriften, verbunden mit der Möglichkeit von Nachbarn, im Falle relevanter Emissionen zivilrechtliche Ansprüche gegen Unternehmen durchzusetzen. Besonderen Anschub erhielt diese Entwicklung dann durch die Securities and Exchange Commission (SEC), einer Art von Börsenaufsicht, die von einigen Unternehmen spezielle Audits zur Feststellung ihrer tatsächlichen Umwelthaftungsrisiken verlangte. Der methodische Anknüpfungspunkt lag dabei weniger beim Financial-Auditing, als eben mehr beim Operational-Auditing, dessen Sichtweise - zeitlich der Entwicklung des Umwelt-Auditing etwas vorlaufend - bereits im Rahmen der Qualitätssicherung praktische Anwendung fand (dort speziell in den ISO-Normen 10011ff.). Da im Falle der Qualitäts-Audits Produkthaftungsrisiken die Entwicklung auslösten, lag die Verwendung der Konzepte für die aus unternehmerischer Sicht ähnlich gelagerten Problemfelder im Umweltbereich nahe. Und so verweist die EG-VO bzgl. des Verfahrens der Umweltbetriebsprüfung auch ausdrücklich auf die Normen zum Qualitäts-Audit.

Die oft erheblichen Folgen beispielsweise eines Störfalles lassen jedoch operative Kontrollen an ihre Grenzen stoßen. Nicht die Feststellung einer Soll-Ist-Ergebnisabweichung, sondern die Identifikation und Handhabung von Risiko- (und Chancen-) Potentialen rücken daher in den Vordergrund. Der Aspekt des organisationalen Lernens erweitert dabei den einfach strukturierten Ansatz des Compliance-Audit erheblich, da bei entsprechendem Vorgehen innerhalb einer Status-quo-Analyse auch vielfältige Ansätze zur Verbesserung des Prüfungsobjek-

3 Bedeutung des Öko-Audit für das betriebliche Umwelt- und Risikomanagement

tes offenkundig werden können, welche es dann in späteren Programmen weiterzuverfolgen gilt. Durch eine strukturierte und aktivitätsübergreifende Prüfung, die auch Verbesserungsvorschläge generiert und deren Umsetzung forciert, erreicht das Unternehmen somit u.U. eine Erhöhung seines (z.B. umwelttechnischen) Sicherheitsniveaus und mithin eine Verminderung seines ökologischen Unternehmensrisikos.

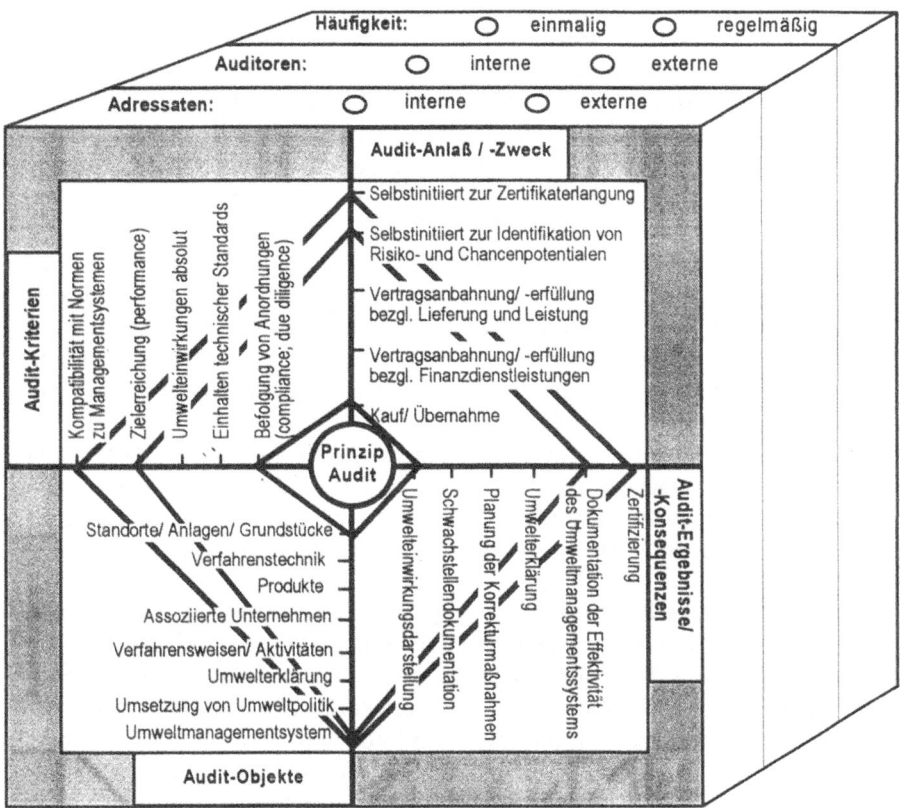

Abb. 1. Merkmale und Typen von Umwelt-Audits

Die Entwicklung und Anwendung von Audits im Zusammenhang mit der Implementierung und Sicherstellung von Umweltschutz im Unternehmen erfuhr gerade dadurch eine rasche und nachhaltige Verbreitung in der unternehmerischen Praxis. Das Prinzip Audit - insbesondere Objektivität und Prozeßunabhängigkeit der

Prüfung beinhaltend - wurde dabei den jeweiligen Situationen angepaßt, wodurch mittlerweile in den Unternehmen vielfältigste Erscheinungsformen von Umwelt-Audits anzutreffen sind. Abb. 1 bietet dazu eine Systematisierung, anknüpfend an den Ausprägungsformen der vier maßgeblichen Kategorien bzw. Merkmalsgruppen *Audit-Anlaß* (bzw. *Audit-Zweck), Audit-Kriterien, Audit-Objekte* und *Audit-Ergebnisse* (bzw. *Audit-Konsequenzen*) sowie ergänzt um die Kennzeichnung von *Auditoren, Audit-Adressaten* und *Audit-Häufigkeit.*

Die Plazierung konkreter Merkmalsausprägungen auf den vier Kategorienachsen der Abbildung 1 erfolgt in der Weise, daß sich häufig praktizierte Audit-Typen als bestimmte, konzentrisch geordnete Merkmalsverbindungen darstellen. Dabei bedeutet der Einschluß eines durch ein kleineres Viereck charakterisierten Audit-Typs durch einen solchen größerer Art zumeist, daß sich die jeweiligen Merkmalsausprägungen auch in dem betreffenden "übergeordneten" Typus wiederfinden. So ließe sich ein Property Conveyance- (bzw. Übernahme-) Audit im einfachsten Fall beispielsweise als Überprüfung eines zu übernehmenden Betriebsgrundstücks auf die Einhaltung gesetzlicher Grenzwerte von Schadstoffkonzentrationen im Boden zur Einschätzung des Altlastenrisikos mittels einer Statusquo-Darstellung der Belastungssituation beschreiben. Das innere Viereck in Abbildung 1 stellt eine solche Konstellation dar.

Demgegenüber erfolgt ein Umweltmanagementsystem-Audit einerseits, um Risiko- und Chancenpotentiale zu identifizieren, und andererseits, um zusätzlich eine Zertifizierung des Umweltmanagementsystems sowie der Prüfung zu erlangen. Im ersten Fall ist die Feststellung der Fähigkeit zur Zielerreichung des Managementsystems, d.h. die "Performance" (gleichwohl Prüfungskriterium wie Dokumentation der Systemeffektivität), ergänzt um Vorschläge zur Systemverbesserung, das primäre Ergebnis. Das mittlere Viereck in Abb. 1 umfaßt diese Merkmale. Im zweiten Fall erscheint als zusätzliches Kriterium die Prüfung der Kompatibilität mit Managementsystemnormen sowie das Zertifikat als zusätzliches Ergebnis. Dargestellt wird diese Konstellation dann durch das äußere Viereck in Abbildung 1.

In derartige Audits fließt die Bewertung der Durchführung einfacher strukturierter Audits ebenso mit ein wie auch - falls erfolgt - die Beurteilung der Wirkungen einer darauf aufbauenden Gegensteuerung. In den Hintergrund der Beachtung rücken dabei dann jedoch konkrete Erkenntnisse zum Umweltzustand, wie z.B. durch das Übernahme-Audit gewonnen. Vollzugs- bzw. Verfahrens- oder, weitergehend, Systemkontrollen dominieren demnach die Ergebniskontrollen. Nicht die einzelne *Funktionserfüllung*, sondern - und dieser Aspekt ist höchst bedeutungsvoll - der generelle Grad der *Fähigkeit zur Funktionserfüllung* wird mithin geprüft.

Den Schlußpunkt dieser Entwicklung vielfältiger Formen von Umwelt-Audits, die insbes. durch verschiedene unternehmerische Initiativen vorangetrieben wurde und durch Anpassung des Prinzips Audit an die jeweilige Situation gekennzeichnet war, bildete das Erscheinen eines Positionspapiers der International Chamber of Commerce (ICC) im März 1989. Dort wurde erstmals versucht, Entwicklungen zusammenzufassen und "eine praktikable Standardmethodik für diejenigen Mitarbeiter der Unternehmen vorzuschlagen, die für die Durchführung von Umweltschutz-Audits zuständig sind" (ICC, 1991, S. 184). Dieses Positionspapier stellte mithin zugleich den Start von Standardisierung und Normierung im Umweltmanagement dar, auch wenn die ICC deutlich darauf bedacht war zu betonen, daß derartige Umweltschutz-Audits nur auf freiwilliger Basis und nur für interne Informationszwecke wirksam sein können (und dürfen); unterstrichen wurde letzteres noch durch die Forderung der ICC nach Ausschluß jeglicher Rechtsfolgen als Ergebnis des Audits (vgl. ICC, 1991, S. 186). Zudem wurde die im ICC-Papier angelegte Standardisierungstendenz durch mehrfache Hinweise auf Notwendigkeit und Möglichkeit eines flexiblen, situativ angepaßten Vorgehens sogleich wieder abgeschwächt (vgl. ICC, 1991, S. 185, 187 u. 189).

Untersuchungsobjekt des Umwelt-Audit im Sinne der ICC ist dabei schwerpunktmäßig das Umweltmanagementsystem, wobei jedoch auch der Compliance-Aspekt, der sich auf Prozeßergebnisse bezieht, ausdrücklich Erwähnung findet. Das Umwelt-Audit in einem solchen Sinne wird in Abb. 1 speziell durch das dort mit dem mittleren Viereck verbundene (und umschlossene) Kriterienset ausgedrückt.

3.2.2 Die EG-Verordnung zum Umweltmanagement und zur Umweltbetriebsprüfung (EG-VO)

Die EG-Verordnung, wie sie sich in ihren Vorschriften zum Umweltmanagement und zur Umweltbetriebsprüfung im Struktur- und Ablaufbild der Abbildung 2 spiegelt, reflektiert - insbes. wenn man den Weg ihrer vorlaufenden Entwürfe nachvollzieht - zentral auf das Konzept des Umwelt-Auditing als Motor zur Durchsetzung der Verordnungsvorschriften (siehe erläuternd z.B. Waskow, 1997). Sie setzt auf die bis dahin erreichte unternehmensinterne Akzeptanz des Auditing-Gedankens und ordnet diesen der eigenen dualen Zielsetzung (1) Förderung kontinuierlicher Verbesserungen des unternehmerischen Umweltschutzes sowie (2) Steigerung der Transparenz umweltschutzbezogener Unternehmensleistungen und -absichten für die interessierte Öffentlichkeit unter (vgl. Der Rat, 1993, S. 2).

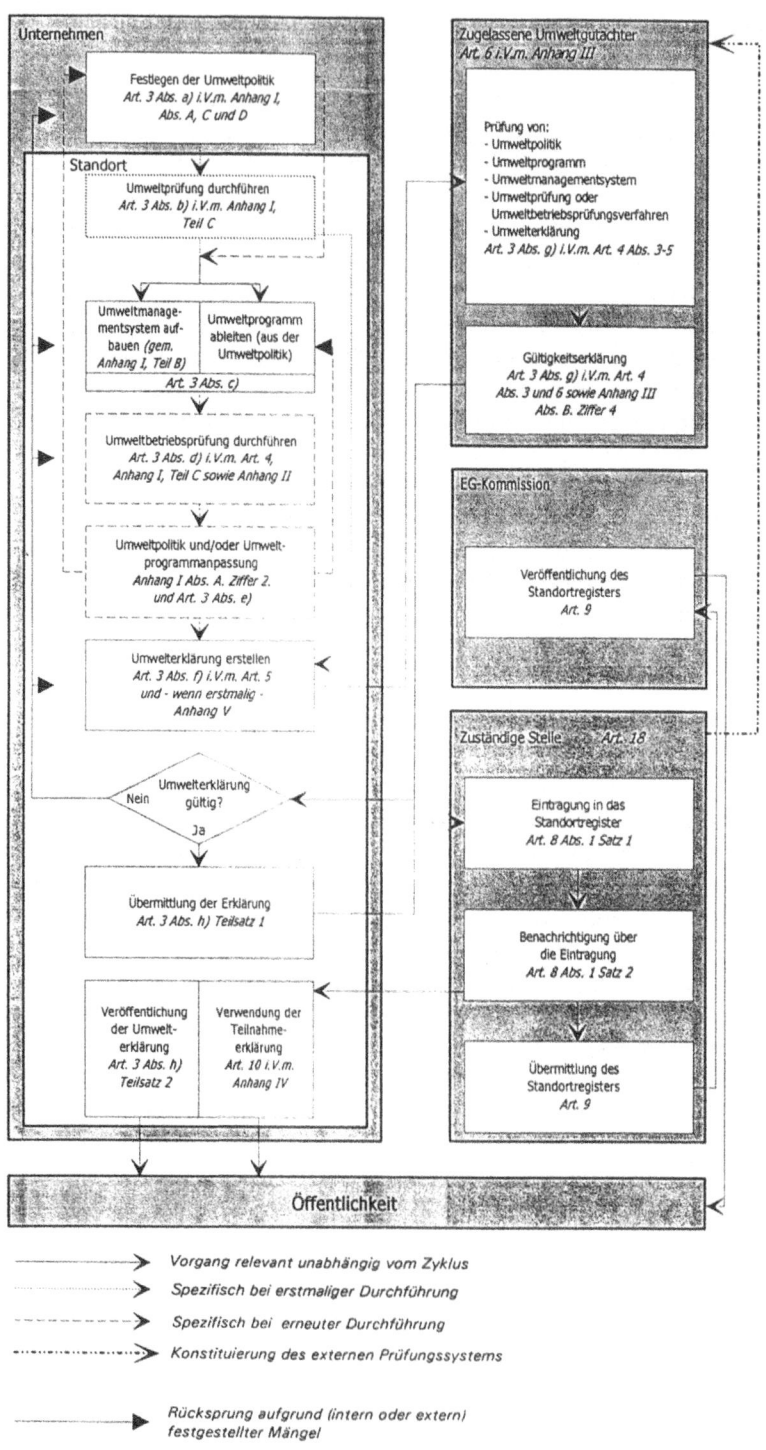

Abb. 2. Institutionen und Verfahren des Gemeinschaftssystems der EG-VO

3.2.3. Die Normierung von Umweltmanagement und Umwelt-Auditing

Eng verknüpft mit den gesetzgeberischen Aktivitäten zur Vereinheitlichung des Umweltmanagements und des Umwelt-Audits sind jene der Normungsgremien zu sehen. So finden sich innerhalb der EG-VO auch explizite Verweise auf Normen: Es wird die Umweltbetriebsprüfung mit einer entsprechenden ISO-Norm verknüpft (ISO 10011-1; Anhang II Satz 1 der EG-VO), und darüber hinaus enthält Artikel 12 EG-VO eine generelle Regelung des Verhältnisses zwischen Verordnungsinhalt und Normen auf dessen Basis mittlerweile einige Anerkennungsverfahren, etwa hinsichtlich der ISO 14001, erfolgten.

3.2.3.1 *Entwicklungsprozeß und Institutionen der Normierung von Umweltmanagement und Umwelt-Audits*

In bezug auf die Normierung von Umwelt-Audit und Umweltmanagement gibt Abbildung 3 einen zeitlich gestaffelten Überblick über die Entwicklung. Dabei sind schwerpunktmäßig einerseits die Errichtung wesentlicher Institutionen (dargestellt durch ein Oval) sowie die Verabschiedung maßgeblicher Normen (dargestellt durch ein Rechteck), andererseits wichtige Anstöße innerhalb des Prozesses Gegenstand der Abbildung. Die durchgezogenen Pfeile zeigen an, daß inhaltlich Strukturen oder Teile einer Norm übernommen wurden bzw. wahrscheinlich übernommen werden. Die durchbrochenen Pfeile zeigen einen maßgeblichen Einfluß bzw. Anlaß an, der auf die Einrichtung einer Institution wirkt(e).

Ausgangspunkt der Entwicklung war die Normierung von Qualitätsmanagement und Qualitäts-Audit. Richtungsweisend war hier die Verabschiedung des British Standard 5750 durch das BSI (British Standards Institution). Diese Norm findet sich maßgeblich in den entsprechenden - jedoch ausführlicheren - ISO-Normensystemen, der ISO 9000- und der ISO 10011-Reihe, wieder. Auf der institutionellen Seite waren erste Innovationen die frühzeitige Einrichtung der Koordinierungsstelle Umweltschutz (KU) des DIN (Deutsches Institut für Normung) und vor allem die Einrichtung der SAGE (Strategic Advisory Group on Environment) innerhalb der ISO. Letzteres führte wiederum beim DIN zur Einrichtung des NAGUS (Normenausschuß Grundlagen des Umweltschutzes), dessen Aufgaben neben der Entwicklung nationaler Normen insbes. in der aktiven Mitgestaltung internationaler Normen liegen.

Das erste konkrete Ergebnis des gesamten Prozesses wurde jedoch vom BSI mit dem BS (British Standard) 7750 am 16.3.1992 vorgelegt. Diese Norm mit dem Titel "Specification for Environmental Management Systems" wurde in ihrer Entwicklung deutlich von den vorlaufenden Prozessen zur Normierung des Qualitätsmanagements beeinflußt, was sich in weitreichenden Ähnlichkeiten mit dem BS 5750 und der ISO 9000-Reihe zeigt. Das Qualitätssicherungsdenken wurde dabei übertragen auf die Sicherung des Umweltschutzes. Argument ist dabei, daß die Umweltfreundlichkeit von Verfahren und Produkten letztlich nichts anderes ist als ein Qualitätsmerkmal. Der BS 7750 wurde in Praxisprojekten erprobt, deren Ergebnisse zu Überarbeitungen und Ergänzungen führten (vgl. o.V., 1994).

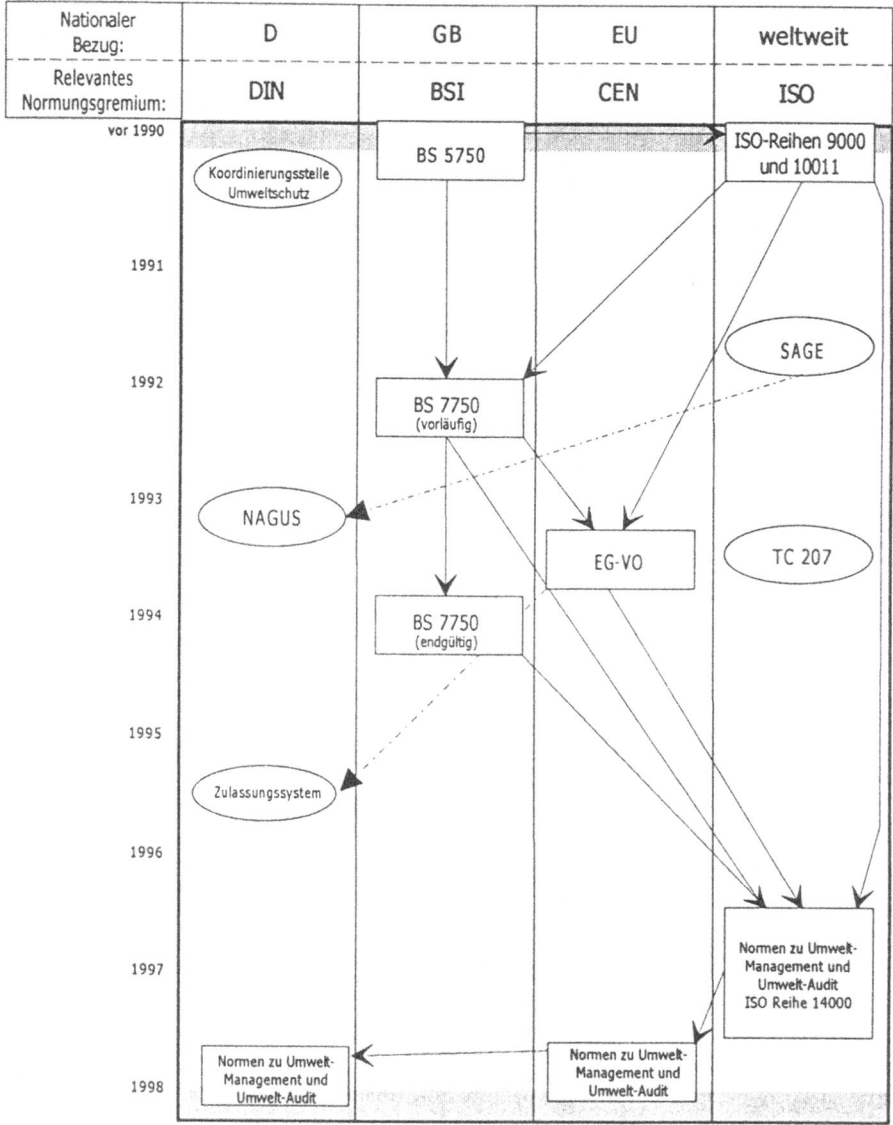

Abb. 3. Wesentliche Institutionen und Ereignisse im Zuge der Normierung von Umweltmanagement und Umwelt-Auditing

Im Sommer 1993 bestimmten zwei wesentliche Ereignisse die weitere Richtung der Entwicklung: So konkretisierten sich die Arbeiten bei der ISO so weit, daß die Gründung des Normenausschusses TC (Technical Committee) 207 erfolgte. Noch nachhaltiger wirkte dann das zweite Ereignis, die Verabschiedung der EG-VO. Diese wurde jedoch ihrerseits maßgeblich zum einen durch die ISO-Normen zum Qualitätsmanagement und insbes. zum Qualitäts-Audit, zum anderen durch den BS 7750 beeinflußt.

Die weitere Entwicklung läßt sich in ihrer Struktur recht genau einschätzen: So werden sich die Analogien zum Qualitätsmanagement auch weiterhin durchsetzen, die ISO 14000-Normenreihe zum Umweltmanagement (ISO 14000ff. u. 14050) und zum Umwelt-Auditing (ISO 14010ff.) wird somit insgesamt eine Verfeinerung, zumindest eine Weiterführung des bisher erreichten Gesamtstandes darstellen.

Vergleicht man darüber hinaus noch die Ähnlichkeiten zwischen der ISO 14001 zum Umweltmanagement und der ISO 9000-Reihe, so zeigt sich auch dabei im Ergebnis eindeutig, daß Umweltmanagement von Qualitätsmanagement abgeleitet wird und Abweichungen zwischen beiden zumeist nur auf begrifflicher Ebene bestehen. Dennoch wurden die Erfordernisse des betrieblichen Umweltschutzes von der ISO als zu komplex eingestuft, um durch eine lediglich an das Qualitätsmanagement gekoppelte Norm ausreichend erfaßt zu werden.

Zwei wesentliche Aspekte lassen sich als Konklusion aus Abbildung 3 festhalten:

- Die deutschen Möglichkeiten der Einflußnahme auf den Prozeß beschränken sich im wesentlichen auf die Teilnahme an relevanten Aktivitäten innerhalb des TC 207.
- Der BS 7750 bestimmte nicht nur Teile der EG-VO, sondern bleibt auch für die ISO 14000-Reihe - und damit letztlich auch für DIN-Normen - richtungsweisend.

3.2.3.2 Die Normen ISO 14010ff. zum Umwelt-Auditing

Abbildung 4 gibt einen Überblick über den Verfahrensablauf für Umweltmanagementsystem-Audits gemäß der ISO 14010.

Vergleicht man diesen Ablauf mit dem des ICC-Konzepts, so ist zunächst weitreichende Übereinstimmung festzustellen. Unterschiede hingegen betreffen einerseits die Reihenfolge von Teilaktivitäten, andererseits die etwas geänderte Schwerpunktsetzung, die sich in jeweils unterschiedlichen Detaillierungsgraden von Aktivitätsbereichen ausdrückt. Zudem findet sich in den ISO-Normen, im Gegensatz zum ICC-Konzept, eine Betonung der Korrekturaktivitäten (als Tätigkeiten *nach* dem Auditing) nicht wieder, da es sich beim Umwelt-Audit der ISO nur um *ein* spezifisches Element eines komplexeren Umweltmanagementsystems handelt.

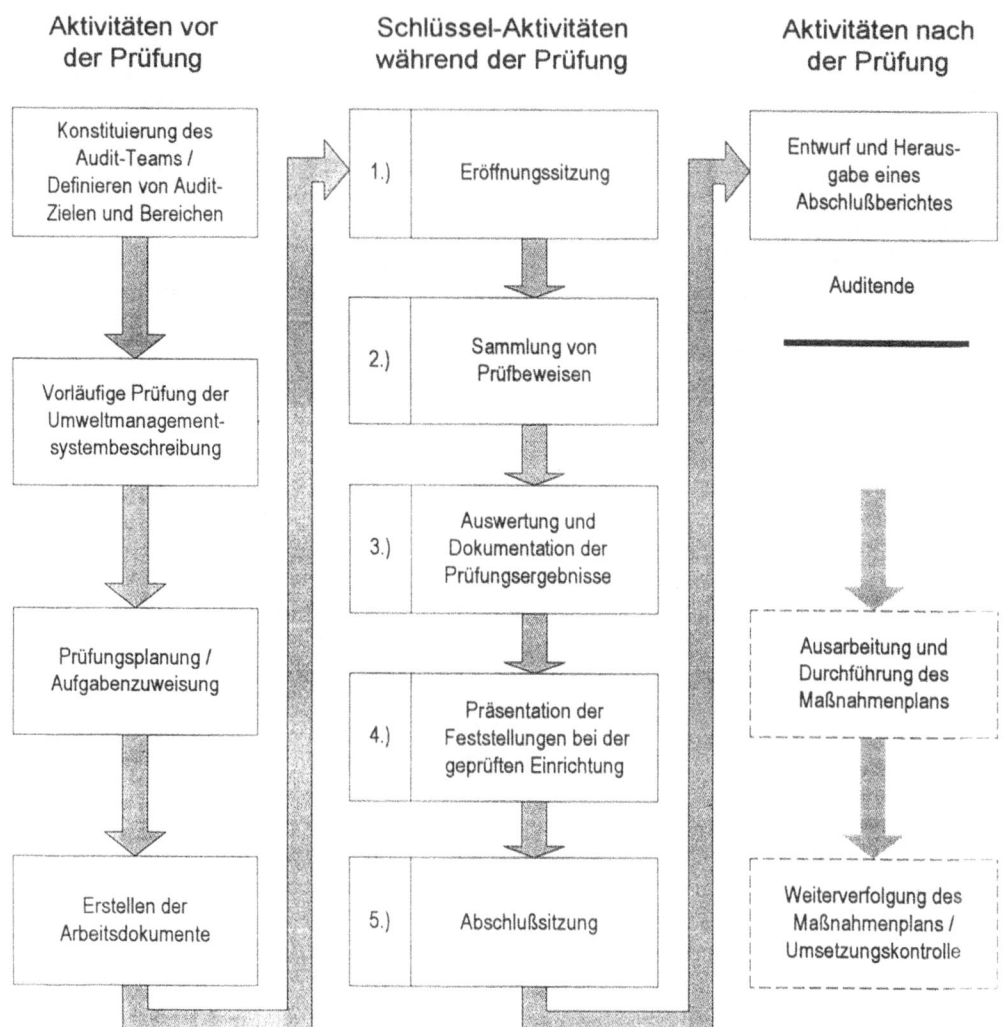

Abb. 4. Grundlegende Schritte des Umweltmanagementsystem-Audits gemäß der ISO 14010f.

3.3 Beurteilung der Entwicklung aus der Perspektive des Umweltmanagements

Umweltmanagement wurde zunächst mit unterschiedlichsten Bedeutungsinhalten versehen (siehe Meffert und Kirchgeorg, 1997, S. 15ff.). Erst im Zuge der dargestellten Normungsbestrebungen und Verordnungsgebung läßt sich eine einheitlichere Linie feststellen:

Umweltmanagement umfaßt danach diejenigen Teile der gesamten Managementfunktion, die - unter der vorrangigen Zwecksetzung, präventiven Umweltschutz im Unternehmen zu fördern, - eine unternehmerische Umweltpolitik festlegen und implementieren sowie relevante Aktivitäten kontrollieren (vgl. ISO/IEC SAGE SG 1, 1993, S. 8 u. 20-29, Der Rat 1992b, S. 3 u. 10f.). Dieser funktionalen Definition wird eine institutionale beigestellt, die unter dem speziellen Begriff des *Umweltmanagementsystems* jenen Teil des gesamten Managementsystems charakterisiert, der die Organisationsstruktur, Zuständigkeiten, Verhaltensweisen, Verfahren, Abläufe und Ressourcen für die Festlegung und Durchführung der unternehmerischen Umweltpolitik umschließt. Betont wird dabei, daß ein Subsystem "Umweltmanagement" funktional und insbes. institutional mit dem gesamten Managementsystem zu verknüpfen ist.

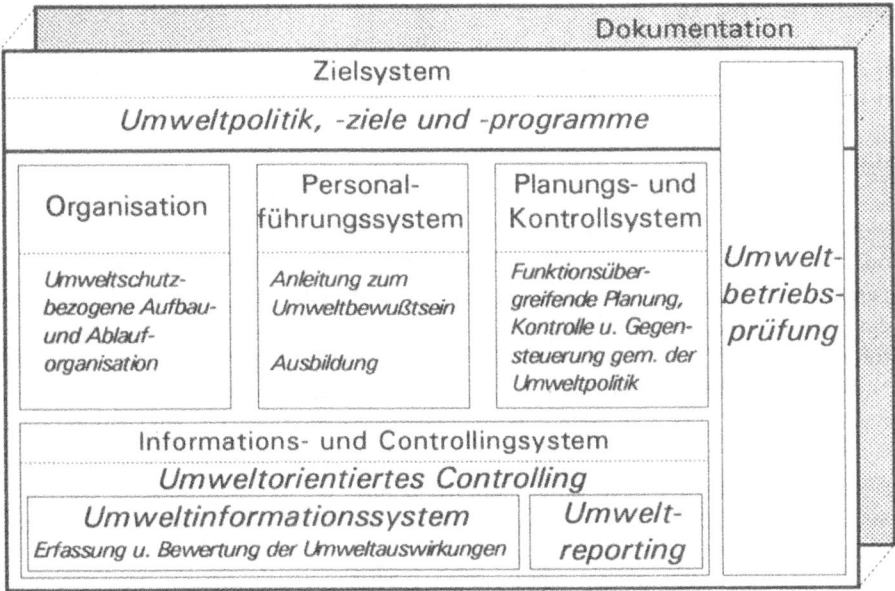

Abb. 5. Elemente und Zuordnungen des Umweltmanagementsystems

Abbildung 5 zeigt eine in diesem Sinne erfolgte Verknüpfung (Elemente des Umweltmanagementsystems jeweils kursiv). Dabei ordnet sich das Umwelt-Audit als wesentliches Element im System des Umweltmanagements ein, dort gemäß Terminologie der EG-VO als "Umweltbetriebsprüfung" bezeichnet. Gleichzeitig aber stellt Umweltmanagement - zumindest in den weiter entwickelten Audit-Konzeptionen - das Objekt des Auditing dar. Und als solches wurde Umweltmanagement dann auch selbst Gegenstand von Normierung, da der Aspekt "Zertifizierung" Standards eben auch für das Umweltmanagement bzw. das Umweltmanagementsystem voraussetzt.

Greift man nun die generell dem unternehmerischen Umweltmanagement zugeschriebenen Merkmale (1) mehrdimensionaler Zielbezug, (2) funktions- und ggf. unternehmensübergreifender Charakter sowie (3) proaktive Verhaltensausrichtung auf (vgl. Meffert und Kirchgeorg 1997, S. 15-22), dann läßt sich die Beurteilung der weiteren Entwicklung insbes. unter dem ersten dieser Merkmale, d.h. dem Aspekt möglicher Zielwirkungen, vornehmen.

3.3.1 Wirkungen auf Umweltziele

Umwelt-Audits, gleich welcher Ausprägung, sind zunächst im Kern nichts anderes als Informationsinstrumente. Daher geben im Grunde erst die Maßnahmenplanung, -durchführung und -kontrolle tatsächliche Möglichkeiten der Verbesserung der Umweltsituation. Die eigentliche Zielgrößenbeeinflussung beginnt also erst *nach* dem Umwelt-Audit; das Audit aber schafft zunächst einmal die Vorraussetzungen dafür.

Allerdings können durch das Audit Verhaltensänderungen mit (zumindest mittelbaren) Auswirkungen auf den Realisierungsgrad der Umweltziele erzeugt werden. So ist beobachtbar, daß bei rechtzeitiger offener Ankündigung eines internen Audits Maßnahmen zur Verbesserung der Umweltsituation bereits im Vorfeld der Prüfung durchgeführt werden (vgl. Saldern, 1993a, S. 270f).

Möchte sich ein Unternehmen auf Basis der internen Ergebnisse anschließend einem externen Audit zur Zertifikaterlangung (z.B. nach den Kriterien der EG-VO oder der ISO-Normen) unterziehen, dann ist davon auszugehen, daß die dadurch zusätzlich induzierten Verhaltenswirkungen erheblich schwächer ausfallen werden. Denn für das Unternehmen selbst sind beim Entscheid über die Durchführung eines externen Audits lediglich die Gutachterkosten sowie der mögliche Nutzen aus dem Gebrauch eines Zertifikates relevant. Mechanismen zur negativen Sanktionierung von mit dem externen Audit gefundenen Schwachstellen oder sogar von Rechtsverstößen existieren bisher nicht. Dies führt dazu, daß eine niedrige und sicher kalkulierbare Kostenposition (d.h. die der Auditierung) einer hohen Nutzenerwartung (d.h. dem geschätzten Vorteil der Zertifizierung multipliziert mit seiner Eintrittswahrscheinlichkeit) gegenübersteht. Unter dieser Konstellation verhindert keines der vorgestellten Zertifizierungskonzepte den Fall, daß ein Unternehmen zwar aufgrund von Mängeln nicht zertifiziert wird, sich aber anschließend, anstatt Korrekturmaßnahmen zu ergreifen, lediglich an einen neuen

Gutachter wendet in der Hoffnung, daß dieser die Mängel nicht erkennen oder dennoch das Zertifikat erteilen wird. Die grundsätzliche Verschwiegenheitspflicht der Gutachter, verbunden mit der Tatsache, daß das Versagen des Zertifikats (zumindest bisher) keinerlei Melde- oder Publizitätspflicht unterliegt, schafft die formalen Vorraussetzungen einer solchen Verhaltensweise.

Unternehmen werden nun zunehmend nicht nur mit den ökologischen Folgen ihrer Produktion, sondern auch mit denen aus Gebrauch und Entsorgung ihrer Produkte konfrontiert. Die bisherige, durch eine Konzentration auf das standortbezogene Umweltmanagement gekennzeichnete Entwicklung des Umwelt-Auditing hat jedoch dazu geführt, daß der Blick auf den produktbezogenen Umweltschutz eher wieder vernachlässigt wird. So läßt sich ein Produktbezug "von der Wiege bis zur Bahre", wie ihn aktuelle Leitsätze der staatlichen Umweltschutzpolitik fordern, im Rahmen der EG-VO nur untergeordnet feststellen (siehe dazu z.B. den Anhang I Teil C. Satz 7 der EG-VO). Zwar könnte man argumentieren, daß die spezifisch produktbezogene Sicht - auch als Ergänzung zur standortbezogenen Zertifizierung - in der Verordnung zur Vergabe des (produktbezogenen) Umweltzeichens (siehe Der Rat, 1992a) zu finden ist. Mag dies in rechtlicher Hinsicht zutreffen, so ist die Möglichkeit zur Erlangung eines produktbezogenen Umweltzeichens jedoch kein Ersatz für produktbezogenes systematisches und vorausschauendes Umweltmanagement, und an einem Grundkonzept für eben dieses fehlt es im Rahmen der EG-VO (anderer Auffassung ist z.B. Sietz, 1993, S. 227). Die vorliegenden ISO-Normen zum Umwelt-Auditing sind, aufgrund ihrer gegenwärtigen Fixierung auf das Umweltmanagementsystem als Objekt, an keiner Stelle spezifisch produktbezogen. Und auch in den Normen zu eben diesem Audit-Objekt wird ein Produktbezug lediglich beispielhaft gefordert. Werden jedoch die Einsichten über die Verantwortung der Unternehmen für den gesamten Produktlebenszyklus nicht adäquat in Umweltmanagement- und Umwelt-Audit-Konzepte integriert, dann können einerseits Umweltschutzziele nur in engen Grenzen verfolgt werden, und andererseits werden dadurch wesentliche potentielle Risikobereiche völlig aus der Überprüfung herausgehalten.

3.3.2 Wirkungen auf Erfolgs- und Wettbewerbsziele

In den Zielformulierungen der einzelnen Audit-Konzepte ist auch kein wirklicher Hinweis auf einzelökonomische Erfolgswirkungen durch Auditing zu finden. Dennoch können Audits solche Erfolgswirkungen entfalten. Denn ungeplante Emissionen und damit einhergehende Umweltschäden lassen mitunter auf einzelökonomisch ineffizientes Handeln schließen, wenn man von Unternehmensplänen ausgeht, die gleichzeitig auf die Einhaltung bestimmter öffentlich akzeptierter Maße an Umweltbelastung und auf die betriebswirtschaftlich optimale Allokation des Ressourceneinsatzes abstellen. Negative Soll-Ist-Abweichungen vom Plan machen dann auch einzelökonomische Effizienzmängel evident. Zudem sind Umweltschäden, teilweise aber auch bereits Verletzungen akzeptierter Grade an Umweltbelastung, Ursachen zusätzlicher Kosten bzw. ausbleibender Erlöse (vgl.

Karl, 1993, S. 212). Andererseits können - in Gleichklang mit der anzusprechenden Förderung ökologischer Zielerreichung - Kosteneinsparungen durch Verbesserung des Umweltschutzes speziell in der Einführungsphase der hier beschriebenen Konzepte zu realisieren sein, sofern dabei das Audit die erste umfassende und systematische Untersuchung des Unternehmens hinsichtlich des Umweltschutzes ist. Zu reflektieren ist dabei, aber auch bei Folgeanwendungen, auf mögliche Aufdeckung von Kostensenkungspotentialen, etwa durch Abfallvermeidung, Reststoffverwertung oder Energieeinsparung. Praxisberichte über die Anwendung unterschiedlichster Audit-Konzepte bestätigen die Berechtigung dieser Erwartung (siehe z.B. Liniger und Stiefel, 1994; Waskow, 1997).

Häufig findet sich auch das Argument, durch adäquates Umweltmanagement seien Versicherungsprämien, insbes. zur Umwelthaftpflichtversicherung, einzusparen. Möglich erscheint ferner, daß Zertifikate - falls sie nicht schon Voraussetzung eines Vertragsabschlusses sind - den zugesagten Deckungsumfang steigern oder die zugewiesenen Selbstbehalte reduzieren helfen. Jedoch wurde im Qualitätssicherungsbereich, durch Erfahrungen mit der dortigen Zertifizierungspraxis beeinflußt, von der Versicherungswirtschaft die Auffassung geäußert, daß die dabei vergebenen Qualitätsmanagement-Zertifikate keinen Anlaß für eine Reduktion von Prämien für Produkthaftungs-Versicherungen böten (vgl. Kassebohm und Malorny, 1994, S. 705). Mithin ist analog auch für den Umweltbereich denkbar, daß die Auswirkungen der Zertifikate auf Versicherungskosten und -leistungen letztlich geringer ausfallen als angenommen. Dies unterstreicht im übrigen die Bedeutung der Rolle der zugelassenen Gutachter im Spannungsfeld zwischen den Erwartungen der Unternehmen und denen der Öffentlichkeit.

Zählt die Kostenbeeinflussung i.d.R. zum Gestaltungsbereich des Unternehmens, so sind die Möglichkeiten der Erlösbeeinflussung zumeist geringer und lediglich indirekt, d.h. auf die Beeinflussung der Marktgegenseite beschränkt. Zu diesem Zweck müssen Audit-Ergebnisse kommuniziert werden. Dazu eignen sich Zertifikate und Umwelterklärungen als Ergebnisse externer Audits, da damit Konformität mit relevanten Standards nachgewiesen wird. Insofern wird dann versucht, einen bestimmten Grad an Umweltschutzleistung nach außen hin als Qualitätsmerkmal zu kommunizieren. Unter diesem Blickwinkel erscheint demnach die Orientierung der vorgestellten Konzepte an den Richtlinien zum Qualitätsmanagement und Qualitäts-Audit als folgerichtig. Jedoch wird dadurch auch gleichzeitig die Unsicherheit im Rahmen der Qualitätssicherung, welche Art von Nachweis denn nun letztendlich durch ein Zertifikat erbracht würde, auf die entsprechenden Umwelt-Audit-Konzepte übertragen. Denn es wird nicht *ein bestimmter Grad* an Umweltschutzleistung zertifiziert, sondern - wie bereits in Abschnitt 3.2.1 pointiert - lediglich *die grundsätzliche Fähigkeit* des Umweltmanagementsystems, individuelle Umweltschutzziele zu formulieren und effektiv umzusetzen. Leistungsmessung und Leistungsbeurteilung erfolgen in externen Umwelt-Audits eben nicht anhand allgemeinverbindlicher Standards, sondern durch Konfrontation der Handlungsergebnisse mit den Handlungszielen ein und desselben Unternehmens.

Über der kurzfristigen Ausrichtung auf Kosten und Erlöse steht die langfristige Gewinnsicherung als eigentliches unternehmerisches Hauptziel. Dem dient die Schaffung und Absicherung einer bestimmten Wettbewerbsposition. Sie kann durch Maßnahmen auf Basis interner Audits beeinflußt werden, insbes. aber auch durch die Kommunikation der Ergebnisse externer Audits, und dabei vor allem der Zertifikate. Allerdings provoziert die einheitliche Zertifizierung nach der EG-VO wie auch nach den ISO-Konzepten einige grundsätzliche Wettbewerbsverzerrungen. Denn existieren bei Großunternehmen zumeist bereits allgemeine Managementsysteme, die eine Erfüllung der formalen und dokumentarischen Anforderungen zur Zertifikaterlangung ohne großen zusätzlichen Aufwand ermöglichen, so ist dies bei kleinen und mittleren Unternehmen i.d.R. nicht der Fall (vgl. Steger, 1995). Steuerungsmechanismen sind hier oft informal und improvisiert, Koordination erfolgt durch direkte Kommunikation und nicht durch Handbücher. Obwohl die Teilnahme kleiner und mittlerer Unternehmen an der EG-VO einer speziellen Förderung unterliegt (Art. 13 der EG-VO), sind diese mithin durch ihre spezifischen Strukturen und Verfahrensweisen im Rahmen eines jeden der vorgestellten Umwelt-Audit-Konzepte benachteiligt.

Darüber hinaus sehen sich Unternehmen in Ländern mit hohen Umweltschutzstandards möglichen Wettbewerbsnachteilen aus Auditing-Vorgängen gegenüber. Dies mag zunächst angesichts des erklärten Ziels aller vorgestellten Konzepte, den Umweltschutz im Unternehmen zu fördern (was gerade mit der Einhaltung strenger Umweltschutzstandards gewährleistet wird), absurd erscheinen. Notwendige Bedingung der Zertifizierung ist jedoch die Einhaltung der jeweiligen nationalen Standards, hinreichende Bedingung darüber hinaus eine weiterreichende Verbesserung des Umweltschutzes. Sind aber - wovon auszugehen ist - die Grenzkosten zusätzlichen Umweltschutzes bei hohen Standards höher als bei niedrigen, so ist jener Standort, der höheren Standards unterliegt, im Nachteil (vgl. Saldern, 1993b, S. 301). Überdies führt nicht - wie bereits angesprochen - ein bestimmter Grad an Innovation zur Zertifizierung, sondern lediglich die Feststellung, daß eine individuell geplante Vorwärtsbewegung tatsächlich realisiert wurde. Im Umweltschutz führende Unternehmen und Staaten werden dadurch gegenüber solchen mit bisher lediglich durchschnittlichen Leistungen real benachteiligt.

3.4 Beurteilung der Entwicklung aus der Perspektive des Risikomanagements

Wesentliches Anliegen des *Risikomanagements* ist es, Risiken im Gesamtzusammenhang unternehmerischer Prozesse bewußt zu machen sowie den Schritt von einer Absicherung zur Gestaltung von Risikolagen zu vollziehen (vgl. Haller, 1991). Dazu ist Risikomanagement in die Unternehmensführung zu integrieren. Damit einher geht eine spezifische Interpretation von Risiko. Danach können Risiken nur dort entstehen, wo bestimmte *Erwartungsgrößen als Zielgrößen* realisiert werden sollen, denn erst diese geben den Maßstab und dadurch das Bewußtsein für die Möglichkeit einer negativen Abweichung (*Risiko*), aber auch einer positiven (*Chance*) von dieser Erwartungsgröße. In diesem Sinne ist Risiko nicht nur als "Verlustgefahr" interpretierbar. Weiterhin manifestieren sich Risiken in diesem Sinne auf allen Gestaltungsebenen des Managements, d.h. in der technologischen, der sozialen, der ökonomischen und eben auch der ökologischen Sphäre. Ein solches *holistisches Verständnis* von Risikomanagement erweist sich mithin als flexible Basis, um auch neuartigen Risikolagen im Unternehmen adäquat zu begegnen.

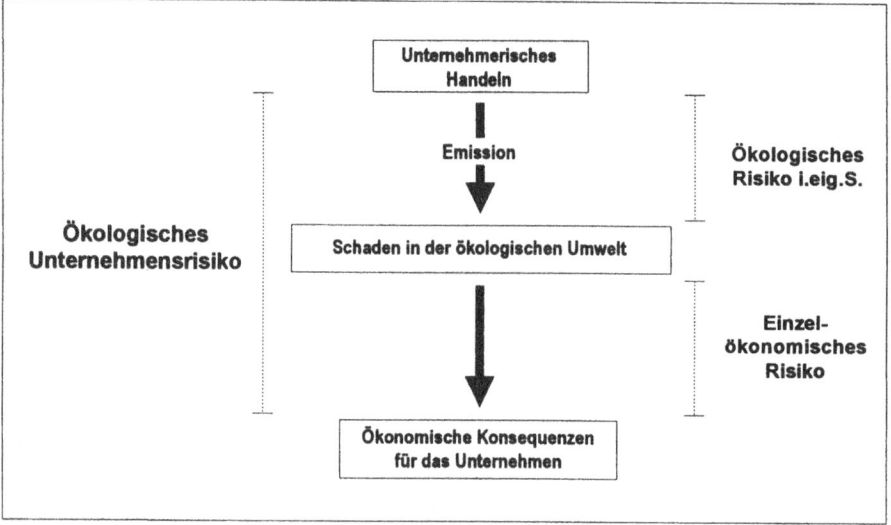

Abb. 6. Komponenten des ökologischen Unternehmensrisikos (modifiziert entnommen aus Matten, 1998)

So wie die Kennzeichnung des einzelwirtschaftlichen Risikos im Konzept des Risikomanagements eine bestimmte, unternehmerisch gesetzte ökonomische Erwartungsgröße (z.B. den jeweiligen Plangewinn) als relevanten Orientierungspunkt voraussetzt, so läßt sich auch im ökologischen Kontext ein bestimmter, öffentlich tolerierter Standard an Umweltbelastung (z.B. ein staatlich vorgegebener Emissionsgrenzwert) als Orientierungspunkt der Risikodefinition interpretieren (vgl. Wagner, 1994, S. 53-58). Ist jede Möglichkeit des Auftretens eines Umweltschadens als *ökologisches Risiko im eigentlichen Sinne* begreifbar, so wandelt sich dieses in ein für das Unternehmen relevantes Risiko, also ein *einzelökonomisches Risiko*, erst dann, wenn speziell ein durch Unternehmenstätigkeit bewirkbarer Schaden in seiner Dimension den tolerierten Standard zu überschreiten droht und damit die Möglichkeit wirtschaftlich relevanter Sanktionen gegen das Unternehmen (z.B. von Ordnungsgeldern bis hin zu Stillegungsverfügungen) induziert (vgl. Matten, 1998). Das dann insgesamt resultierende *ökologische Unternehmensrisiko* stellt sich mithin - wie durch Abbildung 6 skizziert - als Ergebnis einer Risikoverkettung spezifischer Art dar. Dazu treten weitere Risiken aus Wahrnehmungsverzerrungen der ökologisch interessierten Öffentlichkeit sowie aus möglichen Glaubwürdigkeitsproblemen.

Aspekte der ökologischen Umwelt nur auf Möglichkeiten der Verfehlung von Standards oder des Auftretens von Wahrnehmungs- und/oder Glaubwürdigkeitsproblemen hin zu betrachten, wäre jedoch eine einseitige, kurzfristige und zudem dem Ansatz des Risikomanagements nicht adäquate Sicht. Die ökologische Unternehmenschance als das gerade diesem Ansatz gemäße Pendant des ökologischen Unternehmensrisikos bedarf vielmehr in gleicher Weise der Aufmerksamkeit bei der Würdigung der Entwicklung des Umwelt-Auditing.

Umwelt-Auditing entstand aus der Notwendigkeit, einzelfallbezogene Kontrollen durch ein systematisches und prozeßübergreifendes Überwachungsinstrument zu ergänzen. Die Entwicklung konzentrierte sich dann auf die Systemprüfung, welche - entsprechend der in Abschnitt 3.2 dargestellten Entwicklung - zwei wesentliche Ausprägungen aufweist: Einerseits das intern ausgerichtete Audit, das den Informationsstand der Unternehmensführung über die eigene Organisation verbessern soll, andererseits das extern ausgerichtete Audit, bei dem ein erreichter Standard von externen Gutachtern testiert wird. Umwelt-Audits dieser Ausprägungen fungieren nun als *Instrumente* des Risikomanagements zur Beeinflussung des ökologischen Unternehmensrisikos gemäß der jeweiligen Risikostrategie. Abb. 7 veranschaulicht diesen Zusammenhang.

Dabei setzen die (aus dem Denken des Risk-Managements stammenden) Kategorien Vermeiden, Vermindern, Selbsttragen, Überwälzen und/oder Versichern im wesentlichen am potentiellen Umweltschaden und damit am ökologischen Risiko im eigentlichen Sinne an (vgl. Janzen, 1995). Dem internen Audit als zugeordnetem Instrument kommt dabei eine doppelte Funktion zu: So ist zum einen eine Situation erstmalig bezüglich ihres Risikopotentials zu untersuchen. Das Audit liefert dann eine erste Bestandsaufnahme und dadurch die Basis für das Ableiten von Strategien und Maßnahmen des Risikomanagements. Zum anderen beurteilt Umwelt-Auditing die Wirksamkeit und Angemessenheit des unternehmerischen Risikomanagements bezogen auf ökologische Unternehmensrisiken. Und dieses ist dann auch die eigentliche Hauptaufgabe des internen Audits aus der Sicht des Risikomanagements.

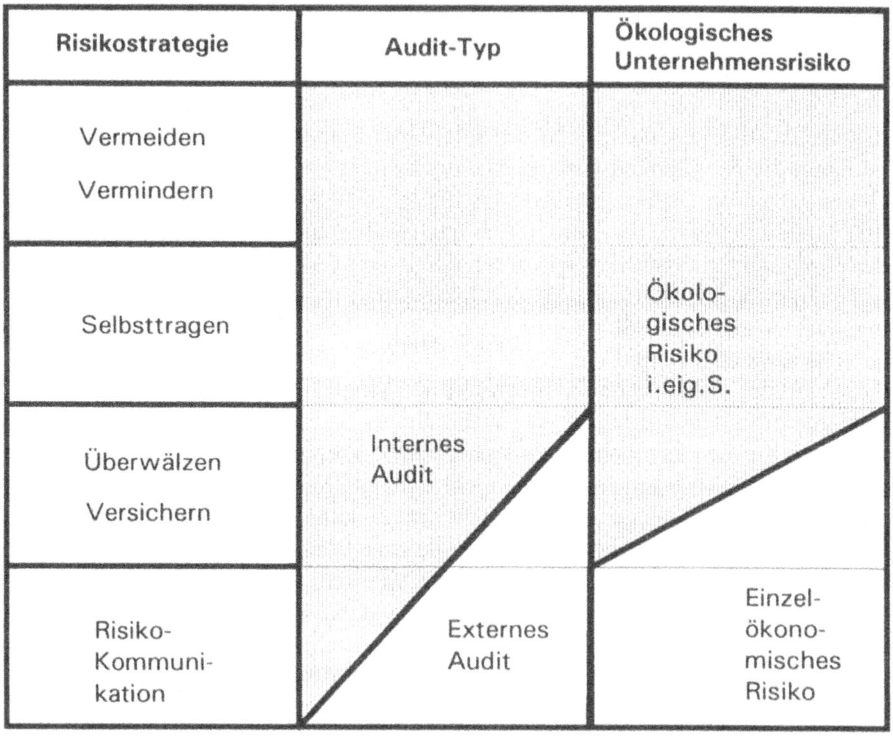

Risikostrategie	Audit-Typ	Ökologisches Unternehmensrisiko
Vermeiden / Vermindern	Internes Audit	Ökologisches Risiko i.eig.S.
Selbsttragen		
Überwälzen / Versichern		
Risiko-Kommunikation	Externes Audit	Einzelökonomisches Risiko

Abb. 7. Die Zuordnung von Risikostrategien zu Audit-Typen und Risikokomponenten

Das Überwälzen von Risiken entfernt sich von der Risikoursache und stellt - je nach Ausprägungsform - lediglich mögliche wirtschaftliche Schadensfolgen in das Betrachtungszentrum. Die Versicherung als Spezialfall vertraglicher Risikoüberwälzung zeigt dabei ein etwas anderes Bild: Eine genaue Risikoidentifikation und Risikoanalyse - z.B. mittels interner Audits - ist Vorraussetzung der Versicherung. Zusätzlich sind jedoch, wie schon in Abschnitt 3.3.2 angeklungen, durch externe Audits u.U. verbesserte Versicherungskonditionen zu erzielen.

Maßnahmen der Risiko-Kommunikation sind auf die Risiko-Wahrnehmung und Risiko-Akzeptanz durch die Unternehmensumwelt und damit auf eine Verhaltensbeeinflussung zur Begrenzung einzelökonomischer Risiken ausgerichtet. Daher ist dort nicht das Audit selbst, sondern die Kommunikation seiner Ergebnisse relevant. Dabei erlangen zertifizierte Ergebnisse eine höhere Glaubwürdigkeit und werden daher bevorzugt zur Risiko-Kommunikation verwendet (vgl. Henn, 1995, S. 151; Steven, Schwarz und Letmathe, 1997).

3.4.1 Beeinflussungsmöglichkeiten von Haftungsrisiken

Unter Haftungsrisiko sei hier jener Teil des ökologischen Unternehmensrisikos verstanden, der die Möglichkeit der rechtlichen (z.B. zivil- oder strafrechtlichen) Inanspruchnahme aus unternehmerischem Tun oder Unterlassen beinhaltet. Ein intern ausgerichtetes Umwelt-Audit schafft dabei die Informationsbasis, um gezielt gegen Emissionen und insbes. potentielle Störfälle vorzugehen. Aktuelle Entwicklungen im Bereich des Abfall- und des Haftungsrechts haben dabei die Grenzen zwischen Illegalität und Legalität auf der einen sowie zwischen Haftung und Nicht-Haftung auf der anderen Seite verschoben. So haben z.B. die im Umwelthaftungsgesetz verankerten Konstrukte der verschuldensunabhängigen Gefährdungshaftung und der Beweiserleichterung der potentiell Geschädigten die Ansprüche an die unternehmerische Dokumentation erheblich steigen lassen. Entwicklungen, wie etwa die Europarats-Konvention zur Umwelthaftung (siehe The Secretary General of the Council of Europe, 1993) oder das Kreislaufwirtschafts- und Abfallgesetz, zeigen zudem, daß sich die Dimensionen und Reichweiten der Haftungsprinzipien für Umwelteinwirkungen zunehmend ausweiten.

Inwieweit ein aus einem Umwelt-Audit resultierendes Zertifikat zur *Abwehr* eines Haftungsanspruches eingesetzt werden kann, ist nicht generalisierend zu beantworten, da dazu noch einige Jahre gerichtlicher Praxis abzuwarten sein werden. Versucht man jedoch zur Prognose eine Analogie zum Qualitätsmanagement, so erscheint das hauptsächlich von seiten der Zertifizierungsbranche geäußerte Argument, Zertifizierung wirke in Produkthaftungsprozessen entlastend, als überaus zweifelhaft (vgl. Kassebohm und Malorny, 1994, S. 701 u. 704f.). Denn einerseits wird mit jedem System-Audit nur die grundsätzliche Fähigkeit und nicht das konkrete Einzelfallergebnis geprüft, und andererseits ist eine Beweiserleichterung für das Unternehmen im Sinne der Anscheinsvermutung kaum gegeben, da ein externes Audit nicht jede denkbare Schwachstelle ausmerzen kann, dagegen jedoch stets der jeweilige Einzelfall für ein konkretes Organisationsverschulden ursächlich ist.

Bedeutsam erscheint zusätzlich die Möglichkeit, daß Zertifizierung Haftungsrisiken erst begründet. Diese Überlegung, im Rahmen von Umwelt-Audits und Umweltmanagementsystemen erst äußerst rudimentär diskutiert (z.B. o.V., 1994, S. 25), entspringt ebenfalls analogen Entwicklungen im Qualitätsmanagement: So sind Zertifikate dazu geeignet, bestimmte Erwartungen hinsichtlich erhöhter Qualität von Produkt und Produzent zu begründen. Weicht nun jedoch die empfundene Qualität im Einzelfall negativ von den geweckten Erwartungen ab, so wird der Zertifikatverwender u.U. wegen des Nichterfüllens einer zugesicherten Eigenschaft regreßpflichtig. Übertragen auf Umwelt-Audits hieße dies, u.U. sogar schon für eine Verletzung des entstandenen *Eindrucks* einer über dem Maß gesetzlicher Standards liegenden Umweltverträglichkeit haftbar gemacht zu werden.

Die weitverbreitete Ansicht, daß gerade die Zertifizierung Haftungsrisiken senke, kann daher nicht bestätigt werden. Dennoch dürfte zumindest insgesamt davon auszugehen sein, daß im Gesamteffekt interne und externe Umwelt-Audits Haftungsrisiken eher vermindern und nicht erhöhen werden.

3.4.2 Beeinflussungsmöglichkeiten von Akzeptanz- und Glaubwürdigkeitsrisiken

Ordnungsrechtliche Standards als Zielgrößen vermögen selbst bei strikter Einhaltung das Unternehmen nicht unbedingt vor ökonomisch relevanten Konsequenzen zu schützen. Dies folgt aus der Tatsache, daß die Einhaltung eines kodifizierten Standards zwar kurzfristig eine gewisse *Rechtssicherheit* - beispielsweise gegenüber Haftungsansprüchen - bedeuten kann, solches Handeln aber nicht automatisch unternehmerischen Erfolg sichert. Standards sind als dynamische und ggf. unscharfe Größen zu interpretieren, deren *Gültigkeit* und *Akzeptanz* das Unternehmen fortlaufend zu beobachten hat. Interne Audits und Umweltanalysen bilden dabei eine sinnvolle Informationsbasis. Aber selbst die Einhaltung eines stabilen und zudem voll akzeptierten Standards kann zu negativen ökonomischen Konsequenzen führen, wenn die *Wahrnehmung* der unternehmerischen Aktivitäten aufgrund einer geringen *Glaubwürdigkeit* nicht mit dem Standard in Einklang zu bringen ist.

Probleme mangelnder Akzeptanz und Glaubwürdigkeit erfordern aus der Sicht des Risikomanagements eine adäquate Risiko-Kommunikation. Und speziell in diesem Bereich können Zertifizierungen und die Veröffentlichung testierter Umwelterklärungen risikosenkende Wirkung durch unmittelbare Verbesserung der Glaubwürdigkeit entfalten. Mittelbar kann sich dieser Effekt durch die gleichfalls induzierte Erhöhung der Akzeptanz verstärken. Nachgewiesene Zielerfüllung und klare zukünftige Zielsetzung schaffen *Reputation* als Basis der Akzeptanz. Zertifizierung kann in dieser Weise als Form des *Signaling* (vgl. Kaas, 1994) verstanden werden. Dies stellt allerdings hohe Anforderungen an die Umweltgutachter, denn deren Reputation überträgt sich automatisch auf die Glaubwürdigkeit der

Ergebnisse externer Audits. Daher wäre ein denkbares "Prüfungsdumping" in Form normunterschreitender Testierung allenfalls von vorübergehendem Vorteil für ein Unternehmen: Der geringere Aufwand würde u.U. durch die Wirkung der gesunkenen Glaubwürdigkeit konterkariert.

Die umweltrechtliche Regelungsdichte im Bereich der Herausgabepflichten umweltrelevanter Informationen nimmt seit einigen Jahren außerordentlich stark zu. Dies läßt die Frage möglicher Zusammenführung und Bereinigung unterschiedlichster Berichtspflichten aufkommen. Und in der Tat finden sich erste derartige Deregulierungen, so z.B. in Bayern. Dadurch würde z.B. die Umwelterklärung in ihrer Wirkung erheblich weiter aufgewertet.

Im Rahmen der Risiko-Kommunikation zur Beeinflussung von Akzeptanz- und Glaubwürdigkeitsrisiken ergibt sich somit ein gegenüber den Haftungsrisiken umgekehrtes Bild: Die Vermittlung von Ergebnissen aus internen Audits wird in ihrer risikomindernden Wirkung erheblich hinter jene aus externen Audits zurücktreten. Voraussetzungen dazu sind jedoch positive Reputation des Gutachters sowie Akzeptanz des zugrundegelegten Systems bei den jeweiligen Anspruchsgruppen.

3.4.3 Beeinflussungsmöglichkeiten marktlicher Risiken

Der wesentliche Bereich marktlicher Risiken sind mögliche negative Konsumentenreaktionen auf den relevanten Absatzmärkten. Solche Reaktionen sind durchaus als eine spezielle Form der Äußerung von Nicht-Akzeptanz interpretierbar. Mithin wirken hinsichtlich möglicher Beeinflussung dieser Risiken durch Umwelt-Audits die gleichen Mechanismen, wie sie hier für den allgemeinen Fall der Akzeptanzrisiken angesprochen wurden.

Unter Umständen lassen sich durch Umwelt-Audits jedoch nicht nur Absatzrisiken vermeiden oder vermindern, sondern auch Wettbewerbsvorteile erzielen, also Chancen erkennen und nutzen. Interne Audits spielen dabei eine eher untergeordnete Rolle: Sie können zwar Soll-Ist-Abweichungen feststellen, aufgrund ihrer vergangenheitsbezogenen und auf Standorte oder Unternehmen eingeschränkten Sicht jedoch allenfalls erste Anhaltspunkte für die Gestaltung und Nutzung von Erfolgspotentialen liefern.

Jedoch lassen sich u.U. mit Hilfe von Zertifikaten Wettbewerbsvorteile erzielen, und zwar solange das Zertifikat als Auszeichnung besonderer Leistung - mithin also als spezielles Qualitätsmerkmal - und nicht als bloße Einhaltung von Mindeststandards wahrgenommen wird. Es erscheint dabei denkbar, daß, wenn Pionierunternehmen mit Zertifizierungen z.B. nach der EG-VO oder der ISO 14001 ff. Markterfolge erzielen, ein *"Zertifizierungssog" im horizontalen Wettbewerb* entsteht.

Unternehmerisches Risikomanagement hat sich bei arbeitsteiligem Wirtschaftssystem allerdings nicht nur auf eigene Unternehmenshandlungen, sondern auch auf die der Vertragspartner zu beziehen. Dies hat mittlerweile im Bereich der Qualitätssicherung dazu geführt, daß in verschiedenen Marktsegmenten Geschäftsbeziehungen ohne das Vorweisen von Qualitätsmanagement-Zertifikaten kaum noch anzubahnen sind. Ein solcher *"Zertifizierungsdruck" im vertikalen Wettbewerb* wird künftig wohl auch in bezug auf externe Umwelt-Audits weiter zunehmen, zumal z.B. Anhang I Teil C. Ziffer 8. der EG-VO fordert, in der eigenen Umweltbetriebsprüfung auch den Umweltschutz der Vertragspartner zu berücksichtigen.

Ein weiterer wesentlicher Bereich, in dem marktliche Umweltrisiken zum Tragen kommen, beinhaltet die Beschaffung von Kapital und Versicherung. Dabei bestehen aus Sicht der Unternehmen die spezifischen Risiken darin, speziell durch das Verhalten gegenüber der Umwelt schlechtere oder keine Möglichkeiten der Kapitalbeschaffung zu erhalten. Solche Risiken werden dann virulent, wenn Kapitalgeber entweder ökologische Lenkungsabsichten verfolgen und/oder wenn die aus der (geplanten) Unternehmenstätigkeit resultierenden ökonomischen Risiken vom Finanzier als gravierend eingeschätzt werden. Aus Sicht der Kreditwirtschaft ist dabei zunächst ein möglichst umfassender Informationsstand erforderlich, der eine zuverlässige Risikoeinschätzung erlaubt. In diesem Zusammenhang werden Umwelt-Audit-Konzepte daher auch als feste Bestandteile von Kreditwürdigkeitsprüfungen diskutiert (so z.B. bei Manski, 1994, S. 162f.). Und auch in Diskussionen über Möglichkeiten und Konditionen der Versicherung ökologischer Unternehmensrisiken werden Audit-Konzepte ins Feld geführt (z.B. bei Wöstmann und Zentgraf, 1994, Gemünd, 1995). Denn da Versicherung letztlich nichts anderes ist als die Übernahme von Haftungsrisiken gegen Zahlung einer Prämie, gilt dann für die Risikowirkungen von Umwelt-Audits auch hier tendenziell das zuvor bereits für den Bereich der Haftungsrisiken Festgestellte.

Insgesamt festzuhalten bleibt allerdings - übereinstimmend mit der Einschätzung aus Abschnitt 3.4.2 -, daß Zertifizierungen allenfalls Glaubwürdigkeitsprobleme lösen können, eine ursächliche Minderung des ökologischen Unternehmensrisikos jedoch im wesentlichen nur durch vorlaufende interne Audits und die damit verbundenen Vorgaben erreichbar ist.

3.5 Resümee und Ausblick

Mit Umwelt-Auditing wird mittlerweile mehr verbunden als ein spezifisches Kontroll-Instrument: Das bestehende Umweltmanagement als wesentliches Prüfungsobjekt ist dabei gewissen Mustern anzugleichen, die von Konzepten wie der EG-VO oder den ISO-Normen gleich mitgeliefert werden. Damit markiert der jetzige Entwicklungsstand des "Umwelt-Auditing" in vielfältiger Hinsicht Endpunkte von Entwicklungen, aber auch den Beginn von Neuerungen. Am deutlichsten wird diese Situation des Umbruchs, wenn man vom Startpunkt der Entwicklung von Umwelt-Audits ausgeht: Dort war ein unternehmensinternes Instrument gefragt, welches helfen sollte, steigenden externen Ansprüchen adäquat zu begegnen.

Der heutige Stand von "Umwelt-Auditing" ergibt ein recht differenziertes Bild. Einerseits sind externe Ansprüche - wie z.B. die "Verpflichtung zur angemessenen kontinuierlichen Verbesserung des betrieblichen Umweltschutzes" gem. Art. 3 Abs. a) der EG-VO - mittlerweile in Audit-Konzepte integriert. Andererseits kamen im Verlauf der Standardisierung - vor allem infolge der Zertifizierung - zu den die Audits einsetzenden Unternehmen weitere (tatsächliche oder potentielle) Nutznießer hinzu, die ihrerseits die weitere Entwicklung tiefgreifend prägen. So sehen staatliche Stellen im Auditing heute die Möglichkeit einer Risikosteuerung durch Recht, wodurch die zuständigen Aufsichtsbehörden in erheblichem Umfang entlastet werden könnten. Ferner versuchen Stakeholder unterschiedlichster Provenienz, auch ihre jeweiligen Informationsinteressen befriedigen zu lassen. Und schließlich hat sich die "Zertifizierungsbranche", bestehend vor allem aus Unternehmensberatungen und Wirtschaftsprüfern, enorme Marktzuwächse erschlossen (vgl. Förschle und Mandler, 1994).

Dieses Aufeinanderprallen unterschiedlichster Interessen bewirkte eine Eigendynamik der Normierung von Umwelt-Audit-Konzepten mit zwei sehr wesentlichen Konsequenzen: Denn zum einen werden in die Normierung von Prüfung zunehmend auch die zu prüfenden Bereiche einbezogen, und zwar aus der zweifelhaften Erwartung heraus, dadurch einerseits die Prüfung objektivieren und andererseits den gesamten Ansatz operationalisieren zu können. Und zum anderen erzwingt die Berücksichtigung der Interessen aller Anspruchsgruppen offensichtlich eine Ausweitung von Normierung nicht nur in der Breite, sondern auch in der Tiefe. Der Detaillierungsgrad der einzelnen Regelungen wird dadurch tendentiell weiter zunehmen.

Beides kontrastiert im Grunde mit der Einsicht, daß detaillierte Normierung, verbunden mit Zertifizierung, die unternehmerischen Handlungsspielräume so weit einengt, daß Fortschritt im Umweltschutz dadurch nicht gefördert, sondern eher gehemmt wird. Und während alle o.g. Nutznießer von einer detaillierten und verpflichtenden Anwendung von Auditierung und Zertifizierung eines genormten Umweltmanagements mit Sicherheit profitieren werden, ist der daraus folgende Nutzen für die teilnehmenden Unternehmen i.d.R. eher unsicher.

Literatur

Beck, M. (1996): Betriebliches Umwelt-Audit in der Praxis. Würzburg.
Der Rat der Europäischen Gemeinschaften: Verordnung (EWG) Nr. 880/92 des Rates vom 23. März 1992 betreffend ein gemeinschaftliches System zur Vergabe eines Umweltzeichens. In: Amtsblatt der Europäischen Gemeinschaften, Nr. L 99 vom 11.4.1992, S. 1-7 (1992a).
Der Rat der Europäischen Gemeinschaften: Verordnung über die freiwillige Teilnahme gewerblicher Unternehmen an einem Gemeinschaftssystem für das Umweltmanagement und die Umweltbetriebsprüfung vom 29. Juni 1993 - Verordnung EWG Nr. 1836/93. In: Amtsblatt der Europäischen Gemeinschaften, Nr. L 168 vom 10.7.1993, S. 1-18.

Der Rat der Europäischen Gemeinschaften: Vorschlag für eine Verordnung (EWG) des Rates, die die freiwillige Beteiligung gewerblicher Unternehmen an einem gemeinschaftlichen Öko-Audit-System ermöglicht. In: Amtsblatt der Europäischen Gemeinschaften, Nr. C 76 vom 27.3.1992, S. 2-13 (1992b).

Dyllick, T. (1994): Die EU-Verordnung zum Umweltmanagement und zur Umweltbetriebsprüfung (EMAS-Verordnung) - Darstellung, Beurteilung und Vergleich mit der geplanten ISO 14001 Norm. Diskussionsbeitrag Nr. 20 des Instituts für Wirtschaft und Ökologie der Hochschule St. Gallen, St. Gallen.

Fichter, K. (1993): Umweltmanagement-Standards: der BS 7750 - Die Vorreiterrolle Großbritanniens bei der Standardisierung des Umweltmanagements. In: IÖW-Informationsdienst, 8. Jg., Nr. 3-4, S. 14-15.

Fichter, K. (1995): Mit Öko-Controlling zum zertifizierbaren Umweltmanagementsystem - Umsetzung der EU-Öko-Audit-Verordnung. Schriftenreihe des IÖW Nr. SR-81/95, Berlin.

Förschle, G., Hermann, S. und Mandler, U. (1994): Umwelt-Audits. In: Der Betrieb, 47. Jg., S. 1093-1100.

Förschle, G. und Mandler, U. (1994): Umwelterklärung, Umweltgutachter und Wirtschaftsprüfung. In: Betriebswirtschaftliche Forschung und Praxis, 46. Jg., S. 521-539.

Ganse, J., Gasser, V. und Jasch, A. (1997): Öko-Audit, Umweltzertifizierung - Basis einer neuen Unternehmenskultur. München.

Gemünd, W. (1995): Das Umwelt-Audit als Voraussetzung für die Umwelthaftpflicht-Versicherung. In: Schimmelpfeng, L.; Machmer, D. (Hrsg.): Öko-Audit - Umweltmanagement und Umweltbetriebsprüfung nach der EG-Verordnung 1836/93, Taunusstein, S. 181-194.

Hallay, H. und Pfriem, R. (1993): Umwelt-Audits, Öko-Controlling und externe Unternehmenskommunikation. In: Umweltwirtschaftsforum, 1. Jg., Nr. 3, S. 49-57.

Haller, M. (1991): Risikomanagement - zwischen Risikobeherrschung und Risiko-Dialog. In: Organisationsforum Wirtschaftskongress e.V. (Hrsg.): Umweltmanagement zwischen Ökologie und Ökonomie, Wiesbaden, S. 167-220.

Henn, K.-P. (1995): Öko-Audit der Europäischen Union unter Marketinggesichtspunkten - Umwelterklärung und Teilnahmeerklärung. In: Schimmelpfeng, L.; Machmer, D. (Hrsg.): Öko-Audit - Umweltmanagement und Umweltbetriebsprüfung nach der EG-Verordnung 1836/93, Taunusstein, S. 143-157.

Hermann, S., Kurz, R. und Spiller, A. (1993): Umweltmanagement und Umweltbetriebsprüfung im Schnittpunkt gesellschaftlicher und betriebswirtschaftlicher Anforderungen. In: Umweltwirtschaftsforum, 1. Jg., Nr. 3, S. 63-67.

Heuvels, K. (1995): Die EU-Öko-Audit-Verordnung im Praxistest - Erfahrungen aus einem Pilot-Audit-Programm der Europäischen Union. In: Schimmelpfeng, L.; Machmer, D. (Hrsg.): Öko-Audit - Umweltmanagement und Umweltbetriebsprüfung nach der EG-Verordnung 1836/93, Taunusstein, S. 78-89.

Hoffmann, E. (1996): Öko-Audit: Reform überfällig? - Erfahrungen, Veränderungsvorschläge, Perspektiven. Dokumentation zur gleichnamigen Vortragsreihe des Forschungsforums "Öko-Audit" an der TU Berlin im WS 1996/97.

ICC - International Chamber of Commerce (1991): ICC-Positionspapier zu Umweltschutz-Audits. In: Steger, U. (Hrsg.): Umwelt-Auditing - Ein neues Instrument der Risikovorsorge, Frankfurt am Main, S. 183-202.

ICC - International Chamber of Commerce (1993): An ICC Guide to Effective Environmental Auditing, ICC-Publication Nr. 483, 3. Aufl., Paris.

ISO 14001: Environmental management systems - Specification with guidance for use. Ausgabe 9/96, Berlin 1996.

ISO 14004: Environmental management systems - General guidelines on principles, systems and supporting techniques. Ausgabe 9/96, Berlin 1996.

ISO 14010: Guidelines for environmental auditing - General principles. Ausgabe 10/96, Berlin 1996.

ISO/IEC SAGE SG 1: Standardisation of Environmental Management Systems - A Model for Discussion, ISO/IEC/SAGE Document N55 (unveröffentlicht), o.O. Mai 1993.

Janzen, H. (1995): Unternehmerische Risikopolitik und Umweltschutz. In: Junkernheinrich, M., Klemmer, P. und Wagner, G.R. (Hrsg.): Handbuch zur Umweltökonomie, Berlin, S. 348-356.

Janzen, H. (1996): Ökologisches Controlling im Dienste von Umwelt- und Risikomanagement. Stuttgart.

Kaas, K.P. (1994): Marketing im Spannungsfeld zwischen umweltorientiertem Wertewandel und Konsumentenverhalten. In: Schmalenbach-Gesellschaft - Deutsche Gesellschaft für Betriebswirtschaft e.V. (Hrsg.): Unternehmensführung und externe Rahmenbedingungen, Stuttgart, S. 93-112.

Karl, H. (1993): Europäische Initiative für die Einführung von Umweltschutz-Audits - Kritische Würdigung aus ökonomischer Sicht. In: List-Forum, 19. Jg., S. 207-220.

Karl, H. (1994): Better Environmental Future in Europe Through Environmental Auditing? In: Environmental Management, 18. Jg., S.617-621.

Kassebohm, K. und Malorny, C. (1994): Auditierung und Zertifizierung im Brennpunkt wirtschaftlicher und rechtlicher Interessen. In: Zeitschrift für Betriebswirtschaft, 64. Jg., S. 693-716.

Klemmer, P. und Meuser, T. (1995): EG-Umweltaudit - Der Weg zum ökologischen Zertifikat, Wiesbaden.

Kramer, R. (1994): Umweltinformationsgesetz mit Umweltzeichenverordnung und Öko-Audit-Verordnung - Kommentar für die behördliche und gewerbliche Praxis, Stuttgart/Berlin/Köln.

Krinn, H. und Meinholz, H. (1997): Einführung eines Umweltmanagementsystems in kleinen und mittleren Unternehmen. Berlin u.a.O.

Kurz, R. und Spiller, A. (1992): Umwelt-Auditing - Internes Risikocontrolling oder marktorientierte Umweltverträglichkeitsprüfung? In: Zeitschrift für angewandte Umweltforschung, 5. Jg., S. 304-309.

Liniger, H.U. und Stiefel, J.H. (1994): Das erste Praxisbeispiel zum Umwelt-Management- und Öko-Audit-System. In: Index - Fachmagazin Betriebswirtschaft, 6. Jg., Nr. 4, S. 38-42.

Lohse, S. (1997): Umweltrecht für Umweltmanagement. Berlin.

Manski, E.-E. (1994): Umwelt-Audit in Kreditinstituten. In: Die Bank, 34. Jg., S. 162-165.

Matten, D. (1998): Management ökologischer Risiken - Zur Umsetzung von Sustainable Development in der reflexiven Moderne. Stuttgart.

Meffert, H. und Kirchgeorg, M. (1997): Marktorientiertes Umweltmanagement, 3. Aufl., Stuttgart.

O.V. (1994): BS 7750 - The selling of a standard. In: ENDS-Report, 16. Jg., Nr. 4, S. 22-25.

Petrick, K und Deutsches Institut für Normung e.V. (1997): Qualitätsmanagement, Umweltmanagement und Zertifizierung in der Europäischen Union. 2. Aufl., Berlin.

Rhein, C. (1996): Das Gemeinschaftssystem für das Umweltmanagement und die Umweltbetriebsprüfung - ein neues Instrument des Umweltschutzes im Gemeinschaftsrecht und deutschen Recht. Baden-Baden.

Saldern, A.v. (1993a): Die Herausforderung beginnt danach - Umsetzung der Auditergebnisse. In: Sietz, M. und Saldern, A.v. (Hrsg.): Umweltschutz-Management und Öko-Auditing, Berlin u.a., S. 267-271.

Saldern, A.v. (1993b): Die Deutschen, die Letzten im europäischen Wettbewerb?. In: Sietz, M. und Saldern, A.v. (Hrsg.): Umweltschutz-Management und Öko-Auditing, Berlin u.a., S. 293-302.

Schottelius, D. (1997): Ein kritischer Blick in die Tiefen des EG-Öko-Audit-Systems. In: Betriebs-Berater, 52 Jg., Beilage 2, S. 1-24.

Sietz, M. (1993): Produkt-Ökoauditing. In: Sietz, M. und Saldern, A.v. (Hrsg.): Umweltschutz-Management und Öko-Auditing, Berlin u.a., S. 227-239.

Steger, U. (1995): Öko-Auditing als Instrument des betrieblichen Umweltmanagements, unveröffentlichtes Manuskript, Oestrich-Winkel.

Steinle, C. und Baumast, A. (1996): Öko-Audit - Problemstand und Erfahrungen für eine erfolgreiche Praxis. Projektbericht des Lehrstuhls Unternehmensführung und Organisation der Universität Hannover.

Steven, M.; Schwarz, E.J. und Letmathe, P. (1997): Umweltberichterstattung und Umwelterklärung nach der EG-Öko-Audit-Verordnung. Berlin u.a.

Stieger, A. (1997): Umweltmanagement und betriebliche Realität - Implikationen für eine ökologische Unternehmensentwicklung. Wiesbaden.

The Secretary General of the Council of Europe (1993): Convention on civil liability for damage resulting from activities dangerous to the environment. Unveröffentlichte Europarats-Konvention, Lugano 21. Juli 1993.

Wagner, G.R. (1994): Technologieakzeptanz und unternehmerisches Umweltrisiko. In: Gerke, W. (Hrsg.): Planwirtschaft am Ende - Marktwirtschaft in der Krise?, Stuttgart, S. 51-67.

Wagner, G.R. (1997): Betriebswirtschaftliche Umweltökonomie. Stuttgart.

Wagner, G.R. und Janzen, H. (1994): Umwelt-Auditing als Teil des betrieblichen Umwelt- und Risikomanagements. In: Betriebswirtschaftliche Forschung und Praxis, 46. Jg., 1994, S. 573-604.

Waskow, S. (1997): Betriebliches Umweltmanagement: Anforderungen nach der Audit-Verordnung der EG - Ein Leitfaden über die EG-Verordnung zum Umweltmanagement und zur Umweltbetriebsprüfung, 2. Aufl., Heidelberg.

Wohlfarth, W. und Souquet, T. (1997): Umweltbegutachtung nach der Öko-Audit-Verordnung - die Prüfung durch den Umweltgutachter. Berlin.

Wöstmann, U. und Zentgraf, C. (1994): Umweltrisikoprüfung und Umwelt-Audit - Ein Instrument der Risikovorsorge für Investoren, Banken und Versicherungen, Landsberg a. Lech.

4 Stellung und Prüfungsqualität des Umweltgutachters im Öko-Audit-System

Sandra M. van Bon und Martin Müller

4.1 Einleitung

Im Bewußtsein der mangelnden Effektivität des aktuellen oder potentiellen Vollzugs, versucht der Staat zunehmend anstelle von imperativen Steuerungsmodellen auf Selbstregulierungsinstrumente zurückzugreifen. Ursächlich hierfür ist die Problematik des Vollzugsdefizits infolge eines fehlenden Vollzugsinteresses beim Normadressaten. Dies gilt insbesondere für den betrieblichen Umweltschutz, da die Umsetzung von Umweltstandards eine erhebliche Kostenbelastung nach sich zieht, die in einer fehlenden Anreizsituation zur Einhaltung von Umweltrechtsnormen begründet ist. Deshalb bedarf es zur Verwirklichung der ordnungsrechtlichen Umweltstandards einer Gewährleistung der Durchsetzung durch den Staat. In Anbetracht der leeren staatlichen Kassen und der damit einhergehenden Personalknappheit im Verwaltungsbereich und einem fehlenden Vollzugsinteresse weist die Überwachung im Umweltrecht somit erhebliche Defizite auf.

Erfolgsversprechend erscheint daher die Möglichkeit, zur Verbesserung der Überwachungssituation vermehrt nichtstaatliche Überwachungsorgane zu nutzen, die im Eigeninteresse von Unternehmen mit Prüfungsaufgaben betraut werden. Durch diese Rücknahme staatlicher Umweltverwaltung wird den Unternehmen ein zusätzlicher Anreiz geschaffen, sich am Öko-Audit-System zu beteiligen.

Die Rücknahme ordnungsrechtlicher Kontrollanforderungen kann jedoch nicht bedingungslos erfolgen, sondern ist an bestimmte Voraussetzungen gebunden, die eine Vergleichbarkeit zwischen zu substituierenden ordnungsrechtlichen Kontrollen und der EG-Umwelt-Audit-Verordnung statuieren.

Im Rahmen der Forderung nach funktionaler Äquivalenz zwischen den ordnungsrechtlichen Kontrollen und der EG-Umwelt-Audit-Verordnung wird für den Umweltgutachter eine personale Äquivalenz dahingehend gefordert, daß nur diejenigen Personen zugelassen werden, die eine hohe Qualifikation im Hinblick auf die Fachkunde, die Unabhängigkeit und die Zuverlässigkeit bieten und die hinsichtlich der Ausübung ihrer Tätigkeit eine mit der Behördentätigkeit vergleichbare Sorgfalt an den Tag legen (vgl. Böhm-Amtmann, 1996, S. 8).

Insofern wird es entscheidend von der Prüfungsqualität der Umweltgutachter abhängen, ob das System tatsächlich erfolgreich umweltschutzbezogene Kontrollen des Staates substituieren kann.

Im Rahmen dieser Untersuchung soll nunmehr unabhängig von der Frage, welche Teile des bisherigen ordnungsrechtlichen Steuerungssystems in die Substituierungsdebatte einzubeziehen sind, einzig auf die Person des Umweltgutachters und dessen Überwachungsqualität eingegangen werden. Diskutiert wird die rechtliche Stellung des Umweltgutachters, sein Prüfungsumfang und seine Prüfungsqualität im Hinblick auf die Vereinbarkeit mit der Forderung nach personaler Äquivalenz.

4.2 Der Umweltgutachter - Privater oder Beliehener?

Die Frage, ob der Umweltgutachter als Privater oder Beliehener handelt, wurde in der Flut der Literatur zur EG-Umwelt-Audit Verordnung bisher kaum diskutiert,[1] ist aber keine neue Fragestellung. Neu hingegen ist, daß sie eingekleidet in das Problem der personalen Äquivalenz Aufschluß über die Rechtfertigung möglicher Substitutionsmaßnahmen geben soll.

Unter Zugrundelegung einer allgemeinen Definition, versteht man unter einem Beliehenen eine vom Staat beauftragte Person des Privatrechts, die hoheitliche Kompetenzen selbständig und im eigenem Namen wahrzunehmen hat (vgl. Steiner, 1969, S. 69; Weber und Seitz, 1980, S. 153). In diesem Sinne erscheinen Vergünstigungen bei umweltrechtlichen Verpflichtungen und umweltbehördlicher Überwachung auf Unternehmensseite zumindest dann eher angebracht, wenn der Umweltgutachter als Beliehener Kontrollaufgaben tätigt. Diese höhere Wahrscheinlichkeit eines ordnungsgemäßen Vollzugs läßt sich dadurch erklären, daß der Umweltgutachter, angenommen er sei Beliehener, zu einem Staats- bzw. Verwaltungsorgan erwachse, selbst Träger mittelbarer Staatsverwaltung würde. In einem derartigen Beleihungsverhältnis ist der Grundsatz der Privatautonomie nicht mehr vorherrschend, er wird durch die Beziehung zur staatlichen Eigenwahrnehmung durch ein öffentlich-rechtliches Rechtsverhältnis ersetzt (vgl. von Heimburg, 1982, S. 112). In diesem Sinne tritt der Beliehene als Behörde gemäß § 1 Absatz 4 VwVfG, d.h. als selbständiger Hoheitsträger auf und kann im Rahmen seiner Kompetenzen Verwaltungsakte erlassen, Gebühren erheben und sonstige Maßnahmen treffen. Seinem Status als Beliehener zufolge könnte der Umweltgutachter beispielsweise unter Einräumung von hoheitlichen Zuständigkeiten

---

[1] Es wurde in der Regel lediglich festgestellt, ohne darauf jedoch näher einzugehen, daß es sich beim Umweltgutachter um keinen Beliehenen handelt (vgl. Köck, 1996, S. 622; Schmidt-Preuß, 1997, S. 1175). Eine andere Auffassung vertritt lediglich Zimmermann (1996, S. 144), der die Gültigerklärung der Umwelterklärung als hoheitliche Tätigkeit einstuft, da die gültig erklärte Umwelterklärung einer amtlich geprüften Unterlage entsprechend einen besonderen Status erhalte.

vom zu begutachtenden Unternehmen erforderliche Mitwirkungsakte einfordern[2] und dementsprechend eine detailliertere Begutachtung gewährleisten. Zudem würde die für den Umweltgutachter geforderte Unabhängigkeit durch eine Gebührenregelung zumindest teilweise abgesichert, da ein Preiswettkampf, der wie derzeit gegeben zu Dumpingpreisen führt, vermieden würde. Darüber hinaus würde sich der Wettbewerbsdruck auf einen beliehenen Umweltgutachter nicht so stark auswirken, da dieser aufgrund der Verantwortungsübernahme durch den Staat eine geringere Verantwortung zu tragen hätte. Derartige Absicherungen zur Gewährleistung der Unabhängigkeit kommen bei Privatpersonen nur selten vor.[3] Es ist somit festzuhalten, daß dem Umweltgutachter im Falle der Annahme einer Beleihung eine stärkere Nähe zur Aufgabenwahrnehmung und Unabhängigkeit des Behördenapparates zukäme, behördliche Überwachung somit lediglich infolge bereits erfolgter behördlicher Tätigkeiten reduziert werden würde. Fraglich ist somit, ob der Umweltgutachter als Beliehener handelt und demnach ein Subjekt der öffentlichen Verwaltung ist, oder ob er dem Privatrecht zugeordnet werden muß.

Das Institut der Beleihung, zurückgehend auf Mayer[4], wird im Hinblick auf seinen Gegenstand in der Bewertung der Sachverständigentätigkeit unterschiedlich beurteilt, so daß eine Subsumtion unter eine allgemeine Beleihungsdefinition nicht weiterhelfen kann. Nach einer Auffassung, die von der Natur der übertragenen Aufgabe ausgeht[5], kann nur das als Gegenstand der Beleihung verstanden werden, was dem Privaten zuvor vorenthalten worden ist (vgl. Huber, 1952, S. 456). Dieser Theorie zufolge existieren bestimmte staatliche oder öffentliche Aufgaben, die kraft Natur dem Staat zugewiesen und ausschließlich demselben vorbehalten sind. Nur in Form eines gesetzlichen Beleihungsaktes können derartige staatliche oder öffentliche Aufgabenbereiche in den Bereich privater Betätigung fallen (vgl. Vogel, 1959, S. 60)[6] Dieser Meinung zufolge korrespondiert somit der Inhalt der Tätigkeit des Beauftragten mit dem Beleihungsgegenstand. Eine andere Auffassung bestimmt den Beleihungsgegenstand ausgehend von der Form der Tätigkeit und geht dann von einer Beleihung aus, wenn dem Privaten

---

[2] Solche hoheitlichen Zuständigkeiten zeigen sich beispielsweise in der Durchführung der allgemeinen Leistungsklage.

[3] Als eine derartige Absicherung des Privatrechts gelten die privaten Gebührenordnungen.

[4] Otto Mayer (1924, S. 431 ff.) hat als Voraussetzung für die Beleihung einen Verwaltungsakt angesehen, durch den dem Beliehenem rechtliche Macht über einen Teil der öffentlichen Verwaltung im eigenen Namen verschafft wird. Durch die Beleihung wird ein „Stück öffentlicher Verwaltung" auf nicht staatliche Rechtssubjekte übertragen (vgl. Steiner 1975, S. 17 ff.; Stewering 1977, S. 10 ff.; Stuible-Treder 1986, S. 4 ff.).

[5] Zur Entwicklung der in der Literatur als Aufgabentheorie betitelten Ansicht siehe Stuible-Treder (1986, S. 6 ff.).

[6] Eine wirksame Beleihung kann nur durch Gesetz oder aufgrund eines Gesetzes durch Verwaltungsakt oder durch öffentlich-rechtlichen Vertrag erfolgen. Wenn festgestellt wird, daß die Person des Umweltgutachters als Beliehener hätte ausgestaltet werden müssen, ist der Gesetzgeber verpflichtet, in das UAG einen Beleihungsakt aufzunehmen.

die Wahrnehmung hoheitlicher Befugnisse gegenüber Dritten übertragen worden ist (vgl. von Heimburg, 1982, S. 34; Vogel 1959, S. 81; Weber und Seitz, 1980, S. 153).[7] Eine Privatperson, der bestimmte hoheitliche Verwaltungskompetenzen übertragen worden sind, ist nach dieser Ansicht Beliehener (vgl. von Mutius, 1971, S. 302).

In Anbetracht der auf den Inhalt der Tätigkeit abstellenden Auffassung ist anzuführen, daß die in Anhang III Teil B der Verordnung genannten Bestimmungen eine Beschreibung des Aufgabenumfangs der Tätigkeit des Umweltgutachters beinhalten. Danach hat der Umweltgutachter die einzelnen Systemschritte der EG-Verordnung zu kontrollieren und die Umweltprüfung und die Umweltbetriebsprüfung auf ihre technische Eignung hin zu überprüfen. Demnach wird der Umweltgutachter im Bereich der Gefahrenabwehr tätig. Die Prüfung der Gefahrenabwehr innerhalb des Umweltschutzes war herkömmlich dem staatlichen Bereich zugeordnet, so daß durch Übertragung dieser zuvor staatlichen Aufgaben eine Beleihung nach der auf die Aufgaben des Beauftragten abstellenden Theorie vorliegen würde. Fraglich ist, ob die auf die Tätigkeitsform des Beauftragten abstellende Auffassung zu einem anderen Ergebnis gelangt. Dafür müßte sich die Tätigkeit bzw. die Rechtsstellung des Umweltgutachters trotz des zwischen Umweltgutachter und Unternehmen geschlossenen Werkvertrages durch hoheitliche Kompetenz ausweisen.

Im Hinblick auf die Herausarbeitung der Rechtsstellung des Umweltgutachters ist anzuführen, daß die Unternehmensleitung bei der Auswahl des anzustellenden Umweltgutachters nicht an behördliche Vorgaben gebunden ist und sich dementsprechend im Sinne der Privatautonomie anhand wirtschaftlicher Kriterien orientieren kann. Im Vergleich zu der Bestellung eines Immissionsschutzbeauftragten obliegt dem teilnehmenden Unternehmen noch nicht einmal eine Anzeigepflicht hinsichtlich der getroffenen Wahl des Umweltgutachters gegenüber der Behörde. Diese fehlende Anzeigepflicht macht deutlich, daß öffentliche Einflüsse bei dem zwischen Umweltgutachter und Unternehmensleitung geschlossenen Vertrag außen vorbleiben und die Deutsche Akkreditierungs- und Zulassungsgesellschaft für Umweltgutachter mbH (DAU) nur durch Gebrauchmachen von ihrem Rücknahme- und Widerrufsrecht unqualifizierte Gutachter, die die in § 17 UAG genannten Voraussetzungen erfüllen, von ihrer Position verweisen kann, nicht aber in der Lage ist, Einfluß auf die Abberufung solcher Personen zu nehmen, die nicht in den Tatbestandskatalog des § 17 UAG fallen, aber nach Ansicht der Behörde für die Begutachtung in dem jeweiligen Unternehmen als ungeeignet erscheinen. Der dem Unternehmen demnach eingeräumte, von der Behörde nicht kontrollierbare weite Spielraum, macht die fehlende behördliche Einflußnahme deutlich und legt die Ablehnung der Annahme einer Beleihung nahe.

Ein direkter Bezug zur Behörde könnte aber dadurch geschaffen werden, daß die Umweltgutachter verpflichtet sind, die von ihnen für mindestens fünf Jahre zu

---

[7] Zur Entwicklung der als Rechtsstellungstheorie in die Literatur eingegangenen Auffassung siehe Stewering (1977, S. 32 ff.) und Stuible-Treder (1986, S. 6 ff.).

archivierenden Zweitschriften über Vereinbarungen mit dem Unternehmen, Berichte an die Unternehmensleitung, für gültig erklärte Umwelterklärungen und Niederschriften im Hinblick auf einen Besuch des Betriebsgeländes und Personalgespräche aufzubewahren und auf Verlangen der Zulassungsstelle derselben nach § 15 Absatz 2 Nr. 4 UAG vorzulegen haben. Aufgrund dieser Offenlegung verbleibt die Tätigkeit des Umweltgutachters nicht lediglich im Innenbereich des Unternehmens, sondern gelangt lückenweise nach außen an die Behörde heran. Demzufolge könnte eine ablehnende Haltung einer Beleihung gegenüber revidiert werden. In diesem Zusammenhang ist jedoch anzuführen, daß eine regelmäßige Kontaktaufnahme zur Zulassungsstelle unterbleibt, was durch eine obligatorische Übermittlung von durch Umweltgutachtern angefertigten Jahresberichten mit relativ wenig Aufwand leicht zu bewerkstelligen wäre. Aber gerade eine solche Anfertigung von Jahresberichten wird in der EG-Umwelt-Audit-Verordnung nicht gefordert. Bei Betrachtung der bloßen Rechtsstellung des Umweltgutachters lassen sich somit keine Anzeichen auf seine Belieheneneigenschaft finden.

Möglicherweise könnte jedoch die auf die Rechtsstellung des Umweltgutachters abstellende Auffassung zu einem anderen Ergebnis gelangen, wenn man den zusätzlich geforderten Aspekt der hoheitlichen Kompetenz der Rechtsstellung hinzunimmt. Eine mit hoheitlicher Kompetenz geprägte Rechtsstellung liegt nur dann vor, wenn die vom Privaten zu treffenden Entscheidungen die Herbeiführung unmittelbarer Rechtsfolgen bewirken (vgl. Steiner, 1975, S. 1797). Mit anderen Worten ausgedrückt, kann unter Berücksichtigung der Abgrenzung Privatrecht und öffentliches Recht folgendes Abgrenzungskriterium aufgegriffen werden: Werden den aus der Überprüfungstätigkeit der Umweltgutachter resultierenden Feststellungen unmittelbare Verbindlichkeit für die Erteilung der Umwelterklärung zugestanden, so muß sich der Umweltgutachter zwangsläufig als Träger eines öffentlichen Amtes auszeichnen. Haben die Feststellungen des Umweltgutachters hingegen nur unter Mitwirkung von anderen Organen Entscheidungskraft, werden sie erst durch die Verwaltungsbehörden in einen Verwaltungsakt transformiert, so gestaltet sich die Tätigkeit der Umweltgutachter als eine privatrechtliche Tätigkeit aus (vgl. Steiner, 1975, S. 130). Der Umweltgutachter bekleidet dementsprechend nur dort ein öffentliches Amt, wo das Resultat seiner Prüfung die Entscheidung der Verwaltung bindet und Grundlage für die Durchführung und Ausgestaltung der Amtshandlung ist. In diesem Zusammenhang ist es jedoch bedeutungslos, ob der Umweltgutachter als solcher oder der Staat selbst die hoheitliche Maßnahme vornimmt (vgl. Steiner, 1975, S. 137; siehe dazu auch die Rspr.: BGHZ 49, S. 108; BGH, NJW 1973, S. 1784; OLG Köln, NJW 1989, S. 2065). Diese Abgrenzung macht deutlich, daß das für die Tätigkeit des Umweltgutachters vorliegende staatliche Interesse an einer Pflichtprüfung, von der sich die Unternehmen nicht befreien lassen können, nicht für die Ausweisung eines öffentlichen Amtes ausschlaggebend ist. Es ist somit die Frage nach der Intensität des materiellen Gewichts der Umweltgutachterentscheidung, nach dem faktischen Einfluß auf das Verwaltungshandeln (vgl. Rhein, 1996, S. 155) zu stellen und zu klären, ob das Votum des Umweltgutachters für die im Außenverhältnis verbindliche behördliche Entscheidung eine unmittelbare Rechtsfolge entfaltet. In diesem Sinne ist zunächst anzuführen, daß an das vom Umweltgutachter statuierte Ergebnis keine unmittelbaren gesetzlichen Rechtsfolgen geknüpft werden. Fraglich ist aber, ob die Umweltgutachterentscheidung auf andere Art und Weise verbindlich in die behördliche Entscheidung eingeht, ob die Gutachterentscheidung für die unter Erlaubnisvorbehalt gestellte Teilnahmeerklärung verbindliche Voraussetzung ist. Nach § 24 VwVfG ist die zuständige Stelle im Sinne des Untersuchungsgrundsatzes verpflichtet, zur Ermittlung der für den Erlaß des Verwaltungsaktes über die Registrierung erforderlichen Tatsachen beizutragen. Diesem Grundsatz folgend, würde der Aufgabenbereich der Tatsachenaufklärung allein und ausschließlich bei der zuständigen Behörde liegen. Die EG-Umwelt-Audit-Verordnung beinhaltet aber insofern eine Besonderheit, als daß die Konformität der Verordnung innerhalb eines Unternehmens der zuständigen Stelle nur glaubhaft gemacht werden muß. Dabei versteht man unter einer Glaubhaftmachung eine Erleichterung der Beweisführung (vgl. Möllgaard, in Knack, 1996, Kommentar zur VwVfG, § 32, Rdnr. 7), die die Behörde nicht von der Sachverhaltserforschung als solcher entbindet, aber das Erfordernis der vollständigen Überzeugung durch einen geringeren Wahrscheinlichkeitsgrad ersetzt. In diesem Sinne soll nicht nur die Tiefe, sondern auch der Umfang der zu ermittelnden Tatsachen eine Beschränkung erfahren (vgl. Rhein, 1996, S. 157). Diese Lockerung der Beweisführung dient der Vermeidung einer sogenannten Doppelprüfung der zuständigen Stelle, d.h. eine eigenständige materielle Prüfung der vom Umweltgutachter getroffenen Feststellungen ist neben der regelmäßigen Überprüfung der Zulassungsvoraussetzungen des Umweltgutachters nicht zwingend erforderlich. Somit reicht der Behörde für die Eintragung der teilnehmenden Standorte für die erforderliche Verordnungskonformität eine einfache Glaubhaftmachung der vom Umweltgutachter gesammelten Ergebnisse aus.

Mit dieser Feststellung, die sicherlich in der Praxis Oberhand gewinnen wird, weil jede zusätzliche Doppelprüfung die Behörde in ihrer Leistungskapazität überfordern würde, ist jedoch noch nicht ausgesagt, ob die Behörde auch verpflichtet ist, sich an die durch den Umweltgutachter bedingte Glaubhaftmachung zu halten, oder ob sie sich darüber hinwegsetzen kann und darf. Wird die zuständige Stelle von Verstößen gegen einschlägige Vorschriften des Umweltrechts unterrichtet, so ist von der Glaubhaftmachung durch den Umweltgutachter abzusehen. Fraglich ist aber, ob die zuständige Behörde bei Nichtvorliegen solcher Verstöße auch der Glaubhaftmachung zuwiderhandeln kann, ob zur gewünschten Erteilung der Teilnahmeerklärung neben der behördlichen Entscheidung auch die Prüfung durch den Umweltgutachter zwingendes Erfordernis ist. Der Umweltgutachter kann nur dann eine selbständige Entscheidung treffen, wenn sich seine Ergebnisse nicht als bloße Tatsachenfeststellungen präsentieren. Die vom Umweltgutachter getroffene Aussage über die Konformität der EG-Umwelt-Audit-Verordnung des teilnehmenden Standortes bezieht sich nicht wie die Tätigkeit der nach § 36 GewO vereidigten Sachverständigen auf bereits abgeschlossene Vorgänge, sondern beinhaltet lediglich Prognoseentscheidungen. In diesem Sinne trifft der Umweltgutachter einem Sachverständigengutachten entsprechend im Rahmen der Ausführung seines ihm angetragenen Maßnahmenkatalogs lediglich reine Tatsachenfeststellungen, die der Entscheidung der Behörde zwar unterstützend zugrundegelegt werden, die die Behörde aber nicht zur Vornahme eines bestimmten Resultats verpflichten. Dementsprechend gibt der Umweltgutachter, der zuständigen Behörde gegenüber keine selbständige Entscheidung ab.[8] Aus dem Erfordernis der Umweltgutachterprüfung, d.h. der Abhängigkeit der Erteilung der Teilnahmeerklärung von der Prüfung durch den Umweltgutachter, kann nicht auf eine Entscheidungskraft des Umweltgutachters und demnach nicht auf seine öffentlichrechtliche Zuordnung geschlossen werden. Das Prüfungsergebnis als solches findet keine staatsrechtliche Beachtung. Die Tätigkeit des Umweltgutachters zeichnet sich somit durch Unselbständigkeit aus, d.h. ist nur feststellender und sachlicher Natur, so daß eine Beleihung auch unter Berücksichtigung der geforderten hoheitlichen Kompetenz konsequenterweise ausscheiden muß (vgl. Weber und Seitz, 1980, S. 152).

Somit ist nach der auf die Rechtsstellung abstellenden Auffassung die Belieheneneigenschaft des Umweltgutachters abzulehnen. Folglich kommen die dargestellten Ansichten zu unterschiedlichen Ergebnissen, so daß auf eine Stellungnahme nicht verzichtet werden kann. Unter Abwägung der unterschiedlichen Ansichten könnten auch mögliche Einwirkungsmöglichkeiten des Umweltgutachters auf die Unternehmensleitung einen Aufschluß über die Belieheneneigenschaft geben.

In Anbetracht der Aufgabenwahrnehmung des Umweltgutachters kann festgestellt werden, daß der Umweltgutachter keine selbständige Funktion im Unternehmen einnimmt, was sich daran zeigt, daß der Umweltgutachter nicht Bestandteil des an der Verordnung teilnehmenden Unternehmens ist, er dem Unternehmen aber auf Grundlage seines privatrechtlichen Vertrages in Form des Werkvertrages Vorschläge für die Verbesserung der Umweltverträglichkeit im Betrieb zu unterbreiten hat. Dabei ist das Unternehmen lediglich verpflichtet, mit dem Umweltgutachter zusammenzuarbeiten, die Durchsetzung der Verbesserungsvorschläge verbleibt jedoch im Ermessen des Unternehmens. Ein Anordnungs- und Entscheidungsrecht besteht für den Umweltgutachter im Verhältnis zur Unternehmensleitung somit nicht. Ergo ist der Umweltgutachter weder Beauftragter der Behörde noch steht ihm gegenüber der Unternehmensleitung das Recht zu, notwendige Korrekturmaßnahmen mit Hilfe des öffentlichen Rechts durchzusetzen. Diesen Ausführungen zufolge betreiben die Umweltgutachter keine staatlich delegierte Aufsicht, sondern Privataufsicht in Form der institutionalisierten Eigenüberwachung, die der Bewertung und Verbesserung der Umwelt förderlich sein soll. Bei der EG-Umwelt-Audit-Verordnung handelt es sich um eine Teilprivatisierung im Bereich der Überwachung, wo der Reduzierung der behördlichen Überwachung

---

[8] Wenn der Umweltgutachter mit Vollzugsaufgaben betraut werden würde, so sieht der Bundesverband Deutscher Unternehmensberater die Ziele der EG-Umwelt-Audit-Verordnung gefährdet, siehe dazu, Böhm-Amtmann (1996, S. 8).

eine Stärkung der Eigenüberwachung folgt (vgl. Dolde und Vetter, 1995, S. 943). Demzufolge ist auch die für eine Beleihung plädierende, auf die Tätigkeit der Umweltgutachter abstellende Auffassung infolge des Fehlens einer engen Rechtsbeziehung zwischen Behörde und Umweltgutachter abzulehnen.

Auch die Entstehungsgeschichte der EG-Umwelt-Verordnung, die ein Instrument für die Verbesserung der Umwelt schaffen wollte, verdeutlicht, daß primär die Förderung der Eigeninitiative der einzelnen Unternehmen im Vordergrund steht und dementsprechend die Institutionalisierung eines dem Privatrecht zuzuordnenden Funktionsträgers, eine staatsentlastende Indienstnahme Privater gewollt war. In diesem Zusammenhang sind auch die in der Verordnung vorgenommenen Verweisungen auf Qualitätssicherungsnormen anzuführen, die ein Hineinspielen in andere, dem Privatrecht zuzuordnende Regelungsbereiche verdeutlichen.

Bei der Zulassung und Beaufsichtigung der Umweltgutachter hat sich der Staat einer unmittelbaren fachlichen Einflußnahme enthalten und auf eine repressiv ausgestaltete Rechtsaufsicht beschränkt. Dementsprechend wird deutlich, daß die einer Beleihung üblicherweise anhaftenden Aufsichtsmittel nicht ausgeübt werden und einer Ablehnung der Belieheneneigenschaft der Umweltgutachter auch in dieser Hinsicht nichts entgegensteht. Dementsprechend kann die eine Beleihung befürwortende, auf die Tätigkeit der Umweltgutachter abstellende Auffassung abgelehnt werden und im Sinne der auf die Rechtsstellung abstellenden Gegenauffassung von einer privaten Ausrichtung der Umweltgutachter ausgegangen werden.

Somit kann zusammenfassend festgestellt werden, daß unter Ausschluß der Belieheneneigenschaft der Umweltgutachter als sogenannter Verwaltungssubstitut, als Privater vom Staat eingesetzt worden ist. Für dieses Ergebnis spricht auch die Tatsache, daß die Bundesrepublik ansonsten auch für alle diejenigen Umweltgutachter hätte haften müssen, die zwar in anderen Mitgliedsstaaten zugelassen sind, sich aber im Bundesgebiet niedergelassen haben. Diese aus anderen Mitgliedsstaaten stammenden Umweltgutachter würden die Rechtsstellung eines Beliehenen durch die Klassifizierung der Entscheidung der Zulassungsstelle des jeweiligen Mitgliedstaates als Beleihungsakt durch Träger deutscher Hoheitsgewalt erhalten, so daß die Bundesrepublik für ein Fehlverhalten dieser EU-Gutachter haften müßte, obwohl deren Auswahl unabhängig von deutschem Einfluß erfolgte (vgl. Rhein, 1996, S. 161 f.).

Durch die Nutzung externen Sachverstandes sind in der EG-Umwelt-Audit-Verordnung private und öffentliche Stellen in die Aufgabenwahrnehmung eingebunden und unterstützen das sich durch Freiwilligkeit auszeichnende Umwelt-Audit-System, um öffentliche Interessen im Wege praktischer Konkordanz zu optimieren (vgl. Schneider, 1995, S. 371). Die Stellung des Umweltgutachters als Privater wird es diesem somit nicht leicht machen, die Voraussetzung der funktionalen Äquivalenz zu erfüllen und damit eine Deregulierung zu rechtfertigen. Fraglich ist aber, ob die Prüfung des Umweltgutachters ein anderes Ergebnis erlaubt.

4.3 Die Prüfung des Umweltgutachters

In der Wirtschaftsprüfung haben sich sog. Grundsätze ordnungsmäßiger Abschlußprüfung (GoA) entwickelt. Der Grundsatz der Wirtschaftlichkeit der Prüfung überlagert dabei die anderen Grundsätze. Einige den GoA der Wirtschaftsprüfung ähnelnde Anforderungen finden sich in der Umwelt-Audit-Verordnung, so z.B. in Artikel 4 Abs. 7, der die Weitergabe von Informationen von externen Betriebsprüfern und Umweltgutachtern an Dritte ohne Genehmigung des Unternehmens verbietet. Anhang III Teil A Nr. 1 weist auf die Unabhängigkeit und Objektivität der Umweltgutachter hin. Auch die Prüfung des Umweltgutachters unterliegt dem Wirtschaftlichkeitsgebot. Dies kann aus dem Anhang III Teil B Nr. 1 geschlossen werden, der darauf hinweist, daß der Umweltgutachter auf jede unnötige Doppelarbeit zu verzichten hat. Demnach kann es also nicht Aufgabe des Umweltgutachters sein, alle Sachverhalte an einem Standort zu prüfen. Ebenso kann sich der Tätigkeitsbereich des Umweltgutachters aber auch nicht auf Systemprüfungen reduzieren. Eine Überprüfung, die die Funktionsfähigkeit betrieblich ausgerichteter Umwelt-Managementsysteme untersucht und materielle Prüfungspunkte nicht in ihren Prüfungsgegenstand einbezieht kann nicht alleiniger Prüfungsgegenstand des Umweltgutachters sein.[9] Anhaltspunkte dafür, daß materielle Umweltschutzanforderungen vom Umweltgutachter zu überprüfen sind, finden sich an vielen Stellen der Verordnung. Nach Artikel 4 Absatz 5 der Verordnung wird bestimmt, daß die Gutachterprüfung unbeschadet der Befugnisse der Vollzugsbehörden zu erfolgen hat. Die von der Verordnung bedachten Überschneidungsbereiche beider Tätigkeiten können jedoch nur innerhalb einer materiell vorzunehmenden Prüfung Bedeutung gewinnen (vgl. Falk und Frey, 1996, S. 59; Kothe, 1997 S. 91; Schottelius, 1995, S. 1553). Dementsprechend statuiert die Verordnung auch einen materiellen Prüfungsgegenstand. Für dieses Ergebnis spricht auch die Vorschrift des Artikel 8 Absatz 4 (zu den Einwendungsmöglichkeiten eines Unternehmens nach § 34 UAG und der Verordnungskonformität

---

[9] Eine gegenteilige Auffassung vertreten lediglich Förschle, Hermann und Mandler (1994, S. 1099); Müggenborg (1996, S. 127) und Wiebe (1994 , S. 292). Müggenborg (1996, S. 126) begründet seine ablehnende Haltung unter anderem damit, daß die Bestimmung zur Einhaltung der Umweltvorschriften im Vorentwurf zur EG-Umwelt-Audit-Verordnung in dem damaligen Artikel 11 in den geltenden Verordnungstext nicht übernommen wurde, sich aus Artikel 4 Absatz 6 der Verordnung keine Rechtspflicht zur Überprüfung der einschlägigen Umweltvorschriften des Gutachters ergebe, der Umweltgutachter zu einer Superkontrollinstanz erwachsen würde, fachlich in der Regel zu solchen umfassenden Begutachtungsfunktionen nicht geeignet sei, da er nicht über Instrumente zur Durchführung von Meß- und Analysearbeiten verfügen müsse und letztlich auch wirtschaftliche Aspekte gegen einen derartig umfassenden Prüfungsumfang sprächen. Letzteren eher funktionalen Aspekt führt Müggenborg auf einen erhöhten Kostenaufwand der Unternehmen zurück, der dadurch entstehe, daß der Umweltgutachter bei einer Prüfung der einschlägigen Umweltschutzvorschriften mehr Zeit investieren müsse, was sich auf die Höhe seines Prüfhonorares niederschlagen würde.

dieser Bestimmung siehe, Lübbe-Wolff, 1996, S. 224 f.) der Verordnung. Artikel 8 Absatz 4 der Verordnung bestimmt, daß die Eintragung des Standortes abgelehnt oder aufgehoben wird, wenn die Registrierungsstelle von Seiten der zuständigen Vollzugsbehörde Kenntnis von einem „Verstoß gegen einschlägige Umweltvorschriften am Standort" erlangt hat. Somit kann dem Wortlaut der Verordnung entnommen werden, daß nur diejenigen Standorte eine Teilnahmeerklärung erhalten, die sich zur Einhaltung der Umweltvorschriften verpflichten (vgl. Lübbe-Wolff, 1994, S. 369; so auch Breuer, 1997, S. 843; Feldhaus, 1997, S. 344; Waskow, 1997, S. 30 f.)[10].

Letztlich gibt auch Anhang III Teil B Nr. 1 der Verordnung Aufschluß über den Prüfungsgegenstand. In dem besagten Anhang werden die Anforderungen an den Prüfungsgegenstand insofern konkretisiert, als daß vom Umweltgutachter eine Vorgehensweise anhand der Maßstäbe „der erforderlichen fachlichen Sorgfalt" verlangt wird. Dieser Sorgfaltsmaßstab verdeutlicht, daß der Prüfungsgegenstand materiell zu untersuchen und die Prüfung des Gutachters nicht auf eine reine Existenzprüfung degradiert ist. Dabei kann dem Merkmal der „erforderlichen fachlichen Sorgfalt" aber nicht der Grad der notwendigen Überprüfung entnommen werden. Schwankungen sowohl nach oben als auch nach unten sind möglich und vom Verordnungsgeber bewußt in Kauf genommen (vgl. Falk und Frey, 1996, S. 59).

Folglich ist im Hinblick auf die Verpflichtung der Einhaltung von einschlägigen Umweltvorschriften (was man unter der Einhaltung der einschlägigen Umweltvorschriften versteht, dazu, Kothe, 1997 S. 92 ff., Rdnr. 285 ff.; Lübbe-Wolff, 1994, S. 370) nicht nur deren Beachtung innerhalb der betrieblichen Umweltpolitik durch den Umweltgutachter ausschlaggebend, sondern auch deren Einhaltung zwingendes Erfordernis (vgl. Falk und Frey, 1996, S. 59; Kothe, 1997 S. 91 f., Rdnr. 283 f.; Lübbe-Wolff, 1994, S. 369 f.. Eingeschränkt so auch, Martens und Moufang, 1996, S. 247; Schottelius, 1995, S. 1553; Schottelius, 1996, S. 1237 f.).

Die entgegengesetzte Annahme der Durchführung einer reinen Systemprüfung hätte die unangenehme Folge, daß Gutachter auch dann zur Gültigerklärung der Umwelterklärung verpflichtet wären, wenn ein begründeter Anlaß zur Annahme eines Rechtsverstoßes vorläge. Eine solche Lücke ist mit der dem Gutachter anhaftenden Warnfunktion (vgl. Förschle und Mandler, 1994, S. 551 ff.; Schottelius 1996, S. 1238) und der Zielsetzung der Verordnung nicht zu vereinbaren (vgl. Schmidt-Preuß, 1997, S. 1174). Zudem erfordern auch der Sinn und Zweck der Verordnung eine Einbeziehung materieller Prüfungsaspekte. Die Verordnung könnte als Instrument der Rechtfertigung und Rechenschaftslegung in naher Zukunft der Abwehr von Haftungsansprüchen dienen. Diesem Zweck würde die

---

[10] Während Köck (1995, S. 648) dieser Folgerung in seinem Aufsatz, noch uneingeschränkt gefolgt ist, nimmt er nunmehr eine Einschränkung der Folgerung aus Artikel 8 Absatz 4 der Verordnung vor, da die Befugnisse des Umweltgutachters abschließend aus Artikel 5 Absatz 3 und Absatz 5 sowie Anhang III Teil B der Verordnung zu entnehmen seien (Köck, 1996, S. 666).

Verordnung aber nicht gerecht werden, wenn sich der Prüfungsgegenstand des Gutachters in einer Systemprüfung erschöpft. Mit der Einbeziehung materieller Prüfungsgegenstände in den Validierungsprozeß bietet die sachgerechte Überprüfung der Umwelterklärung zudem die Gewißheit einer hinreichenden Urteilssicherheit und sorgt dafür, daß die Teilnahme an der EG-Umwelt-Audit-Verordnung nicht lediglich als Fassade benutzt wird, ohne die eigentliche Zielsetzung des Artikel 1 der Verordnung tatsächlich zu erreichen (vgl. Dyllick, 1995, S. 324 f.).

Um die ausführlichen Diskussionen zur Prüfungstiefe an dieser Stelle nicht aufzugreifen, ist festzuhalten, daß weder eine alleinige Systemprüfung, noch eine alleinige Sachprüfung durchzuführen ist und richtigerweise ein Mittelweg beschritten wird, der sich nur dann auf eine materielle Sachprüfung erstreckt, wenn diese aufgrund eines begründeteten Verdachts erforderlich ist. In diesem Sinne ist es die Aufgabe des Umweltgutachters für jedes Prüfungsfeld ein entsprechendes Prüfungsverfahren nach dem Prinzip von Schwerpunktbildung, Stichprobe und Effizienz festzulegen. Dabei sollte der Umweltgutachter seine Prüfungsstrategie von den spezifischen Defiziten und Risiken, welche er am Standort vorfindet, abhängig machen (vgl. Förschle und Mandler, 1994, S. 533). Um dem Wirtschaftlichkeitsaspekt Rechnung zu tragen, könnte der Umweltgutachter auf den in der Jahresabschlußprüfung der Wirtschaftsprüfer angewandten risikoorientierten Prüfungsansatz zurückgreifen (vgl. Wiedmann, 1993, S. 13-25). Im Rahmen dieses Prüfungsansatz werden je nach Risikoeinschätzung für die einzelnen Prüffelder Prüfungsmethoden und -umfang festgelegt (vgl. Förschle und Mandler, 1994, S. 533). Damit soll dann ein Prüfungsurteil mit einer Mindestaussagesicherheit von etwa 95 % auf einem wirtschaftlichen Weg ermöglicht werden. Prinzipiell bieten sich für den Umweltgutachter System- und Funktionsprüfung sowie Nachweisprüfungen als Prüfungsmethoden an. Auf diese Einteilung greift auch das Institut der Umweltgutachter und -berater in Deutschland (IdU) in seiner Richtlinie zum Validierungsverfahren zurück (vgl. IdU, 1996)[11]. Dort wird (unter 3.3.3) gefordert: „Der Umweltgutachter hat System- und Funktionsprüfungen des Umweltmanagementsystems sowie Nachprüfungen bei einzelnen umweltrelevanten Vorgängen durchzuführen" (IdU 1996, S. 10). Darüber hinaus wird (unter 3.3.4) dann die Systemprüfung spezifiziert, als Prüfung, die „die einzelnen Elemente des Umweltmanagementsystems durchgängig von der Umweltpolitik bis zur Umwelterklärung auf Existenz, Konformität mit der Öko-Audit-Verordnung und notwendiger Verknüpfungen untereinander" (IdU, 1996, S. 11) untersucht. Beispielsweise wäre in diesem Zusammenhang also zu prüfen, ob die geforderten Kontrollmechanismen installiert sind und ob das eventuell vorhandenen Umwelt-Handbuch oder die andere Organisationshandbücher die geforderten Dokumentations-, Informations- und Kommunikationspflichten erfüllen. Bei der Funktionsprüfung soll dann feststellt werden, ob die Regelungen der Aufbau- und Ab-

---

[11] Diese Richtlinien sollen wohl eine Art GoA der Öko-Audit-Prüfung werden. Auf eine eingehende Diskussion soll hier verzichtet werden.

laufkontrolle angewendet und bewerten werden und ob im Hinblick auf die Anforderungen der Umwelt-Audit-Verordnung Prüfungsumfang, -qualität und -durchführung der Umweltprüfung bzw. Umweltbetriebsprüfung angemessen waren (vgl. IdU 1996, S. 11). In diesem Kontext muß der Umweltgutachter beispielsweise prüfen, ob tatsächlich entsprechende Überwachungsaufgaben ausgeübt werden. Vom Ergebnis dieser beiden Prüfungen soll der Umweltgutachter dann abhängig machen, in welchem Umfang er stichprobengestützte Nachprüfungen durchführt. Im Rahmen dieser Nachprüfungen sollen dann zum einen Plausibilitätsbeurteilungen vorgenommen werden, in denen lediglich untersucht wird, ob in dem untersuchten Bereich die dargestellten Ergebnisse schlüssig sind und zum anderen Stichprobenprüfungen, in denen einzelne umweltrelevante Vorgänge am Standort komplett geprüft werden (vgl. IdU, 1996, S. 11). Der Ausmaß der Stichprobenprüfungen kann mittels stochastischer Methoden ermittelt werden, liegt aber letztendlich völlig im Ermessen des Umweltgutachters. Ein völliger Verzicht auf Stichproben vor Ort ist schon wegen Anhang III Teil B Nr. 2 der Umwelt-Audit-Verordnung, in der u.a. ein Gespräch des Umweltgutachters mit dem Personal am Standort gefordert wird, auszuschließen. Diese Prüfungskonkretisierungen leisten sicherlich einen Beitrag, um das Vertrauen in den Umweltgutachter zu steigern. Der Beitrag, den solche Richtlinien zur Vermeidung opportunistischer Prüfungsweisen leisten können sollte aber nicht zu hoch eingeschätzt werden, da auch jetzt noch erhebliche Spielräume für den Umweltgutachter bestehen, welche dieser ausnutzen kann.

4.4 Die Prüfungsqualität des Umweltgutachters

Eine wesentliche Voraussetzung für personale Äquivalenz zwischen Umweltgutachter und Umweltbehörde ist, daß durch den Umweltgutachter eine ähnlich hohe Prüfungsqualität gewährleistet wird wie durch die staatliche Überwachung. Bei der Prüfung des Umweltgutachters können allerdings zahlreiche qualitätsbeeinflussende Probleme auftreten.

Ein Problem betrifft die Prüfungsintensität, d.h., die Prüfung wird zu oberflächlich und zu schnell durchgeführt. Ein weiteres könnte sich auf die Unabhängigkeit des Umweltgutachters beziehen. In diesem Zusammenhang geht es um sachfremde Einflüsse auf das Prüfungsurteil, wie z.B. Betriebsblindheit aufgrund vorheriger Beschäftigung im Unternehmen oder enger Freundschaft zu leitenden Mitarbeitern des geprüften Unternehmens. Hiervon zu differenzieren sind Einflüsse, welche sich aus dem rationalen Kalkül eines opportunistischen Prüfers ergeben.

Im folgenden soll untersucht werden, ob bei der jetzigen Gestaltung des Öko-Audit-Systems gewährleistet ist, daß sich ein der behördlichen Überwachung entsprechendes Prüfungsniveau auch durch den Umweltgutachter erreichen läßt. Nachfolgend wird als Qualitätsmerkmal die Normgerechtheit herangezogen. Dabei werden Einflußfaktoren untersucht, die den Umweltgutachter bei seiner Entscheidung über das Prüfungsniveau beeinflussen können, um damit zu einer Aussage über die Vergleichbarkeit mit der behördlichen Kontrolle zu gelangen. Zuerst sollen nun die Anforderungen an die Qualifikation eines Umweltgutachters untersucht werden. Laut § 7 Abs. 1 UAG besitzt ein Umweltgutachter die erforderliche Fachkunde, wenn er aufgrund seiner Ausbildung, beruflichen Bildung und praktischen Erfahrung zur ordnungsgemäßen Erfüllung der ihm obliegenden Aufgaben geeignet ist. Absatz 2 spezifiziert die Fachkunde des Umweltgutachters. Sie erfordert den Abschluß eines Studiums auf den Gebieten der Wirtschafts- oder Verwaltungswissenschaften, der Naturwissenschaften oder Technik, der Biowissenschaften oder des Rechts (Ausnahmen siehe § 7 Abs. 3 UAG), ausreichende Fachkenntnisse über Methodik und Durchführung der Umweltbetriebsprüfung, des betrieblichen Managements, von betriebsbezogenen Umweltangelegenheiten, von technischen Zusammenhängen zu Tätigkeiten, auf die sich die Begutachtung erstreckt und über einschlägige Rechts- und Verwaltungsvorschriften und Normen des betrieblichen Umweltschutzes (§ 7 Abs. 2 UAG). Weiterhin wird eine mindestens dreijährige eigenverantwortliche hauptberufliche Tätigkeit als Freiberufler, in der Wirtschaft, in der Umweltverwaltung oder bei in der Umweltberatung tätigen Stellen gefordert, bei der praktische Kenntnisse über den betrieblichen Umweltschutz erworben wurden (§ 7 Abs. 3 UAG). Am 27. Juni 1996 ist die UAG - Fachkunderichtlinie (UAG-FKRL), in der weiterführende Anforderungen an die mündliche Prüfung bei der Zulassung von Umweltgutachtern festgelegt werden, in Kraft getreten. Dort werden die im UAG genannten „Fachkenntnisfelder" wieder aufgegriffen. So werden beispielsweise im Fachgebiet „Betriebliches Management" Kenntnisse in den wesentlichen Grundzügen der Funktionen des Controlling, von betrieblichen Organisationsformen und Entwicklungen, von Aufbau- und Ablauforganisation, von Planungs- und Steuerungsmethoden, von Managementsystemen, von Personalauswahl und -einsatz sowie Führungsstrukturen, von betrieblicher Kommunikation und Information sowie Motivations- und Anreizsystemen und von betrieblichen Bildungsmaßnahmen verlangt. Die Umweltgutachter sind nach § 15 Abs. 3 UAG verpflichtet, sich fortzubilden. Leider macht das Umweltauditgesetz keine Angaben darüber, in welchem Umfang oder wie häufig sich die Umweltgutachter an Fortbildungsmaßnahmen beteiligen müssen. Es ist allerdings eine Überprüfung der Fortbildung der Umweltgutachter vorgesehen, da § 16 Abs. 2 Nr. 2 UAG Sanktionsmöglichkeiten der Zulassungsstelle gegenüber dem Umweltgutachter vorsieht, sofern er die Fortbildungspflicht nicht ordnungsgemäß erfüllt. Die Deutsche Akkreditierungs- und Zulassungsgemeinschaft für Umweltgutachter (DAU) ist zuständig für die Prüfung und Zulassung der Umweltgutachter. Hohe Durchfallquoten bei den von ihr durchgeführten Prüfungen lassen auf eine ernstzunehmende Prüfung schließen. In diesem Zusammenhang muß auch die Zulassung von Einzelgutachtern thematisiert werden. Ob es nämlich Einzelgutachtern möglich ist, ein derart großes Wissensspektrum (siehe Ausführungen oben) überhaupt abzudecken, erscheint fraglich. Umweltgutachterorganisationen dürften vor diesem Hintergrund eher in der Lage sein, ein hohes Qualifikationsniveau anzubieten.

Ein weiterer Einflußfaktor, von dem die Prüfungsqualität des Umweltgutachters abhängt, sind die Kosten seiner Begutachtung. Im Mittelpunkt des Interesses des Umweltgutachters steht der Gewinn aus seinen Prüfungsaufträgen. Der Umweltgutachter wird nach Zeitgebühren entlohnt. Eine Abrechnung erfolgt dabei in sog. „Manntagen". Der Umweltgutachter erstellt ein Angebot, indem er seinen Aufwand für die am Standort vorzunehmenden Überprüfungen und für die Validierung der Umwelterklärung angibt. Der Gewinn ergibt sich für den Umweltgutachter dann aus der Differenz zwischen den Zeitgebühren, die der Umweltgutachter veranschlagt, und den Kosten, die für ihn bei der Prüfung tatsächlich anfallen. Bei einem neuen Kunden geht der Umweltgutachter ein hohes Risiko ein, da er sein Angebot auf der Basis einiger weniger Informationen über den Standort abgeben muß. Dem Umweltgutachter fehlen Kenntnisse über das Umweltmanagementsystem und andere standortspezifische Besonderheiten, welche erheblichen Einfluß auf die Kosten der Prüfung haben können. Wenn nun beispielsweise der Umweltgutachter davon ausgeht, daß das Umweltmanagementsystem des Standorts vollständig funktionsfähig ist, er dann im Laufe der Prüfung aber feststellen muß, daß in einigen Bereichen Mängel vorliegen, so muß er, insofern er ein qualitativ gutes Prüfungsurteil abgeben will, vermehrt kostenintensive Einzelfallprüfungen vornehmen. Daß ein Umweltgutachter so entstandene höhere Kosten bei dem von ihm geprüften Unternehmen geltend machen kann, erscheint höchst fraglich. Die Kosten eines Umweltgutachters dürften demnach bei einem neuen Kunden wesentlich höher liegen, als bei den im Abstand von drei Jahren (oder kürzer) stattfindenden Folgeprüfungen. Bei der Erstprüfung erhält der Umweltgutachter spezifisches Wissen über den von ihm geprüften Standort. Dies stellt für den Umweltgutachter einen Wettbewerbsvorteil gegenüber seinen Konkurrenten dar. DeAngelo (1981, S. 120-122) hat für den Wirtschaftsprüfer gezeigt, daß für einen Prüfer der so erlangte Kostenvorteil eine Verkäuferrente ist.[12] Diese Verkäuferrente ist allerdings nur eine Quasirente, da dieser Vorteil bereits vor Annahme des neuen Prüfungsmandates vom Umweltgutachter antizipiert wird. Der Umweltgutachter ist also in der Lage, nach Erhalt eines Prüfungsauftrages in den Folgeperioden Prüfungsgebühren zu verlangen, welche seine variablen Prüfungskosten übersteigen. Bei der Beibehaltung des Prüfungsauftrages entsteht für den Umweltgutachter somit ein positiver Zukunftswert. Dieser Wert stellt vor der Annahme des ersten Auftrags aber nicht unbedingt auch positive Kapitalwerte für den Umweltgutachter dar, denn es handelt sich ja um Einzahlungsüberschüsse von unsicheren Folgeperioden. DeAngelo kommt somit zu dem Ergebnis, daß der Preiswettbewerb im Rahmen der Erstprüfung zu „Low Balling" führt. Damit bezeichnet er eine Situation, in der die Honorare für die Erstprüfung eines Standorts

---

[12] Eine Verkäuferrente (oder auch Produzentenrente) läßt sich als Gewinnüberschuß interpretieren, den die Produzenten dadurch erzielen, daß sie Produktionsfaktoren in der nächst besten Verwendung einsetzen.

unterhalb der Kosten für diese Erstprüfung liegen (vgl. DeAngelo, 1981, S.113; Ewert, 1990, S.182; Ewert, 1993, S. 732; Schildbach, 1996, S. 9). Da der Umweltgutachtermarkt durch eine hohe Wettbewerbsintensität gekennzeichnet ist (115 in Deutschland zugelassenen Umweltgutachter stehen durchschnittlich nur 40 neu zertifizierte Standorte monatlich gegenüber), besteht auf diesem Markt kein preispolitischer Spielraum für die Umweltgutachter. Falls es nun zu Unstimmigkeiten zwischen Umweltgutachter und Unternehmensleitung des geprüften Standortes kommt, der Umweltgutachter beispielsweise umfangreiche Veränderungen des Umweltmanagementsystems fordert oder der Prüfer ein höheres Honorar geltend machen will, da er umfangreichere Einzelprüfungen vornehmen mußte, gefährdet der Umweltgutachter seine Quasirente. Er muß fürchten, daß das Unternehmen sich bei folgenden Prüfungen für einen anderen Umweltgutachter entscheidet. Damit würden aber die nicht gedeckten Kosten des Umweltgutachters in seiner Erstprüfung zu „sunk costs". In einer solchen Situation sind wohl ernsthafte Zweifel an der Unabhängigkeit eines Umweltgutachters angebracht. Es könnte nun argumentiert werden, daß das Problem als nicht zu hoch eingeschätzt werden dürfte, da dem Unternehmen durch einen Prüferwechsel auch Kosten entstehen (Suche nach einem neuen Umweltgutachter). Weiterhin könnte ein Prüferwechsel am Markt negative Reaktionen hervorrufen, was nicht im Interesse des Unternehmens ist. Tatsächlich haben zwei empirische Studien aus der Wirtschaftsprüfung ergeben, daß bereits ein späterer Publikationstermin negative Kursreaktionen im Vergleich zu frühen Publikationsterminen hervorruft (vgl. Chambers und Penmann, 1984; Kross und Schroeder, 1984). Eine Begründung dafür ist darin zu sehen, daß Änderungen im Jahresabschluß nach §316 Abs. 3 HGB erneute Nachprüfungen notwendig machen, die zusätzliche Kosten hervorrufen. Diese Ergebnisse sind allerdings nicht ohne weiteres auf das Umwelt-Audit-System zu übertragen. Im Gegensatz zur Wirtschaftsprüfung nämlich wird der Umweltgutachter vom Management des Unternehmens direkt beauftragt, d.h. es besteht kein zusätzliches Regulativ, wie der Aufsichtsrat oder eine Hauptversammlung, die einen Prüferwechsel verhindern könnten. Weiterhin erfolgt keine offizielle Bestellung des Umweltgutachters. Das Unternehmen hat also keine negativen Marktreaktionen wegen eines Umweltgutachterwechsels zu befürchten, da ein solcher Vorgang der Öffentlichkeit nicht bekannt wird. Es besteht für das Management sogar die Möglichkeit, einen Umweltgutachter, der zu viele Nachforderungen stellt, von der Prüfung zu entbinden und einen anderen, möglicherweise dem Unternehmen gewogeneren Umweltgutachter, zu beauftragen. Ein so von seiner Prüfung entbundener Umweltgutachter hat nach Artikel 4 Abs. 7 der Umwelt-Audit-Verordnung (Schweigepflicht) keine Möglichkeit, ein solches Verhalten der Öffentlichkeit bekannt zu machen. Ein verspäteter Publikationstermin hat im Umwelt-Audit-System ebenfalls keine Wirkung, da die Veröffentlichung der Umwelterklärung nicht, wie dies beim Jahresabschluß üblich ist, in einem engen Zeitfenster zu geschehen hat. Die Kosten, die einem Unternehmen bei einem Prüferwechsel anfallen, sind nur insofern ein Kriterium, wenn die Kosten eines Prüferwechsels höher sind als die Kosten, die aus den Forderungen des

Umweltgutachters entstehen. Zusätzlich muß das Unternehmen berücksichtigen, daß es sich nicht sicher sein kann, daß der neue Umweltgutachter sich „opportunistischer" verhält.

Ein weiterer wichtiger Einflußfaktor, der auf die Prüfungsqualität einwirken kann und auch in der Wirtschaftprüfung eine wesentliche Rolle spielt, ist die Reputation. Im Zusammenhang mit der Möglichkeit zum Aufbau von Reputation werden in der Literatur vorwiegend spezifische Investitionen und Garantien genannt (vgl. Kaas, 1992, S. 46-50). Bei der Übernahme eines neuen Prüfungsauftrags leistet der Umweltgutachter erhebliche spezifische Investitionen (siehe Argumentation oben), und investiert damit in eine aus seiner Sicht hoffentlich langfristige Geschäftsbeziehung. Eine Möglichkeit für den Umweltgutachter Reputation aufzubauen könnte darin bestehen, vertragliche Garantien in Form von freiwilliger Haftung, die über die gesetzliche Haftung hinausgeht, zu übernehmen. In der Wirtschaftsprüfung wird davon ausgegangen, daß ein Prüfer, der sein Prüfungstestat einschränkt, mit einer Steigerung seiner Reputation am Markt rechnen kann (vgl. Ewert, 1993, S. 731; Schildbach, 1996, S. 11). Die Marktteilnehmer erkennen das eingeschränkte Testat und bewertet im folgenden Urteile des Prüfers höher als Anerkennung der Prüfungsqualität. Daraus kann man folgern, daß das Urteil des Prüfers wertvoller geworden ist und der Prüfer in Zukunft ein höheres Honorar einfordern kann (vgl. Schildbach, 1996, S. 11, Ewert, 1993, S. 731). Auch diese Überlegungen können für das Umwelt-Audit-System in dieser Form nicht übernommen werden (die Argumentation ist analog der oben aufgeführten, bei der Drohung des Prüferwechsels). Im Rahmen des Umwelt-Audit-Systems fällt es dem Umweltgutachter hingegen schwer, Reputationsgewinne am Markt zu erzielen, da er dem Markt seine Prüfungsqualität nicht durch eine eingeschränkte oder verweigerte Teilnahmeerklärung[13] signalisieren kann. In der Wirtschaftsprüfungstheorie wird argumentiert, daß ein Prüfer, dem eine geringe Prüfungsqualität nachgewiesen werden kann, mit Reputationsverlusten zu rechnen hat (vgl. Ewert, 1993, S. 731; Schildbach, 1996, S. 1). Analog ist es nicht auszuschließen, daß ein Umweltgutachter, dessen Name in einer Umwelterklärung eines Standortes steht, der für eine Umweltkatastrophe verantwortlich ist, mit erheblichen Reputationsverlusten zu rechnen hat. Ebenfalls zu Reputationsverlusten kann es führen, wenn der Umweltgutachter einem Standort die Teilnahmeerklärung zuerkennt und dann die Umweltbehörde sich nach § 33 Abs. 2 UAG negativ in dem Sinne äußert, daß die Behörde einen Verstoß gegen einschlägige Umweltvorschriften am Standort für gegeben hält und somit die Vergabe der Teilnahmeerklärung unterbleibt. Da allerdings der zuletzt genannte Vorgang nicht direkt in die Öffentlichkeit gelangen kann, handelt es sich in diesem Fall „nur" um einen Reputationsverlust gegenüber der Umweltbehörde und der zuständigen IHK / HWK als registerführende Stelle, welche zuvor die Umweltbehörde von der beabsichtigten Eintragung unterrichtet

---

[13] Die Teilnahmeerklärung wird zwar nicht direkt vom Umweltgutachter vergeben sondern von der zuständigen Stelle (IHK / HWK), jedoch ist der Umweltgutachter die entscheidende Instanz, auf die sich die IHK bei der Vergabe bezieht.

hat. Inwieweit dies die Reputation des Umweltgutachters beeinflußt, ist schwer abzuschätzen. Es können sich aber Rückwirkungen dergestalt ergeben, daß die Umweltbehörde sich in der Folge zu umfangreichen Nachprüfungen bei von diesem Gutachter geprüften Standorten veranlaßt sieht[14].

Eine weitere Frage im Zusammenhang mit der Prüfungsqualität betrifft die Haftung des Umweltgutachters. Das UAG macht hinsichtlich der Haftungsbeschränkung in § 30 eine Aussage, indem es auf § 323 Abs. 2 HGB verweist. In diesem Paragraph, der eigentlich für die Wirtschaftsprüfung gilt, ist für fahrlässiges Handeln eine Haftungsbeschränkung auf 500.000 DM für eine Prüfung vorgesehen. Für Umweltgutachter kann aber davon ausgegangen werden, daß eine weitere Haftungsbeschränkung möglich ist, da ein entsprechender Verweis auf § 323 Abs. 4 HGB, der eine weitere vertragliche Beschränkung der Haftung für Wirtschaftsprüfer ausschließt, fehlt (vgl. Metzler und Alt, 1996, S. 87). Ob allerdings weitergehende Haftungsbeschränkungen sich in Verhandlungen mit dem zu prüfenden Unternehmen durchsetzen lassen, erscheint fraglich. Weiterhin dürfte ein völliger Ausschluß der Haftung für leicht fahrlässiges Verhalten z.B. unter der Verwendung von allgemeinen Geschäftsbedingungen unwirksam sein (vgl. Metzler und Alt, 1996, S. 87). Auch ist eine vertragliche Haftung gegenüber Dritten im Rahmen der sog. Expertenhaftung durchaus denkbar. In diesem Zusammenhang muß die Einbeziehung eines Dritten in den Schutzbereich des Vertrages nicht ausdrücklich erfolgen. Es reicht vielmehr aus, daß sich aus den Umständen der Wille der Vertragspartner ergibt, eine Schutzpflicht des Umweltgutachters zugunsten Dritter zu begründen. Das bedeutet, daß beispielsweise Geschäftspartner des Unternehmens, Banken oder Versicherungen, welche ein Interesse an der ökologischen Überprüfung des Standortes haben, somit in den Schutzbereich des Gutachtervertrages fallen, insofern der Umweltgutachter von der Bedeutung seiner Prüfung für diese Dritten wußte oder aufgrund seiner beruflichen Erfahrung und unter der Berücksichtigung der wesentlichen Gepflogenheiten hätte wissen müssen (vgl. Metzler und Alt, 1996, S. 86-87). Neben der vertraglichen Haftung des Umweltgutachters kann noch eine Haftung aus Delikt bestehen. Diese Haftung aus unerlaubter Handlung (also z.B. eine fehlerhafte oder unvollständige Standortprüfung) setzt keine besondere Beziehung zwischen dem Geschädigten und dem zum Ausgleich Verpflichteten voraus. Werden aber Nachbarn oder Mitarbeiter am Standort durch umweltschädigende Emissionen verletzt, so sind allerdings zuallererst die Unternehmen als Verursacher zu Schadensersatz verpflichtet. Der Umweltgutachter dürfte, so Metzler und Alt, nicht haftbar sein, da der Pflichtenkreis des Umweltgutachters zu weit, zu unbestimmt und der potentielle Kreis der Anspruchsberechtigten nicht ausreichend scharf abgegrenzt ist (vgl. Metzler und Alt, 1996, S. 90-91). Die Haftungsbegrenzung schränkt poten-

---

[14] Interessanterweise hat eine Umfrage des Unternehmerinstitutes e.V. ergeben, daß nach der Durchführung von Öko-Audits die Prüfungstätigkeit bei den zertifizierten Standorten durch die Umweltbehörden eher zugenommen hat.

tielle Nachteile, die sich aus einem geringen Prüfungsniveau ergeben, erheblich ein.

Abschließend soll noch der Frage nachgegangen werden, wie die Gefahr für den Umweltgutachter einzuschätzen ist, daß eine geringe Prüfungsqualität erkannt und mit negativen Sanktionen belegt wird. Hier handelt es sich also um die Frage der „Kontrolle der Kontrolleure" (vgl. Emmerich, 1977). Die Umwelt-Audit-Verordnung geht auf die Kontrolle der Umweltgutachter im Anhang II Teil A Nr. 5 ein. Dort heißt es: „...dabei muß eine Kontrolle der Qualität der vorgenommenen Begutachtungen erfolgen." Fast wortgleich hat das Umweltauditgesetz in § 15 Abs.1 diese Anforderung übernommen. Dies wird in § 15 Abs. 2 dahingehend konkretisiert, daß Umweltgutachter, Umweltgutachterorganisationen und Inhaber von Fachkenntnisbescheinigungen u.a. verpflichtet sind „Zweitschriften der von ihnen (mit) gezeichneten a) Vereinbarungen mit dem Unternehmen über Gegenstand und Umfang der Begutachtung, b) Berichte an die Unternehmensleitung, c) für gültig erklärte Umwelterklärungen und d) Niederschriften über Besuche auf dem Betriebsgelände und über Gespräche mit dem Betriebspersonal aufzunehmen" (§ 15 Abs. 2 Nr. 1). Entsprechende Überprüfungen werden von der Aufsichtsbehörde DAU vorgenommen. Um diese Überprüfungen zu konkretisieren, hat der Umweltgutachterausschuß eine Aufsichtsrichtlinie (UAG-AufsR) verfaßt, die genehmigt durch das Bundesministerium für Umwelt, Naturschutz und Reaktorsicherheit am 06.05.1997 im Bundesanzeiger veröffentlicht wurde[15]. Die Richtlinie unterscheidet eine Überprüfung im Rahmen der Regelaufsicht und eine Überprüfung auf Grund konkreter Anhaltspunkte für Pflichtverstöße (Anlaßaufsicht). Gegenstand der Regelaufsicht ist eine mindestens alle 36 Monate stattfindende Überprüfung, ob die Voraussetzung für die Zulassung als Umweltgutachter weiterhin vorliegt (UAG-AufsR Abschnitt II Nr. 1). In diesem Zusammenhang ist eine Bewertung der Begutachtung nach Prüfungstiefe, -inhalt und -umfang sowie der Unparteilichkeit der Aufgabenerfüllung vorzunehmen (UAG-AufsR Abschnitt II Nr. 1). Der Kern des Regelaufsichtsverfahrens ist die Sichtung und Bewertung der in § 15 Abs. 2 genannten Unterlagen (siehe oben). Dabei sind mindestens zwei Begutachtungen des Umweltgutachters mit bis ins Detail gehenden Plausibilitätsprüfungen dahingehend zu untersuchen, ob der Umweltgutachter im Rahmen seiner Aufgaben nach Abschnitt II Nr. 1 dieser Richtlinie die für den Standort einschlägigen Rechtsvorschriften und die charakteristischen Umweltgesichtspunkte des Standorts erfaßt und verarbeitet hat (UAG-AufsR Abschnitt II Nr. 2). Hervorzuheben ist, daß eine Überprüfung durch eine Begleitung des Umweltgutachters bei seiner Arbeit (Witnessaudit) und die Überprüfung seiner Geschäftsräume durch ein Geschäftsstellenaudit jeweils im Wechsel ergänzend zum schriftlichen Verfahren durchgeführt werden muß (UAG-AufsR Abschnitt II

---

[15] Richtlinie des Umweltgutachterausschusses nach dem Umweltauditgesetz für die Überprüfung von Umweltgutachtern, Umweltgutachterorganisationen und Inhabern von Fachkenntnisbescheinigungen im Rahmen der Aufsicht (UAG-AufsR) vom 11. Dezember 1996.

Nr. 2). Für eine Überprüfung im Rahmen einer Anlaßaufsicht müssen der DAU substantiierte, d.h. nicht nur generell behauptete, sondern nach Ort, Zeit und Inhalt hinreichend bestimmte Sachverhalte genannt werden (UAG-AufsR Abschnitt III Nr. 1). Die Durchführung der Anlaßaufsicht orientiert sich an Abschnitt II Nr. 2 der Richtlinie (siehe oben). Werden in der Überprüfung Pflichtverstöße des Umweltgutachters festgestellt, so ist die DAU ermächtigt, Aufsichtsmaßnahmen zu erlassen. Diese Aufsichtsmaßnahmen reichen von einfachen Hinweisen über einen Widerruf der Zulassung als Umweltgutachter bis zur Anzeige einer Ordnungswidrigkeit im Sinne des § 37 UAG. Der Aufsichtsrichtlinie ist weiterhin ein Katalog beigefügt, welcher der DAU als Orientierungsmaßstab für Aufsichtsmaßnahmen dienen soll. Die Richtlinie macht leider keine konkreten Angaben, anhand welcher Maßstäbe eine Bewertung von Prüfungstiefe, -inhalt, und -umfang zu erfolgen hat bzw. was als ausreichende Prüfungstiefe, -inhalt und -umfang anzusehen ist. In diesem Kontext wären detailliertere Angaben, wie sie zu den Aufsichtsmaßnahmen oder zur Unparteilichkeit des Umweltgutachters in dieser Richtlinie zu finden sind, erstrebenswert gewesen. Weiterhin muß festgehalten werden, daß, bevor die DAU nicht spezifiziert hat, welche Maßstäbe sie bei der Bewertung der Prüfungstiefe, -inhalt und -umfang ansetzen wird, es schwierig ist, eine Aussage über die Prüfungsqualität der Umweltgutachter zu treffen. Da es sich hauptsächlich um eine Dokumentenprüfung handelt und ein Witnessaudit in der Regel nur alle 6 Jahre stattfindet, kann man kaum von einer strengen Kontrolle des Umweltgutachters sprechen. Solange die Dokumente des Umweltgutachters den Anschein einer normgerechten Prüfung erwecken und bei dem wahrscheinlich vorher angekündigten Witnessaudit keine Mängel zu Tage treten, hat der Umweltgutachter wohl keine Sanktionen zu befürchten. Ein besonders hervorzuhebender Kritikpunkt ist, daß im Rahmen des Witnessaudits nur eine Begleitung des Umweltgutachters bei einem Audit vorgesehen ist. Besser wäre eine konkrete Nachprüfung eines vom Umweltgutachter vorgenommenen Audits. Somit kann festgestellt werden, daß die Wahrscheinlichkeit für das Aufdecken einer geringen Prüfungsqualität als gering eingestuft werden darf. Es existiert damit keine wirkungsvolle Abschreckung für opportunistische Umweltgutachter.

Zusammenfassend ergibt sich nun folgendes Bild. Für einen ausschließlich am Eigennutz orientierten Umweltgutachter ist „laxes" Prüfungsniveau die dominante Verhaltensstrategie. Ein solcher Umweltgutachter wird nur dann eine „ernsthafte" Prüfung einer „laxen" Prüfung vorziehen, wenn die Aufdeckungswahrscheinlichkeit für seine „laxe" Prüfung und die damit verbundenen Sanktionen sehr hoch sind bzw. wenn der Verlust der Quasirente durch Wahl eines anderen Umweltgutachters sehr gering ist.

Wie in den obigen Ausführungen gezeigt wurde, ist für einen rational denkenden Umweltgutachter eine „laxe Prüfung" die dominante Strategievariante. Wie kann nun eine solche Entwicklung verhindert werden? Im weiteren sollen Vorschläge diskutiert werden, wie man das Umwelt-Audit-System verändern kann, so daß sich für den Umweltgutachter die normentsprechende Prüfung als dominant erweist und damit eine Chance für personale Äquivalenz besteht.

Ein Ansatzpunkt ist die Einschränkung des opportunistischen Spielraums der Unternehmen und der Umweltgutachter. Eine Empfehlung in diesem Zusammenhang bezieht sich auf die weitere Konkretisierung im Sinne von eindeutigen Grundsätzen ordnungsmäßigen Umweltmanagements (zur Notwendigkeit solcher Grundsätze siehe auch Werder und Nestler 1995, S. 296-304) bzw. von Grundsätzen ordnungsmäßiger Umwelt-Audit-Prüfung. Dies könnte die notwendige Grundlage für die Unternehmen, den Umweltgutachter und für Prüfungen der DAU bieten. In diesem Zusammenhang geht es wieder um die Frage der Kontrolle der Kontrolleure. Die DAU sollte die Qualität der Prüfungen der Umweltgutachter häufiger begutachten[16] und neben den reinen Dokumentenprüfungen auch Stichproben vor Ort, d.h. bei den geprüften Standorten vornehmen. Dabei sollte es sich gerade nicht um eine Begleitung des Umweltgutachters bei seiner Arbeit, wie in der UAG-AufsR vorgeschlagen handeln, sondern um eine Nachprüfung eines bereits durchgeführten Audits. Damit würde sich für den Umweltgutachter die Gefahr erhöhen, daß sein laxes Prüfungsniveau entdeckt würde und es bestünde ein Anreiz zu normentsprechender Prüfung. Eine weitere Möglichkeit, um Umweltgutachtern einen Anreiz zu normgerechter Prüfung zu geben, besteht darin, die Quasirente des Umweltgutachters zu schützen. Hierzu sind verschiedene Ansätze denkbar. Zum einen könnte die Benennung des Umweltgutachters als Prüfer für einen Standort von einer unabhängigen Institution vorgenommen werden. Diese Benennung könnte weiterhin für einen fest vorgegebenen Zeitraum (z.B. 3 Prüfungsintervalle) erfolgen, danach wird ein neuer Umweltgutachter ernannt. Damit würde die Wahrscheinlichkeit eines Umweltgutachterwechsels und der damit verbundene Verlust der Quasirente vermieden werden. Diese Maßnahme würde den Anreiz für normgerechte Prüfung wahrscheinlich erhöhen. Es wird verhindert, daß langfristige Geschäftsbeziehungen zwischen Umweltgutachter und Unternehmen entstehen und es so möglicherweise zu einem Abhängigkeitsverhältnis kommt.[17] Auch, daß es bereits vor der Prüfung persönliche Beziehungen zwischen dem Umweltgutachter und dem Management am Standort gab, die das Prüfungs-ergebnis beeinflussen könnten, wird so fast ausgeschlossen. Dieser Vorschlag macht natürlich nur Sinn, wenn auch die Prüfungsgebühren festgelegt werden, da sonst ein Anreiz für den Umweltgutachter besteht, „lax" zu prüfen und möglichst hohe Gebühren abzurechnen. Die Möglichkeit, im gewissen Turnus Umweltgutachterwechsel vornehmen zu müssen bzw. Umweltgutachter für mehrere Prüfungen zu bestellen, hat noch einen weiteren Vorteil. Der für den Umweltgutachter aus der Quasirente resultierende Zukunftserfolgswert ist nun wegen des festgelegten Prüfungszeitraums für ihn sicher. Die Quasirente kann der Umweltgutachter nun genau ermitteln. Der Faktor „Quasirente" ist damit unabhängig von dem Prüfungsurteil. Als Vorschlag muß auch die Möglichkeit einer Haftungs-

---

[16] Ob die DAU von ihrer Konstruktion her die dafür geeignete Institution darstellt, wäre eine weitere Frage, die hier nicht diskutiert werden soll.

[17] In der Wirtschaftsprüfung wird schon seit langem kritisiert, daß viele Wirtschaftsprüfer schon seit Jahrzehnten immer wieder die gleichen Unternehmen prüfen.

erweiterung diskutiert werden. Die Auswirkungen einer Haftungsausweitung sind jedoch kritisch zu sehen, da der Umweltgutachter sich rückversichern wird. Eine verschärfte Haftung führt also zu höheren Versicherungsprämien. Insofern er diese Kostensteigerung problemlos an die Unternehmen überwälzen kann, verpufft die Wirkung der Haftungsausweitung. Besteht aber aus Wettbewerbsgründen keine Möglichkeit der Kostenweitergabe bzw. lassen sich durch intensive Prüfung Prämien sparen, könnte durchaus der gewünschte Effekt eintreten. Ein oben bereits angesprochener Vorschlag bezog sich auf die öffentliche Bekannt-machung der eingesetzten Umweltgutachter im Vorfeld einer Prüfung. Bei einem Umweltgutachterwechsel drohen den Unternehmen dann wahrscheinlich erhebliche Reputationsverluste. Die Öffentlichkeit und die Geschäftspartner (Zulieferer, Banken, Versicherungen) könnten vermuten, daß das Unternehmen umwelt-relevante Probleme hat und dies der Grund für den Umweltgutachterwechsel ist. Auf der anderen Seite könnte der Umweltgutachter möglicherweise Reputations-gewinne und damit zusätzliche Prüfungsaufträge einstreichen. Allerdings nur bei solchen Unternehmen, die eine normentsprechende Prüfung zu schätzen wissen. Die Vorteile, einen Prüfer mit hoher Reputation zu wählen, könnten u.a. darin liegen, daß Unternehmen mit einem schlechten Umweltimage dann gerade solche Umweltgutachter bevorzugen, um so ihr Ansehen zu verbessern.

4.5 Schlußbetrachtung

Abschließend kann festgehalten werden, daß sich eine tendenziell eher niedrige Prüfungsqualität der Umweltgutachter einstellen wird und somit keine Voraussetzung für eine personale Äquivalenz i.S. der Deregulierungsdiskussion gegeben ist. Auch ist zu befürchten, daß selbst bei der Berücksichtigung der oben aufgeführten Verbesserungsvorschläge innerhalb der EG-Umwelt-Audit-Verordnung eine hohe Prüfungsqualität bei opportunistisch handelnden Umweltgutachtern nicht garantiert werden kann. Somit kann das Vollzugsdefizit des Staates durch den Einsatz des Umweltgutachters bei der Überwachung im Rahmen der EG-Umwelt-Audit-Verordnung nicht beseitigt werden. Um die Attraktivität der EG-Umwelt-Audit-Verordnung zu verbessern, müssen andere, als die auf funktionale Äquivalenz abstellenden Anreize gefunden werden.

Literatur

Bachof, O. (1958): Teilrechtsfähige Verbände des öffentlichen Rechts: Die Rechtsnatur der technischen Ausschüsse des § 24 GewO, Bd. 83, S. 208 ff..

Böhm-Amtmann, E. (1996): „EG-Öko-Audit. Chancen und Risiken in der Praxis. Dialog zwischen Verwaltung und Wirtschaft". In: „Umweltpakt Bayern: EG-Öko-Audit und Deregulierung. Neues Denken in Verwaltung und Wirtschaft", Bayerische Akademie für Verwaltungsmanagement GmbH, 7. März 1996.

Breuer, R. (1997): Zunehmende Vielgestaltigkeit der Instrumente im deutschen und europäischen Umweltrecht - Probleme der Stimmigkeit und des Zusammenwirkens. In: NVwZ, S. 833-845.

Chambers, A. E. and Penman, S. H. (1984): Timeliness of Reporting and the Stock Price Reaction to Earnings Announcements. In: Journal of Accounting Research, Vol. 22, S. 21-47.

DeAngelo, L. E. (1981): Auditor Independencee, „Low Balling", and Disclosure Regulation. In: Journal of Accounting and Economics, Vol. 3, S. 113-127.

Deutscher Gewerkschaftsbund (1995): VCI-Positionspapier zur Tätigkeit der Umweltgutachter nach der EG-Öko-Audit-Verordnung vom 20. September 1995, Mi/LE/Stg 17.

Dolde, K.-P. und Vetter, A. (1995): Überwachung immissionsschutzrechtlich genehmigungsbedürftiger Anlagen - Möglichkeiten der Länder bei Gesetzgebung und Vollzug im Hinblick auf die Umwelt-Audit-Verordnung. In: NVwZ, S. 943-949.

Dyllick, T. (1995): Die EU-Verordnung zum Umweltmanagement und zur Umweltbetriebsprüfung (EMAS-Verordnung) im Vergleich mit der geplanten ISO-Norm 14 001. Eine Beurteilung aus Sicht der Managementlehre. In: ZfU, S. 299-339.

Emmerich, V. (1977): Die Kontrolle der Kontrolleure. In: Busse von Colbe, W. und Lutter M. (Hrsg.): Wirtschaftsprüfung heute: Entwicklung oder Reform?, Ein Bochumer Symposion 1977, S. 215-232.

Ewert, R. (1993): Rechnungslegung, Wirtschaftsprüfung, rationale Akteure und Märkte. In: ZfbF, 45 Jg., S.715-747.

Ewert, R. (1990): Wirtschaftsprüfung und asymmetrische Information, Heidelberg u.a..

Falk, H. und Frey, S. (1996): Die Prüftätigkeit des Umweltgutachters im Rahmen des EG-Öko-Audit-Systems. In: UPR 1996/2, S. 58-60.

Feldhaus, G. (1997): Umwelt-Audit und Entlastungschancen im Vollzug des Immissionsschutzrechts, UPR, S. 341-348.

Förschle, G., Hermann, S. und Mandler, U. (1994): Umwelt-Audits, DB, S. 1093-1100.

Heimburg von, S. (1982): Verwaltungsaufgaben und Private. Funktionen und Typen der Beleihung Privater an öffentlichen Aufgaben unter besonderer Berücksichtigung des Baurechts, Berlin.

Huber, E. R.. (1952): Beliehene Verbände. In: DVBl., S. 456-460.

IdU (Institut der Umweltgutachter und -berater) (1996): Richtlinie zum Validierungsverfahren gemäß EG-VO 1836/93, 1. Entwurf, Stand 07.02.1996.

Kaas, K. P. (1992): Marketing und neue Institutionenlehre, Arbeitspapier Nr. 1 aus dem Forschungsprojekt Marketing und ökonomische Theorie, Frankfurt/Main.

Knack, H. J., Busch, J.-D., Clausen, W., Henneke, H.-G. und Klappstein, W. (1996): Kommentar zum Verwaltungsverfahrensgesetz (VwVfG), 5. Auflage, Köln, Berlin, Bonn, München.

Köck, W. (1996): Das Pflichten- und Kontrollsystem des Öko-Audit-Konzeptes nach der Öko-Audit-Verordnung und dem Umweltauditgesetz. In: VerwArch., S. 644-681.

Kothe, P. (1997): Das neue Umweltauditrecht, München.

Kross, W. and Schroeder, D. A. (1984): An Empirical Investigation of the Effect of Quarterly Earnings Announcement Timing on Stock Returns, in: Journal of Accounting Research, Vol. 22, S. 153-176.

Landmann, R. und Rohmer, G. (1995): Gewerbeordnung und ergänzende Vorschriften, Band 1: Gewerbeordnung, Kommentar, Stand 33, Ergänzungslieferung 01.07.1995, München.

Lübbe-Wolff, G. (1994): Die EG-Verordnung zum Umwelt-Audit. In: DVBl., S. 361-374.

Lübbe-Wolff, G. (1996): Das Umweltauditgesetz. In: NuR, S. 217-227.

Mayer, O. (1924): Deutsches Verwaltungsrecht, Bd. 2, 3. Aufl., München, Leipzig.

Martens, C.-P. und Moufang, O. (1996): Kritische Aspekte bei der praktischen Durchführung der Öko-Audit-Verordnung. In: NVwZ, S. 246-247.

Metzler, A. und Alt, V. (1996): Der Umweltgutachter, Neuwied; Kriftel/Ts.; Berlin.

Müggenborg, H.-J. (1996): Der Prüfungsumfang des Umweltgutachters nach der Umwelt-Audit-Verordnung. In: DB, S. 125-129.

Mutius, A. von (1971): Zur Übertragung öffentlich-rechtlicher Kompetenzen auf Private (Beleihung der Bauunternehmer auf Grund § 3 Abs. 3a StVO a. F.) und zur Nichtigkeit von Verkehrszeichen. In: VerwArch 62, S. 300-305.

Rhein, C. (1996): Das Gemeinschaftssystem für das Umweltmanagement und die Umweltbetriebsprüfung. Ein neues Instrument des Umweltschutzes im Gemeinschaftsrecht und deutschen Recht, Zugleich Dissertation der Juristischen Fakultät der Bayerischen Julius-Maximilians-Universität zu Würzburg, Nomos Verlagsgesellschaft, Baden-Baden.

Schildbach, T. (1996): Die Glaubwürdigkeitskrise der Wirtschaftsprüfer - zu Intensität und Charakter der Jahresabschlußprüfung aus wirtschaftlicher Sicht. In: BFuP, 48. Jg., S. 1-30.

Schottelius, D. (1995): Das EG-Umwelt-Audit als Gesamtsystem. In: BB, S. 1549-1553.

Schottelius, D. (1996): Der zugelassene Umweltgutachter - ein neuer Beruf. In: BB, S. 1235-1238.

Schmidt-Preuß, M. (1997): Umweltschutz ohne Zwang - das Beispiel des Öko-Audit, S. 1157-1180. In: Staatsphilosophie und Rechtspolitik, Ziemske, B., Langheid, T., Wilms, H. (Hrsg.): Festschrift für Martin Kriele zum 65. Geburtstag, München.

Schneider, J.-P. (1995): Öko-Audit als Scharnier in einer ganzheitlichen Regulierungsstrategie. In: Die Verwaltung, S. 361-388.

Steiner, U. (1969): Der „beliehene Unternehmer". In: JuS, S. 69-75.

Steiner, U. (1974): Anmerkung zu einem Urteil des VGH München v. 11.02.1974 Nr. 5 VII 72. In: NJW, S. 1797-1798.

Steiner, U. (1975): Öffentliche Verwaltung durch Private, Allgemeine Lehren, Hamburg.

Steiner, U. (1970): Öffentliche Verwaltung durch Private. In: DÖV, S. 526-532.

Stewering, H. J. (1977): Die Anwendung öffentlichen Rechts durch Private, Inaugural-Dissertation zur Erlangung des akademischen Grades eines Doktors der Rechte durch den Fachbereich Rechtswissenschaft der Westfälischen Wilhelms-Universität zu Münster, Borken.

Stuible-Treder, J. (1986): Der Beliehene im Verwaltungsrecht, Inaugural - Dissertation zur Erlangung der Doktorwürde der Juristischen Fakultät der Eberhard-Karls-Universität zu Tübingen, Stuttgart.

Vogel, K. (1959): Öffentliche Wirtschaftseinheiten in privater Hand. Eine verwaltungsrechtliche Untersuchung, Hamburg.

Waskow, S. (1997): Betriebliches Umweltmanagement. Anforderungen nach der Audit-Verordnung der EG, Ein Leitfaden über die EG-Verordnung zum Umweltmanagement und zur Umweltbetriebsprüfung, 2. Auflage, Heidelberg.

Weber, H. P. und Seitz, F. (1980): Der Sachverständige bei der Prüfung überwachungsbedürftiger Anlagen - ein Beliehener? In: GewArch, S. 151-156.

Werder, A. und Nestler, A. (1995): Grundsätze ordnungsmäßiger Umweltschutzorganisation als Maßstab des europäischen Umweltaudit. In: RIW, Heft 4, S. 269-304.

Wiebe, A. (1994): Umweltschutz durch Wettbewerb. In: NJW, S. 289-294.

Wiedmann, H. (1993): Der risikoorientierte Prüfungsansatz. In: Die Wirtschaftsprüfung, S.13-25.

Zimmermann, P. (1996): Öko-Audit-Umweltauditgesetz des Bundes. In: Agrarrecht, S. 137-145.

5 Der an die EU-Mitgliedstaaten gerichtete Regelungsauftrag zur Unterrichtung der Öffentlichkeit über die EG-Öko-Audit-Verordnung

Ulrich Nissen, Jens Pape, Simone A.M. Vollmer und Gerald Kreiner-Cordes

5.1 Die Bedeutung der Unterrichtung der Öffentlichkeit im Regelungsgefüge der EG-Öko-Audit-Verordnung

Die EG-Öko-Audit-Verordnung[1] enthält sieben an die Mitgliedstaaten[2] gerichtete Regelungsaufträge[3]. Fünf von ihnen betreffen das Zulassungs- und Aufsichtssystem der Umweltgutachter und das Registrierungssystem der teilnehmenden Unternehmen. Die Umsetzung dieser Aufträge war bzw. ist erforderlich, damit die Verordnung auf nationaler Ebene vollzogen werden kann. Die zwei weiteren Regelungsaufträge – es handelt sich um die des Art. 15 – verfolgen andere Zwecke. Nach diesen Regelungen sind die Mitgliedstaaten verpflichtet, dafür zu sorgen, daß zum einen die Unternehmen über den Inhalt (Art. 15 erster Anstrich) und zum anderen die Öffentlichkeit[4] über die Ziele und die wichtigsten Einzelheiten des Systems (Art. 15 zweiter Anstrich) unterrichtet werden. Letztgenanntes ist im Rahmen der vorliegenden Untersuchung von besonderer Bedeutung. Da sich diese Regelung nicht auf das Zulassungs-, Registrierungs- und Aufsichtssystem be-

---

[1] Verordnung (EWG) Nr. 1836/93 des Rates vom 29. Juni 1993 über die freiwillige Beteiligung gewerblicher Unternehmen an einem Gemeinschaftssystem für das Umweltmanagement und die Umweltbetriebsprüfung, ABlEG Nr. L 168 vom 10.7.1993, S. 1ff.; im folgenden: „EG-Öko-Audit-Verordnung" bzw. „Gemeinschaftssystem". Sofern im folgenden keine Rechtsnormen nach einer Artikelangabe angegeben sind, handelt es sich um Bestimmungen der EG-Öko-Audit-Verordnung.

[2] Betroffen sind hiervon alle EU-Mitgliedstaaten sowie Norwegen, Island und Liechtenstein.

[3] Art. 2 lit. n i.V.m., Art. 6 Abs. 2 i.V.m., Art. 6 Abs. 3, Art. 2 lit. o i.V.m. Art. 18 Abs. 1f., Art. 6 Abs. 1 Satz 1, Art. 6 Abs. 1 Satz 3, Art. 15 erster Anstrich, Art. 15 zweiter Anstrich und Art. 16.

[4] Bei der „Öffentlichkeit" handelt es sich dem Industriekapitel des 5. EG-Umweltaktionsprogrammes zufolge um „Aktionäre und Gesellschafter, Investoren, Geldinstitute und Versicherungsgesellschaften, Behörden" sowie die „gesamte Öffentlichkeit", vgl. EG-Rat (1993, S. 72).

zieht, wäre sie eigentlich nicht erforderlich gewesen, um einen ordnungsgemäßen Verordnungsvollzug sicherzustellen. Es stellen sich daher folgende Fragen:

- Warum hat der Verordnungssgeber den Art. 15 zweiter Anstrich als einen verpflichtenden Auftrag in den Verordnungstext aufgenommen?
- Welche konkreten Anforderungen ergeben sich aus diesem Artikel?
- Welche Bedeutung hat er im Hinblick auf die Wirksamkeit der Verordnung?
- Inwieweit ist der durch ihn erteilte Regelungsauftrag in Deutschland umgesetzt worden?

5.1.1 Der Regelungsauftrag gemäß Art. 15 zweiter Anstrich der EG-Öko-Audit-Verordnung

Die Regelung des Art. 15 zweiter Anstrich, die Öffentlichkeit über die EG-Öko-Audit-Verordnung zu unterrichten, ist vom Verordnungsgeber als Regelungsauftrag ausgestaltet worden. Eine Regelungsermächtigung — wie etwa die des Art. 13 — hatte offensichtlich nicht ausgereicht, um das Erreichen der Verordnungsziele sicherzustellen. Begründen läßt sich diese Vorgehensweise nur mit einer etwaigen besonderen Bedeutung der Öffentlichkeit im gesamten Regelungsgefüge der Verordnung. Die Entstehungsgeschichte gibt hierzu die folgenden Hinweise:

1. Der letzte Entwurf des Verordnungstextes zeigt auf, daß die die Verordnung initiierende EG-Kommission den Regelungsauftrag gezielt plazierte. Noch im vorletzten Verordnungsentwurf war lediglich eine Regelungs*ermächtigung* vorgesehen, nach der die Mitgliedstaaten zur „Sicherstellung der Werbung für das Audit-System und der Unterrichtung der Öffentlichkeit" Maßnahmen ergreifen **können** (vgl. EG-Kommission,1993, S. 16). Unmittelbar vor der Verabschiedung der EG-Öko-Audit-Verordnung am 29.6.1993 wurde dann der Art. 15 zweiter Anstrich als Regelungs*auftrag* in die Verordnung aufgenommen und somit die bisherige „Kann"- in eine „Muß"-Regelung gewandelt.

2. In der Begründung zum Verordnungsentwurf wird bemerkt, daß sich „die den Großunternehmen vorbehaltene Praxis des Öko-Audit" nur sporadisch entwickele und dies „ohne Wissen der Öffentlichkeit in Tätigkeitsbereichen, in denen sie den Unternehmen und der Allgemeinheit bedeutende Vorteile bringen könnte" (vgl. EG-Kommission, 1992a, S. 3). Diesem Manko will die Verordnung entgegentreten, indem das Instrument „Öko-Audit" nicht nur innerbetrieblich Nutzen bringen, sondern durch die Unterrichtung der Öffentlichkeit über das Gemeinschaftssystem auch zu positiven Ergebnissen für die Allgemeinheit führen soll.

3. Das - vom Rat der Europäischen Gemeinschaften gebilligte - 5. EG-Umweltaktionsprogramm[5] als strategische Grundlage[6] der EG-Öko-Audit-Verordnung

---

[5] Vgl. obere Fußnote 4.

betont in besonders deutlicher Weise die Rolle des Verbrauchers (als Teil der Öffentlichkeit) im Wirkungsmechanismus der Verordnung: Aufgrund ihres Umweltbewußtseins soll die Verbraucherschaft durch entsprechende Produktwahl Unternehmen zur aktiven Teilnahme am System anreizen (vgl. Abb. 1).

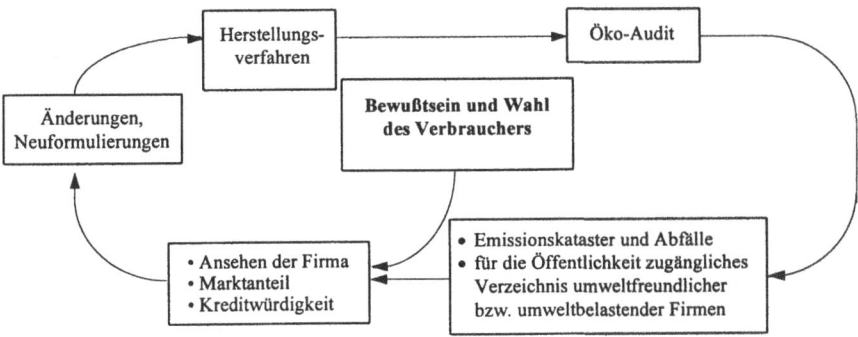

Abb. 1. Rolle der Verbraucher im EG-Öko-Audit-System[7]

Aus der Dokumentation zur Entwicklung der Verordnung wird ersichtlich, daß der Verordnungsgeber die Öffentlichkeit als wichtigen Akteur im Regelungssystem vorgesehen hatte. Um der Öffentlichkeit ihre Rolle bewußt zu machen, war demzufolge ein diesbezüglicher Regelungsauftrag erforderlich. Dem ist der Verordnungsgeber durch die Regelung des Art. 15 zweiter Anstrich nachgekommen, indem er die entsprechenden Staatsorgane – in Deutschland also jene auf Bundes- und insbesondere auf Länderebene[8] – zur fortlaufenden Durchführung von Unterrichtungsmaßnahmen durch den Einsatz **geeigneter** Mittel verpflichtet.

Obgleich es im Ermessen der Mitgliedstaaten liegt festzulegen, welche Informationsmedien sie als adäquat ansehen, ergibt sich aus der Wendung mit „geeigneten Mitteln" unzweifelhaft, daß für die Allgemeinheit schwer verständliche, sich eher an Fachkreise richtende Informationsmedien nicht ausreichen. Geeignet ist nach Meinung der Autoren ein Mittel erst dann, wenn die Auswirkungen des Mitteleinsatzes dem Ziel, also der umfassenden Unterrichtung der Öffentlichkeit, weitgehend entspricht. Ob der Regelungsauftrag erfüllt wurde, kann daher nur im Nachhinein festgestellt werden. Sollte sich durch die Evaluation der Un-

---

[6] „Das Umwelt-Audit-System wird letztlich nur verständlich, wenn man es vor dem Hintergrund des am 1.2.1993 vom Rat gebilligten 5. Aktionsprogramms der EG sieht" – Feldhaus (1995, S. 92).

[7] Vereinfachte Darstellung der Abb. 2b des 5. EG-Umweltaktionsprogrammes, vgl. EG-Rat (1993, S. 30).

[8] Vgl. zum mitgliedstaatlichen (indirekten) mittelbaren Vollzug des Gemeinschaftsrechts (für viele): Fischer (1994, S. 110, 112f., 116ff.).

terrrichtungsmaßnahmen zeigen, daß das Ziel in der Vergangenheit verfehlt wurde, läge kein „geeignetes" Unterrichtungsinstrumentarium vor und die Erfüllung des Auftrags des Art. 15 zweiter Anstrich stünde noch aus. Infolgedessen wäre dann die bisherige Aufklärungsstrategie zu ändern.

Der Forderung nach Informationsmaßnahmen zur Förderung der Teilnahme am Öko-Audit-System von Unternehmen gem. Art. 15 erster Anstrich kamen die zuständigen Stellen in Deutschland offensichtlich nach. Dies belegen zahlreich durchgeführte Informationsveranstaltungen und Pilotprojekte[9] sowie von verschiedenen Stellen publizierte Branchenleitfäden zur betrieblichen Umsetzung der Verordnung. Weniger eindeutig läßt sich eine Aussage darüber treffen, ob der Regelungsauftrag aus Art. 15 zweiter Anstrich, die Öffentlichkeit mit geeigneten Mittel über die Funktionsweise des Öko-Audit-Systems zu informieren, erfüllt wurde. Dies war der Grund für die Erarbeitung der vorliegenden Studie.

5.1.2 Die Rolle der Öffentlichkeit im Regelungssystem der Verordnung

Die EG-Öko-Audit-Verordnung ist darauf ausgerichtet, durch den Einsatz von zwei Informationsinstrumenten eine wettbewerbsrelevante Reaktionen der Öffentlichkeit zu erwirken, um so einen andauernden Anreizeffekt für die Unternehmen zur Teilnahme am Öko-Audit-System herbeizuführen[10]. Mit der Teilnahmeerklärung wird in der nicht produktorientierten Werbung auf die erfolgreiche Registrierung eines Standortes hingewiesen. Demgegenüber informiert die von einem zugelassenen Umweltgutachter validierte Umwelterklärung über Umweltprobleme und den betrieblichen Umweltschutz am Standort. Die mit diesen Informationsinstrumenten erhoffte Öffentlichkeitsreaktion soll so zu einer kontinuierlichen Verbesserung des Umweltschutzes führen. Dieser Anreizmechanismus ist eine notwendige Bedingung für den Erfolg der freiwillig anzuwendenden EG-Öko-Audit-Verordnung. Insofern werden Marktmechanismen für die Verbesserung des Umweltschutzes genutzt, indem am System teilnehmenden Unternehmen

---

[9] Vgl. stellvertretend für viele: Hessisches Ministerium für Wirtschaft, Verkehr und Landesentwicklung (1995); Abfallberatungsagentur Baden-Württemberg, PROFIS (1996); Hessisches Ministerium für Umwelt, Energie, Jugend und Familie (1996); Ministerium für Wirtschaft, Mittelstand und Technologie des Landes Nordrhein-Westfalen (1995); Bayerisches Staatsministerium für Landesentwicklung und Umweltfragen (1995).

[10] Nach der amtl. Begründung der Verordnung ist als „Gegenleistung für die Einhaltung der Anforderungen an die Beteiligung am Öko-Audit-System" (ausschließlich) vorgesehen, das unternehmerische Umweltschutz-Engagement zur Aufbesserung des „öffentlichen Image durch ein Gütezeichen zu nutzen" (Hervorh. im Org.), vgl. Bundesratsdrucksache 222/92, S. 3 bzw. EG-Kommission (1992a, S. 4). Die weit bessere Möglichkeit, Imageverbesserungen durch den Einsatz der validierten Umwelterklärung – im Vergleich zur Teilnahmeerklärung (entspr. „Gütezeichen") – zu erzielen, war zwar von der Kommission nicht so vorgesehen, zeigt sich aber in der Praxis.

betriebswirtschaftlicher Nutzen in Aussicht gestellt wird. Die durch die Teilnahme verursachten Kosten sollen also durch Vorteile am Markt kompensiert werden.

Sollte eine entsprechende Marktreaktion ausbleiben, besteht die Gefahr, daß nach der Einführungsphase der Verordnung der Anreiz zur Teilnahme am Gemeinschaftssystem nachläßt und damit das „Experiment EG-Öko-Audit-Verordnung"[11] letztendlich scheitert. Betriebliche Vorteile, die sich grundsätzlich durch Umweltmanagementsysteme ergeben können – wie etwa das Aufdecken und Ausschöpfen von Kostensenkungspotentialen, das Sicherstellen der Einhaltung des Umweltrechts oder die Steigerung der Mitarbeitermotivation – lassen sich schließlich auch ohne die Teilnahme am System erzielen. Darüber hinaus entfielen die Kosten durch die Überprüfungen durch den Umweltgutachter, die Eintragung in das Standortregister und die Erstellung von Umwelterklärungen sowie das Risiko eines Imageverlustes aufgrund einer Streichung aus dem Registrierungsverzeichnis.

Falls der Anreizmechanismus, der sich durch eine Beteiligung der Öffentlichkeit ergeben soll, versagt, könnte eine Motivation zur Teilnahme am EG-Öko-Audit-System allenfalls durch zusätzlichen Nutzen für die Unternehmen, der sich durch den Vollzug wie auch immer gearteter staatlicher Maßnahmen ergibt, erwirkt werden. Solche Zusatznutzen wären aber möglicherweise systemfremd. Als ein solcher Teilnahmenutzen ist das an registrierte Standorte gerichtete Inaussichtstellen von Erleichterungen beim Vollzug des Umweltrechtes aufzufassen. Unter der Überschrift „Deregulierung" bzw. „Substituierung" umweltrechtlicher Regelungen werden entsprechende Diskussionen verstärkt in Bayern (Bayern-Pakt), in Schleswig-Holstein, im Saarland sowie in abgeschwächter Weise in Baden-Württemberg und Rheinland-Pfalz geführt. Vorgesehen waren derartige Maßnahmen nicht: In der Stellungnahme des Wirtschafts- und Sozialausschusses (WSA, 1992, S. 47) zum Verordnungsentwurf[12] vom 22.10.1992 wurde bezugnehmend auf den damaligen Art. 12 Abs. 1 lit. b[13] „die Ermächtigung der Mitgliedstaaten, einzelne Betriebe, die sich dem Gemeinschaftssystem angeschlossen haben, von der staatlichen Überwachung umweltrechtlicher Vorschriften freizustellen oder die Überwachung zu erleichtern", als problematisch beurteilt. Denn dafür sei „eine Verzahnung zwischen dem Audit-System und dem staatlichen Umweltrecht und der Umweltverwaltung vorauszusetzen, die im Entwurf nicht

---

[11] Hillary (1994, S. 6) führt aus, daß die Verordnung „an untested method of achieving environmental improvements" sei; Di Fabio (1996, S. 199), bezeichnet die Verordnung als „Experimentalnorm". Und der Bundesrat spricht in BRDrs. 222/92, S. 2, von einer „freiwilligen Experimentierphase, in der die Tauglichkeit des Umwelt-Audits getestet werden kann".

[12] EG-Kommission (1992b, S. 2).

[13] Nach Art. 12 Abs. 1 lit. b des Verordnungsentwurfes vom 27.3.1993 können die Mitgliedstaaten zur Förderung des Öko-Audit-Systems Maßnahmen zur Erleichterung und/oder Abschwächung der praktischen Modalitäten für die Kontrolle und Inspektion ergreifen, vgl. ebenda, S. 6.

vorgesehen ist" und auch dem Sinn des Entwurfs widerspräche[14]. Diese Stellungnahme bewog den Rat in der Beratung vom 15. und 16.12.1992 die Deregulierungsklausel im damaligen Art. 12 Abs. 1 lit. b des Verordnungsentwurfes zu streichen[15] und damit die Bedenken des Ausschusses zu bestätigen[16].

Da die Diskussion um den Anreiz zur Teilnahme am EG-Öko-Audit-System sich derzeit offensichtlich mehr um systemfremde Mechanismen rankt, stellt sich die Frage, ob dies bereits auf ein Scheitern des systemeigenen Motivationsmittels „Öffentlichkeit" hinweist. Bevor jedoch ein Steuerungselement als unwirksam betrachtet werden kann, muß zunächst geprüft werden, ob überhaupt die Voraussetzungen für die Wirksamkeit hergestellt worden sind, d.h. ob eine angemessene Unterrichtung der Öffentlichkeit gemäß Art. 15 zweiter Anstrich stattfand[17].

5.2 Umsetzung des Regelungsauftrages zur Unterrichtung der Öffentlichkeit

5.2.1 Befragung der Umweltministerien und Registrierungsstellen in Deutschland

Im Rahmen der vorliegenden Studie wurde eine Befragung durchgeführt. Sie zielte darauf ab zu ermitteln,

— inwieweit und mit welcher Effektivität die Öffentlichkeit gem. dem Regelungsauftrag „mit geeigneten Mitteln über die Ziele und wichtigsten Einzelheiten des Systems" bislang unterrichtet wurde und
— ob die Unterrichtung gegebenenfalls verbessert werden sollte.

---

[14] Kurios erscheint die Brückenbildung zwischen Vollzugserleichterungen im Rahmen des Bayern-Paktes und dem 5. EG-Umweltaktionsprogramm bei Böhm-Amtmann (1997, S. 182): „Ganz im Sinne des gewollten marktwirtschaftlichen Anreizes neuer Instrumente nach Maßgabe des 5. Umweltaktionsprogrammes der EG gelangt danach nur der freiwillig auditierte und ordnungsgemäß validierte Standort in den Vorteil von Erleichterungen". Vgl. hierzu auch Abb. 1.
[15] Vgl. Beratungsergebnisse des Rates vom 15./16. Dezember 1992, Dok.-Nr. 11138/92.
[16] Hierauf auch hinweisend: Falke (1995, S. 5). Insofern ist den Ausführungen von Böhm-Amtmann (1997, S. 180), nicht zuzustimmen, nach denen der Gemeinschaftsgesetzgeber „sich jeglicher rechtssystematischer Verknüpfung von Selbstregulation und hoheitlichem Recht enthalten" hat. Er hat diese Verknüpfung vielmehr abgelehnt.
[17] Sollte dem nicht so sein, könnte die z. Zt. sehr intensiv diskutierte Strategie „Teilnahmeanreiz durch gewährte oder in Aussicht gestellte Vollzugserleichterungen" auch als in Deutschland inszenierte Kapitulation vor dem eigentlichen Regelungsmechanismus der EG-Öko-Audit-Verordnung gewertet werden. Kühn ist daher die Behauptung von Manz (1997, S. 1), daß „nach Einschätzung von Fachleuten ... die Arbeiten an der Umsetzung des EG-Öko-Audits damit in Bayern am weitesten gediehen (seien), was den Stand in Deutschland betrifft".

5 Unterrichtung der Öffentlichkeit über die EG-Öko-Audit-Verordnung

Hierzu wurden sämtliche deutsche Umweltministerien und Registrierungsstellen bezugnehmend auf Art. 15 zweiter Anstrich danach befragt, welche Instrumente zur Unterrichtung der Öffentlichkeit zum Einsatz kamen, wie sie deren Reaktion einschätzen, welche Schwächen hierbei zu verzeichnen sind und wie die Publikumswirksamkeit des Gemeinschaftssystems gesteigert werden kann.

Die Befragung richtete sich an die Umweltministerien, da sie unmittelbar vom Regelungsauftrag des Art. 15 zweiter Anstrich betroffen sind und deshalb für die Auswahl und den Einsatz von Instrumenten zur Unterrichtung der Öffentlichkeit verantwortlich zeichnen[18]. Die Einbeziehung der Registrierungsstellen erfolgte, weil sie als IHK bzw. HWK gem. § 90 HwO bzw. § 1 IHKG die Interessen der Gewerbetreibenden ihres Bezirkes vertreten sollen[19] und darüber hinaus die Standortregistrierung vornehmen. Sie erscheinen daher geeignet, über die Erfahrungen bei der Anwendung der EG-Öko-Audit-Verordnung Auskunft zu geben.

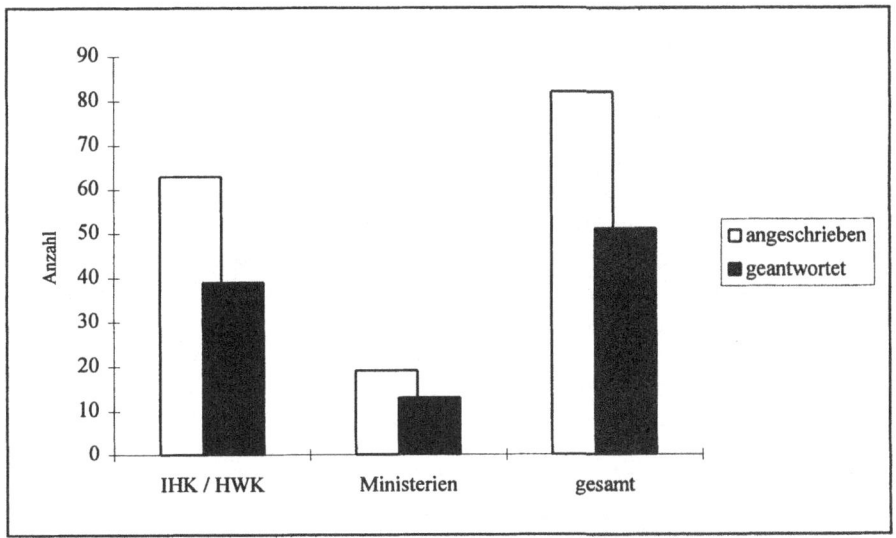

Abb. 2. Rücklauf der Befragung

Im April 1997 wurden Fragebögen mit vier offenen Fragen an alle **Umweltministerien** (das Bundesumweltministerium sowie die 16 Landesumweltministerien), das Umweltbundesamt und die Landesanstalt für Umweltschutz Baden-Württemberg (insgesamt 19 Institutionen) sowie die 42 registerführenden **Industrie- und Handwerkskammern** (IHK) und die 21 registerführenden **Hand-**

---

[18] Vgl. hierzu obere Fußnote 8.
[19] Dabei sind die Kammern bemüht, „die Leistungen der Wirtschaft für einen wirkungsvollen und erfolgreichen Umweltschutz einer breiten <u>Öffentlichkeit</u> (Hervorh. im Org.) bekanntzumachen", vgl. DIHT/IHK (1996, S. 14).

werkskammern (HWK) in Deutschland verschickt. Die bis zum 10. Juli 1997 eingegangenen Antworten konnten bei der Auswertung der Antworten berücksichtigt werden. Die Rücklaufquote betrug im Durchschnitt 63 % (vgl. Abb. 2).

5.2.2 Maßnahmen zur Unterrichtung der Öffentlichkeit

Die Frage 1:

„Wurde die Öffentlichkeit in Ihrem Zuständigkeitsbereich über die EG-Öko-Audit-Verordnung informiert und wenn ja, mit welchen Mitteln?"

zielte darauf ab zu klären, welchen Beitrag die Institutionen zur Unterrichtung der Öffentlichkeit über das EG-Öko-Audit-System gem. Art. 15 zweiter Anstrich der Verordnung bisher geleistet hatten. Sie richtete sich in erster Linie an die Ministerien, da die Registrierungsstellen in dieser Hinsicht keinerlei Verpflichtungen unterliegen. Dennoch wurde auch letzteren diese Frage gestellt, um freiwillig durchgeführte Aktivitäten zu ermitteln und diese dann denen der Ministerien gegenüberzustellen.

Die Antworten zu Frage 1 sind in Abb. 3 dargestellt. Sie zeigen auf, daß eine Unterrichtung der Öffentlichkeit seitens der Ministerien und der Registrierungsstellen grundsätzlich stattgefunden hat. Im wesentlichen wurden hierzu 10 verschiedene Instrumente eingesetzt. Die Ministerien bevorzugten hauptsächlich Pressemitteilungen und Broschüren. Ferner beteiligten sie sich an Informationsveranstaltungen bzw. führten solche selbst durch. Hierbei wurden sie von den Registrierungsstellen unterstützt. Diese setzten in erster Linie die Instrumente „Durchführung von Informationsveranstaltungen", „Artikel in der Kammerzeitung" sowie (ebenfalls) „Pressemitteilungen" ein. Die Vielfalt der eingesetzten Instrumente zur Unterrichtung der Öffentlichkeit ist gemessen an den Möglichkeiten der Public Relations als eher gering einzustufen. Hinsichtlich der Intensität scheint das freiwillige Engagement der Registrierungsstellen den zur Aktivität verpflichteten Ministerien kaum nachzustehen.

Bei der Interpretation der Antworten ist jedoch zu berücksichtigen, daß die Befragten unter „Öffentlichkeit" einen für sie spezifischen Ausschnitt des Zielgruppenspektrums verstanden. Dies führte dazu, daß häufig Maßnahmen aufgezählt wurden, die sich in erster Linie an Unternehmen richten. Das Aufklärungserfordernis bezüglich der Unternehmen wird jedoch gesondert von der Unterrichtung der allgemeinen Öffentlichkeit gefordert. Dementsprechend differenziert ist der Art. 15 der EG-Öko-Audit-Verordnung gestaltet. So sind etwa die „Informationsveranstaltungen" der IHK/HWK sowie die „Artikel in Kammerzeitungen", das „Abhalten von Seminaren" und auch die „Veröffentlichung von Leitfäden" in der Regel an Unternehmen und nicht an die breite Öffentlichkeit gerichtet. Zu einem großen Teil zählen hierzu auch Pressemitteilungen der Ministerien, obgleich sie üblicherweise durch Veröffentlichung in Zeitungen oder Zeitschriften auch die breite Öffentlichkeit erreichen können. Analysiert man jedoch die den Pressemitteilungen folgende Berichterstattung, so fällt auf, daß auch in ihnen überwiegend die Rolle der Unternehmen und die des Staates im Vordergrund steht. Diese an Unternehmen und beruflich Betroffene gerichteten Informationsinstrumente sind demzufolge nicht als Erfüllung des Art. 15 zweiter Anstrich zu qualifizieren, sondern allenfalls als Umsetzung des Art. 13 bzw. Art. 15 erster Anstrich anzusehen. Um zu einer Gesamtaussage zu kommen, wurden daher jene Aussagen unberücksichtigt gelassen.

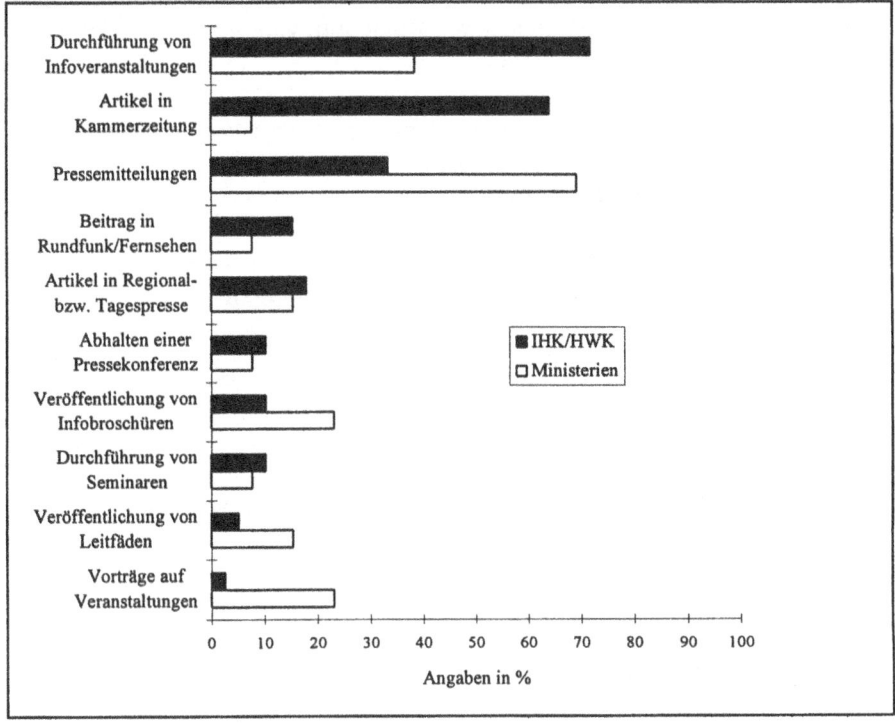

Abb. 3. Maßnahmen zur Unterrichtung der Öffentlichkeit über die EG-Öko-Audit-Verordnung

Die Frage 2:

„Gab es eine Reaktion aus der Öffentlichkeit und wenn ja, wie würden Sie sie beurteilen?"

wurde gestellt, um Anhaltspunkte darüber zu gewinnen, inwieweit die bisher eingesetzten Mittel zur Unterrichtung der Öffentlichkeit Wirkungen zeigen.

92% der Ministerialvertreter und 90% derjenigen der Registrierungsstellen gaben dazu an, daß die allgemeine Öffentlichkeit überwiegend kein oder nur ein geringes Interesse an der Umsetzung der EG-Öko-Audit-Verordnung zeige[20] (vgl. Abb. 4). Dem steht allerdings in begrenztem Umfang die Aufmerksamkeit von seiten der Unternehmen und sonstiger beruflich Betroffener gegenüber. Dies deutet darauf hin, daß die Sensibilisierung **der Unternehmen** gem. Art. 13 und Art 15 erster Anstrich – hierzu zählen insbesondere finanzielle Unterstützungen im Rahmen von Pilotprojekten, Ausschreibungen von Evaluationsstudien, Branchenleitfäden und an Unternehmen gerichtete Informationsbroschüren – Wirkung zeigt. Diese Gruppen halten sich jedoch sowieso schon aufgrund ihres wirtschaftlichen Eigeninteresses auf dem neuesten Stand.

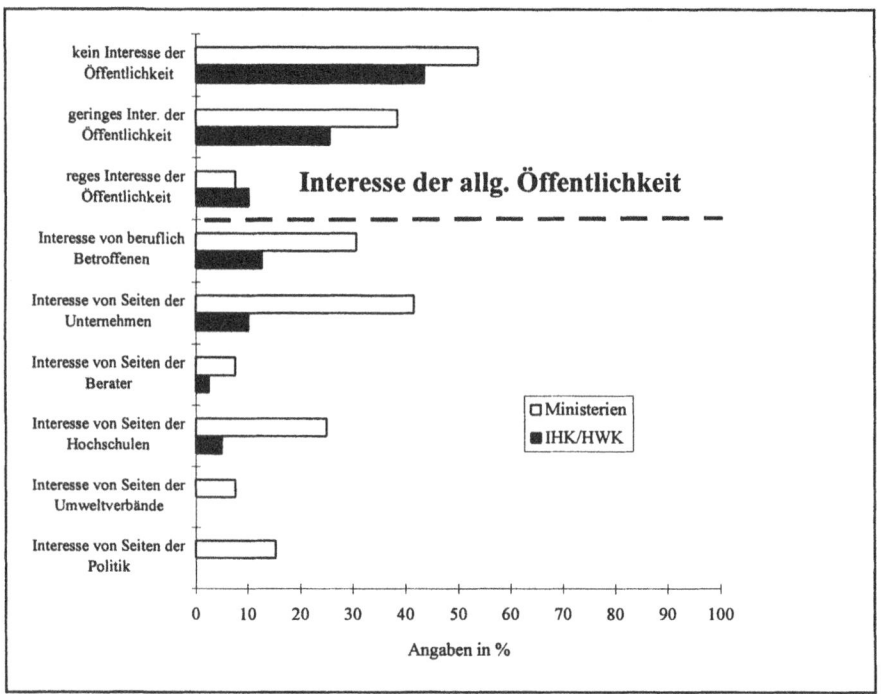

Abb. 4. Beurteilung der Reaktionen aus der Öffentlichkeit[21]

---

[20] Dies steht in diametralem Gegensatz zu der Aussage von Moormann (1997, S. 188), (dem ansonsten zuzustimmen ist), nach der die Öffentlichkeit die Umwelterklärungen mit großem Interesse aufnimmt.

[21] Darüber hinaus wurde angegeben (jeweils eine Nennung): gutes Presseecho, Reaktion häufig oberflächlich wegen geringer Kenntnisse, Reaktion von Seiten der Behörden positiv, Öffentlichkeit hat Verständnisschwierigkeiten.

Die Gesamtbetrachtung der Antworten zu Frage 2 ergibt, daß das für den Erfolg der EG-Öko-Audit-Verordnung notwendige Interesse der allgemeinen Öffentlichkeit am System noch völlig unterentwickelt ist. Das eingesetzte Instrumentarium scheint die relevante Zielgruppe nicht zu erreichen. Dem Regelungsauftrag, die Öffentlichkeit mit **geeigneten** Mittel zu unterrichten, wird offenbar nicht effektiv nachgekommen.

5.2.3 Gründe einer geringen Resonanz der Öffentlichkeit

Mit der Frage 3:

„Was sind Ihrer Meinung nach Gründe für die ggf. geringe Resonanz aus der Öffentlichkeit?"

sollten die Gründe für eine gegebenenfalls vorliegende verhaltene Reaktion der Öffentlichkeit ermittelt werden. Überwiegend wurde die geringe Resonanz der Öffentlichkeit mit Unkenntnis sowie mit der untergeordneteren Bedeutung des Themas im Vergleich zu anderen drängenderen Problemen begründet (vgl. Abb. 5). Vergleichsweise häufig genannt wurde auch, daß sich die Problematik aus der Verordnung selbst ergebe, da sich zum einen das Audit-System nach Aussage der Befragten nicht in erster Linie an die allgemeine Öffentlichkeit richte und zum anderen zu kompliziert und nicht zielgruppengerecht (u.a. wegen der Unzulässigkeit produktbezogener Werbung) sei. Als problematisch wurde ferner bemerkt, daß mittlerweile eine Übersättigung mit Umweltlogos stattgefunden habe.

Die von den meisten Befragten festgestellte Unkenntnis verdeutlicht, daß der Regelungsauftrag des Art. 15 notwendig ist, da die Öffentlichkeit sich offenbar nicht eigeninitiativ informiert. Ferner wird hierdurch aufgezeigt, daß sich der Verordnungsgeber offensichtlich dieser Notwendigkeit bewußt war und er deshalb die Unterrichtung der Öffentlichkeit mit **geeigneten** Mitteln als Regelungsauftrag vorgesehen hatte.

Sollte mit der häufig abgegebenen Antwort „das System richte sich in erster Linie nicht an die Öffentlichkeit" gemeint sein, sie spiele eine untergeordnete Rolle, so läge jedoch ein weit verbreitetes Mißverständnis hinsichtlich des Regelungssystems vor. Das Informieren der Öffentlichkeit über Aspekte des betrieblichen Umweltschutzes gehört schließlich zu einem der drei Hauptziele der Verordnung[22]. Eine solche Haltung würde aber erklären, warum im Gegensatz zur vernachlässigten Erfüllung des Art. 15 zweiter Anstrich der Art. 13 (die Förderung von insbesondere KMU) und der Art. 15 erster Anstrich vergleichsweise umfassend umgesetzt wurden.

---

[22] Art. 1 Abs. 2 lit. c.

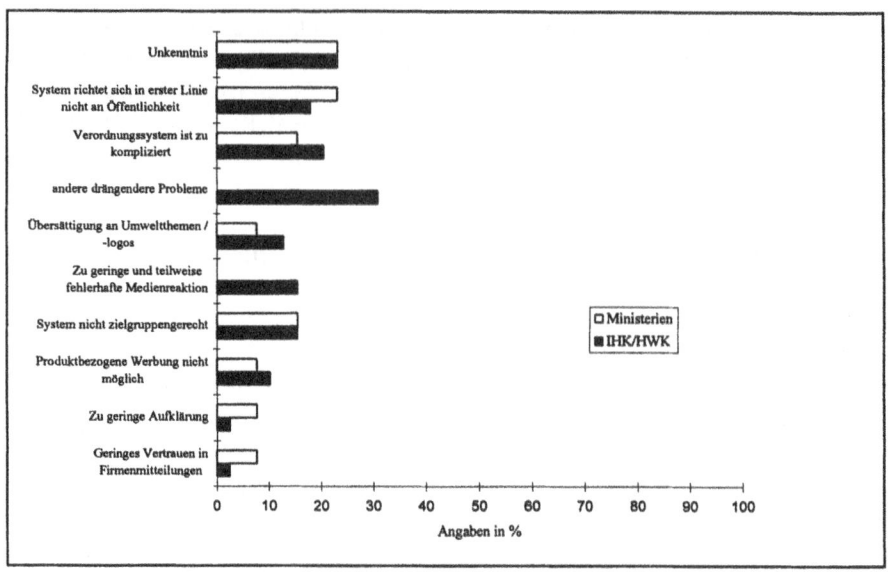

Abb. 5. Mögliche Gründe für die geringe Resonanz der Öffentlichkeit[23]

Mehrfach genannt wurde auch die Kompliziertheit der Verordnung. Sie macht eine Unterrichtung der Öffentlichkeit sicherlich nicht einfach. Dies bedeutet jedoch nicht, daß die Aufklärung daran scheitern darf. Außerdem mu_ die Öffentlichkeit nicht über das vollständige System unterrichtet werden, sondern vielmehr über das Konzept zur Verbesserung des betrieblichen Umweltschutzes und die Rolle, die sie im Hinblick auf den Regelungsmechanismus der Verordnung spielen soll.

Eine verschiedentlich festgestellte fehlerhafte Medienberichterstattung ist vermutlich auch auf die eben genannte Kompliziertheit des Themas zurückzuführen. Insofern ist es erforderlich, daß auch Medienvertreter für das Thema sensibilisiert und geschult werden.

Die mehrfach genannte Problematik, das System sei nicht zielgruppengerecht und eine produktbezogene Werbung sei nicht möglich, verdeutlicht, daß die Zielgruppe „Kunde" von registrierten Unternehmensstandorten diesbezüglich kaum angesprochen werden kann. Der Wunsch nach einer stärkeren Einbeziehung von

---

[23] Darüber hinaus wurde angegeben (jeweils eine Nennung): Umwelterklärungen kursieren nur in Fachkreisen; zu wenig registrierte Standorte; Umsetzung und Auswirkungen mit Zeitverzögerung; Akzeptanzschwierigkeiten; keine Vorbildwirkung der öffentlichen Hand; Verwirrung ISO 14001/EG-Öko-Audit-Verordnung; die Öffentlichkeit kommt mit dem System kaum in Kontakt; zu geringe Werbewirksamkeit; Logo nicht ansprechend; mangelnde Transparenz; Verbrauchernutzen nicht erkennbar; öffentliches Gewöhnheitsbedürfnis.

produktorientierten Umweltschutzgesichtspunkten in die Verordnung ist daher sicherlich gerechtfertigt.

Aus den Antworten zu Frage 2 und 3 kann gefolgert werden, daß die eingesetzten Unterrichtungsmittel kaum Wirkung entfalten. Dies mag an der unzureichenden Einsatzintensität, an der zu geringen Instrumentenvielfalt und/oder daran liegen, daß bestimmte Instrumente ungeeignet sind. Als Zwischenfazit läßt sich konstatieren, daß der Regelungsauftrag des Art. 15 zweiter Anstrich, die Öffentlichkeit über die Ziele und die wichtigsten Einzelheiten des Systems mit geeigneten Mitteln zu unterrichten, bisher nur ungenügend erfüllt wurde.

5.2.4 Steigerung der Publikumswirksamkeit der Verordnung

Die Frage 4:

„Wie könnte Ihrer Meinung nach die Publikumswirksamkeit der EG-Öko-Audit-Verordnung und der Umwelterklärungen gesteigert werden?"

zielte darauf ab, Anregungen über weitere, bisher nicht angewendete Mittel zur Unterrichtung der Öffentlichkeit zu sammeln. Mit Abstand am häufigsten wurde eine bessere Öffentlichkeitsarbeit vorgeschlagen (vgl. Abb. 6). Die Vertreter der Ministerien wollen diese Aufgabe offenbar auf die Standorte und die Registrierungsstellen abschieben. Dies ist einerseits verständlich, haben doch die teilnehmenden Unternehmen und gegebenenfalls auch die Registrierungsstellen, die als IHK bzw. HWK deren Anliegen vertreten, ein wirtschaftliches Interesse an einer Marktreaktion auf Standortregistrierungen.

Andererseits darf jedoch nicht verkannt werden, daß die Ministerien in der Pflicht stehen, gem. Art. 15 zweiter Anstrich die allgemeine Öffentlichkeit mit geeigneten Mitteln zu unterrichten und daß sie ihrer Aufgabe offenbar zu wenig Rechnung trugen. Es kann nicht erwartet werden, daß PR-Maßnahmen von nur etwa 800 in Deutschland registrierten Standorten[24] ausreichen können, um die allgemeine Öffentlichkeit wirkungsvoll über das EG-Öko-Audit-System zu unterrichten und zu mobilisieren Druck auf die Unternehmen auszuüben. Dies den Unternehmen allein zu überlassen, wäre unverantwortlich im Hinblick auf einen erfolgreichen Start des Gemeinschaftssystems. Eine effektive Unterrichtung seitens des Staates – unterstützt durch PR-Maßnahmen am System teilnehmender Unternehmen – ist demzufolge dringend erforderlich.

Als am zweithäufigsten genannter Vorschlag wurden Aufklärungskampagnen über ökonomisch/ökologische Vorteile des Gemeinschaftsystems angegeben. Dies scheint darauf hinzudeuten, daß die wirtschaftlichen Vorteile der EG-Öko-Audit-Verordnung sowie auch die angestrebte Verringerung der Umweltwirkungen durch die Teilnahme am Gemeinschaftssystem (möglicherweise aufgrund des

---

[24] Im Verhältnis zu 292.082 möglichen (nach Berechnungen von Schulz (1997, S. 14). Dies bedeutet: 27 registrierte Standorte stehen 10.000 nicht-registrierten gegenüber.

Freiwilligkeitscharakters und des geringen Detaillierungsgrades wesentlicher Regelungen) nicht sehr eingängig sind und daher umfassender Aufklärung bedürfen. Angeregt wurde ferner, Werbung auf dem Produkt zuzulassen, die Teilnahmeerklärung durch ein eingängigeres Teilnahmelogo zu ersetzen und den Anwendungsbereich der Verordnung zu erweitern.

Die ersten beiden Vorschläge zielen darauf ab, der Zielgruppe „Kunde" das EG-Öko-Audit-System näherzubringen und Konsumenten zu einem entsprechenden Kaufverhalten zu bewegen. Die Erweiterung des Anwendungsbereiches der Verordnung – als dritter Vorschlag – wäre dem förderlich, da einige der bisher noch ausgegrenzten Unternehmensbereiche, insbesondere der Handel und Dienstleistungsunternehmen, in direktem Kontakt zum Endverbraucher stehen.

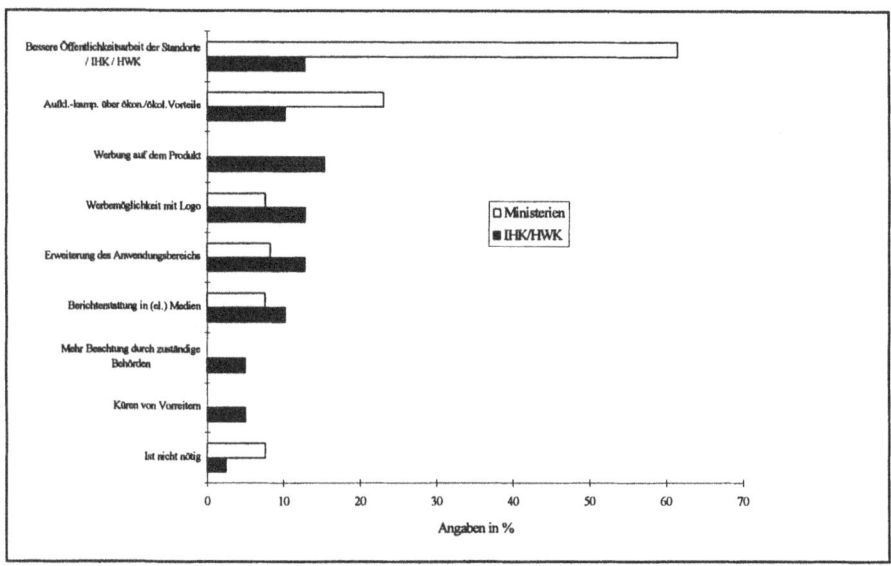

Abb. 6. Möglichkeiten zur Erhöhung der Publikumswirksamkeit des Öko-Audit-Systems[25]

---

[25] Darüber hinaus wurde angegeben (jeweils eine Nennung): bessere Öffentlichkeitsarbeit durch die Industrieverbände; Mitteilungen über registrierte Standorte an Gemeinderäte; Erörterung der Umwelterklärungen in den Gemeinderäten; Umweltmanagementsysteme gem. Verordnung als Bestandteil von öffentlichen Ausschreibungen; Umwelterklärung zielgruppenspezifisch ausgestalten; Durchführung von Rankings von Umwelterklärungen; breite Streuung von Rankings; Kreativität der Unternehmen ist gefordert; ergibt sich aus einer wachsenden Teilnehmerzahl; gemeinsame Werbekampagne für das Verordnungssystem durch BMU und Wirtschaft; Werbung für das Verordnungssystem in Medien, die die Endverbraucher erreichen; durch politische Akzeptanz in grünen Umweltministerien; bessere Öffentlichkeitsarbeit durch BMU und LMU; Aufforderung zum

5.3 Diskussion der Ergebnisse und Ausblick

Die Neuausrichtung der europäischen Umweltpolitik erfordert die Stärkung der Rolle der Öffentlichkeit im Hinblick auf den Vollzug des Umweltrechts und die Förderung des Umweltschutzes als Marktinstrument. Dies kommt im 5. EG-Umweltaktionsprogramm sehr deutlich zum Ausdruck. In seinem Kapitel 7.5 heißt es: „Der Erfolg der Bemühungen um eine dauerhafte und umweltgerechte Entwicklung wird im hohen Maße von den Entscheidungen und Handlungen sowie dem Einfluß der breiten Öffentlichkeit abhängen. Während Umfragen ein hohes und steigendes Maß an Umweltbewußtsein zeigen, fehlt es andererseits in erheblichem Umfang an grundlegenden Informationen"[26].

Die Öffentlichkeit wird bewußt zur Vollzugsunterstützung eingesetzt[27], um den zukünftigen Umgang mit der Umwelt mitzubestimmen. Theoretisch wird ihr ein Teil der Definitions- und Gestaltungsmacht bei der Steuerung des Umweltschutzes eingeräumt. Es wird davon ausgegangen, daß die Öffentlichkeit für Umweltfragen hinreichend sensibilisiert ist und eine große Nachfrage bezüglich Umweltinformationen besteht. Die Informationen dienen ihrer Kompetenzerweiterung, so daß sie mit den anderen Akteuren „in Verhandlung" treten kann, um mit festzulegen, wieviel Umweltschutz die Gesellschaft tragen will, kann und muß.

In diesem Sinne müssen freiwillig am Öko-Audit-System teilnehmende Unternehmen mit Hilfe der Umwelterklärung ein Minimum an Informationen über ihre Umweltprobleme, Verbesserungsmaßnahmen und Umweltschutzleistungen bereithalten und Interessierten auf Anfrage zur Verfügung stellen. Trotz aller Skepsis gegenüber dieser Informationspflicht wagten bislang vor allem in Deutschland mehrere hundert Betriebsstandorte, sich gegenüber der Öffentlichkeit zu öffnen. Viele dieser Unternehmen wurden schwer enttäuscht; denn ihr Angebot, der Öffentlichkeit einen Einblick in die Praxis des betrieblichen Umweltschutzes zu gewähren, wurde kaum wahrgenommen. Zahlreiche Unternehmensvertreter klagen heute entweder über eine zu geringe Nachfrage nach Umwelterklärungen oder über das Ausbleiben von Rückmeldungen, obwohl manche dieser Erklärungen direkt an die Adressaten verschickt oder sogar persönlich verteilt wurden[28]. Sollte sich diese Situation mittelfristig nicht ändern, ist zu befürchten, daß die Bedeutung der Umwelterklärung – als der wesentliche Unterschied zwischen der EG-Öko-Audit-Verordnung und der Umweltmanagementnorm DIN EN ISO 14001 – erodiert. Dies könnte mit dazu beitragen, daß die in dieser Hinsicht anspruchsvollere Verordnung von der ISO-Norm vom Markt verdrängt wird.

Dialog; Intensivierung von Informationskampagnen; Erhöhung der Aussagekraft der Umwelterklärungen.

[26] Vgl. obere Fußnote 4, S. 72.
[27] In diesem Sinne auch Breuer (1997, S. 841).
[28] Vgl. hierzu auch die Ergebnisse der von future e.V. durchgeführten empirischen Untersuchung von 110 Unternehmen, die am EG-Öko-Audit-System teilgenommen bzw. einen Umweltbericht veröffentlicht haben, vgl. future (1997, S. 5, 13).

Gegenwärtig ist nicht erkennbar, daß jene Teilöffentlichkeiten, die auf eine Teilnahme am EG-Öko-Audit-Audit-System positiv reagieren sollen – hierzu zählen insbesondere (potentielle) Kunden, Banken und Versicherungen –, in wettbewerbsrelevantem Ausmaß eine Teilnahmeerklärung oder eine validierte Umwelterklärung durch entsprechendes Kauf- oder Verhandlungsverhalten honorieren und dadurch einen Teilnahmeanreiz erzeugen. Denn sonst würde die Zuwachsrate der Teilnahme, die nach Berechnungen von Schulz[29] seit zwei Jahren nahezu konstant bei etwa 36 Standorten pro Monat liegt, nicht stagnieren, sie müßte vielmehr kräftig ansteigen.

Vor diesem Hintergrund erscheint die Frage berechtigt, ob die Regelung des Art. 15 zweiter Anstrich, die den Mitgliedstaaten den Auftrag erteilt, mit geeigneten Mitteln dafür zu sorgen, daß die Öffentlichkeit über die Ziele und die wichtigsten Einzelheiten des Systems unterrichtet wird, effektiv umgesetzt wurde. Wäre das der Fall, so müßte nach zwei Jahren Verordnungsvollzug zumindest ansatzweise festzustellen sein, daß ein nicht unbedeutender Teil der breiten Öffentlichkeit die Funktionsweise der Verordnung versteht und insbesondere ihre Rolle als bedeutender Akteur im Regelungssystem erkennt und wahrnimmt. Die Auswertung der Fragebögen hat aufgezeigt, daß dem nicht so ist.

Woran mag das liegen? Möglich ist zum einen, daß die Maßnahmen nicht mit genügender Einsatzintensität betrieben wurden. Zum anderen könnte die geringe Öffentlichkeitsreaktion auf zum Teil ungeeignete, insbesondere nicht zielgruppenorientierte Instrumente zurückzuführen sein. Des weiteren ist denkbar, daß die Instrumentenvielfalt ein zu geringes Spektrum an Informationsmaßnahmen umfaßt (Instrumentenmix). Hierzu haben die Befragten zahlreiche Vorschläge abgegeben wie

– öffentlichkeitswirksames Küren von Vorreitern;
– Mitteilungen über registrierte Standorte an Gemeinderäte;
– Erörterung der Umwelterklärungen in den Gemeinderäten;
– Berücksichtigung der EG-Öko-Audit-Verordnung bei der öffentlichen Auftragsvergabe[30] (die rechtlichen Grundlagen liegen bereits jetzt und verstärkt insbesondere durch die in Kürze stattfindende Bekanntmachung der novellierten Verdingungsverordnung für Leistungen (VOL) im Bundesanzeiger vor[31]);
– Förderung und Durchführung von Rankings von Umwelterklärungen (gegebenenfalls Förderung der (DIN-) Normierung von Rankinggrundlagen);
– gemeinsame Werbekampagnen für die EG-Öko-Audit-Verordnung durch die Umweltministerien zusammen mit den Unternehmensverbänden;

---

[29] Vgl. Schulz, Das Umweltaudit (1997, S. 7).
[30] Die ersten Schritte einer Berücksichtigung von Umweltmanagementsystemen in der öffentlichen Auftragsvergabe hat bereits das Beschaffungsamt des BMI eingeleitet, vgl. Beiblatt zu Ausschreibungsunterlagen „Angaben über das unternehmenseigene Qualitäts- und Umweltmanagement (QM/UM)", Ausgabe 2, August 1996.
[31] Vgl. die amtlichen Erläuterungen zu § 8 Nr. 3 Abs. 1 VOL/A in BRDrs. 82/97, S. 335.

- Erhöhung der Aussagekraft der Umwelterklärungen, etwa durch Präzisierung des Art. 5 der Verordnung durch eine DIN-Norm.

Ferner sind denkbar[32]:

- Vorbildfunktion des Staates durch Anwendung der EG-Öko-Audit-Verordnung in Behörden (diese Möglichkeit wird für zahlreiche Körperschaften des öffentlichen Rechts mit Verabschiedung der UAG-Erweiterungsverordnung gegeben sein);
- Förderung von Studien über die ökologische Wirksamkeit der EG-Öko-Audit-Verordnung (auch im Hinblick auf ihre Eignung, Umwelthaftungs- bzw. Kreditrisiken zu senken);
- gegebenenfalls die Einrichtung einer staatliche Marketingagentur Öko-Audit;
- Verknüpfung mit Stadtmarketing;
- Werbeplakate (vgl. etwa die seinerzeit eingesetzten Anti-Aids-Poster und Kino-Spots);
- Fernsehberichte und Videos über Positivbeispiele;
- Förderung der Erstellung von Lehrmaterial für Universitäten und Schulen;
- Förderung von Umweltmanagementspielen;
- gemeindebezogene Veröffentlichung über registrierte Standorte;
- Veranstalten von Diskussionsforen, die sich an die breite Öffentlichkeit richten;
- Schulungsangebote für Medienvertreter;
- Förderung der Bildung eines Bürgerforums (Auswahl nach der Delphi-Methode), das Umwelterklärungen analysiert und Unternehmen kontaktiert.

Um den Regelungsauftrag des Art. 15 zweiter Anstrich in genügender Weise zu erfüllen, muß die Strategie zur Unterrichtung der Öffentlichkeit geändert werden. Die EG-Öko-Audit-Verordnung sollte, wie ein EG-Kommissionsvertreter kürzlich auf einer Veranstaltung des Umweltgutachterausschusses zutreffend bemerkte[33], als Produkt aufgefaßt werden, für das geworben werden muß, damit sich eine Nachfrage entwickelt. Das mag zwar für ein Umweltpolitikinstrument neu sein und insbesondere für Vollzugsbehörden ungewöhnlich klingen; gleichwohl ist dies eine Notwendigkeit, um der EG-Öko-Audit-Verordnung zum Erfolg zu verhelfen. Insofern könnte durchaus in Erwägung gezogen werden – und das gilt vor allem für die für den Vollzug der Verordnung Verantwortlichen –, auf die Arbeitsmethoden des Marketings zurückzugreifen, um durch Mobilisierung der breiten Öffentlichkeit, insbesondere der Konsumentenschaft, einen „Ökologie-

---

[32] Der eine oder andere Vorschlag mag ungewöhnlich erscheinen. Es handelt sich bei dieser Auflistung nicht um auf Praxistauglichkeit hin bereits geprüfte Instrumente sondern lediglich um Denkanstöße.
[33] Bemerkung von Klaus Krisor, EG-Kommission, während eines Vortrages auf der Tagung des Umweltgutachterausschusses „Öko-Audit und ISO 14001 – Chance oder Scheideweg", am 10.6.1997 in Bonn.

Pull-Effekt"[34] auf die Unternehmen zu erwirken, um infolgedessen die Teilnahmebereitschaft zu forcieren.

Die zahlreichen bisher von den Landesumweltministerien bzw. von den untergeordneten Behörden ausgeschriebenen und durchgeführten Pilotprojekte und Evaluationsstudien, die erstellten Branchenleitfäden und die veranstalteten Seminare und Tagungen zeigen auf, daß Maßnahmen zur Aktivierung von **Unternehmen** umfassend ergriffen wurden. Diese Aktivitäten scheinen auch Wirkung zu zeigen, denn sie könnten erklären, warum Deutschland mit etwa 800 teilnehmenden Unternehmensstandorten – darunter zahlreiche KMU – eine Führungsposition hinsichtlich der Anwendung der Verordnung eingenommen hat[35]. Eine geeignete Umsetzung des Regelungsauftrages nach Art. 15 erster Anstrich sowie der Regelungsermächtigung nach Art. 13 scheint demzufolge vorzuliegen. Für die Unterrichtung der **Öffentlichkeit** gemäß Art. 15 zweiter Anstrich gilt das – wie aufgezeigt – jedoch nicht. Würden die für den Vollzug der Verordnung Verantwortlichen der Regelung des Art. 15 zweiter Anstrich in vergleichbarer Weise nachkommen wie hinsichtlich der Unterrichtung der Unternehmen, kämen sie damit nicht nur der noch ausstehenden Erfüllung des an sie gerichteten Regelungsauftrages nach. Sie würden dadurch vor allem die – so scheint es – zum Substituierungsinstrument mutierende EG-Öko-Audit-Verordnung wieder „auf Kurs bringen" und damit dafür sorgen, daß das Gemeinschaftssystem die Chance erhält, ihre vorgesehene Wirkung zu entfalten.

Am Beispiel der EG-Öko-Audit-Verordnung wird deutlich, wie wenig die Visionen europäischer (Umwelt-) Politik zu den Bürgern durchdringt. Es wäre sicherlich falsch, der Öffentlichkeit mangelndes Interesse vorschnell vorzuwerfen, ohne überhaupt die Voraussetzung einer systematischen Implementierung des Systems geschaffen zu haben. Denn dies hätte zur Konsequenz, daß der von den Verordnungsgebern vorgesehene Dialog endgültig zu einer Floskel in einer Vielzahl von betrieblichen Umweltleitlinien schrumpft und die Glaubwürdigkeit des Systems erst gar nicht auf den Prüfstand gebracht wird. Die Regelung des Art. 15 sollte schleunigst umgesetzt werden, damit der Einsatz marktorientierter Instrumente der Umweltpolitik und das Konzept einer regulierten Selbstregulierung der Wirtschaft sich bewähren kann.

Sollte das „Experiment" EG-Öko-Audit-Verordnung scheitern, ist zu befürchten, daß der Weg zur Verabschiedung weiterer marktorientierter Umweltpolitikinstrumente auf längere Sicht versperrt werden könnte. Dies dürfte weder im Interesse des Staates noch der Unternehmen und deren Verbände sein. Demzufol-

---

[34] Vgl. zum „Ökologie-Pull-Effekt" Meffert und Kirchgeorg (1992, S. 102ff.).
[35] Genaugenommen müßten zur Aussage der Umsetzungsführerschaft die Summe der teilnehmenden Standorte der Anzahl möglicher Standorte in jedem Mitgliedstaat gegenübergestellt und dann innerhalb der EU verglichen werden. Derartige Teilnahmequoten sind – soweit ersichtlich – bisher nicht ermittelt worden. Quoten auf der Basis: Anzahl teilnehmender Standorte dividiert durch die Anzahl der Einwohner, wie sie in der EG-Kommission kursieren, sind für eine Rangfolgeermittlung ungeeignet.

ge sind auch die Unternehmensverbände aufgerufen, sich aktiv um die Unterrichtung der **breiten Öffentlichkeit** zu bemühen. Ein einseitiges Ausloten aller Möglichkeiten, die einschlägigen Umweltvorschriften ihrer Mitgliedsunternehmen durch die EG-Öko-Audit-Verordnung zu substituieren, mag kurzfristig zwar geeignet sein, wirtschaftliche Vorteile hervorzubringen und sogar die Teilnahme zu fördern. Mittel- und langfristig führt diese Strategie jedoch in eine Sackgasse; denn: Was passiert, sobald alle Substituierungsmaßnahmen ausgeschöpft worden sind? Woraus ergibt sich dann ein wirtschaftlicher Anreiz zur „aktiven" Teilnahme, zur kontinuierlichen Umweltschutzverbesserung (gemäß Art. 1 Abs. 2 der EG-Öko-Audit-Verordnung) und dies auf hohem Umweltschutzniveau (im Sinne des Art. 130r Abs. 2 Satz 3 EGV)? Kann nach einer vom Verordnungsgeber nicht vorgesehenen Nutzung als Hilfsmittel zur Erleichterung beim Vollzug des Umweltrechts der einzelne Bürger dem Gemeinschaftssystem und überhaupt der Umweltpolitik noch Vertrauen schenken?

Dringend erforderlich ist vielmehr, die Diskussion um Deregulierungs- bzw. Substituierungsmöglichkeiten in eine Debatte über die Aktivierung der breiten Öffentlichkeit umzulenken. Es ist an der Zeit, Initiative zu ergreifen.

5.4 Zusammenfassung

Als Ergebnis der Befragung aller Umweltministerien (Bund, Länder) und IHK bzw. HWK in Deutschland im April 1997 läßt sich konstatieren, daß eine Unterrichtung der breiten Öffentlichkeit über das EG-Öko-Audit-System zwar stattgefunden hat, jedoch nicht in geeigneter Weise. Der Regelungsauftrag gem. Art. 15 zweiter Anstrich der Verordnung ist demzufolge bisher nur ungenügend erfüllt worden. Zwar wurden zahlreiche Unterrichtungsmaßnahmen sowohl von den Ministerien als auch (auf freiwilliger Basis) von den Registrierungsstellen durchgeführt, ein großer Teil hiervon richtete sich jedoch an beruflich Betroffene. Diese Aktivitäten wurden daher aus den Antworten herausgefiltert und blieben bei der Auswertung unberücksichtigt. Zu den übrigbleibenden – die breite Öffentlichkeit erreichenden – Instrumenten wurden z.T. Pressemitteilungen, Beiträge in Rundfunk und Fernsehen, Artikel in der Lokal- und Tagespresse, Pressekonferenzen sowie die Veröffentlichung von Informationsbroschüren gezählt. In welchem Umfang sie eingesetzt wurden, war den Reaktionen der Befragten zwar nicht zu entnehmen. Aus den Antworten ergab sich aber, daß durch sie keine oder nur geringe Reaktionen der breiten Öffentlichkeit hervorgerufen wurden. Hieraus läßt sich schließen, daß die eingesetzten Instrumente kaum Wirkung zu entfalten scheinen. Als Grund hierfür wurde nicht ein vorliegendes generelles Desinteresse bzw. eine nicht vorhandene Reaktionsbereitschaft angegeben. Deutlich wurde anhand der Antworten vielmehr, daß eine umfassende Aufklärung der Öffentlichkeit vonnöten ist, um die Unkenntnis, die Verständnisschwierigkeiten („das System sei zu kompliziert") und die möglicherweise vorliegende Fehleinschätzung, das System richte sich nicht an die Öffentlichkeit, zu beseitigen. Die bisherige Unterrichtungsstrategie ist hierzu offenbar nicht geeignet und bedarf dringend einer Modifikation.

Literatur

Abfallberatungsagentur Baden-Württemberg (1996): PROFIS. Fellbach.
Bayerisches Staatsministerium für Landesentwicklung und Umweltfragen (1995): Das EG-Öko-Audit in der Praxis.
Böhm-Amtmann, E. (1997): „Umweltpakt Bayern. Miteinander die Umwelt schützen" – EG-Öko-Audit-Verordnung und Substitution von Ordnungsrecht. In: Zeitschrift für Umweltrecht (ZUR), 1997, S. 178-182.
Breuer, R. (1997): Zunehmende Vielgestaltigkeit der Instrumente im deutschen und europäischen Umweltrecht – Probleme der Stimmigkeit und des Zusammenwirkens. In: Neue Zeitschrift für Verwaltungsrecht (NVwZ), 1997, S. 833-845.
DIHT/IHK (1996): Kammeraufgabe Umweltschutz.
Di Fabio, U. (1996): Wege zur Materialisierung des europäischen Umweltrechts. In: Rengeling, H.-W. (Hrsg.): Integrierter und betrieblicher Umweltschutz, S. 183-202.
Falke, J. (1995): „Umwelt-Audit"-Verordnung - Grundsätze und Kritikpunkte. In: Zeitschrift für Umweltrecht (ZUR), 1995, S. 4-9.
Feldhaus, G. (1995): Umwelt-Audit-Verordnung der EU. In: Nicklisch, F. (Hrsg.): Umweltrisiken und Umweltprivatrecht im deutschen und europäischen Recht, S. 89-97.
Fischer, H. G. (1994): Europarecht in der öffentlichen Verwaltung – Eine Einführung in das Europäische Gemeinschaftsrecht für Angehörige der öffentlichen Verwaltung.
future e.V., Büro Nord (1997): Auswertung der Umfrage: Welchen Nutzen bringen Umweltberichte und Umwelterklärungen wirklich?
Hessisches Ministerium für Wirtschaft, Verkehr und Landesentwicklung (1995): Pilot-Öko-Audits in Hessen – Erfahrungen und Ergebnisse.
Hessisches Ministerium für Umwelt, Energie, Jugend und Familie (1996): Richtlinie 902 zur Förderung von Umweltmanagement- und Umwelt-Audit-Systemen.
Hillary, R. (1994): The Eco-Management and Audit Scheme: A Practical Guide. Herfordshire.
EG-Kommission - Kommission der Europäischen Gemeinschaften (1992a), Vorschlag für eine Verordnung ..., KOM (91) 459 endg., vom 5.3.1992.
EG-Kommission - Kommission der Europäischen Gemeinschaften (1992b), Vorschlag für eine Verordnung ..., ABlEG Nr. C 76 vom 27.3.1992, S. 2-13.
EG-Kommission - Kommission der Europäischen Gemeinschaften (1993), Geänderter Vorschlag für eine Verordnung ..., ABlEG Nr. C 120 vom 30.4.1993, S. 3-24.
Manz, M. (1997): Umweltpakt Bayern. In: Alijah, R. und Heuvels, K. (Hrsg): Handbuch Betriebliches Umweltmanagement, Ausgabe Feb. 1997, Kap. 2.8.
Meffert, H. und Kirchgeorg, M. (1992): Marktorientiertes Umweltmanagement.
Ministerium für Wirtschaft, Mittelstand und Technologie des Landes Nordrhein-Westfalen (1995): EG-Öko-Audits in nordrhein-westfälischen Unternehmen – Eine Momentaufnahme.
Moormann, F.-J. (1997): Staatliche Überwachung und Öko-Audit. In: Zeitschrift für Umweltrecht (ZUR), 1997, S. 188-193.

EG-Rat - Rat der Europäischen Gemeinschaften (), Entschließung des Rates und der im Rat vereinigten Vertreter der Regierungen der Mitgliedstaaten vom 1. Februar 1993 über ein Gemeinschaftsprogramm für Umweltpolitik und Maßnahmen im Hinblick auf eine dauerhafte und umweltgerechte Entwicklung (hier: 5. EG-Umweltaktionsprogramm), AB-lEG Nr. C. 138 vom 17.5.1993, S. 1-82.

Schulz, W. (1997): Das Umweltaudit – Stand der Teilnahme – Weiterentwicklung des Systems, in: Fortbildungszentrum Gesundheits- und Umweltschutz Berlin e.V. (Hrsg.): Das Umweltaudit, S. 3-29.

WSA - Wirtschafts- und Sozialausschuß der Europpäischen Gemeinschaften (1992): Stellungnahme zu dem Vorschlag ..., ABlEG Nr. C 332 vom 16.12.1992, S. 44-49.

6 Der Stand der Diskussion über Deregulierungs- und Substitutionsmaßnahmen im Zusammenhang mit der EG-Öko-Audit-Verordnung

Frank Orthmann

6.1 Einführung

In den letzten Jahrzehnten hat die Anzahl der Normen im Umweltbereich stark zugenommen. Eine Bestandsaufnahme, die die Bundesregierung als Antwort auf zwei parlamentarische Anfragen durchführte, kam 1995 zu dem Ergebnis, daß allein auf Bundesebene 233 Gesetze, 549 Verordnungen und 498 Verwaltungsvorschriften mit umweltrelevanten Regelungen zu beachten sind[1]. Neben der Fülle an Normen ist die anlagen- und medial ausgerichtete Betrachtungsweise der meisten Regelungen ein weiterer Kritikpunkt. Sie macht eine ganzheitliche Betrachtung und Bewertung einer betrieblichen Umweltschutzleistung unmöglich. Zudem führt ein solches Konzept zu Vollzugshemmnissen. So ist es heute immer noch die Regel, daß für die Genehmigung bzw. Überwachung aller Anlagen eines Betriebes je nach Art der Anlage und betroffenem Umweltmedium eine Vielzahl von Personen in verschiedenen Behörden zuständig ist[2]. Damit wird der Prozeß des Genehmigungsverfahrens zeitlich gestreckt.

Demgegenüber entspricht das standortorientierte Konzept des Umweltaudits nach EG-Verordnung 1836/93 (und in sogar noch höherem Ausmaße auch das organisationsorientierte Konzept, wie es im Zuge der Novellierung der europäischen Vorschrift – EMAS 2 – erwartet wird[3]) viel eher der Forderung nach einer medienübergreifenden Bündelung der Zuständigkeiten.

Im Sinne einer Effizienzsteigerung der umweltpolitischen Maßnahmen sollen zudem in Zukunft Eigeninitiative und Kooperationsbereitschaft der Verursacher der Umweltbelastung zunehmend honoriert werden. Dies steht im Einklang mit dem 5. Umweltaktionsprogramm der Europäischen Gemeinschaft (5. UAP). So stellt Weigand heraus, daß sich das 5. UAP im Hinblick auf Methodik und Instrumente fundamental von seinen Vorläufern unterscheidet und an Stelle des

---

[1] Vgl. Jauck, 1995.
[2] Ein Grund hierfür ist die in den meisten Bundesländern übliche Trennung der verwaltungsrechtlichen und der technischen Bearbeitung. Vgl. Kleesiek, 1997, S. 3.
[3] Vgl. Art.19-Kommission, 1998.

alten hierarchischen Konzeptes (ordnungspolitische Regulierung, Genehmigung und Kontrolle) zunehmend auf Kooperation und marktwirtschaftliche Instrumente setzt[4].

Vor diesem Hintergrund scheint es nachvollziehbar, daß im Umweltauditverständnis der Bundesumweltministerin A. Merkel die Möglichkeit rechtlicher Erleichterungen für am Audit-System teilnehmende Organisationen/Standorte eine wichtige Rolle spielt. Einen ähnlichen Standpunkt vertritt auch das Bayerische Staatsministerium für Landesentwicklung und Umweltfragen (München), das den Umweltpakt in Bayern initiiert hat[5]. Auch die Umweltministerkonferenz formulierte auf ihrer 20. Tagung am 15./16. Oktober 1997 als Reaktion auf die Vorlage des Endberichtes zu Deregulierungs- und Substitutionspotentialen im Hinblick auf das EG-Öko-Audit-System: „Die Umweltministerkonferenz ist der Auffassung, daß die Umsetzung der aufgezeigten Substitutions- und Deregulierungspotentiale baldmöglichst erfolgen sollte."[6]

Und schließlich wird nach derzeitigem Stand der Diskussion in Brüssel auch die novellierte europäische Vorschrift (EMAS 2) eine Aufforderung an die EU-Mitgliedsstaaten enthalten, die Anwendbarkeit von Substitutions- und Deregulierungspotentialen zu prüfen[7].

6.2 Derzeitiger Stand der Substitutions- und Deregulierungsdiskussion

6.2.1 Die Beschleunigungsdiskussion

In der Vergangenheit wurde die Notwendigkeit einer Vereinfachung der ordnungsrechtlichen Regelungen auch im Kontext der Stärkung des Wirtschaftsstandortes Deutschland erörtert. Auch mit Blick auf die Standortproblematik der neuen Bundesländer und dem hier erwarteten enormen Innovations- und Investitionsbedarfes wurde die Forderung nach Beschleunigungs-, Vereinfachungs- und Deregulierungsmaßnahmen laut.

Hinzu kommt die im Sinne eines schlanken Staates und angesichts steigender Haushaltsdefizite erkannte Notwendigkeit, den Staat von entbehrlichen Kontrollaufgaben und deren Kosten zu entlasten[8].

---

[4] Vgl. Weigand, 1997, S. 1 ff und Kloepfer, 1996.
[5] Vgl. Goppel und Simson, 1996 und Böhm-Amtmann, 1996.
[6] Vgl. „Ad-hoc-Bund-Länder-Arbeitskreis Öko-Audit" et al., 1997, S. 17.
[7] Vgl. Art. 19-Kommission, 1998, gleichlautend in Art. 1 Absatz 4. und Art. 10 Absatz 2.: „Member States shall consider to use the synergy between relevant environmental legislation and the value of EMAS participation in order to avoid unnecessary regulatory burden on organisations".
[8] Vgl. hierzu auch Sachverständigenrat „Schlanker Staat", 1996/1 und Sachverständigenrat „Schlanker Staat", 1996/2.

Resultat der vorgestellten Überlegungen waren die folgenden Beschleunigungsgesetze:
- Gesetz zur Beschleunigung von Genehmigungsverfahren (GenBeschlG) vom 19.9.1996,
- Gesetz zur Beschleunigung und Vereinfachung immissionsschutzrechtlicher Genehmigungsverfahren (GenBeschlG) vom 15.10.1996 und
- 6. VwGO-Änderungsgesetz vom 1.1.1997.

Das Gesetz zur Beschleunigung und Vereinfachung immissionsschutzrechtlicher Genehmigungsverfahren vom 15.10.1996 berücksichtigt bereits Erleichterungen bei Beteiligung am EG-Öko-Audit-System[9].

Aus diesen neuen Regelungen leitet Feldmann eine „neue Philosophie" des Genehmigungsverfahrens und verstärkte Eigenverantwortung der Verursacher ab. Er sieht auf der anderen Seite aber auch einen Bedarf an weiteren Deregulierungsmaßnahmen[10].

6.2.2 Das einheitliche Umweltgesetzbuch und die integrierte Vorhabengenehmigung

Im Sinne einer Harmonisierung und Vereinfachung des Zulassungsrechts für umweltrelevante Vorhaben arbeitete eine vom damaligen Umweltminister Klaus Töpfer eingesetzte Sachverständigenkommission seit Juli 1992 an einem Entwurf eines einheitlichen Umweltgesetzbuches, das bereichs- und medienübergreifend die heute gültigen Regelungen vieler Einzelgesetze zusammenfaßt. Am 9. September 1997 wurde der Entwurf des einheitlichen Umweltgesetzbuches an Bundesumweltministerin A. Merkel übergeben. Er enthält neben einer Zusammenfassung und Strukturierung des geltenden Umweltrechts auch eine Auflistung des aus der Sicht der Sachverständigenkommission notwendigen Modernisierungsbedarfs.

Im Rahmen des Umweltgesetzbuches soll eine einheitliche Genehmigung, die Vorhabengenehmigung, an die Stelle der heute erforderlichen zahlreichen Einzelgenehmigungen treten. Damit würde das in der Einführung angesprochene Problem der aus der medial und sektoral ausgerichteten Regelungsstruktur resultierenden Vollzugshindernisse und -verzögerungen wirksam bekämpft.

Vom einheitlichen Umweltgesetzbuch verspricht man sich zudem die Förderung des Umbaus der öffentlichen Verwaltung, der dann den Einsatz marktwirtschaftlicher umweltpolitischer Instrumente und die Übertragung von Kontrollauf-

---

[9] Vgl. „Ad-hoc-Bund-Länder-Arbeitskreis Öko-Audit" et al., 1997, S. 9.
[10] Vgl. Feldmann, 1997, S. 5: „Das Recht der Genehmigungsverfahren hat schon lange die Grenze dessen überschritten, was zur effektiven Gewährleistung hoher materieller Umweltschutzstandards erforderlich ist." Feldmann ist Ministerialrat und Leiter der Arbeitsgruppe „Fachübergreifendes Umweltrecht, Umweltgesetzbuch, Umweltverträglichkeitsprüfung, Umweltaudit" am Bundesumweltministerium.

gaben an (privatwirtschaftliche) Dritte und damit die Entlastung der Verwaltungsstellen erleichtert[11].

Allerdings steht das Umweltgesetzbuch erst am Anfang eines wohl langwierigen Umsetzungsprozesses und ist als „langfristige Herausforderung"[12] zu verstehen. Schließlich soll es aber einen wesentlichen Beitrag zur Harmonisierung und Deregulierung des deutschen Umweltrechts leisten.

6.2.3 Deregulierung und Substitution in Zusammenhang mit dem Öko-Audit nach EG-Verordnung 1836/93

6.2.3.1 *Substitution nach dem Prinzip der funktionalen Äquivalenz*

Unter dem Schlagwort „Umweltpakt Bayern" ist ein Pilotprojekt des Bayerischen Staatsministeriums für Landesentwicklung und Umweltfragen mit dem Landesverband Bayern des Verbandes der Chemischen Industrie (VCI) bekannt geworden. Es wurde am 23. Oktober 1995 mit dem Ziel begonnen, „... festzustellen, ob das eigenverantwortliche Öko-Audit-System geeignet ist, Schritt für Schritt die bestehenden ordnungsrechtlichen Instrumente funktional äquivalent, unter Wahrung der hohen materiellen Umweltstandards, zu ersetzen."[13] Den Anstoß zu diesem Pilotprojekt hatte die Umweltinitiative Bayern (Bestandteil der Regierungserklärung des Kabinetts Stoiber vom 19. Juli 1995) gegeben, die unter Hinweis auf das Öko-Audit-Verfahren nach EG-Verordnung 1836/93 in Aussicht stellte, „... Betriebe, die freiwillig Eigenverantwortung übernehmen, von staatlicher Kontrolle und Reglementierung zu befreien."[14]

Ausgangspunkt der Projektdurchführung war die Ausarbeitung eines Substitutionskataloges, der die einschlägigen ordnungsrechtlichen Bestimmungen auf Bundes- und Landesebene in den Bereichen Immissionsschutz-, Wasser- und Abfallrecht den korrespondierenden Regelungen der EG-Öko-Audit-Verordnung gegenüberstellt. Das Resultat war eine umfassende Liste, die in die drei Bereiche

1. Berichts- und Dokumentationspflichten,
2. Kontrolle/Überwachung und
3. Genehmigungen

gegliedert ist[15].

Daraufhin wurde ein internes Umweltbetriebsaudit im Werk Gendorf der Vinnolit Kunststoff GmbH, einer Tochter der Hoechst AG und Wacker Chemie GmbH, durchgeführt, um die Praxistauglichkeit der Substitutionsvorschläge zu überprüfen und Vorschläge für eine Überarbeitung der geltenden Regelungen zu erarbeiten.

---

[11] Vgl. Feldmann, 1997, S. 7 f.
[12] A. Merkel in BMU, 1997, S. 1.
[13] Goppel und Simson, 1996, S. 3.
[14] Goppel und Simson, 1996, S. 1.
[15] Vgl. Arbeitskreis UMS, 1996/1, Spalten 1 und 3.

Als Ergebnis der Studie ergab sich, daß sich fast alle theoretisch definierten Substitutionsvorschläge als praktisch anwendbar erwiesen[16].

Maßgabe für die Substituierbarkeit ist der Ansatz der **funktionalen Äquivalenz**. So ist das betreffende Element der Öko-Audit-Verordnung der entsprechenden ordnungsrechtlichen Regelung funktional äquivalent (und damit substituierbar), wenn beide Instrumente in ihrer Zielsetzung und Steuerwirksamkeit übereinstimmen. Die Kongruenz der Zielrichtungen wird dabei durch Interpretation von Wortlaut und Zweck der einschlägigen Bestimmungen festgestellt[17]. Von der gleichen Steuerungswirksamkeit geht man aus, „... wenn die Vorgaben der Verordnung (EWG) 1836/93 zwar nicht vom Wortlaut her, wohl aber inhaltlich die gleiche Steuerungstiefe haben wie die vergleichbaren ordnungsrechtlichen Vorschriften."[18]

Als rechtliche Konsequenz bei Vorliegen funktioneller Äquivalenz kommen Erleichterungen im Rahmen der Vollzugspraxis in Betracht. So bestehen für die prüfende bzw. genehmigende Behörde bei der Anwendung ordnungsrechtlicher Normen oft große Ermessensspielräume. Hinzu kommen aus der Interpretation unbestimmter Rechtsbegriffe resultierende faktische Spielräume. Beide können im Sinne einer Vollzugserleichterung für auditierte Organisationen/Standorte genutzt werden. Per Verwaltungsvorschrift kann eine solche Bevorzugung der auditierten Betriebe den Umweltbehörden auch vorgegeben werden[19]. Gesetzesänderungen sind für die Umsetzung des Sustitutionskataloges nicht erforderlich.

6.2.3.2 Deregulierung in Zusammenhang mit dem Öko-Audit

Nicht zu verwechseln ist die oben beschriebene Substitution mit Deregulierungsbestrebungen, das heißt mit dem Abbau ordnungsrechtlicher Regelungen auf legislativer Ebene[20]. Im Zusammenhang mit dem Öko-Audit wird diskutiert, für auditierte Organisationen/Standorte auf Gesetzes- oder Verordnungsebene konkrete umweltrechtliche Erleichterungen, sogenannte Öffnungsklauseln anzubieten.

---

[16] Vgl. Goppel und Simson, 1996, S. 3 f und für eine Darstellung der Ergebnisse im einzelnen Arbeitskreis UMS, 1996/1, S. 1 bis 85, Spalte 4 und Arbeitskreis UMS, 1996/2.

[17] Vgl. Weigand, 1997, S. 5; Goppel und Simson, 1996, S. 5 f; aufgrund des „legal-compliance-Anspruches" des Umweltaudit nach EG-Verordnung 1836/93 ist die Kongruenz der Zielsetzungen im allgemeinen gegeben, vgl. auch Kap. 6.2.3.4.

[18] Ad-hoc-Bund-Länder-Arbeitskreis Öko-Audit et al., 1997, S. 7.

[19] Ad-hoc-Bund-Länder-Arbeitskreis Öko-Audit et al., 1997, S. 6.

[20] Das Bayerische Staatsministerium für Landesentwicklung und Umweltfragen betont diese Abgrenzung an verschiedener Stelle; vgl. Goppel und Simson, 1996, S. 4, Böhm-Amtmann, 1996, S. 3 ff; Weigand, 1997, S. 4 ff. Inzwischen hat sich diese Terminologie auch in anderen Bundesländern und in der rechtswissenschaftlichen Literatur durchgesetzt, vgl. Lazik, 1996, S. 2, Ad-hoc-Bund-Länder-Arbeitskreis „Öko-Audit" et al., 1997, S. 6 ff und Lübbe-Wolf, 1996, S. 173 ff.

Dabei werden drei Formen unterschieden[21]:

1. **Unbedingte Öffnungsklauseln** sind nur bei Vorliegen funktionaler Äquivalenz anwendbar. Formulierungsvorschlag: „Diese Vorschrift gilt nicht für Unternehmensstandorte, die im Register der geprüften Betriebsstandorte gemäß Verordnung (EWG) Nr. 1836/93 eingetragen sind."

2. **Konditionale Öffnungsklauseln** können die schwächere Steuerungswirkung der Bestimmungen des Öko-Audit ausgleichen. Formulierungsvorschlag: „Diese Vorschrift gilt nicht für Unternehmensstandorte, die im Register der geprüften Betriebsstandorte gemäß Verordnung (EWG) Nr. 1836/93 eingetragen sind und zusätzlich folgende Bedingungen erfüllen: ...".

3. **Optionale Öffnungsklauseln** stellen die fragliche Erleichterung in das Ermessen der Umweltbehörde. Formulierungsvorschlag: „Die zuständigen Behörden können, sofern der Unternehmensstandort im Register der geprüften Betriebsstandorte gemäß Verordnung (EWG) Nr. 1836/93 eingetragen ist, von den Anforderungen dieser Vorschrift absehen."

Der Einsatz von Öffnungsklauseln soll sich dabei nach folgendem Grundsatz richten: „Je größer das Gefährdungspotential, desto stärker der Einsatz ordnungsrechtlicher Fremdkontrolle; je stärker der Vorsorgebereich betroffen ist, desto eher kann die Eigenüberwachung des Öko-Audits ordnungsrechtliche Instrumente ersetzen."[22]

Die Einführung von Öffnungsklauseln erfordert den Gang durch das ordentliche Gesetzgebungsverfahren. Insbesondere wenn zustimmungspflichtige Regelungen betroffen sind, kann die Durchsetzung im Bundesrat schwierig sein[23]. Hinzu kommt in einigen Bereichen die Unvereinbarkeit der Deregulierungen mit supranationalen Regelungen, wie etwa im Falle des Genehmigungsrechts mit der IVU-Richtlinie der EG[24].

6.2.3.3 Voraussetzungen für die Substitution bzw. Deregulierung ordnungsrechtlicher Regelungen

Die Möglichkeit der Substitution bzw. Deregulierung ordnungsrechtlicher Regelungen durch Bestimmungen der EG-Öko-Audit-Verordnung ist nur innerhalb enger Grenzen gegeben. Zusammenfassend sollen hier noch einmal die Voraussetzungen für eine Substitution bzw. Deregulierung genannt werden.

---

[21] Vgl. Ad-hoc-Bund-Länder-Arbeitskreis „Öko-Audit" et al., 1997, S. 8.
[22] Ad-hoc-Bund-Länder-Arbeitskreis „Öko-Audit" et al., 1997, S. 8.
[23] Vgl. Goppel und Simson, 1996, S. 4.
[24] Vgl. Feldmann, 1997, S. 10; Ernst, 1997, S. 3 f.

1. **Erhaltung der materiellen Umweltstandards**
Substitution und Deregulierung dürfen auf keinen Fall zu einem Abbau der materiellen Umweltstandards führen. Daher können nur verfahrensrechtliche Bestimmungen Gegenstand von Substitution und Deregulierung sein, niemals aber die Umweltstandards selbst[25].
2. **Verfassungsrechtliche Schranken**
Die Verpflichtung des Staates, materielle Umweltstandards zu setzen und deren Vollzug sicherzustellen, wird aus den grundrechtlich begründeten Schutzpflichten des Staates (sog. staatliche Gewährleistungsverantwortung)[26] abgeleitet.
Andererseits unterliegt der Umweltschutz keinem Privatisierungsverbot. Auch ist der Ermessensspielraum im Vollzug groß. Nach herrschender Meinung gelten Substitutions- und Deregulierungsinitiativen als verfassungsrechtlich unbedenklich, wenn das Niveau der Überwachung des materiellen Umweltrechts zumindest nicht verringert wird[27].
3. **Schranken supranationalen Rechts**
Regulierungsgebote supranationalen Rechts können nationalen Deregulierungsmaßnahmen im Einzelfall entgegenstehen. Dies ist beispielsweise bei der EG-Richtlinie 96/61 (IVU-Richtlinie) der Fall, die für bestimmte Anlagen (bei denen man in Deutschland Deregulierungspotential in Bezug auf das Genehmigungsverfahren bei registrierten Organisationen/Standorten sieht) die Genehmigungspflichtigkeit vorschreibt. Auch im EG-Recht wären Öffnungsklauseln zwar theoretisch möglich, doch sind bisher alle betreffenden Initiativen des Bundesumweltministeriums und auch des Bayerischen Staatsministeriums für Landesentwicklung und Umweltfragen vergeblich gewesen[28].
4. **Gebot der funktionalen Äquivalenz**
Auf das Gebot der funktionalen Äquivalenz und des daraus abgeleiteten Erfordernisses gleicher Zielrichtung und Steuerungswirksamkeit wurde bereits oben ausführlich eingegangen.
5. **Gleichwertigkeit des Öko-Audit-Systems in der Vollzugspraxis**
Schließlich ist erforderlich, daß das EG-Öko-Audit-System auch in der Vollzugspraxis mit dem ordnungsrechtlichen Vollzug gleichwertig ist. Obwohl hierzu bisher noch keine umfassenden empirisch belegbaren Erkenntnisse vorliegen, geht man zur Zeit hiervon aus. Als Begründung wird der compliance-Aspekt (vgl. folgendes Kap.) des Öko-Audit-Systems und die gute Ausbildung und Kontrolle der unabhängigen Umweltgutachter durch die Deutsche Akkreditierungs- und Zulassungsstelle für Umweltgutachter (DAU) und den Umweltgutachterausschuß genannt. Hinzu kommt ein hoher Erfüllungsdruck für den am EG-Öko-Audit-System teilnehmenden Standort, der bei Nichterhalt

---

[25] Vgl. Ad-hoc-Bund-Länder-Arbeitskreis „Öko-Audit" et al., 1997, S. 6.
[26] Vgl. Art. 2 Abs.2, Art. 14 Abs. 1 und Art. 20a GG.
[27] Vgl. Ad-hoc-Bund-Länder-Arbeitskreis „Öko-Audit" et al., 1997, S. 7.
[28] Vgl. Goppel,1996; Feldmann, 1997, S. 10; Ernst, 1997, S. 3 f.

bzw. Verlust des Zertifikats negative Publizität in der Öffentlichkeit zu erwarten hat[29]. Auch wirken sich Vollzugsdefizite durch personelle Engpässe der zuständigen Behörden bei den vor allem auf Fremdkontrolle setzenden ordnungsrechtlichen Regelungen weitaus stärker aus als im Öko-Audit-System.

6.2.3.4 Verzahnung von Ordnungsrecht und Öko-Audit

Im Grundsatz ist der Zusammenhang von Umweltaudit-System und der Einhaltung aller ordnungsrechtlichen Regelungen bereits aus dem „compliance-Postulat" abzuleiten. So fordert das Öko-Audit, alle geltenden Rechtsvorschriften zu erfüllen („compliance-Audit")[30]. In der derzeit gültigen Vorschrift EG-Verordnung 1836/93 geht dies aus den in Anhang II festgehaltenen Anforderungen in Bezug auf die Umweltbetriebsprüfung hervor. Die zur Zeit diskutierte novellierte Fassung (EMAS 2) betont diesen Aspekt an verschiedener Stelle[31]. Dabei ist die Sicherstellung der Erfüllung aller einschlägigen rechtlichen Normen nicht nur Bestandteil der internen Betriebsprüfung, sondern spielt auch bei der folgenden Validierung durch den Umweltgutachter eine Rolle. So soll dieser prüfen, ob das Umweltmanagement des validierten Standortes bzw. der validierten Organisation „legal compliance" herbeiführen kann. Darüber hinaus darf er keinen positiven Validierungsbescheid vergeben, wenn er Brüche einschlägiger Umweltnormen feststellt[32].

Durch die Ausgestaltung der Öko-Audit-Verordnung ist die Zielkongruenz mit dem legal-compliance-Gebot also bereits gegeben. Im Sinne des Prinzips der „funktionalen Äquivalenz" ist ferner die gleiche Steuerungswirksamkeit zu fordern. Nimmt man diese an, scheint es möglich, in engem Rahmen Vollzugserleichterungen bzw. Substitutionsmöglichkeiten für ordnungsrechtliche Regelungen sowie deregulierende Öffnungsklauseln für am EG-Öko-Audit-System (erfolgreich) partizipierende, das heißt validierte und registrierte Unternehmen/Standorte einzuräumen. In diesem Zusammenhang hat das Bayerische

---

[29] Vgl. Ad-hoc-Bund-Länder-Arbeitskreis „Öko-Audit" et al., 1997, S. 9.

[30] Der Umweltaudit-Ansatz nach ISO 14000 ff enthält kein compliance-Prinzip, so daß für eine Zertifizierung nach ISO 14000 ff das im folgenden beschriebene nur eingeschränkt gültig ist.

[31] Vgl. Art. 19-Kommission (Hrsg.), 1998, Art. 3 b) („An organisation must also address legal compliance, ..."); Art. 6 d) („... a breach at the organisation of relevant regulatory requirements regarding environmental protection ...": Ein Bruch einschlägiger Umweltnormen führt zum Verlust bzw. zur Nichterteilung des Zertifikates); Anhang 1, A 2 c) („Environmental policy includes a commitment to comply with relevant environmental legislation and regulations ..."), Anhang 1, A 3.2 („Legal and other requirements"); Anhang I B 2 („Legal compliance") und Anhang II 2.2 („... the programme, which must include compliance with relevant environmental regulatory requirements").

[32] Vgl. Art. 19-Kommission, 1998, Anhang V 5.4.3, in der neusten Fassung wurde die Einschränkung „... However, if the role of the verifier is not to perform legal compliance audit on the organisation, ..." gestrichen.

Staatsministerium für Landesentwicklung und Umweltfragen einen Substitutionskatalog veröffentlicht[33].

In bezug auf das Genehmigungsverfahren wird beispielsweise diskutiert, zertifizierten Betrieben Erleichterungen einzuräumen, auf das Zulassungserfordernis ganz zu verzichten oder an ihrer Stelle Genehmigungsaudits durchzuführen[34]. Hierbei ist zu beachten, daß das erleichterte Zulassungsverfahren durch einen verminderten Bestandsschutz erkauft würde. Zudem sind Konflikte mit der erst letztes Jahr verabschiedeten EG-Richtlinie 96/61 (IVU-Richtlinie) zu prüfen, die für viele Anlagen den ordentlichen Genehmigungsprozeß vorsieht[35].

Denkbar ist auch die Reduzierung von Anzeige- und Mitteilungspflichten für zertifizierte Betriebe. So können die Angaben der Emissionserklärung, der Abfallbilanz und des Entsorgungsnachweises aus ohnehin im Rahmen des Öko-Audits erhobenen Daten abgeleitet werden. Voraussetzung hierfür wäre die Synchronisation der jeweiligen Inhalte und Erhebungszeitpunkte.

Weiterer Spielraum wird im Bereich der Routineüberwachung gesehen, wo bereits heute das Ermessen der betrauten Behörde entscheidend ist. Bei eingetragenen Standorten könnten Prüfungsintervalle verlängert und der Prüfungsumfang beschränkt werden[36].

6.3 Umweltökonomische Implikationen

Aus dem ökonomischen Blickwinkel dient das Umweltaudit-System natürlich auch und vor allem der Beeinflussung und Steuerung der einzelwirtschaftlichen, also betrieblichen Aktivitäten. Für den Gesetzgeber (ob auf nationaler oder EU-Ebene) ist das Umweltaudit damit ein ökonomisches umweltpolitisches Instrument. Nun sollen umweltpolitische Instrumente möglichst effizient eingesetzt werden. Als relativ neues Instrument konkurriert das Umweltaudit-System in dieser Hinsicht mit anderen Instrumenten, unter anderem – dies wird am Beispiel der Substitutionsdiskussion unmittelbar nachvollziehbar – mit der ordnungsrechtlichen Auflage.

Bei der Untersuchung von Effizienz-Kriterien und deren Anwendbarkeit auf umweltpolitische Instrumente zeigt sich, daß das mikroökonomische Pareto-Kriterium nur bei vollständiger Internalisierung der (externen) Umwelteffekte greift. Selbst diejenigen umweltpolitischen Instrumente, die theoretisch eine vollständige Internalisierung ermöglichen (hierzu gehören die Pigou-Steuer, die Internalisierung durch Haftungsrecht und Versicherung sowie Verhandlungslösungen) werden diesem Anspruch aufgrund von Anwendungsproblemen in der Praxis nur

---

[33] Vgl. Weigand, 1997, S. 6 f.
[34] Vgl. Feldmann, 1997, S. 9 ff.
[35] Vgl. Ernst, 1997, S. 3 f; Weigand, 1997, S. 7.
[36] Vgl. Ernst, 1997, S. 8.

in Spezialfällen gerecht[37]. Daher greift Endres bei den standardorientierten Instrumenten (deren Ziel nicht die vollständige Internalisierung von Umweltwirkungen ist, sondern die Einhaltung eines exogen vorgegebenen Umweltstandards) auf ein anderes Effizienzkriterium zurück: „Unter der Effizienz eines umweltpolitischen Instruments ist im folgenden seine Eignung zu verstehen, die Verursacher von Emissionen[38] zur Einhaltung eines beliebigen vorgegebenen Emissionszielwertes mit geringstmöglichen Kosten zu veranlassen."[39] Daneben diskutiert er die langfristige dynamische Anreizwirkung (Initiierung von technischem Fortschritt) der jeweiligen umweltpolitischen Maßnahme.

Als Ergebnis der Analyse verschiedener standardorientierter Instrumente (Auflage, Abgabenlösung, Zertifikate) ergibt sich, daß sich im Beispiel der Einhaltung eines vorgegebenen Emissionsgrenzwertes die Emissionssteuer als Abgabe und die Zertifikatslösung, nicht aber die pauschale Auflage als einzel- und gesamtwirtschaftlich effizient im Sinne des vorgestellten Kriteriums erweisen.

Ähnliches zeigt sich in Bezug auf die dynamische Anreizwirkung. Während die ordnungsrechtliche Auflage auf den Verursacher einer Umweltbelastung (wenn er die Auflage bereits erfüllt) keinen Anreiz ausübt, seine Schadstoffemissionen durch Investition in fortschrittliche Produktionsverfahren oder durch Forschung nach umweltschonenderen Verfahren zu vermindern, ist dies bei der zur Emissionsmenge proportionalen Abgabe (und auch bei der Zertifikatslösung) unmittelbar der Fall. Entsprechend könnte man vermuten, daß sich die Erweiterung des umweltpolitischen Instrumentariums um anreizorientierte marktnahe Instrumente, zu denen auch das Umweltaudit-System gehört, effizienzsteigernd auswirkt.

Hinzu kommt ein weiterer Aspekt: Geht man im Sinne der Souveränität der Marktteilnehmer davon aus, daß alle Akteure rational handeln und ihre einzelwirtschaftliche Situation optimieren und ferner (im allgemeinen) gerade hierdurch eine gesamtwirtschaftlich optimale Allokation realisiert wird, kann die Bereitstellung von Wahlmöglichkeiten die gesamtwirtschaftliche Effizienz erhöhen. Anders ausgedrückt ist davon auszugehen, daß ein Verursacher von Umweltbelastungen, wenn er vor die Wahl gestellt wird, den betrieblichen Umweltschutz mit oder ohne Hilfe des Umweltmanagementsystems nach EG-Verordnung zu gestalten, diejenige Variante wählt, die das geforderte Umweltschutzniveau mit geringerem Ressourceneinsatz realisiert. In diesem Fall wäre diese einzelwirtschaftlich rationale Entscheidung auch gesamtwirtschaftlich optimal[40]. Karl diskutiert diesen Aspekt auch am Beispiel der Normierung von Umweltmanagementsystemen. Zunehmende Normierung schränkt die Wahlmöglichkeiten bei der Ausgestaltung des Umweltmangementsystems ein. Normen können daher Ineffizienzen verursachen.

---

[37] Vgl. beispielsweise Endres, 1995/96.
[38] In der vorliegenden Quelle wird die Problematik exemplarisch am Problem der Emissionen diskutiert. Eine Übertragung auf andere Umweltwirkungen ist aber möglich.
[39] Vgl. Endres, 1995/96, S. 23.
[40] Vgl. Karl, 1995, S. 44 f.

6.4 Fazit

Zusammenfassend läßt sich festhalten, daß Maßnahmen zur Substitution und – in geringerer Intensität – auch Deregulierung von ordnungsrechtlichen Bestimmungen im Zusammenhang mit dem Öko-Audit nach EG-Verordnung 1836/93 derzeit zumindest in Deutschland rege diskutiert werden. Nach herrschender Meinung besteht durchaus Potential, freiwillig am Umweltaudit-System teilnehmenden Organisationen bzw. Standorten ordnungsrechtliche Erleichterungen in Aussicht stellen zu können. Enge Grenzen für eine Substitution bzw. Deregulierung setzen neben den Schranken des Verfassungs- und supranationalen Rechts die unabdingbaren Forderungen nach (a) der Erhaltung materieller Umweltstandards, (b) funktionaler Äquivalenz und (c) Gleichwertigkeit in der Vollzugspraxis.

Im Rahmen dieser Grenzen angewandt, gibt es Anzeichen dafür, daß Substitutions- und Deregulierungsmaßnahmen die ökonomische Effizienz des umweltpolitischen Instrumentariums steigern können.

Hinzu kommt, daß Substitutions- und Deregulierungsmaßnahmen ein zusätzlicher Anreiz für Organisationen bzw. Standorte sind, am Umweltaudit-System teilzunehmen. Geht man von der ökologischen Wirksamkeit des freiwilligen umweltpolitischen Instrumentes Umweltaudit aus, muß ein zusätzlicher Anreiz zur Teilnahme auch ökologisch positiv bewertet werden.

Literatur

Ad-hoc-Bund-Länder-Arbeitskreis „Öko-Audit" unter dem Vorsitz Thüringens, in Zusammenarbeit mit den Länderarbeitsgemeinschaften LAWA, LAI, LAGA (1997): Einheitlicher Endbericht an die Umweltministerkonferenz zu Deregulierungs- und Substitutionspotentialen im Hinblick auf das EG-Öko-Audit-System – Vorlage zur 20. Amtschefkonferenz am 15.-16.10.1997. Hrsg. v. Thüringer Ministerium für Landwirtschaft, Naturschutz und Umwelt, Erfurt.

Arbeitskreis UMS (1996/1): Substitutionsvorschläge, Stand 08.08.1996. Hrsg. v. Bayerisches Staatsministerium für Landesentwicklung und Umweltfragen, München.

Arbeitskreis UMS (1996/2): Zusammenfassung der Ergebnisse des Pilotprojekts „Substitution" gemäß Umweltpakt Bayern, Anhang C.3, Stand 08.08.1996. Hrsg. v. Bayerisches Staatsministerium für Landesentwicklung und Umweltfragen, München.

Art. 19-Kommission (1998): EMAS 2 – Draft of 27 January 1998. Hrsg. v. der Art. 19-Kommission, Brüssel.

BMU (1997): Unabhängige Sachverständigenkommission übergibt Entwurf eines einheitlichen Umweltgesetzbuches. Presseerklärung Nr. 47/97 des Bundesministerium für Umwelt, Naturschutz und Reaktorsicherheit, Bonn.

Böhm-Amtmann (1996): EG-Öko-Audit. Chancen und Risiken in der Praxis. Dialog zwischen Verwaltung und Wirtschaft. Hrsg. v. der Bayerischen Akademie für Verwaltungsmanagement GmbH, München.

Endres (1995/96): Internalisierung externer Effekte – Instrumente der Umweltpolitik. Skriptum des Instituts für Umweltökonomie, Fachbereich Wirtschaftswissenschaft, Fernuniversität Hagen.

Ernst (1997): Chancen und Probleme der Deregulierung aus rechtlicher Sicht – Einfluß des EG-Rechts auf die Deregulierungsmöglichkeiten. Vortrag im Rahmen des Seminars „Deregulierung des Umweltrechts – Ansätze, aktuelle Initiativen und Verpflichtungen" der UTECH Berlin am 17.02.1997.

Feldmann (1997): Beschleunigung und Vereinfachung von Planungs- und Genehmigungsverfahren – Neue umweltrechtliche Instrumente für die Prüfung von Investitionsvorhaben. Vortrag im Rahmen des Seminars „Deregulierung des Umweltrechts – Ansätze, aktuelle Initiativen und Verpflichtungen" der UTECH Berlin am 17.02.1997.

Goppel (1996): Brief des Bayerischen Staatsministers für Landesentwicklung und Umweltfragen an Ritt Bjerregaard, Kommissarin der Europäischen Kommission vom 14. Juni 1996. Hrsg. v. Bayerisches Staatsministerium für Landesentwicklung und Umweltfragen, München.

Goppel und Simson (1996): Umweltpakt Bayern: EG-Öko-Audit-Verordnung und Substitution von Ordnungsrecht; Abschluß des Pilotprojekts mit dem Landesverband Bayern des Verbandes der Chemischen Industrie (VCI). Hrsg. v. Bayerisches Staatsministerium für Landesentwicklung und Umweltfragen, München.

Jauck (1995): Deregulierung der Rechtsvorschriften im Umweltschutz – Antwort der Bundesregierung auf zwei parlamentarische Anfragen. In: Umwelt (BMU), 12/1995.

Karl (1995): Öko-Audits aus volkswirtschaftlicher Sicht – Ökonomische Probleme der Regulierung betrieblicher Umweltpolitik. In: Klemmer und Meuser (Hrsg.): EG-Umweltaudit – Der Weg zum ökologischen Zertifikat, Gabler, Wiesbaden.

Kleesiek (1997): Deregulierung des Umweltrechts – Ansätze, aktuelle Initiativen und Verpflichtungen. Eröffnungsvortrag des Seminars „Deregulierung des Umweltrechts – Ansätze, aktuelle Initiativen und Verpflichtungen" der UTECH Berlin am 17.02.1997.

Kloepfer (1996):Umweltschutz zwischen Ordnungsrecht und Anreizpolitik: Konzeption, Ausgestaltung, Vollzug. In: Zeitschrift für angewandte Umweltforschung (ZAU), Heft 1/2, 1996.

Lazik (1996): Bundesinitiativen für Öffnungsklauseln zugunsten Öko-Audit – Gemeinsame Kabinettssitzung der Landesregierung Baden-Württemberg und der bayerischen Staatsregierung am 10.12.1996 in München. Hrsg. v. Bayerischen Staatsministerium für Landesentwicklung und Umweltfragen, München.

Lübbe-Wolf (1996): Modernisierung des Umweltordnungsrechts – Vollziehbarkeit, Deregulierung, Effizienz. Economica Verlag, Bonn.

Sachverständigenrat „Schlanker Staat" (1996/1): Stärkung privater Eigenverantwortung: Öko-Audit und Möglichkeiten der Übertragbarkeit außerhalb des Umweltbereichs – Beschluß des Sachverständigenrat „Schlanker Staat". Hrsg. v. der Geschäftsstelle Sachverständigenrat „Schlanker Staat" beim Bundesministerium des Innern, Bonn.

Sachverständigenrat „Schlanker Staat" (1996/2): Qualitätsverbesserung durch Rechtsvereinfachung: Umweltgesetzbuch, Projekt einer einheitlichen Vorhabengenehmigung – Beschluß des Sachverständigenrat „Schlanker Staat". Hrsg. v. der Geschäftsstelle Sachverständigenrat „Schlanker Staat" beim Bundesministerium des Innern, Bonn.

Weigand (1997): EG-Öko-Audit-Verordnung und Deregulierung – Positionspapier des Bayerischen Staatsministeriums für Landesentwicklung und Umweltfragen. Hrsg. v. Bayerischen Staatsministerium für Landesentwicklung und Umweltfragen, München.

7 Vergleich von EDV-Systemen zur Unterstützung des betrieblichen Umweltmanagements

Gabriele Poltermann

Laut einer Studie des Wissenschaftlichen Instituts für Marktentwicklung und Management setzen 52% der Firmen, die nach der Öko-Audit-Verordnung validiert sind, Umweltsoftware zur Dokumentation ihres Umweltmanagementsystems und zum operativen Umweltschutz ein. 80% der befragten Unternehmen sehen einen Nutzen von Umweltsoftware für das betriebliche Umweltmanagement und 36% der befragten Unternehmen beabsichtigen die Implementierung von Umweltsoftware. Die Umweltsoftware soll die Umweltauswirkungen erfassen und dokumentieren können, das Umweltmanagement organisatorisch unterstützen sowie eine Umweltkostenrechnung vornehmen (vgl. Marx, 1997). Inwieweit Anbieter die genannten Anforderungen der Unternehmen bereits unterstützen, wurde im Rahmen einer Marktstudie analysiert.

Die Analyse im Vorfeld des Entscheidens für eine Software weist zwei Schwerpunkte auf. Erstens ist festzustellen, welche Eigenschaften das EDV-System haben muß, damit es den firmenspezifischen Anforderungen entspricht und zweitens ist festzustellen, welcher Anbieter diesem Idealziel am nächsten kommt, ohne daß der wirtschaftliche Rahmen überschritten wird.

7.1 Ermittlung der Anforderungen von Unternehmen an ein EDV-Programm für Öko-Audits

Der Ermittlung der Anforderungen an ein EDV-Programm sollte eine Analyse der Ablauforganisation vorausgehen. Dabei müssen sowohl die Anforderungen des Managements als auch die Bedürfnisse der Mitarbeiter in den einzelnen Aufgabenbereichen der EDV ermittelt werden. Dies kann vorteilhaft in bereichsübergreifenden Teams erfolgen. In mehreren Projektsitzungen sollten bestehende EDV-Programme auf ihre Stärken und Schwächen untersucht werden und mit den in Frage kommenden Mitarbeitern geklärt werden, welche EDV-Unterstützung optimal wäre.

Die Anforderungen sind im allgemeinen in zwei Kategorien einteilbar:

1. Allgemeine und EDV-technische Anforderungen
2. Aufgabenspezifische Anforderungen.

Tabelle 1. Auszug aus einem umfassenden Kriterienkatalog zu Anforderungen an ein EDV-System zu Öko-Audits

relevant	Anforderungen	KO	Muß	Soll	Kann
	Allgemeine Anforderungen				
	Anbieterdaten				
	Anzahl installierter Systeme				
	Referenzfirmen				
	Preisbereich				
	EDV-technische Anforderungen				
	benötigte Hardware				
	Rechnersystem (z. B. PC)				
	Betriebssystem (z. B. DOS, Windows)				
	Datensicherheit				
	Datenschutz (Zugriffsart: Paßwort, ...)				
	Bedienerfreundlichkeit (kontextsensitives Hilfesystem, ...)				
	Aufgabenspezifische Anforderungen				
	Datenerfassung				
	Erfassungsbereiche (Organisation, Produktionsstruktur, Gesetze, Normen und Verordnungen, Stoffe und Energie, Kosten)				
	Zeitpunkt (Ist-Zustand, Soll-Zustand, Verbesserung)				
	Art der Datenerfassung (manuell, Übernahme von PPS-Daten, ..)				
	Dokumentation				
	Datendarstellungsart (Text, Tabellen, Graphiken)				
	Datenausgabe (Ausdruck, Ausgabeformate, Schnittstelle zu anderen Systemen)				
	Dokumente (Ist-Zustand, Maßnahmen, ...)				
	Externe Systeme				
	Art der Systeme (Stoffdatenbanken, Gesetze, Technologien, ...)				
	Bewertung				
	Bewertungsbereiche (Ist-Daten, Maßnahmen,...)				
	Bewertungsart (Quantitative und Qualitative Methoden)				
	Planung und Überwachung				
	Planungsbereiche (Audit, Maßnahmen, Umsetzung, Korrekturmaßnahmen)				
	Überwachung (inhaltlich und zeitlich)				

Zu den allgemeinen und EDV-technischen Anforderungen gehören:
- Zugangskontrolle (Paßwort für Benutzer),
- Benutzerfreundlichkeit (graphische Benutzeroberfläche, selbsterklärendes System, gleiche Benutzeroberfläche für alle Systembereiche),
- Leistungsfähigkeit (Datenbanksystem, Mehrplatzsystem),

- Robustheit (Streng modular aufgebautes System, weit verbreitete Programmier- oder Datenbanksprache, Plausibilitätskontrolle aller Eingaben),
- Wartbarkeit (Verwendung von Case-Tools, Übersichtliche Dokumentation, nur Verwendung von Standarddatenbanken und Betriebssystemen),
- Erweiterbarkeit (modulares System, vorgesehene Erweiterungsmöglichkeiten zum Erstellen, Mehrplatzsystem, Schnittstellen z. B. zu kommerziellen Daten) (vgl. Sallermann, 1995).

Zu berücksichtigen ist insbesondere auch die Ausbaufähigkeit und Aufwärtskompatibilität zu Nachfolgesystemen und schon parallel eingesetzte EDV-Produkte. Aufgabenspezifische Anforderungen ergeben sich aus der EG-Öko-Audit-Verordnung in folgenden Bereichen:

- Datenerfassung von Ist-Zustand, Soll-Zustand und Verbesserungsmöglichkeiten,
- Dokumentation,
- Externe Systeme (z. B. Datenbanken zu Umweltrecht, Technik,...),
- Bewertungssystem,
- Planungs- und Überwachungssystem.

Das Vorgehen kann durch einen Anforderungskatalog erleichtert werden, wodurch sichergestellt wird, daß alle wesentlichen Parameter berücksichtigt werden.

Tabelle 1 zeigt Ausschnitte aus einem solchen Anforderungskatalog, der geeignet ist als eine schnelle erste Beurteilung in Frage kommender Programme zu leisten. In einem ersten Schritt wird in der Spalte „relevant" angekreuzt, welche Kriterien für die Bewertung berücksichtigt werden sollen oder nicht. Die nachfolgenden Spalten geben Auskunft darüber wie wichtig das jeweilige Kriterium ist. Dazu wird in die Kriterien 'KO', 'Muß', 'Soll' und 'Kann' unterschieden. Mit 'KO' wird eine Anforderung bewertet, die das EDV-System unbedingt haben muß. Mit 'Muß', wenn die Anforderung wichtig ist, mit 'Soll', wenn sie nicht so wichtig ist und mit 'Kann', wenn sie nicht notwendig ist, aber gerne gesehen wäre.

7.2 Auswahl der EDV-Systems

Je nach Größe der Investition betreibt man mehr oder weniger Aufwand zur Auswahl des EDV-Systems. So kann man die nachfolgenden Schritte mit größerem oder kleinerem Aufwand beschreiten.

In einem ersten Schritt versucht man einen Marktüberblick für das benötigte EDV-System zu bekommen. Man fordert telefonisch oder schriftlich von den EDV-Systemanbietern Informationsmaterial an, welches den geforderten Bereich umfassen und genaue Angaben über Funktionsbereiche und einzelne Funktionen machen sollte. Gegebenenfalls kann man dem Anbieter ein unbewertetes Anforderungsprofil schicken, das dieser ausgefüllt zurückschickt.

Eine erste Auswertung erfolgt durch einen Vergleich der Herstellerangaben mit dem Anforderungsprofil. Offensichtlich ungeeignet sind zum Beispiel Systeme, die mehrere KO-Kriterien nicht erfüllen. Mit den am besten erscheinenden Systemen befaßt man sich näher. Je nach Anbieterzahl und Projektgröße können das zehn bis zwölf Systeme sein.

Die vorausgewählten Systeme untersucht man genauer bei einer Präsentation beim Anbieter, um unter anderem einen subjektiven Eindruck vom Anbieter zu bekommen. Man geht anhand des Anforderungsprofils die einzelnen Punkte in Gesprächen und mit Demonstrationen der Funktionen durch, um das System auf seine Tauglichkeit zu prüfen. Wichtige Fragen sind dabei auch der zu erwartende Anpassungsaufwand.

Das wichtigste Beurteilungskriterium ist die Funktionserfüllung eines Systems. Daraus resultiert der Anpassungsaufwand, der bei geringer Funktionserfüllung monetär sehr groß und technisch fragwürdig sein kann. Ob diese Probleme gelöst werden können, hängt auch von der Branchen- und EDV-Kompetenz des Systemanbieters ab, die nur subjektiv einschätzbar ist. Wichtig ist für den Anwender die Gewährleistung von Anwenderunterstützung. Ob ein System schon einmal erprobt ist, zeigen die Referenzen. Letztes wichtiges Kriterium ist der Preis. Die Bewertung der Systeme kann unterteilt werden in:

- „Empfehlenswert" bei Eignung,
- „Bedingt Empfehlenswert" und „Nicht Empfehlenswert", wenn zum Beispiel kein Vorteil zu einem bestehenden System vorhanden ist,
- „Nicht Geeignet", wenn ein System ein KO-Kriterium nicht erfüllt,
- Die Bewertung der Einzelbewertungskriterien kann man unterteilen in „+","0","-". Die Bedeutung dieser Zeichen muß aber für die einzelnen Kriterien genauer definiert werden.

Möglich ist die Darstellung der Ergebnisse in einer Matrix. Vertikal werden die Beurteilungskriterien mit eventuellen Unterpunkten aufgetragen und horizontal die unterschiedlichen Systeme mit Anbieterdaten (Umsatz, Mitarbeiterzahl, .. kann auf die Seriosität einer Firma schließen lassen: Ist die Anzahl der eingerichteten Systeme bei einem bestimmten Umsatz möglich?).

Man wählt, soweit dies möglich ist, zwei bis drei Anbieter aus, die als geeignet erscheinen und führt beim Anwender konkrete firmenspezifische Testbeispiele durch. Das System, das am besten abschneidet und dessen Preis akzeptabel erscheint, wird ausgewählt.

7.3 Allgemeine Marktanalyse verfügbarer EDV-Programme

Es wurden 34 auf dem Markt verfügbare EDV-Systeme zur Unterstützung des Umweltmanagement nach den oben vorgestellten Kriterien betrachtet. Dabei wurde untersucht, welche Kriterien durch das EDV-System erfüllt sind und wie dies gegebenenfalls erfolgt.

Erstes Ergebnis der Untersuchung ist, daß auf dem Markt eine Vielzahl unterschiedlicher Programmtypen angeboten werden, die die Aufgaben des Umweltmanagement unterstützen sollen. Die Systeme sind nach folgenden Kategorien klassifizierbar:

1. Fragenkataloge und Checklisten;
2. Systeme zur Dokumentenverwaltung;
3. Systeme zur Öko-Bilanzierung;
4. Systeme für umweltrelevanter Teilbereiche;
5. Datenbanken über nichtfirmenspezifische umweltrelevante Daten;
6. Betriebliche Umweltinformationssysteme (BUIS).

Fragenkataloge und Checklisten auf EDV unterstützen die Durchführung des Öko-Audits, je nach System werden die umweltrelevanten Daten, Gesetze und die Umweltmanagement-Organisation abgefragt. Eine detaillierte Bewertung der erhobenen Daten erfolgt in der Regel nicht. **Systeme zur Dokumentenverwaltung** sind zur Dokumentation des Öko-Audits. Dies kann ein Umwelthandbuch auf EDV-Basis sein, in dem die einzelnen Dokumente zum Umweltschutz verwaltet werden. Mit **Systemen zur Öko-Bilanzierung** können je nach Untersuchungstiefe Produkte, Prozesse oder Betriebe vom Abbau der Rohstoffe, über den Energieeinsatz bis hin zur Entsorgung der Abfallstoffe bilanziert werden. **Systeme für umweltrelevante Teilbereiche** decken nur einen Teil der umweltrelevanten Unternehmensaktivitäten ab. Sie unterstützen die betriebliche Abfallwirtschaft, das Meßwesen oder das Gefahrstoff-Handling. **Datenbanken** enthalten umweltrelevanten Daten wie Umweltrecht oder Stoff- oder Technologiedaten. **Betriebliche Umweltinformationssysteme** speichern alle umweltrelevante Daten eines Betriebes. Eine solche Datenbank enthält die Daten mehrerer Jahre und ermöglicht so Entwicklungen im Umweltbereich festzustellen.

Das Ergebnis der Programmanalysen sieht wie folgt aus:

– Ein knappes Drittel der Systeme hat eine komplette Ist-Zustand-Erfassung. Die Hälfte aller Systeme beschränkt sich auf einzelne Bereiche z. B. nur Umweltbelastungen oder nur Organisation.
– Knapp die Hälfte aller Systeme erfaßt nicht den Soll-Zustand im Unternehmen. Weitere 15% beschränken sich auf die Angabe von Grenzwerten.
– Ein Viertel aller Systeme bietet nahezu keine Möglichkeit die erfaßten Daten zu dokumentieren.
– Externe Systeme wie Informationsdatenbanken sind nur wenigen Systemen angegliedert.
– Zirka ein Drittel der Systeme berücksichtigt kein Verbesserungsmanagement, ein weiteres Drittel nur ein Management für einzelne Bereiche. Immerhin ein Viertel aller Programme bietet eine vollständige Dokumentation des Verbesserungsmanagements.
– Über die Hälfte der untersuchten Systeme ermöglicht keine Bewertung der erfaßten Daten.
– Knapp zwei Drittel der Systeme haben kein Planungs- und Überwachungssystem.

In Tabelle 2 sind die untersuchten Systeme aufgeführt und den Kategorien 1-6 zugeordnet.

Tabelle 2. EDV-Systeme in Kategorien

Kategorien	1	2	3	4	5	6
Öko-Auditor / Umweltinstitut Offenbach	+					
Audit-System / BSU	+					
QAM / GFQ Software	+					
Questor-Audit/EM2.0 / Exper Team	+					
Umwelt-Manager / M + K Data Service		+				
easydoQ 2.0 / F + K Softwarehaus	+	+				
Pilot 2.0 / AGU	+	+				
FABIUS 1.0 / AkkU	+	+				
Leitfaden EU-Öko-Audit / Rautenberg	+	+				
UM-Handbuch / Dr. Meckel	+	+				
BUMIS / admintec	+	+				
Umberto 2.0 / ifu			+			
PlaNet / IER			+			
UMCOM / GEWATEC			+			
GaBi 2.0 / IKP			+			
REGIS / SINUM			+			
ECONTROL / ökosience			+			
Cumpan / Debis			+			
concept UM / ETB				+		
WAU-PC / G.U.B.				+		
Edition Umweltrecht / schlütersche Verlag					+	
Audit / Siemens Nixdorf			+			+
UBIS / Fichtner				+		+
CUBUS / TechniData						+
RECYCLEAn / AkkU			+			+
PIUSSoecos / DIS			+			+
Simpro AWK / ProTec	+		+			+
UMS-B / CADIS						+
IGS care / Siemens Nixdorf						+
debis-UIS / Debis						+
QUISPSY-CAQ / CDE						+
LMS/U1 / LMS						+
ECOSOFT / ECO						+
Vision-Umwelt / SEMA GROUP		+				

Die Preise der untersuchten Systeme bewegen sich je nach Leistungsumfang zwischen 450 und 100000 DM. Zirka 50 % der untersuchten Systeme liegen preislich unter 10000 DM (Abbildung 1).

7 Vergleich von EDV-Systemen für das betriebliche Umweltmanagement

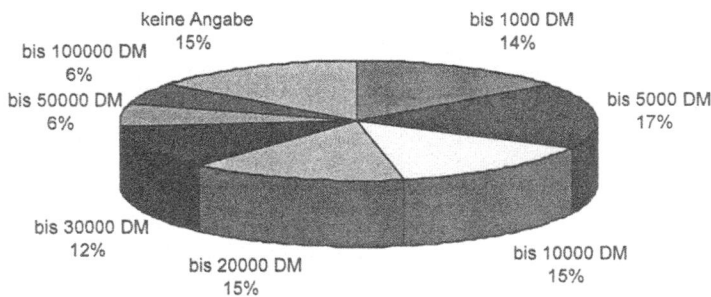

Abb. 1. Preise der unterschiedlichen EDV-Systeme

Die oben gemachten Angaben sind als statistische Globalaussagen zu verstehen. Für eine Entscheidung im konkreten Einzelfall können sie nicht ohne weiteres herangezogen werden. In diesem Fall bedarf es einer Analyse, wie sie im vorderen Teil beschrieben wurde. Als Einstieg ist dann ein schneller Marktüberblick hilfreich.

Literatur

Marx, J.-F. und Rohdemann, D. (1997): Umweltmanagement auf Knopfdruck. Umweltmagazin Nr. 3, S. 21.

Sallermann, Th., Krinn, H., Mai, G., Meinholz, H., Pawlak, A. und Seifert, E. (1995): Ein Umweltinformationssystem für das betriebliche Umweltmanagementsystem. 3. Statuskolloquium, Projekt „Angewandte Ökologie".

8 Prozeßorientierte Anwendungssysteme für das Umweltmanagement

Andreas Chudalla und Harald Hagel

Während sich die Forschungsaktivitäten der Betriebswirtschaft zunehmend auf die Prozeßorientierung ausrichten, beschäftigen sich die Unternehmen mit der Einführung problemfeldbezogener Managementsysteme zur Überwindung der gewachsenen funktionsorientierten Strukturen. Dies ist bei der Einführung des Umweltmanagements genauso zu beobachten wie bei Qualitätsmanagementsystemen. Jedes dieser Managementsysteme bildet zur Lösung der jeweils speziellen Fragestellungen eine singuläre Ablauforganisation im Unternehmen. Damit verbunden entstehen neben nicht unerheblichen Redundanzen auch immer schwieriger durchschaubare Managementstrukturen.

Die prozeßorientierten Vorgehensweisen folgen einem ganzheitlichen und auf die Unternehmensziele ausgerichteten Ansatz. Ausgehend von den Kernprozessen der Unternehmensaktivitäten sowie den damit verbundenen sekundären Prozeßketten werden alle für die Erreichung der Unternehmensziele relevanten Elemente aufgenommen und in einem unternehmensumfassenden Kontext dargestellt. Betrachtet man nun die Zielsetzung der EG-Öko-Audit Verordnung vor diesem Hintergrund, so wird deutlich, daß mit einem prozeßintegrierten Umweltmanagement ein weitaus höheres Wirkpotential zu erreichen ist.

8.1 Betrieblicher Umweltschutz und Umweltmanagement

Der betriebliche Umweltschutz wird in den Unternehmen überwiegend mit der Erfüllung gesetzlicher Auflagen und Dokumentationspflichten verbunden. Die dafür eingerichtete Stelle ist demgemäß eine Stabsstelle, die häufig von Personal in Nebenfunktion bekleidet wird. Damit ist bereits ein Teil der Problematik erkennbar: betriebliche Aktivität und Umweltschutz(-management) laufen, von wenigen Ausnahmen abgesehen, parallel nebeneinander. Ein ähnliches Bild ist vielfach auch für das Qualitätsmanagement zu beobachten. Die Vorgehensweisen zur Erreichung von Umweltschutz- und Qualitätszielen sind dabei überwiegend dokumentations- und anweisungsorientiert, wie es zugrundeliegende Richtlinien

z. B. die EMAS-VO[1] sowie Normen DIN EN ISO 9000ff[2] und DIN EN ISO 14000ff[3] nahelegen.

Ausgehend von der Überlegung, daß "Management" im betriebswirtschaftlichen Sinne ein zielgerichtetes Handeln im Hinblick auf die Erreichung der Unternehmensziele und einer kontinuierlichen Verbesserung der Unternehmensleistung darstellt, ist festzustellen, daß das Umweltmanagement dabei keineswegs mit betrachtet wird. Die Einhaltung der gesetzlichen Rahmenbedingungen und Vorschriften erfordert einen hohen Aufwand. Dieser ist nicht als unproduktive Belastung hinzunehmen, sondern vielmehr gilt es, ihn für den laufenden Betrieb zu nutzen. Hierzu sind Überlegungen anzustellen, wie durch Integration oder Nutzung von Synergieeffekten dieser extrinsische Aufwand reduziert oder zusätzlicher Nutzen erzeugt werden kann.

Ein im Bereich der Betriebswirtschaft erprobter und erfolgversprechender Weg ist die prozeßorientierte Betrachtung des Unternehmens. Diese Methode verwendet eine Vorgehensweise, die sich einzig an den wertschöpfenden und nicht wertschöpfenden Tätigkeiten eines Unternehmens orientiert. Sie ist grundsätzlich unabhängig von Aufbau- und Ablauforganisation. Die Organisationsstrukturen werden jedoch ebenso erfaßt wie der Ressourceneinsatz und die Interdependenzen zwischen den Prozessen. Die mit einer IST-Aufnahme der betrieblichen Abläufe erreichbare Transparenz im Zusammenspiel der Geschäftsprozesse bildet die Grundlage für die Integration von produktiven und dafür erforderlichen administrativen und "Öko-/Umweltschutz-" Geschäftsprozessen sowie der Konstruktion optimierter SOLL-Prozesse. In diesem Zusammenhang ist auch die Frage nach wertschöpfenden und nicht wertschöpfenden Anteilen des Umweltmanagements durch eine Klassifizierung der Arbeitsschutz-, Umweltschutz- und Gefahrgut-Teilprozesse zu beantworten.

8.2 Aktivitäten des Unternehmens und deren Umweltrelevanz

Die Umweltrelevanz eines Unternehmens bezieht sich im allgemeinen auf die Betrachtung der Produktionsanlagen, der verwendeten Einsatzstoffe, auf Stoff- und Energiebilanzen sowie auf die erzeugten Produkte. Das medienbezogene Umweltrecht sieht hierzu Dokumentationspflichten vor, um den bestimmungsgemäßen Betrieb nachzuweisen oder die Umweltrelevanz darzustellen.

---

[1] VO (EWG) Nr. 1836/93 des Rates vom 29. Juni 1993 über die freiwillige Beteiligung gewerblicher Unternehmen an einem Gemeinschaftssystem für das Umweltmanagement und die Umweltbetriebsprüfung; kurz EMAS-VO (Eco Management and Audit Scheme) genannt (Abl. Nr. L 168 vom 10.07.1993, S.1ff).

[2] Normenreihe zum Qualitätsmanagement und zur Darlegung des Qualitätsmanagementsystems.

[3] Normenreihe zu Umweltmanagementsystemen und Umweltaudits.

Neben der Umweltschutzdokumentation bietet aber auch die Aufnahme der betrieblichen Abläufe eine wesentliche Grundlage zur Ermittlung der Umweltrelevanz des Unternehmens. Die Analyse detailliert abgebildeter Prozesse erlaubt die Identifikation von Schwachstellen, z. B. in Form bisher unter Umständen verborgen gebliebener umweltrelevanter Aktivitäten in den betrieblichen Abläufen. Darüber hinaus kann für jede Aktivität im Betrieb der Informationsbedarf und die generierten Informationen abgebildet werden. Die Analyse der Ablauforganisation sowie der vorhandenen Daten liefert wertvolle Ansatzpunkte für die Optimierung der Prozesse und der Organisation durch innovative Organisationsformen, Vermeidung von Redundanzen und die Nutzung von Synergieeffekten. Damit kann bereits mit dem ersten Schritt der Aufnahme berieblicher Abläufe die Vermeidung von Tatbeständen des Organisationsverschuldens im Kontext des Umwelt- und Arbeitsschutzrechts unterstützt werden.

Das im Rahmen der Prozeßaufnahme zu ermittelnde unternehmensweite Datenmodell ist neben der Identifikation umweltschutzrelevanter Aktivitäten eine wesentliche Voraussetzung zur Integration des betrieblichen Umweltschutzes in die Unternehmensprozesse. Aber auch zwischen den Aufgaben Umweltschutz und Arbeitsschutz sind Synergien durch Datenaustausch möglich. Die Aufgabengebiete Umweltschutz und Arbeitssicherheit sind in der täglichen Praxis eng verwandt. Beide betrachten schädliche Auswirkungen von Stoffen, Produktionsprozessen und Arbeitsvorgängen, den Betrieb von Anlagen oder sonstigen Aktivitäten. Die Projektion der Auswirkungen auf die Umwelt sind Gegenstand des Umweltschutzes. Die Arbeitssicherheit fokussiert auf den Menschen als Teil der Umwelt. Allen "Funktionen" ist die Schaffung eines hohen Sicherheitsstandards für Mensch und/oder Umwelt gemeinsam.

Die überwiegend in konkreten, problembezogenen Vorgaben formulierten Arbeitsschutzziele sind transparenter als die meist global formulierten Umweltschutzziele, die unternehmensspezifisch zu konkretisieren sind. Hierzu ist jedoch eine Ermittlung der Umweltrelevanz und damit verbundener Kenngrößen unerläßlich. Die Identifikation mit dem Schutzobjekt "Umwelt" ist weniger einfach möglich, nicht zuletzt aufgrund der schwierigeren Quantifizierbarkeit von Schadensauswirkungen im betriebswirtschaftlichen Kontext. Demgegenüber fällt die Identifikation mit dem Menschen als Schutzobjekt deutlich leichter. Einerseits ist häufig die direkte Betroffenheit gegeben, andererseits lassen sich Schadensauswirkungen in Form von unfallbedingten Fehlzeiten, Rentenansprüchen oder Beiträgen zur Berufsgenossenschaft unmittelbar quantifizieren.

Gerade im Hinblick auf die Erstellung einer betriebswirtschaftlichen Öko-Bilanz ist somit die Integration des Umweltschutzes in den betrieblichen Ablauf – und damit in einer gegenüber den Kernprozessen des Unternehmens gleichberechtigten Position – sicherzustellen.

8.3 Unterstützung der Unternehmensprozesse auf Basis der betrieblichen Umweltschutzdokumentation

Die derzeit auf dem Markt verfügbare Umweltschutz-Fachsoftware[4] folgt weitgehend dem traditionellen Medienbezug sowie der Stabsorganisation des betrieblichen Umweltschutzes im Sinne bereichsbezogener Lösungen. Die realisierten Lösungen bergen, bezüglich der Integration in eine ganzheitliche, unternehmensumfassende Informationstechnik, folgende Schwachstellen:

- eigene Datenbasis im Fachsystem
- problematische Integration externer Datenbanken, in der Regel nicht dynamisch sondern nur über Datenimport möglich
- starres Oberflächenkonzept, damit wenig Flexibilität zur Anpassung an unternehmensspezifische Abläufe oder Work-Flow Unterstützung

Die derzeit verwendeten Lösungskonstruktionen müssen zwangsweise zu suboptimalen Insellösungen führen, da eine Kopplung mit erheblichem informationstechnischem Aufwand verbunden ist. Der Betrieb als Insellösungen führt zu einer redundanten Datenhaltung und -pflege, die nicht unerhebliche Ressourcen bindet und hinsichtlich der Datenbonität als problematisch einzuschätzen ist.

Der Aufbau von Umweltmanagementsystemen orientiert sich primär an Controlling- und Complianceaufgaben aus Top-Down-Perspektive. Diese Perspektive ist wenig geeignet, Ansätze für die Unterstützung des betrieblichen Alltags und seiner Geschäftsprozesse auf der operativen Ebene zu finden. Andererseits liegt es nahe, die umfangreichen Datenbestände der Umweltschutzdokumentation einer Nutzung im Unternehmen zu erschließen. Möglichkeiten zur "Sekundärnutzung" der Umweltschutzdokumentation können jedoch nur mittels aufgenommener Unternehmensprozesse geschaffen werden.

Die prozeßorientierte Unternehmensbetrachtung unter Berücksichtigung der umweltrechtlichen Rahmenbedingungen bietet eine objektivierte Grundlage zur Ermittlung des "IT-Bedarfs". Zusammen mit dem gleichzeitig erarbeiteten unternehmensweiten Datenmodell können SOLL-Prozesse entwickelt werden, die eine unternehmensspezifische Integration von traditionellem, d.h. betriebswirtschaftlichem, technischem und administrativem Management und Umweltmanagement ermöglichen. Die damit zu erreichenden Lösungen stellen gegenüber funktionsorientierten Vorgehensweisen optimierte Aufbau- und Ablauforganisationen zur Verfügung.

Mit Hilfe der prozeßorientierten Vorgehensweise wird ein detaillierter Anforderungskatalog erarbeitet. Hierin sind neben den Anforderungen der Fachaufgaben Umweltschutz, Arbeitssicherheit, den rechtlich bedingten Dokumentationspflichten und Forderungen an ein EG-Öko-Audit konformes Managementsystem auch die Forderungen aus den primären Unternehmensprozessen zusammengeführt. Ergänzt werden diese Forderungen mit weiteren Informationen über in-

---

[4] Vgl. Beitrag von Gabriele Poltermann in diesem Buch.

formationstechnische Gegebenheiten. Diese setzen sich aus den vorhandenen Hard- und Softwarestrukturen zusammen. Besonderes Interesse gilt hier den bereits im Unternehmen verfügbaren Datenbeständen. Diese sind dahingehend zu analysieren, welche Teilbestände auch im Umweltinformationssystem genutzt werden können. Mit Hilfe der als Metadaten verfügbaren Informationen über genutzte Netzwerkkonzepte, Hardwareplattformen, Datenbankmanagementsysteme und darauf laufenden Datenbanken sowie Softwareanwendungssystemen ist eine ganzheitliche Systemarchitektur zu entwickeln.

8.4 Benchmark zur Implementierung eines Betrieblichen Umweltmanagement-Informationssystems (BUIS)

Aus dem bisher gezeigten ist ableitbar, daß weniger das Problem der Informationsgenerierung im Vordergrund steht, als vielmehr die richtige Informationsaufbereitung. Sie entscheidet über die Qualität des betrieblichen Umweltmanagements bei prozeßorientiert ausgerichteten Unternehmensstrukturen. Ein in die Unternehmensprozesse integrierter Umweltschutz braucht Informationssysteme, die es gestatten, sowohl die qualitativen als auch die quantitativen Daten im Zeitablauf, im Plan/Ist-Vergleich und im Bereichs- und Produktvergleich aufzuzeigen. Sie müssen es gestatten, das Zusammenwirken zwischen quantitativen und qualitativen Faktoren zu erkennen und richtig zu bewerten.

Eingeordnet in die Gliederung betriebswirtschaftlicher Funktionen nach Porter, entsprechend dem Konzept der Wertschöpfungs- oder Wertkette, ergibt sich für die bisher besprochenen Umweltmanagementfunktionen die in folgender Abbildung zusammengefaßte Sicht.

Einer Informationsflut einerseits steht eine Informationsarmut andererseits bezüglich relevanter Arbeitsschutz-, Umweltschutz- und Gefahrgut-Fragen gegenüber, wobei vorhandene Informationen oft noch mit dem Makel der Unvollkommenheit und Unsicherheit behaftet sind.

Nicht die Tatsache, daß mit Hilfe von Computern der Fülle von Informationen Herr zu werden versucht wird, sondern allein die nutzerorientierte Softwaregestaltung entscheidet über die Güte eingesetzter Informationstechnik in der Wertschöpfungskette eines Unternehmens. Dementsprechend erscheint es sinnvoll bei der Implementierung eines betrieblichen Umweltmanagement Informationssystems auf der Basis eines prozeßorientierten Arbeitsschutz-, Umweltschutz- und Gefahrgut-Daten-Benchmark's die anstehenden Entscheidungen zu fällen.

Die Abbildung eines Arbeitsschutz-, Umweltschutz- und Gefahrgut-Referenzmodells mit Hilfe eines Modellierungstools wie z.B. ARIS (IDS-Prof. Scheer GmbH) ermöglicht die Erfassung von Gesichtspunkten zur Bewertung von Standardfachsoftware sowie die Definition notwendiger, individueller Erweiterungen. Ein in der Philosophie des Modellierungswerkzeugs, z.B. in erweiterten ereignisgesteuerten Prozeßketten, hinterlegtes Maskenkonzept, liefert hierzu einen gegenüber bisher gebräuchlichen Benchmarkkonzepten effektiveren und effizienteren Bewertungsmaßstab, der gleichzeitig die Basis für eine ein-eindeutige Kommunikation zwischen Softwareanbieter, Arbeitsschutz-, Umweltschutz- und Gefahrgut-Fachpersonal sowie der Unternehmensführung bildet.

Abb. 1. Einordnung der Umweltmanagementfunktionen in die betriebswirtschaftlichen Funktionen (Porter, 1989)

Aus der Zusammenführung aller gewonnenen Erkenntnisse bezüglich einer EDV-Unterstützung für das Umweltschutzmanagement läßt sich somit ein Benchmark konstruieren. Dieser dient einerseits der objektivierten, unternehmensbezogenen Bewertung angebotener Produkte, andererseits der Entwicklung einer individuell angepaßten Lösung. Der Benchmark ist die umfassende Beschreibung sämtlicher Leistungsmerkmale des Informationssystems.

Die Forderungen aus den Unternehmensprozessen bilden den Kern des Benchmarks. Diese grundlegenden Anforderungen werden durch die Anforderungen an die Integration in das informationstechnische Umfeld vervollständigt. Ausgehend von den hierzu entwickelten Ideallösungen kann der Bedarfsdeckungsgrad bestehender Software ermittelt und bewertet werden. Der Anpassungsbedarf ist direkt ableitbar, so daß Umfang, Aufwand und damit auch Risiken einer Anpassung quantifiziert werden können.

Von strategischer Bedeutung ist die damit mögliche Integration des Umweltmanagements in sämtliche Unternehmensprozesse. Diese Integration wird vor allem durch eine Integration der Daten ermöglicht. Auf dieser Basis werden auch die umweltrelevanten Kostenanteile transparent.

Die Weiterentwicklung des Umweltschutzes zu einem echten und nachhaltigen Umweltmanagement kann nur durch die prozeßorientierte Vorgehensweise und damit verbundene Integration in alle Betriebsabläufe des Unternehmens erreicht werden.

Literatur

Gausemeier, J. und Fahrwinkel, U. (1994): „Strategiekonforme Geschäftsprozesse und CIM-Maßnahmen". In: CIM Management, Nr. 2/94, S. 58-61.

Porter, M. E. (1989): Wettbewerbsvorteile, Spitzenleistungen erreichen und behaupten, Sonderausgabe. Frankfurt / Main u.a.

Scheer, A.-W. (1992): Architektur integrierter Informationssysteme, Grundlagen der Unternehmensmodellierung. Springer, Berlin, Heidelberg.

Scheer, A.-W. (1995): Wirtschaftsinformatik, Referenzmodelle für industrielle Geschäftsprozesse. Springer, Berlin, Heidelberg.

Teil III

Die EG-Öko-Audit-Verordnung:

ein „ausbaufähiges"

Rechtsinstrument

mit Beiträgen von:

Martin Müller, Ulrich Nissen und Jens Pape
Normung von Umwelterklärungen — Notwendigkeit und
Lösungsmöglichkeiten

Carsten Nagel und Achim Schwan
Betriebliche Umweltkennzahlen — Effektives Werkzeug zur
Unterstützung des KVP-Prozesses im Kontext von Umwelt-
managementsystemen

Guido Kaupe
Schnittstellen zwischen dem UVP-Gesetz, der EG-Öko-Audit-
Verordnung und der IVU-Richtlinie

Jörg Bentlage und Heike Rieger
Aktuelle Entwicklungen zur Erweiterung des Anwendungsbereiches
der EG-Öko-Audit-Verordnung

Alexandra S. Fuchs, Thomas Keßeler und Thorsten Zellmann
Die Einbeziehung der Landwirtschaft in den Anwendungsbereich
der EG-Öko-Audit-Verordnung

9 Normung von Umwelterklärungen — Notwendigkeit und Lösungsmöglichkeiten

Martin Müller, Ulrich Nissen und Jens Pape

Mit der EG-Öko-Audit-Verordnung[1] ist der seit langem diskutierte Paradigmenwechsel von einer ordnungspolitisch geprägten hin zu einer marktorientierten Umweltpolitik versuchsweise[2] eingeleitet worden. Führt die Verordnung[3] nicht zu der angestrebten Verbesserung des Umweltschutzes, ist zu befürchten, daß die Verabschiedung weiterer progressiver marktorientierter Umweltpolitikinstrumente auf längere Sicht versperrt werden könnte.

Inwieweit die Verordnung Erfolg haben wird, ist in entscheidenem Maße von der Qualität der Umwelterklärungen abhängig. Sollte das Instrument „Umwelterklärung" die ihm in der EG-Öko-Audit-Verordnung zugedachte Funktion nicht erfüllen können, wäre das Scheitern der Verordnung möglich. In den folgenden Ausführungen wird daher aufgezeigt, welche Bedeutung dem Systemelement „Umwelterklärung" sowie der Öffentlichkeit im Öko-Audit-Prozeß zukommt und daß eine Norm für Umwelterklärungen die Funktionsfähigkeit der Verordnung stark unterstützen könnte und daher dringend erforderlich ist.

9.1 Einführung

Unternehmen, die am Gemeinschaftsystem der EG teilnehmen, verpflichten sich, Informationen sowohl über die von ihnen ausgehenden Umweltbelastungen als auch über Maßnahmen zu deren Verminderung durch eine – von einem zugelas-

---

[1] Verordnung (EWG) Nr. 1836/93 des Rates vom 29. Juni 1993 über die freiwillige Beteiligung gewerblicher Unternehmen an einem Gemeinschaftsystem für das Umweltmanagement und die Umweltbetriebsprüfung, ABlEG Nr. L 168 vom 10.7.1993, S. 1ff..

[2] Hillary, R. (1994, S. 6) führt aus, daß die Verordnung „an untested method of achieving environmental improvements" sei; Di Fabio, U. (1996, S. 199) bezeichnet die Verordnung als „Experimentalnorm".

[3] Da die Teilnahme an der Verordnung freiwillig ist, mit anderen Worten also die Adressaten der Verordnung frei entscheiden können, ob sie sich den Anforderungen (deren Umsetzung i.d.R. Kosten verursacht) stellen oder nicht, ist es denkbar, daß die Verordnung scheitert. Sie hätte dann zwar formell Geltung, würde aber faktisch von keinem Unternehmen angewendet werden.

senen Umweltgutachter zu validierende – „Umwelterklärung" der Öffentlichkeit gegenüber offenzulegen. Interessierte Personen – insbesondere (potentielle) Kunden sowie weitere Geschäftspartner eines jeweiligen Unternehmens – sollen hierdurch die Möglichkeit erhalten, sich einen umfassenden Überblick über die Umwelt(schutz)situation eines Betriebsstandortes zu verschaffen. Die am Verordnungssystem teilnehmenden Unternehmen werden infolgedessen veranlaßt, die den betrieblichen Umweltschutz betreffenden Erwartungshaltungen der für sie relevanten Teilöffentlichkeiten zu berücksichtigen. Es soll also zu einem offenen Dialog über Umweltschutzmöglichkeiten und entsprechende Ansprüche kommen. Idealtypisch führt dieser Dialog dazu, einen Konsens über den gemeinsam getragenen Ausgleich zwischen (erwünschter) Produktion und (ertragener) Umweltverschmutzung zustande zu bringen. Dieser „disclosure-and-response"-Mechanismus, der den Kern der sogenannten „reflexiven Steuerung"[4] ausmacht, ist in einem marktwirtschaftlichen System, in dem Unternehmen sich dem Wettbewerb stellen müssen, geeignet, eine kontinuierliche Verbesserung des betrieblichen Umweltschutzes zu erwirken.

Ob die Verordnung Wirksamkeit entfalten wird, ist also wesentlich davon abhängig, inwieweit die Umweltschutzleistung von Unternehmenstandorten beurteilt werden kann. Insofern greift das EG-Öko-Audit-System auf etablierte Regelungsmechanismen der Marktwirtschaft zurück, nämlich durch Wettbewerb unter den Anbietern und durch die gegebene Möglichkeit, Umweltleistungsvergleiche (sonst Produktvergleiche) vorzunehmen, Anreize zu erwirken, den Umweltschutz (sonst die Qualität und Funktionalität der Produkte) kontinuierlich zu verbessern. Zu Recht stellt Orts (1995, S. 1306) in seiner Analyse der Verordnung daher fest: „public disclosure of environmental information is the heard of the EMAS". Da die Umwelterklärung das Mittel zur Beurteilung der betrieblichen Umweltschutzleistung ist, spielt sie für die „public orientation" (ebenda) und demzufolge für einen wirksamen Regelungsmechanismus eine herausragende Rolle.

Ergibt sich im Rahmen des Verordnungsvollzugs eine solche Steuerungswirkung jedoch nicht, so können sich mangels wirtschaftlichem Nutzen Anreize zu einem *aktivem Umweltschutz*[5] langfristig nicht ausbilden. Umfassende, sich dynamisch entwickelnde Umweltschutzverbesserungen, insbesondere Beiträge zur Annäherung an eine Nachhaltige Entwicklung wären dann nicht zu erwarten. Das „Experiment Öko-Audit-Verordnung"[6] müßte als gescheitert angesehen werden. Darüber hinaus ist mit folgendem Problem zu rechnen: Sollte nach der Einfüh-

---

[4] Vgl. hierzu insbes. Orts, E. W. (1995), Teubner, G. (1982) sowie Teubner, G. und Willke, H. (1993).

[5] Vgl. vierter Erwägungsgrund der Verordnung.

[6] Vgl. obere Fußnote 2. Der Sachverständigenrat für Umweltfragen, Umweltgutachten 1996, S. 17, spricht von einer „Erprobungsphase" und der Bundesrat von einer „freiwilligen Experimentierphase, in der die Tauglichkeit des Umwelt-Audits getestet werden kann" (in BRDrs. 222/92, S. 2,). Orts (1995, S. 1295) wählte die Bezeichnung „... the EMAS experiment ..." (EMAS = environmental management and audit scheme = EG-Öko-Audit-Verordnung).

rungsphase der Verordnung nur eine geringe oder gar keine Wirksamkeit festgestellt werden, so würde diese Sachlage verhindern, daß der europäische/nationale Gesetzgeber Vertrauen in solche modernen, indirekt steuernden umweltpolitischen Instrumente entwickelt und infolgedessen abgehalten wird, weitere progressive marktorientierte und damit unternehmensfreundliche Rechtsnormen – auch nur versuchsweise – zu erlassen.

9.2 Die Bedeutung der Beziehung zwischen Umwelterklärung und Öffentlichkeit im Regelungssystem

Nach dem achten Erwägungsgrund der Verordnung stellt die Unterrichtung der Öffentlichkeit durch die Unternehmen über die Umweltaspekte ihrer Tätigkeiten einen wesentlichen Bestandteil guten Umweltmanagements und eine Antwort auf das zunehmende Interesse der Öffentlichkeit an diesbezüglichen Informationen dar. Diese Aufgabe soll von der Umwelterklärung als ein Instrument der betrieblichen Umweltkommunikation erfüllt werden.

Bei der Klärung der Frage, welche gesellschaftlichen Gruppen zu dieser „Öffentlichkeit" zählen, sind insbesondere jene amtlichen Texte im Zusammenhang mit der Verordnung zu berücksichtigen, in denen darauf eingegangen wird. Hierdurch kann aufgezeigt werden, welche Gruppen der Verordnungsgeber unter „Öffentlichkeit" verstand.

Den Ausführungen des EG-Rats im vierten[7] sowie im siebten Kapitel des 5. EG-Umweltaktionsprogramms[8], der EG-Kommission in der amtlichen Begründung[9], des Wirtschafts- und Sozialausschusses in der Stellungnahme zum Verordnungsentwurf[10] und des Europäischen Parlaments in ihrer Stellungnahme zum Verordnungsvorschlag[11] ist zu entnehmen, daß unter „Öffentlichkeit" insbesondere die folgenden Gruppen zu verstehen sind:

---

[7] Vgl. Rat der Europäischen Gemeinschaften, Entschließung des Rates und der im Rat vereinigten Vertreter der Regierungen der Mitgliedstaaten vom 1. Februar 1993 über ein Gemeinschaftsprogramm für Umweltpolitik und Maßnahmen im Hinblick auf eine dauerhafte und umweltgerechte Entwicklung (im folgenden: 5. EG-Umweltaktionsprogramm), AB1EG C 138 vom 17.5.1993, S. 30.

[8] Ebenda, S.72.

[9] Kommission der Europäischen Gemeinschaft, Vorschlag für eine Verordnung (EWG) des Rates die die freiwillige Beteiligung gewerblicher Unternehmen an einem gemeinschaftlichen Öko-Audit-System ermöglicht, KOM(91) 459 endg. vom 05.03.1992, S. 2.

[10] Wirtschafts- und Sozialausschuß der Europäischen Gemeinschaft, Stellungnahme zu dem Vorschlag für eine Verordnung des Rates betreffend die freiwillige Beteiligung gewerblicher Unternehmen an einem gemeinschaftlichen Öko-Audit-System vom 26.3.1992, AB1EG C 332 vom 16.12.1992, S. 44-49, 44.

[11] Europäisches Parlament, Stellungnahme zum Vorschlag für eine Verordnung (EWG) des Rates die die freiwillige Beteiligung geweblicher Unternehmen an einem gemeinschaftli-

- Konsumenten;
- Kreditinstitute;
- Versicherungsgesellschaften;
- das öffentliche Auftragswesen;
- die allgemeine Öffentlichkeit.

Ihrem neunten Erwägungsgrund zufolge zielt die Verordnung darauf ab, die Unternehmen zu ermutigen, regelmäßig Umwelterklärungen zu erstellen und zu verbreiten, aus denen die Öffentlichkeit entnehmen kann, welche Umweltfaktoren an den Betriebsstandorten gegeben sind und wie die Umweltpolitik, -programme und -ziele sowie das Umweltmanagement der Unternehmen aussehen[12]. Untermauert wird dieses in den Erwägungsgründen genannte Ziel durch eine Textstelle in der amtlichen Begründung, in der es heißt: Am System teilnehmende Standorte „müssen nach jedem internen Audit eine für die Öffentlichkeit bestimmte *Umwelterklärung* abfassen, die in objektiver, erschöpfender und geeigneter Weise die Probleme darstellt, die bei der Umweltprüfung deutlich wurden, ebenso wie die zahlenmäßigen Daten über die Leistung an dem Standort, eine Zusammenfassung der Politik, das Programm und die an dem Standort verfolgten Ziele sowie Informationen über die Absichten und Maßnahmen zur Erreichung dieser Ziele"[13].

Die durch die Umwelterklärung ermöglichte Einbeziehung der Öffentlichkeit ist somit für das Verordnungssystem und für den Anreiz zur Teilnahme von herausragender Bedeutung[14]. Insofern besteht ein Unterschied zur Umweltmanagement-Norm DIN EN ISO 14.001, die einen solchen extern motivierten Anreizmechanismus nicht vorsieht[15].

9.3 Die Notwendigkeit einer Präzisierung des Artikel 5 der Verordnung

Die Anforderungen an die formelle und materielle Ausgestaltung einer Umwelterklärung ergeben sich aus Art. 5 der Verordnung. Die dort aufgeführten Regelungen sollen zum einen sicherstellen, daß alle wesentlichen umweltrelevanten Fragestellungen von teilnehmenden Betriebsstandorten in ihr aufgeführt werden, so daß sich die Öffentlichkeit ein möglichst vollständiges Bild über den betrieblichen Umweltschutz verschaffen kann. Zum anderen bezweckt dieser Arti-

---

chen Öko-Audit-System ermöglicht vom 19.1.1992, ABlEG C 42 vom 15.2.1993, S. 44-60, 56.
[12] Neunter Erwägungsgrund der Verordnung (EWG) Nr. 1836/93.
[13] Vgl. Kommission der Europäischen Gemeinschaft (obere Fußn. 9), S. 14.
[14] Vgl. hierzu ausführlich den Beitrag von Ulrich Nissen, Jens Pape, Simone Vollmer und Gerald Kreiner-Cordes „Der Regelungsauftrag zur Unterrichtung der Öffentlichkeit über die EG-Öko-Audit-Verordnung" in diesem Buch.
[15] Vgl. hierzu den Beitrag von Peter M. Thimme in diesem Buch.

kel, daß Umwelterklärungen einheitlich und damit vergleichbar ausgestaltet sind. Mit dem Art. 5 legt die Verordnung jedoch lediglich die Rahmenbedingungen für den Inhalt von Umwelterklärungen fest. Die sich aus diesem Artikel ergebenden Vorschriften sind zum einen zu unpräzise und reichen zum anderen nicht aus, um entsprechend Abschnitt 4.1 des 5. EG-Umweltaktionsprogrammes die Öffentlichkeit in die Lage zu versetzen, Vergleiche zwischen verschiedenen Standorten und eines Standortes über mehrere Perioden hinweg durchzuführen.[16] Der geringe Bestimmtheitsgrad der Regelung gewährt einen zu umfassenden Gestaltungsspielraum. Er führt – wie Erfahrungen aus der Praxis zeigen[17] – zu großen Auslegungsschwierigkeiten auf Seiten der Unternehmen wie auch der Umweltgutachter und infolgedessen zu einer Vielfalt unterschiedlicher Ausgestaltungen der Umwelterklärungen. Vergleichende Beurteilungen von Umwelterklärungen werden hierdurch nahezu unmöglich gemacht. Der Aufwand für einen interessierten Leser, die für ihn relevanten Informationen zu erfassen, ist kaum zumutbar.

Eine Umwelterklärung ist erst dann als verordnungsgemäß anzusehen, wenn durch sie sichergestellt wird, daß — neben der Einhaltung des Art. 5 — die o.a. Zielgruppen die wesentlichen Umweltfaktoren sowie die Umweltpolitik, -ziele und -programme verstehen und beurteilen können. Erforderlich ist daher, die diesbezüglichen Anforderungen der Verordnung zu präzisieren[18]; andernfalls kann sich der Regelungsmechanismus nicht entfalten. Insbesondere mittel- und langfristig wäre die „kontinuierliche Verbesserung des betrieblichen Umweltschutzes" (die Zielsetzung der Verordnung gem. Art. 1 Abs. 2), die durch den Vergleich von Umwelterklärungen wesentlich unterstützt wird, nicht zu erwarten.

9.4 Lösungsmöglichkeiten

Der Anreizmechanismus zur kontinuierlichen Umweltschutzverbesserung durch regelmäßige Anpassung (also Niveauerhöhung) und Umsetzung der Umweltziele, setzt als notwendige Bedingung voraus, daß die Öffentlichkeit mit möglichst ge-

---

[16] Der Bundesrat stellte bezugnehmend auf den Verordnungsvorschlag (KOM (91) 459 endg.) - dessen Regelungen über den Inhalt von Umwelterklärungen denen der verabschiedeten Verordnung (EWG) Nr. 1836/93 weitestgehend entsprechen - fest, „daß einheitliche Kriterien, die eine Vergleichbarkeit der Beiträge der einzelnen Unternehmen zur Verbesserung der Umweltsituation ermöglichen, fehlen. Es ist daher notwendig, objektive Kriterien zu entwickeln, die geeignet wären, die Leistung von Betrieben auf dem Gebiet des Umweltschutzes zu beurteilen", BRDrs. 222/92, S. 2.

[17] Vgl. etwa die von der schwedischen Registrierungsstelle im Mai 1996 abgeschlossene Untersuchung von 78% aller damals in der EU validierten Umwelterklärungen (EG-Kommission, 1996).

[18] Ebenso: Feldhaus, G. (1997, S. 135) Martens, C.-P. und Moufang, O. (1996, S. 247), Steger, U. und Ebinger, F. (1995, S. 232), im Ergebnis ebenso: Schulz, W. (1997, S. 20) und Nissen, U. und Falk, H. (1996, S. 50).

ringem Aufwand den Inhalt von Umwelterklärungen beurteilen kann. Die Regelung des Art. 5 der Verordnung kann dies – wie soeben erörtert – nicht sicherstellen. Als Lösungsmöglichkeit für diese Problematik bietet sich daher an, den Aufbau von Umwelterklärungen (etwa durch eine Norm) zu standardisieren. Eine solche Norm würde erwirken, daß Umwelterklärungen einheitlich aufgebaut sind, so daß das Lesen und Vergleichen der in ihr enthaltenen Umweltinformationen vereinfacht wird und infolgedessen der Aufwand für den einzelnen, sich zu informieren und Standorte zu vergleichen, gering bleibt.

Zwar würde eine Umwelterklärungsnorm mangels rechtlicher Verbindlichkeit keine Bindungswirkung entfalten; am System teilnehmende Unternehmen bräuchten sie also nicht anzuwenden. Sie könnte aber allmählich, also im Zuge ihrer Anwendung eine „gängige Praxis" herausbilden, die dann zu einer Vereinheitlichung des Aufbaus von Umwelterklärungen führt. Dies würde die Funktion, die die Umwelterklärung ausüben soll, massiv unterstützen. Zudem wäre zu erwarten, daß eine solche Norm die Grundlage für Rankings — das sind vergleichenden Bewertungen von Umwelterklärungen, die von spezialisierten Institutionen ausgeführt und veröffentlicht werden — bildet, so daß sich Willkür bei der Festlegung von Bewertungskriterien und bei der Durchführung von Bewertungen nicht oder nur in geringem Maße ausbilden kann.

Neben einer Funktionsunterstützung der Verordnung kann eine Norm für Umwelterklärungen zu verschiedenen Erleichterungen bei der Umsetzung des Art. 5 in Unternehmen führen: Sie bietet eine Anleitung für die Erstellung und Überprüfung von Umwelterklärungen. Sie unterstützt die Sicherstellung, die Anforderungen der Verordnung einzuhalten und reduziert darüber hinaus die Transaktionskosten, insbesondere hinsichtlich des Interpretationsaufwandes und der Informationsbeschaffung.

9.5 Zu berücksichtigende Erfordernisse bei der Standardisierung von Umwelterklärungen

Um zu gewährleisten, daß eine Norm über Umwelterklärungen die mit ihr bezweckten Wirkungen entfaltet, wären einige Erfordernisse zu beachten. Es geht dabei um die folgenden Aspekte:

1. Damit eine Norm über Umwelterklärungen eine „gängige Praxis" herausbilden kann, ist es notwendig, daß sie sowohl bei Unternehmen als auch in der Öffentlichkeit Anerkennung findet. Insofern ist es erforderlich, daß sie neben der eigentlichen Standardisierung auch über die Vorteile, die sich aus ihrer Anwendung ergeben, aufklärt.

2. Sinnvoll erscheint auch, daß die Norm-Regelungen nicht nur in konventioneller Weise aufführt sondern auch — etwa in einem Begleitteil zur Norm — ausführlich erläutert bzw. begründet werden. Durch eine solche Vorgehensweise

würde der wachsenden Forderung nach mehr Transparenz der Normungsprozesse (Führ, 1994, S. 17ff.) und nach Begründung der Normungsentscheidungen (vgl. Büro für Technikfolgen-Abschätzung, 1996, S. 126) Rechnung getragen werden.

3. Eine Norm über Umwelterklärungen sollte die Vorgaben des Art. 5 der Verordnung in erster Linie präzisieren. Sofern sie Regelungserweiterungen enthält, wären diese kenntlich zu machen und von den „Pflichtregelungen" abzugrenzen. Insgesamt sollte das Anspruchsniveau einer Systemteilnahme nicht erhöht werden, da dies zu einer Anreizreduzierung führen könnte. Normzweck sollte demzufolge sein, — erstens — eine Vergleichbarkeit von Umwelterklärungen zu ermöglichen und — zweitens — die angesprochenen Probleme beim Regelungsvollzug zu vermindern.

4. Wenngleich eine Umwelterklärungsnorm eine rechtliche Verbindlichkeit nicht, auch nicht im Zuge einer Anerkennung durch die EG-Kommission, entfalten kann — dies ist gem. Art. 12 der Verordnung nicht vorgesehen —, sollte sie dennoch als Zertifizierungsnorm (also durch Gebrauch von Imperativen und nicht Konjunktiven) ausgestaltet sein, um dadurch die Möglichkeit zu eröffnen, die internationale Umweltmanagementsystem-Norm DIN EN ISO 14.001, die wie erwähnt keine Offenlegungspflicht enthält, zu komplettieren und damit den Brückenschlag zur Verordnung zu erleichtern. Unternehmen, die die DIN EN ISO 14.001 aber nicht die Verordnung anwendeten, erhielten hierdurch die Möglichkeit, ihr zertifiziertes Umweltmanagementsystem um eine nach einer einheitlichen Norm erstellte Umwelterklärung (die materiell den Vorgaben der Verordnung entspräche) zu ergänzen. Die Lücke zwischen der Verordnung und DIN EN ISO 14.001 würden so stark verkleinert.

5. Bei der Normung von Umwelterklärungen wäre ferner darauf zu achten, daß einem optimalen Ausgleich zwischen einer gegebenenfalls gestalterischen Einengung und der Notwendigkeit einer zweckgebundenen Standardisierung Rechnung getragen wird. Insofern ist bei der Standardisierung darauf zu achten, daß umfassende Gestaltungsspielräume in solchen Bereichen verbleiben, die für Vergleiche wenig Bedeutung haben. Der Schwerpunkt sollte daher einerseits im Aufbau und andererseits in der Darstellung der Umweltschutzleistung liegen.

6. Darüber hinaus sollte der Aufbau einer solchen Norm kompatibel sein zu anderen relevanten Umweltmanagementnormen wie etwa der DIN-Norm 33922 „Leitfaden – Umweltberichte für die Öffentlichkeit", der DIN EN ISO-Norm 14001 „Umweltmanagementsysteme – Spezifikation mit Anleitung zur Anwendung" sowie der anstehenden ISO 14031-Norm zur Umweltleistungsbewertung, um dadurch eine gewisse Homogenität und Einfügbarkeit sicherzustellen.

9.6 Die Standardisierung von Umwelterklärungen durch eine private Norm

Die vorangegangenen Abschnitte haben aufgezeigt, daß eine Präzisierung[19] der Vorschriften des Art. 5 der Verordnung äußerst wünschenswert ist[20] und daß eine private Norm über Umwelterklärungen hierfür ein geeigneter Ansatz wäre. Hieraus ergibt sich die Frage, auf welche Weise eine derartige Normerstellung durchgeführt werden kann und welche Insitution hierfür — bestmöglich — in Frage kommt.

Eine Norm über Umwelterklärungen, die im Zuge der Ausbildung einer „gängigen Praxis" vereinheitlichende Wirkungen entfalten soll, kann prinzipiell von einer Vielzahl von Institutionen erarbeitet werden. Hierzu zählen insbesondere das Deutsche Institut für Normung e.V. (DIN) und die Richtlinienausschüsse des Vereins Deutscher Ingenieure (VDI) sowie darüber hinaus zahlreiche berufsständische Vereinigungen und Verbände. Bei einem derartigen Normierungsprojekt sollte jedoch berücksichtigt werden, daß die größte Normwirkung dann erzielt wird, wenn über das Vorliegen eines gebündelten Sachverstandes im jeweiligen Normenausschuß hinaus die Zielgruppe, die ein jeweiliges Regelsetzungsgremium mit ihren Normen anspricht, derjenigen der Verordnung entspricht.

Wichtig ist im Hinblick auf eine erhoffte Norm-Anerkennung in Unternehmen und in der Öffentlichkeit (vgl. Punkt 1 im letzten Abschnitt) auch, daß institutionell vorgesehen ist, möglichst alle relevanten Fachkreise an der Normerstellung zu beteiligen.

Bedeutsam ist ferner, daß eine Umwelterklärungs-Norm kompatibel ist zu bereits bestehenden Umweltmanagementnormen, so daß sie sich in ein vorhandenes Gesamtnormensystem einfügt, es komplettiert. Für ein solches Normierungsprojekt kommen daher insbesondere solche Regelsetzungsgremien in Frage, die in der Vergangenheit Normen über Umweltmanagement erarbeitet und veröffentlicht haben.

Da das Deutsche Institut für Normung e.V. die eben aufgeführten Eignungskriterien erfüllt, soll im folgenden am Beispiel des DIN aufgezeigt werden, auf welche Weise eine Normierung von Umwelterklärungen eingeleitet werden kann und welcher Normungsausschuß hierfür in Frage käme.

---

[19] Eine Normung von auslegungsbedürftigen Rechtstextpassagen durch private Normungsinstitutionen entspricht auch der seit 1985 verfolgten Gemeinschaftspolitik auf dem Gebiet der technischen Harmonisierung und Normung, vgl. Entschließung des Rates vom 7. Mai 1985 über eine neue Konzeption auf dem Gebiet der technischen Harmonisierung und Normung (ABlEG C 136, S. 1ff.).

[20] Vgl. obere Fußnote 19 sowie Freimann, J. (1996, S. 49) und Hessisches Ministerium für Wirtschaft, Verkehr und Landesentwicklung (1995, S. 98).

9.6.1 Das Normungsverfahren beim DIN

Das Verfahren zur Einleitung eines Normungsvorhabens beim DIN wird in der DIN 820 Teil 4[21] geregelt[22]. Nach Abschnitt 2.1.1 dieser Norm beginnt die Normungsarbeit mit einem Normungsantrag, der begründet sein muß. Er soll möglichst einen Norm-Vorschlag enthalten. Der Antrag kann von interessierten Kreisen oder von jedermann gestellt werden und ist dem zuständigen Normenausschuß oder selbständigen Arbeitsausschuß oder bei der Geschäftsstelle des DIN einzureichen. Er ist unverzüglich im Original dem zuständigen Normenausschuß vorzulegen. Innerhalb von drei Monaten ist auf mündlichem oder schriftlichem Wege über die Annahme oder die Ablehnung zu befinden. Ergeht eine Ablehnung, so ist dies gem. Abschnitt 2.1.3 dem Antragsteller unverzüglich mit Begründung schriftlich mitzuteilen.

Wird der Antrag hingegen angenommen, so wird gem. Abschnitt 2.1.4 der Arbeitstitel der vorgesehenen Normungsaufgabe im DIN-Anzeiger („DIN-Mitteilungen") veröffentlicht. Liegt dem Normungsantrag ein Norm-Vorschlag bei, so ist dieser gem. Abschnitt 2.2.1 dem Arbeitsausschuß als erste Norm-Vorlage zur Behandlung vorzulegen.

Ist das Bearbeiten einer Normungsaufgabe soweit gediehen, daß das Ergebnis der Öffentlichkeit zur Stellungnahme vorgelegt werden kann, verabschiedet gem. Abschnitt 2.3.1 der Arbeitsausschuß die Normvorlage zum Druck als Norm-Entwurf und schließt damit seine Beratungen vorläufig ab.

Jedermann kann nun (i.d.R. innerhalb einer Zeitspanne von vier Monaten; die Einspruchsfrist ist auf dem Entwurf anzugeben) eine Stellungnahme abgeben. Die eingegangenen Stellungnahmen sollen gem. Abschnitt 2.4.4 drei Monate nach Ablauf der Einspruchsfrist im zuständigen Arbeitsausschuß beraten sein. Hat der zuständige Arbeitsausschuß alle zum Norm-Entwurf eingegangenen Stellungnahmen behandelt und sich über die Fassung der herauszugebenden Norm geeinigt, so erfolgt gem. Abschnitt 2.5.1 bis 2.6.2 dessen Verabschiedung. Die Gültigkeit von Normen beginnt mit dem Zeitpunkt des Erscheinens.

9.6.2 Die Umweltmanagementnormung beim DIN

Als Reaktion auf die im Aufbau befindlichen ISO-Normenausschüsse zum Umweltmanagement wurde im Februar 1993 der „Normenausschuß Grundlagen des Umweltschutzes" (NAGUS) beim Deutschen Institut für Normung e.V. (DIN) in Berlin gegründet. Institutionelle Grundlage hierfür war eine am 22.10.1992 geschlossene Vereinbarung[23] zwischen dem Bundesumweltminister und dem DIN[24],

---

[21] In der Fassung vom Januar 1986, abgedruckt in DIN (1995).
[22] Die folgenden Abschnittsnennungen beziehen sich auf DIN 820 Teil 4.
[23] Dieser Vereinbarung ging bereits im Oktober 1991 eine Satzungsänderung des DIN voraus: Der Umweltschutz wurde als wichtige Aufgabe der Normung in das Zielsystem aufgenommen.

nach der künftig Umweltschutzbelange in der Normung berücksichtigt werden sollten (BMU, 1993a, S. 8f.). Vereinbart wurde zum einen eine Stärkung der bereits 1990 eingerichteten „Koordinierungsstelle Umweltschutz"[25] (KU) beim DIN und zum anderen die Gründung des NAGUS. Diesem Ausschuß wurde die Aufgabe übertragen, die Normung von fachgebietsübergreifenden Grundlagen des Umweltschutzes zu betreiben (Feldhaus, 1994, S. 456). Ferner wurde festgeschrieben, daß durch die Gremien und Vertreter des NAGUS die „deutsche Meinungsbildung" in die europäische oder internationale Normungsarbeit einfließen und darauf hingewirkt werden solle, daß „das u.a. in Rechtsvorschriften, DIN-Normen oder Selbstverpflichtungen der Industrie niedergelegte deutsche Umweltschutzniveau in der europäischen und internationalen Normungsarbeit nicht unterschritten wird". Darüber hinaus sollte das „DIN (...) darauf hinwirken, daß das Gewicht der Umweltbelange in der europäischen und internationalen Normung auch organisatorisch verstärkt" würde (BMU, 1993a, S. 8f.).

Entsprechend dem Beschluß des NAGUS-Beirates (das Lenkungsgremium des Normenausschusses) auf seiner Gründungssitzung im Februar 1993 wurde mit Blick auf die bereits festgelegten ISO-Normungsthemen und die Ausschußstruktur festgelegt, die künftige Normungsarbeit durch vier Arbeitsausschüsse (AA), die die ISO-Ausschüsse „spiegeln" sollten, auszuführen. Es handelt sich um:

- AA 1 „Terminologie";
- AA 2 „Umweltmanagement/Umweltaudit";
- AA 3 „Produkt-Öko-Bilanzen";
- AA 4 „Umweltbezogene Kennzeichnung".

Im Mai 1993 wurde der AA2 „Umweltmanagement/Umweltaudit" und drei Monate danach die korrespondierenden Unterausschüsse UA 1 und UA 2, die für die Detail-Normungsarbeit zuständig sind, gegründet. Im April 1996 wurde ein weiterer Arbeitsausschuß, der AA 5: „Umweltleistungsbewertung", ins Leben gerufen.

Von Bedeutung im Hinblick auf die Standardisierung von Umweltmanagementsystemen und daher auch von Umwelterklärungen ist der AA 2. Dessen Normungsarbeit wurde und wird sehr stark von der EG-Öko-Audit-Verordnung geprägt (DIN, 1994, S.6ff.). Durch die Möglichkeit, gem. Art. 12 der Verordnung nationale oder internationale Umweltmanagementnormen als der Verordnung (z.T.) entsprechend von der EG-Kommission anerkennen zu lassen, ergibt sich die Zielsetzung, durch Positionspapiere die ISO-Normungsarbeit in Richtung EG-Öko-Audit-Verordnung zu lenken. Darüber hinaus werden dem Bedarf entsprechend nationale Normen erlassen. Eine wichtige Aufgabe besteht vor allem darin,

---

[24] Gestützt wird diese „Vereinbarung über die Berücksichtigung von Umweltbelangen in der Normung" (BMU 1993a, S. 8f.) auf § 10 Abs. 1 des Vertrages zwischen der Bundesrepublik Deutschland und dem DIN Deutsches Institut für Normung e.V. vom 5. Juni 1975 (DIN, 1987, S. 43ff.).

[25] Aufgabe der KU ist, die einzelnen Normenausschüsse des DIN in Fragen des Umweltschutzes zu unterstützen und zu beraten; vgl hierzu auch Jörissen (1996, S. 54ff.).

durch ISO-Normen die Regelungen der EG-Öko-Audit-Verordnung zu präzisieren. Dies ist zwar – soweit ersichtlich – nicht schriftlich fixiert worden, ergibt sich aber aus dem Gesamtzusammenhang der deutschen Dokumente, die in die internationale Normungsarbeit eingebracht worden sind sowie auch aus Aussagen politisch Verantwortlicher[26]. Hierzu der damalige Bundesumweltminister Töpfer:

„Angesichts der geringen Regelungsdichte, die die Verordnung zu den Strukturen eines guten Umweltmanagements aufweist, wird nationalen und internationalen Normungen zu Umweltmanagementsystemen in der Praxis ein erhebliches Gewicht zukommen. ... Es ist zu erwarten, daß Anerkennungen erfolgen werden, um zu einer stärkeren Konkretisierung der Managementanforderungen nach der EG-Verordnung zu kommen" (BMU, 1993b, S. 468).

„Normen für Umweltmanagementsysteme haben die Aufgabe, Bewertungsgrundlagen für gutes Umweltmanagement zu schaffen. ... Bei der anstehenden Normung von Umweltmanagementsystemen auf internationaler Ebene in der ISO wird es daher vor allem auch um die Einführung entsprechender Bewertungsmaßstäbe für gutes Umweltmanagement gehen müssen" (BMU, 1995, S. 108).

Diese Ausführungen verdeutlichen, daß sowohl hinsichtlich der Themenausrichtung als auch der verfolgten Normungszielsetzung der Arbeitsausschuß 2 des NAGUS eine geeignete institutionelle Basis böte, eine Standardisierung von Umwelterklärungen in die Wege zu leiten.

9.7 Wesentliche Aspekte einer Norm für Umwelterklärungen

Das Oberziel einer Norm für Umwelterklärungen sollte sein, die Teilnahmebereitschaft der Unternehmen zu verstärken, die Transparenz des betrieblichen Umweltschutzes zu erhöhen und die Öffentlichkeit für Umweltschutzfragestellungen zu sensibilisieren. Viele Umwelterklärungen sind so gestaltet, daß sie die in Art. 5 der Verordnung aufgeführten Anforderungen ohne Bezug zueinander sozusagen „abarbeiten". Sie lassen einen logischen Zusammenhang – wie etwa Problemfeststellung, Herleitung von Lösungsmöglichkeiten, Auswahl derselben, Durchführung von Maßnahmen und Darstellung der Resultate – regelmäßig vermissen. Um sicherzustellen, daß die Inhalte der Umwelterklärung in logischer Beziehung zueinander stehen, könnte in einer Norm für Umwelterklärungen die Darstellungssystematik verändert werden. Art. 5 der Verordnung steht dem nicht entgegen, da er keine Reihenfolgefestlegungen enthält.

Der Anwendungsbereich einer Norm für Umwelterklärungen sollte sich zwar in erster Linie auf Unternehmen, die am Gemeinschaftssystem teilnehmen, bezie-

---

[26] Vgl. hierzu die Antwort der Bundesregierung auf die kleine Anfrage der SPD-Fraktion zur Bedeutung der ISO-Normen im Zusammenhang mit der EG-Öko-Audit-Verordnung, BTDrs. 13/2816.

hen. Allerdings wäre es sinnvoll, darüber hinausgehende Organisationen jedweder Art und Größe, welche ihre kontinuierliche Verbesserung des Umweltschutzes einer breiten Öffentlichkeit vorstellen möchten, ebenfalls zu berücksichtigen. Dies sollte auch deshalb konstitutiv sein, um die bereits oben angesprochene Ergänzung zur ISO 14.001 zu gewährleisten. Damit würde sich eine Norm für Umwelterklärungen auch ohne Probleme in die „Norm-Familie" des NAGUS bzw. der ISO einpassen.

Die DIN-Norm „Leitfaden - Umweltberichte für die Öffentlichkeit" enthält Grundsätze über Wahrheit, Wesentlichkeit, Klarheit, Stetigkeit und Vergleichbarkeit. Diese Grundsätze wären in einer Norm für Umwelterklärungen zu berücksichtigen. Darüber hinaus muß eine Umwelterklärung noch die Anforderungen der Verordnung nach knapper und verständlicher Form entsprechen. Dabei bezieht sich die knappe Form auf den Umfang einer Umwelterklärung, während sich die verständliche Form an die inhaltliche Ausgestaltung richtet. D.h., daß beim Schreiben der Umwelterklärung auf klare Bezugsgrößen, sprachliche Exaktheit, unterstützende graphische Darstellungen, zielorientierte Aussagen und auf einen systematischen Aufbau zu achten ist.

Einen wesentlichen Bestandteil einer jeden Norm bilden klare begriffliche Abgrenzungen. Im Hinblick auf die Verordnung sollte eine präzisierende Norm zwischen *Erst-Umwelterklärung*, *Folge-Umwelterklärung* und *Vereinfachter Umwelterklärung* unterscheiden. Eine Trennung zwischen Erst- und Folge-Umwelterklärung wird in der Verordnung nicht vorgenommen. Um allerdings den Grundsätzen der Klarheit und Vergleichbarkeit nachzukommen, erscheint eine entsprechende Abgrenzung sinnvoll. Eine *Erst-Umwelterklärung* als eine erstmals einem Umweltgutachter zur Validierung vorgelegte Umwelterklärung sollte neben aktuellen umweltrelevanten Daten und Informationen auch solche enthalten, die die Vergangenheit betreffen. *Folge-Umwelterklärungen* sollten dann nur noch die Vergleichsdaten der letzten Umwelterklärung enthalten. Mit einer solchen Abgrenzung kann verhindert werden, daß die Unternehmen unübersichtliche Datenblöcke und Zeitreihen aus längst vergangenen Perioden darstellen. Dem Leser wird so ein schneller Überblick über die Entwicklung der wichtigen Umweltfragen seit der letzten Umwelterklärung ermöglicht. Aus Gründen der Klarheit sollte eine Norm auch die Abgrenzung zur *Vereinfachten Umwelterklärung* explizit ausführen.

Aufgrund der Tatsache, daß zahlreiche Unternehmen Umweltberichte veröffentlichen und der Unterschied zu Umwelterklärungen für Nicht-Experten nur schwer erkennbar ist, sollte auf dem Deckblatt der Umwelterklärung die Abgrenzung der zwei Berichtsarten deutlich gemacht werden. Dies kann gewährleistet werden, indem der Begriff „Umwelterklärung" und der Bezug zur Verordnung bzw. zur Norm sowie die Bezeichnung des Standortes und der Zeitraum, auf den sich die Umwelterklärung bezieht, angegeben wird. Um Verwirrungen im Zusammenhang mit der Zugehörigkeit zu einem Standort auszuschließen, sollten auch die rechtlich selbständigen Unternehmen, die am Standort ansässig sind, genannt werden.

Um der Öffentlichkeit einen schnellen Überblick über die Umweltsituation eines Standortes zu geben, sollte eine Regelung gefunden werden, um die Anforderung der Verordnung an Umwelterklärungen klar von den Mitteilungen, welche der Standort zusätzlich abgeben will, zu trennen. Eine Norm für Umwelterklärungen könnte somit in zwei Teile, einen *„Mindestinhalt"*, der die standortspezifischen und umweltrelevanten Informationen und Daten umfaßt, die in der Umwelterklärung dargestellt werden müssen und einen *„Zusatzinhalt"*, der solche beinhaltet, welche über den Mindestinhalt hinausgehen, aufgeteilt werden.

Ziel des Mindestinhaltes müßte sein, den betrieblichen Umweltschutz zu „erklären". Hier offenbart sich bereits ein wesentlicher Unterschied zum Umweltbericht, der über die Gesamtsituation des betrieblichen Umweltschutzes „berichten" soll, d.h., daß im Umweltbericht die Beschreibung im Vordergrund steht.

Jedoch muß auch im Rahmen des Mindestinhalts zuerst eine Darstellung der Bedeutung des betrieblichen Umweltschutzes am Standort erfolgen. Die Bedeutung sollte dabei zum einen aus der Beschreibung der Tätigkeiten des Unternehmens und zum anderen aus der Beurteilung aller *wichtigen Umweltfragen* am Standort hervorgehen. Durch die Tätigkeitsbeschreibung soll der Leser der Umwelterklärung einen Überblick über den Unternehmenszweck erhalten. Dies kann als Grundlage für eine spätere Gegenüberstellung mit den betrieblichen Umweltschutzgegebenheiten dienen. Wie bereits oben angedeutet, ist die Umwelterklärung in gewisser Weise ein eigenständiges kommunikationspolitisches Instument. Es ist somit vorteilhaft und dient der Klarheit, wenn die Umwelterklärung sich von dem Instrument Umweltbericht eindeutig abgrenzt. Eine solche Abgrenzung kann für die Umwelterklärung u.a. auch dadurch erfolgen, daß die Beurteilung aller *wichtigen Umweltfragen* zum Ausgangspunkt einer Norm für Umwelterklärungen gemacht wird. Während der Umweltbericht die umweltbezogene Gesamtsituation darstellt, beschränkt sich die Umwelterklärung auf die wichtigen Umweltfragen. Eine solche Vorgehensweise würde auch der Forderung der Verordnung nach knapper und verständlicher Form entsprechen. Ebenso kann davon ausgegangen werden, daß die Öffentlichkeit insbesondere an den wichtigen Umweltfragen ein gesteigertes Interesse hat. Diese *wichtigen Umweltfragen* können damit zum Ausgangspunkt einer normkonformen Umwelterklärung gemacht werden und bilden den jeweiligen Bezugspunkt für die weiteren Abschnitte. Damit wird auch die logische Beziehung der einzelnen Anforderungen zueinander gewährleistet. Die Festlegung der *wichtigen Umweltfragen* geschieht insbesondere auf der Grundlage der Ergebnisse der Umweltbetriebsprüfung sowie unter Berücksichtigung der in Anhang I Teil C der Verordnung aufgeführten zu behandelnden Gesichtspunkte. Das Unternehmen entscheidet selbst, welche umweltrelevanten Gesichtspunkte von besonderer Bedeutung sind. Eine derartige Vorgehensweise mit der Bestimmung und Beurteilung der wichtigen Umweltfragen kann auch als *Problemerklärung* bezeichnet werden. Kontrollinstanz ist in diesem Zusammenhang der Umweltgutachter, der die Entscheidung des Unternehmens über die *wichtigen Umweltfragen* zu beurteilen hat.

Als nächster Schritt bietet sich dann eine *Absichtserklärung* der Unternehmen an. Hier sollte insbesondere das Umweltmanagementsystem mit seinen Bestandteilen und seiner Funktionsweise dargestellt werden. Wie in der Verordnung, so sollte auch in einer Norm für Umwelterklärungen das Umweltmanagementsystem des Standortes im Mittelpunkt der Betrachtung stehen. Die vom Unternehmen erkannten standortspezifischen *wichtigen Umweltfragen* werden durch das eingerichtete Umweltmanagementsystem plan- und steuerbar. Dies erfolgt durch die Einrichtung von Organisationsstrukturen sowie die Festlegung von Zuständigkeiten, Verhaltensweisen, förmlichen Verfahren, Abläufen und Mitteln. Um dem Leser einer Umwelterklärung eine Bewertungsmöglichkeit zu geben, inwieweit das Umweltmanagementsystem in der Lage ist, mit den *wichtigen Umweltfragen* des Standorts umzugehen, sollte aufgezeigt werden, wie die wichtigsten Systemelemente ausgestattet sind und wie sie miteinander in Verbindung stehen.

Anschließend wäre es sinnvoll eine Darstellung des konkreten Leistungsvermögens des Umweltmanagementsystems in bezug auf die *wichtigen Umweltfragen* in Form einer sog. *Leistungserklärung* in einer Umwelterklärungsnorm zu fordern. Hier wäre aufzuzeigen, welche Ergebnisse das Umweltmanagementsystem hervorgebracht hat. Neben der Funktionsweise eines Umweltmanagementsystems ist seine Wirksamkeit von Bedeutung. Auch hierauf sollte in der Umwelterklärung eingegangen werden. Besonders hervorzuheben sind in diesem Zusammenhang die Anforderungen an die Umweltziele und das Umweltprogramm, welche tabellarisch dargestellt werden sollten. Eine solche Regelung würde den Aufwand für den Vergleich von Planung (Umweltziele und entspr. Maßnahmen) mit den Planungsergebnissen (Zahlenangaben über Umweltbelastungen) für den Leser der Umwelterklärung gering halten. Deutlich könnte eine solche Vereinfachung insbesondere durch eine Spalte „Umweltziel Sollergebnis" werden. Eine solche Anforderung zur tabellarischen Darstellung würde sicherstellen, daß die Zielgruppen der Umwelterklärung die Umweltfaktoren, Umweltpolitik, -ziele und -programme verstehen und beurteilen können. Die Festlegung des Detaillierungsgrads der einzelnen Themenfelder des Umweltprogramms sollte jedoch den Unternehmen überlassen bleiben.

Die Überprüfung der Wirksamkeit eines Umweltmanagementsystems erfolgt durch Umweltbetriebsprüfungen und durch die Prüfungstätigkeit des Umweltgutachters. Daher erscheint es sinnvoll, den Mindestinhalt einer Norm für Umwelterklärungen mit einer sog. *Ergebniserklärung*, abzuschließen. D.h. die Überprüfung der Wirksamkeit des Umweltmanagementsystems erfolgt abschließend durch die Darstellung der Umweltbetriebsprüfungsergebnisse. Hierzu sind die Ziele, die Abläufe und die Verfahren der Umweltbetriebsprüfung zu erläutern. Auch diese *Erklärung* sollte sich an den *wichtigen Umweltfragen* orientieren und würde somit den Kreis für den Leser der Umwelterklärung schließen. Dies kann insbesondere dadurch erreicht werden, daß der formale Aufbau der Maßnahmenverfolgung (Tabellenform) sowie die inhaltliche Gliederung auf der vorgegebenen Darstellungsform des Umweltprogramms beruht und um den Gliederungspunkt „Zielerreichungsgrad" ergänzt wird. Sofern gesetzte Umweltziele dann nicht erreicht worden sind, ist auf Gründe und geplante Korrekturmaßnahmen einzugehen. Der Aufbau einer so gestalteten Umwelterklärung ist überblicksartig in Abbildung 1 dargestellt.

Zusatzinhalte umfassen Daten und Informationen, die über den Mindestinhalt hinausgehen und in der Umwelterklärung aufgeführt werden können, insbesondere um zielgruppenorientierten Ansprüchen gerecht zu werden. Sie ergänzen somit den Anforderungskatalog des Art. 5 der Verordnung und unterstützen die Erfüllung der „Guten Managementpraktiken" Nr. 9 (Anh. I Teil D Ziffer 9 der Verordnung), nach der die Öffentlichkeit alle Informationen erhält, die zum Verständnis der Umweltauswirkungen der Tätigkeit des Unternehmens benötigt werden und ein offener Dialog mit der Öffentlichkeit ermöglicht wird.

Die Zulässigkeit, Zusatzinhalte in Umwelterklärungen aufzuführen, ergibt sich aus der Verwendung des Begriffs „insbesondere" in Art. 5 Abs. 3 der Verordnung. Zu berücksichtigen ist jedoch, daß die Anforderung nach knapper, verständlicher Form nicht verletzt wird.

Zusatzinhalte bieten dem Unternehmen die Möglichkeit, eine Umwelterklärung als ein Instrument des offenen Dialogs mit der Öffentlichkeit zielgruppenspezifisch auszugestalten. Da die Zielgruppen von Umwelterklärungen, insbesondere deren Ansprüche je nach Unternehmensbranche stark variieren, sollte das Unternehmen ermitteln, welche Zielgruppen es mit der Umwelterklärung ansprechen möchte. In einer Norm für Umwelterklärungen könnte somit ein Verfahren vorgestellt werden, das Unternehmen dabei unterstützen kann, jeweils geeignete Zusatzinhalte zu ermitteln und in der Umwelterklärung darzustellen.

Ein Antrag zur Erarbeitung einer Norm für Umwelterklärungen zusammen mit einem Norm-Vorschlag, der dem soeben beschriebenden Aufbau entspricht, wurde von der Arbeitsgruppe Umwelterklärung des „Doktoranden-Netzwerk Öko-Audit e.V." am 9. Oktober 1997 beim DIN eingereicht. Dieser Antrag wurde vom Beirat des Normenausschusses Grundlagen des Umweltschutzes (NAGUS) mit Schreiben vom 02. Februar 1998 abgelehnt.[27]

---

[27] Der vollständige Text dieses Norm-Vorschlages ist erschienen in der Schriftenreihe des „Doktoranden-Netzwerk Öko-Audit e.V." und kann dort bezogen werden. Vgl. Janzen, I., Kreiner-Cordes, G., Müller, M., Nissen, U., Pape, J. und Vollmer, S. A. M. (1998).

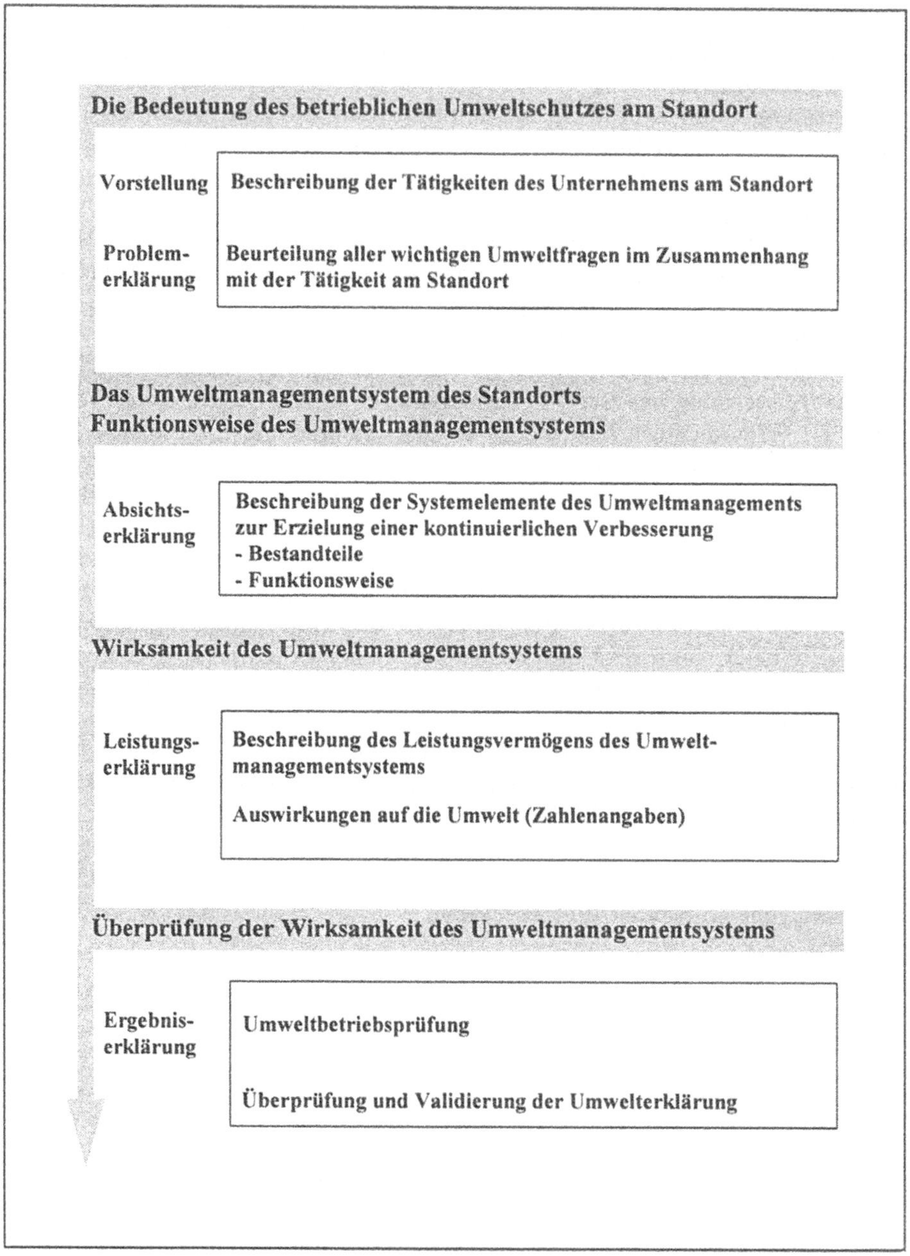

Die Bedeutung des betrieblichen Umweltschutzes am Standort

Vorstellung: Beschreibung der Tätigkeiten des Unternehmens am Standort

Problemerklärung: Beurteilung aller wichtigen Umweltfragen im Zusammenhang mit der Tätigkeit am Standort

Das Umweltmanagementsystem des Standorts
Funktionsweise des Umweltmanagementsystems

Absichtserklärung: Beschreibung der Systemelemente des Umweltmanagements zur Erzielung einer kontinuierlichen Verbesserung
- Bestandteile
- Funktionsweise

Wirksamkeit des Umweltmanagementsystems

Leistungserklärung: Beschreibung des Leistungsvermögens des Umweltmanagementsystems

Auswirkungen auf die Umwelt (Zahlenangaben)

Überprüfung der Wirksamkeit des Umweltmanagementsystems

Ergebniserklärung: Umweltbetriebsprüfung

Überprüfung und Validierung der Umwelterklärung

Abb. 1. Struktureller Aufbau einer Norm für Umwelterklärungen (Quelle: Janzen, I. et al., 1998)

Literatur

BMU - Bundesumweltministerium (1993a): Produktnormung und Umweltschutz, Umwelt (BMU), S. 8-9.

BMU - Bundesumweltministerium (1993b): Die EG-Verordnung zum Umweltmanagement und zur Umweltbetriebsprüfung: ein Instrument der Umweltpolitik. In: Umwelt (BMU) 1993, 466-470.

BMU - Bundesumweltministerium (1995): Verbesserung des betrieblichen Umweltschutzes durch Umweltbetriebsprüfungen, UBA-Berichte 2/95.

Büro für Technikfolgen-Abschätzung beim Deutschen Bundestag (1996): TA-Projekt „Möglichkeiten und Probleme bei der Verfolgung und Sicherung nationaler und EG-weiter Umweltschutzziele im Rahmen der europäischen Normung", Arbeitsbericht Nr. 43.

Di Fabio, U. (1996): Wege zur Materialisierung des europäischen Umweltrechts. In: Rengeling, H.-W. (Hrsg.): Integrierter und betrieblicher Umweltschutz, S. 183-202.

DIN- Deutsches Institut für Normung (1987): Gundlagen der Normungsarbeit des DIN.

DIN - Deutsches Institut für Normung (1994): Normenausschuß Grundlagen des Umweltschutzes (NAGUS) im DIN – Jahresbericht der Geschäftsstelle 1994.

DIN - Deutsches Institut für Normung (1995): Normenheft 10, Grundlagen der Normungsarbeit, 6. geänderte Auflage.

EG-Kommission (1996): „Minutes" des „First Verifiers Workshop" vom 7.6.1996.

Feldhaus, G. (1994): Grundlagen des Umweltschutzes – Bericht über die Arbeit des NAGUS. In: DIN-Mitteilungen 1994, S. 456.

Feldhaus, G. (1997): Das Umweltaudit - Verfahren als Wettbewerbsinstrument. In: Jahrbuch Umwelt- und Technikrecht 1997.

Freimann, J. (1996): Forschungsgruppe Betriebliche Umweltpolitik: EMAS-Umwelterklärungen — Ein Praxisbericht, Werkstattreihe Betriebliche Umweltpolitik der Gesamthochschule Kassel.

Führ, M. (1994): Wie souverän ist der Souverän – Technische Normen in demokratischer Gesellschaft, 1994.

Hillary, R. (1994): The Eco-Management and Audit Scheme: A Practical Guide.

Hessisches Ministerium für Wirtschaft, Verkehr und Landesentwicklung (1995): Pilot-Öko-Audits in Hessen.

Janzen, I., Kreiner-Cordes, G., Müller, M., Nissen, U., Pape, J. und Vollmer, S. A. M. (1998): Norm-Vorschlag, Schriftenreihe des Doktoranden-Netzwerkes Öko-Audit e.V., Band 2.

Jörissen (1996): Möglichkeiten und Probleme bei der Verfolgung und Sicherung nationaler und EG-weiter Umweltschutzziele im Rahmen der europäischen Normung, Arbeitsbericht Nr. 43 des „Büro für Technikfolgen-Abschätzung beim Deutschen Bundestag".

Martens, C.-P. und Moufang, O. (1996): Kritische Aspekte bei der praktischen Durchführung der Öko-Audit Verordnung, NVWZ 1996, 246-247.

Nissen, U. und Falk, H (1996): Die Umwelterklärung nach der EG-Öko-Audit-Verordnung - Impulse für den betrieblichen Umweltschutz. In: Hilty et. al. (Hrsg.): Prozeßorientierte Dokumentation im Betrieblichen Umweltschutz, S. 33 - 51.

Orts, E. W. (1995): Reflexive environmental law. In: Northwestern University Law Review, S. 1277-1340.

Steger, U. und Ebinger, F. (1995): Das Öko-Auditing als Instrument der Organisationsentwicklung und der Deregulierung, in: Klemmer/Meuser, Der Weg zum ökologischen Zertifikat - EG-Umweltaudit, S. 215 - 234.

Schulz, W. (1997): Bewertung durchgeführter Umweltbegutachtungen von Betriebsstandorten, Vortragsmanuskript zur Tagung "Erfahrungen mit dem Umweltauditgesetz" am 29./30.4.1997 an der Hochschule Speyer, S. 20.

Teubner, G. (1982): Reflexives Recht. In: Archiv für Rechts- und Staatsphilosophie, S. 13-59.

Teubner, G. und Willke, H. (1994): Kontext und Autonomie – Gesellschaftliche Selbststeuerung durch reflexives Recht, Working Paper des European University Institute, Florence, Nr. 93.

10 Betriebliche Umweltkennzahlen – Effektives Werkzeug zur Unterstützung des KVP-Prozesses im Kontext von Umweltmanagementsystemen

Carsten Nagel und Achim Schwan

Betriebliche Umweltkennzahlen sind spätestens mit der Umsetzung der EG-Öko-Audit-Verordnung und der DIN EN ISO 14 001 stärker in den Blickpunkt auch des unternehmerischen Interesses gerückt – ist doch ihre Eignung für eine effektive Unterstützung des innerbetrieblichen Umweltschutzes unbestritten.

Der vorliegende Text gibt einen kurzen aber aktuellen Überblick über wesentliche Aspekte. Ausgehend von der Darstellung der wichtigsten theoretischen Grundlagen und einem kurzen Exkurs in die praktischen Anwendungsmöglichkeiten faßt er die wesentliche Ansätze der aktuellen Diskussionen bezüglich einer Vereinheitlichung bzw. Standardisierung zusammen. Den Abschluß bildet ein Ausblick auf zukünftige Entwicklungsmöglichkeiten sowie Thesen zur Berücksichtigung des Themas Umweltkennzahlen im Kontext der bevorstehenden Revision der EG-Öko-Audit-Verordnung.

10.1 Einleitung

In zunehmendem Maße werden Umweltaspekte in politische, wirtschaftliche und gesellschaftliche Entscheidungen einbezogen. Auch für Unternehmen besitzt die Berücksichtigung ökologischer Gesichtspunkte bei der Gestaltung betrieblicher Abläufe und der Entwicklung von Produkten mittlerweile große Bedeutung, insbesondere unter dem Aspekt der strategischen Wettbewerbsfähigkeit. Bloße Reaktion auf bestehende Anforderungen, z.B. von Seiten des Gesetzgebers, genügt künftig nicht mehr. Vielmehr ist eine proaktive Ausrichtung des Umweltmanagements gefordert, mit dessen Hilfe bereits bei der Planung von Unternehmensaktivitäten eine Umweltorientierung erfolgt.

Erfolgreiches Umweltmanagement setzt die Aufbereitung umweltrelevanter Informationen in der Art und Weise voraus, daß sie in der richtigen Form zur richtigen Zeit am richtigen Ort vorliegen. Umweltkennzahlen sind ein Werkzeug, diese Voraussetzung zu erfüllen. Durch sie werden umfangreiche Umweltdaten verdichtet und auf eine überschaubare Zahl aussagekräftiger Schlüsselinformationen reduziert, mit deren Hilfe Entwicklungen im betrieblichen Umweltschutz über mehrere Jahre hinweg handhabbar und vergleichbar gemacht werden. Durch den Einsatz von Umweltkennzahlen werden Unternehmensaktivitäten hinsichtlich der relevanten Umweltaspekte transparent dargestellt und Schwachstellen sowie Optimierungspotentiale im betrieblichen Umweltschutz aufgezeigt. Außerdem sind Kennzahlen in hohem Maße zur Formulierung und Überprüfung quantitativer Umweltziele i.S.d. Artikel 3 lit. e EMAS bzw. Pkt. 3.10 der DIN EN ISO 14001 sowie zur Veröffentlichung von umweltrelevanten Zahlenangaben im Rahmen der Umwelterklärung (vgl. Art. 5 Abs. 2 lit. c EMAS) geeignet. Abbildung 1 zeigt eine Übersicht über die vielfältigen Verwendungsmöglichkeiten von Umweltkennzahlen.

Abb. 1. Verwendungsmöglichkeiten von Umweltkennzahlen

10.2 Stand der Technik

10.2.1 Umweltkennzahlen in der Theorie

„Ein Kennzahlensystem ist eine geordnete Gesamtheit von Elementen (Kennzahlen), die in rechentechnischer Verknüpfung (Rechensysteme) oder in einem sachlichen Systematisierungszusammenhang (Ordnungssysteme) zueinander stehen" (Merkle, 1982, S. 327).

Das Vorliegen eines Rechensystems führt zu einer pyramidenartigen Struktur von Kennzahlen, wobei sich die Kennzahlen einer Ebene mittels mathematischer Verknüpfungen aus Kennzahlen der nächsten untergeordneten Ebene bestimmen lassen. Grundlage sind die sog. Basisdaten, mitunter auch als Ausgangskennzahlen bezeichnet, die einmal erhoben werden müssen (z.B. in Form von Rechnungsbeträgen). An oberster Stelle steht die sog. Spitzenkennzahl – z.B. der Unternehmensgewinn –, die i.d.R. das übergeordnete Unternehmensziel repräsentiert (Horvath, 1994, S. 556).

Systematisierungskriterium	Ausprägung					
Umweltbereich	Material	Energie	Umweltmedien			
			Wasser	Luft	Boden	
Eigenschaft der Umweltkennzahlen	stoff und energieflußorientiert	tätigkeitsbezogen	produktspezifisch	sachanlagenbezogen		monetär
Wertkettenaktivitäten	primäre Aktivitäten			sekundäre Aktivitäten		
	FuE	Beschaffung	Produktion	Transport und Lagerung	Absatz	Personalwesen	Bebauung	Controlling
Datenherkunft	Ökobilanz				Rechnungswesen		
	Betriebsbilanz	Prozeßbilanz	Produktbilanz	Substanzbetrachtung	Buchhaltung	Kosten- und Leistungsrechnung	Statistik
Stoff- und Energiestromrichtung	inputbezogen				outputbezogen		

Abb. 2. Gliederungskriterien für Umweltkennzahlen (vgl. Peemöller et al., 1996, S. 7)

Bei einem Ordnungssystem werden die einzelnen Kennzahlen primär nach sachlichen Kriterien zu Gruppen zusammengefaßt (z.B. Stoff- und Energieflußkennzahlen, Managementkennzahlen). Zwischen den Kennzahlen verschiedener Gruppen existieren keine mathematischen Verknüpfungen, innerhalb einer Gruppe sind diese jedoch 'erlaubt' (vgl. z.B. Merkle, 1982, S. 327; Küting, 1983, S. 238).

Die Kriterien, nach denen die Umweltkennzahlen im Rahmen von Rechensystemen und / oder Ordnungssystemen[1] eingeteilt werden, werden i.d.R. als Systematisierungskriterien oder auch Gliederungskriterien bezeichnet und können nahezu beliebig vielfältig sein. Abbildung 2 zeigt einen Überblick über häufig verwendete Kriterien.

---

[1] Bei strenger Anwendung der vorliegenden Definition des Begriffes *Ordnungssysteme* deckt dieser bereits 'vermeintliche' Mischformen ab.

Grundsätzlich unterscheidet man zwei Arten von betrieblichen Kennzahlen (vgl. Abbildung 3): Dies sind zum einen *absolute* Zahlen wie Energieverbrauch, Ressourceneinsatz, Schadstoffmengen, die auch Summen, Differenzen oder Mittelwerte sein können. Zum anderen sind es *Verhältniszahlen*, die sich wiederum in Gliederungs-, Beziehungs- und Meßzahlen unterteilen lassen.

Abb. 3. Arten von Kennzahlen

Gliederungszahlen werden durch die Aufteilung einer Gesamtgröße in Teilgrößen gebildet, wobei die Teilgröße zur Gesamtgröße in Beziehung gesetzt wird. Somit stellen Anteile einer Größe eine Gliederungszahl dar. Beispiel für eine Gliederungszahl ist der Anteil des Wasserverbrauches einer Anlage am gesamten Wasserverbrauch.

Beziehungszahlen drücken das Verhältnis verschiedenartiger, aber gleichrangiger Größen aus, zwischen denen ein Zusammenhang besteht. Der Gleichrang wird durch den gleichen Zeitbezug (Zeitpunkt, Zeitraum) hergestellt. Dies ist der Fall, wenn von Quote oder Intensität gesprochen wird. Beispiel für eine Beziehungszahl ist der Wasserverbrauch pro beschichteter Oberfläche.

Meßzahlen sind keine im wörtlichen Sinne gemessenen Größen, sondern zeigen die relative Veränderung bestimmter Größen an. Dabei werden die zu vergleichenden Werte auf eine Basiszahl bezogen. Häufig wählt man 100 als Basiszahl. Beispiel für eine Meßzahl ist die Gesamtabfallmenge eines Jahres im Verhältnis zu der des Vorjahres.

Bei der Bildung relativer Kennzahlen sollten durchsatz- bzw. leistungsbezogene Kennzahlen herangezogen werden. Als Bezugsgröße für die Leistung bieten sich hier für die betriebswirtschaftliche Leistung der Umsatz, für die Produktionsleistung z.B. die Anzahl erzeugter Produkteinheiten oder die Zahl der Betriebsstunden an, wobei die Aussagegenauigkeit in der genannten Reihenfolge abnimmt. Welches hier die für das Unternehmen geeignetste Größe ist, kann nur unter Berücksichtigung der betrieblichen Gegebenheiten im Einzelfall bestimmt werden[2].

---

[2] Dies kann in der betrieblichen Praxis eine durchaus nicht triviale Angelegenheit sein, z.B. bei einem heterogenen Produktspektrum.

10.2.2 Anforderungen an ein Umweltkennzahlensystem

Anforderungen an Umweltkennzahlen und Umweltkennzahlensysteme ergeben sich im wesentlichen aus zwei verschiedenen Richtungen. Kennzahlen sind so zu entwickeln und anzuwenden, daß sie

- bezüglich ihrer Aussage mit den inhaltlichen Anforderungen unternehmensinterner oder -externer Art wie z.B. in Form zertifizierbarer Standards, Kundenanforderungen oder gesetzlicher Vorschriften korrespondieren und
- hinsichtlich ihrer systematischen Strukturierung und ihres Aufbaus die ihnen zugedachte Funktion im Rahmen eines Umweltcontrollings prinzipiell erfüllen können.

10.2.2.1 Externe und interne inhaltliche Anforderungen

Zwar fordern weder die EG-Öko-Audit-Verordnung noch die DIN EN ISO 14001 explizit die Verwendung von Kennzahlen oder Kennzahlensystemen, jedoch legen beide implizit die Verwendung derselben nahe. So verlangt z.B. EMAS die Veröffentlichung einer Umwelterklärung, die unter anderem „eine Zusammen-fassung der Zahlenangaben über Schadstoffemissionen, Abfallaufkommen, Rohstoff-, Energie- und Wasserverbrauch und gegebenenfalls über Lärm sowie andere bedeutsame umweltrelevante Aspekte" beinhalten muß (siehe Artikel 5 Abs. 3 lit. e EMAS). DIN EN ISO 14001 verpflichtet den Anwender zum Einführen und Aufrechterhalten von „Verfahren für die Kennzeichnung, Pflege und Beseitigung von umweltbezogenen Aufzeichnungen". Diese Aufzeichnungen müssen lesbar, identifizierbar und rückverfolgbar zu der jeweiligen Tätigkeit, dem Produkt oder der Dienstleistung sein (DIN EN ISO 14001, 1996, S. 12).

Gesetzliche Vorschriften verlangen, z.T. schon seit langem, die Erfassung und Dokumentation quantitativer Angaben – also von Kennzahlen – z.B. in Form einer Emissionserklärung oder einer Abfallbilanz.

Viele (produzierende) Unternehmen sehen sich darüber hinaus zunehmend der Situation ausgesetzt, daß sie von ihren Auftraggebern (Kunden) aufgefordert werden, bestimmte quantifizierte Angaben bzgl. umweltrelevanter Sachverhalte zu machen. Dies umfaßt sowohl Produktspezifikationen[3] als auch unmittelbare Fragen z.B. nach Abfallmengen oder eingesetzten Gefahrstoffen. Interne Anforderungen ergeben sich vor allem aus Umweltzielen im Rahmen eines Umweltmanagementsystems.

---

[3] An dieser Stelle sei nur auf die diversen „Roten Listen" verschiedener Konzerne vor allem in der Automobil- und Elektronikindustrie hingewiesen.

Umweltkennzahlen und Umweltcontrolling

Grundlegende Anforderungen der Theorie an Kennzahlensysteme sind die Forderungen nach Quantifizierbarkeit, Vollständigkeit, Wesentlichkeit und Wirtschaftlichkeit sowie Flexibilität.

Quantifizierbarkeit: Kennzahlen können nur quantifizierbare Größen sein. Diese vermeintliche Banalität ist besonders dort angemessen zu berücksichtigen, wo es um die Abbildung nicht unmittelbar quantifizierbarer Sachverhalte geht, bspw. beim Umweltbewußtsein der Mitarbeiter und anderen soft skills (vgl. Nagel und Brunk, 1997, S. 55). An dieser Stelle können letztlich immer nur Ersatztatbestände gemessen werden, die in entsprechende Kennzahlen zu fassen sind. Die Ersatztatbestände müssen sorgfältig ausgewählt werden, um vorhandenen Kausalitäten Rechnung zu tragen[4].

Vollständigkeit: Ein Kennzahlensystem wird dann als vollständig bezeichnet, wenn es in der Lage ist, alle angestrebten Ziele abzubilden und deren Erreichung zu kontrollieren (z.B. Reichmann, 1995, S. 23 ff). Dieses bedeutet für das Umweltkennzahlensystem, daß es mit den Umweltzielen korreliert. Dabei ist zu beachten, daß es i.d.R. nicht ausreicht, eher abstrakte Oberziele zu definieren. Auf die Formulierung operationalisierter Subziele und der zugehörigen Kennzahlen kann an dieser Stelle nicht verzichtet werden.

Wesentlichkeit, Wirtschaftlichkeit: Der Aufwand darf den Nutzen des Kennzahlensystems nicht übersteigen, die Erzeugung von Zahlenfriedhöfen ist die schlechteste aller Lösungen. Um die Praktikabilität des Kennzahlensystems zu erhalten, sollte es sich auf wenige aussagekräftige Kennzahlen beschränken (z.B. Lachnit, 1979, S. 32).

Flexibilität: Das Umweltkennzahlensystem muß so gestaltet sein, daß es an veränderte Gegebenheiten angepaßt werden kann, so daß die Vergleichbarkeit von Kennzahlen vor und nach der Änderung erhalten bleibt (z.B. Würth, 1993, S. 195).

Entscheidend für die Leistungsfähigkeit des Umweltkennzahlensystems in der Praxis ist seine unternehmensweite Integration in Regelkreise, um so die schnelle und zielgerichtete Reaktion auf umweltrelevante Ereignisse im Unternehmen zu ermöglichen. Dies wird durch die Einbindung der Kennzahlen in das betriebliche Umweltcontrolling erreicht. In Analogie zum klassischen Controllingbegriff umfaßt dabei das Umweltcontrolling die Planung, Steuerung und Kontrolle umweltrelevanter Sachverhalte.

---

[4] So wird bspw. als Kennzahl für das Umweltbewußtsein der Mitarbeiter häufig die Anzahl der Umweltschutz-Verbesserungsvorschläge herangezogen. Dabei kann das Instrument Vorschlagswesen im Einzelfall durchaus auch 'bürokratisches Hemmnis' sein. In diesen Fällen spiegelt die Vorschlagsanzahl den eigentlichen Tatbestand nur unzureichend wider.

Das in Abbildung 4 dargestellte Schema zeigt einen im Hinblick auf die Anwendung von Kennzahlen verfeinerten Umweltcontrolling-Regelkreis, der es ermöglicht, im Unternehmen in geeigneten Zeitabständen Soll-Vorgaben mit Ist-Größen der Unternehmensrealität zu vergleichen.

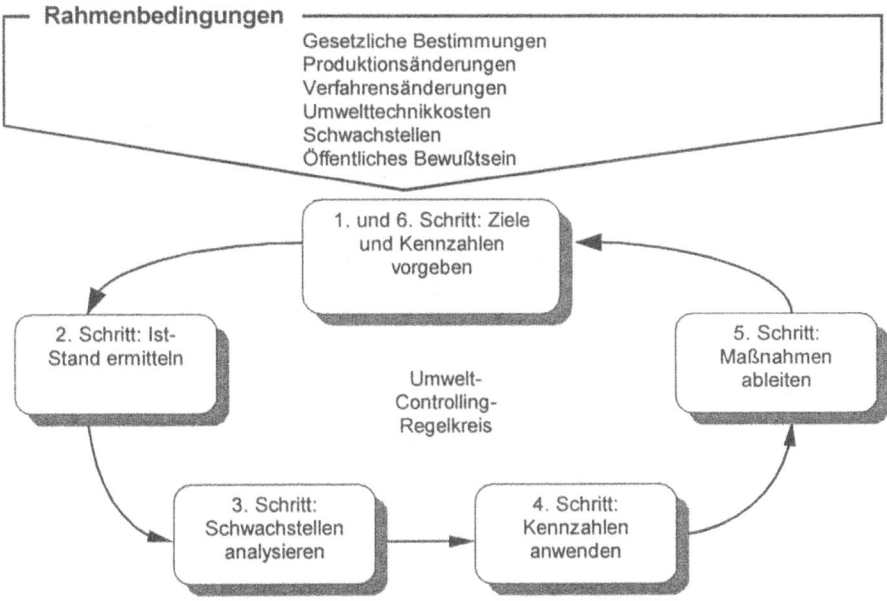

Abb. 4. Umweltcontrolling-Regelkreis (in Anlehnung an IHK und QFM, 1998)

Operatives Ziel ist es hierbei, wie bei einer klassischen, technischen Regelung, die zu regelnde Größe auf einem vorgegebenen Sollwert zu halten. Hierzu ist es notwendig, die zu regelnden Größe zu messen und die Ergebnisse mit einem Sollwert zu vergleichen. Notwendige Maßnahmen werden auf Basis der Differenz Sollwert zu Meßwert abgeleitet.

Diese durch Kennzahlen angewiesene Steuerungs- und Kontrollfunktion des Umweltcontrollings macht es zu einem Hilfsmittel für den Aufbau und die Weiterentwicklung von Umweltmanagementsystemen, unabhängig von der Tatsache, ob diese an EMAS, DIN EN ISO 14001 angelehnt sind oder frei, also ohne Berücksichtigung eines externen Standards, konzipiert wurden. Die Verflechtung bzw. Überschneidungsbereiche des Umweltcontrollings mit den Umweltmanagementnormen zeigt Abbildung 5.

Innerhalb des Prozesses des standortbezogenen EG-Öko-Audits liefert Umweltcontrolling notwendige Daten (Kennzahlen) zur *Analyse ökologischer Schwachstellen*, um so den geforderten „kontinuierlichen Verbesserungsprozeß" (KVP) in Gang zu setzen. Auch die Bereiche des *öffentlichen Dialoges mit Kun-*

den und Lieferanten sowie *Marketing* liegen innerhalb der Schnittmenge Umweltcontrolling / Öko-Audit. Die öffentlich zugängliche Dokumentation, Umwelterklärung bzw. –bericht, fördert den Prozeß einer aktiven Kommunikation des Unternehmens nach außen, stärkt so das Image des Unternehmens und erleichtert allgemeine Marketingaufgaben.

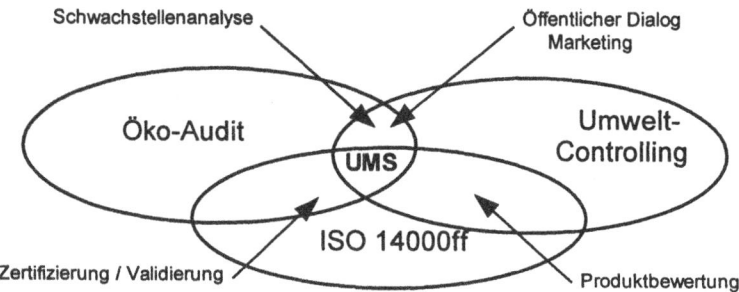

Abb. 5. Verflechtung von Umweltcontrolling und Umweltmanagementsystemen (UMS)

Um das Umweltkennzahlensystem gezielt für Controllingzwecke einsetzen zu können, ist es entscheidend, die richtigen Kennzahlen in ihrem Gesamtzusammenhang zu sehen, und nicht einzelne Kennzahlen isoliert zu betrachten. Dies gilt vor allem dann, wenn die Kennzahlen hinsichtlich des Unternehmensziels konkurrierende Sachverhalte widerspiegeln (sollen).

Umweltkennzahlen in der Praxis

Eine immer größere Anzahl an Unternehmen hat entsprechende Überlegungen aufgegriffen und systematisch in die eigene betriebliche Praxis umgesetzt. Ihre Anzahl wächst spürbar – eine Zusammenstellung allein der in der einschlägigen Literatur diskutierten Beispiele (vgl. dazu u.a. BMU und UBA, 1995, 1996 und 1997 oder Clausen, Seifert und Seidel, 1998) würde den Rahmen dieses Beitrages sprengen.

Ein besonders eindrucksvolles Beispiel für ein Unternehmen, das schon frühzeitig ein Umweltkennzahlensystem entwickelt und in sein Umweltcontrolling integriert hat, stellt die Kunert AG dar (vgl. dazu auch Kunert, 1995). Wesentlicher Ausgangspunkt war dabei die Einsicht, daß ein effizientes Umweltcontrollingsystem Kennzahlen erfordert, die sowohl interne aber auch Soll-Ist-Vergleiche mit anderen Unternehmen der Branche ermöglichen.

Die absoluten Input- und Output-Kennzahlen, wie sie durch eine betriebliche Ökobilanz ermittelt werden, können durch Produktions- und Absatzschwankungen in ihrer Aussagekraft geschwächt werden. Deswegen wurde ein auf vier

Kennzahlengruppen (produktionsspezifische Kennzahlen, Quotenkennzahlen, Materialkennzahlen und Emissionskennzahlen) basierendes Kennzahlensystem entwickelt, um sowohl ökologische Entwicklungstrends wie auch die Öko-Effizienz der Unternehmensaktivitäten mittels relativer Zahlen zu beschreiben.

Produktionsspezifische Kennzahlen setzen Wasser- und Energieverbrauch sowie Abfallaufkommen und Emissionen ins Verhältnis zur produzierten Menge in kg. Diese Zahlen belegen z.B., daß sich bei schlechter Auslastung der Produktionskapazitäten die ökologische Effizienz des Einsatzes von Ressourcen und Energie verschlechtert.

Quotenkennzahlen schlüsseln Energieerzeugung und Abfallaufkommen in die Beiträge der jeweiligen Energie- und Abfallarten auf. So läßt sich zum Beispiel der Erfolg eines eingeführten Mülltrennverfahrens eindeutig belegen.

Materialkennzahlen belegen beispielsweise den Rückgang des Einkaufes schwermetallhaltiger Farbstoffe.

Emissionskennzahlen machen deutlich, in welchem Maß sowohl die eigenen Feuerungsanlagen aber auch die Erzeugerbetriebe von Strom und Fernwärme Emissionen von CO_2, NO_x und SO_2 verursachen.

Das so strukturierte Kennzahlensystem erfüllt sicherlich nicht alle Anforderungen von theoretischer Seite, allerdings belegen die realisierten Effekte durchaus seine Leistungsfähigkeit und prinzipielle Eignung. Insofern erscheint es nicht verwunderlich, daß die Kunert AG als ein weitergehendes Ziel im Rahmen des Umgangs mit diesen Kennzahlen aufführt, daß das bestehende System nicht nur weiterzuentwickeln, sondern auch in Entscheidungsmodelle für die Führungskräfte einzubauen ist. An dieser Stelle wurde insbesondere die Einführung einer Umweltkostenrechnung als sinnvoll erachtet, um als Bezugsgrößen für die relativen Kennzahlen nicht nur Stoffmengen, sondern auch monetäre Aussagen nutzen zu können.

Auch wenn die positiven Effekte, die mit dem konsequenten Einsatz von Umweltkennzahlen fast zwangsläufig verbunden sind, beträchtlich sind, darf dies nicht darüber hinwegtäuschen, wie wenig ausgereift und im Hinblick auf die Gesamtheit der (produzierenden) Unternehmen wenig verbreitet das Werkzeug Umweltkennzahlen eingesetzt wird.

10.3 Standardisierungsaktivitäten

Vor dem Hintergrund der prinzipiell unbestrittenen Nützlichkeit von Umweltkennzahlensystemen beschäftigen sich unterschiedliche Institutionen mit der Formulierung von Regeln oder Handlungshilfen, die bei Aufbau, Einführung und Nutzung von Umweltkennzahlensystemen Anwendung finden sollen. Dabei besitzen (bislang) alle Vorschläge und Vereinbarungen keinerlei bindende Wirkung im Sinne eines gesetzlichen oder Zertifizierungsstandards. Jedoch werden die nachfolgend aufgeführten (und andere) Standards nicht ohne Auswirkung auf die Unternehmenspraxis zum Thema Umweltkennzahlen bleiben – auch wenn die einzelnen Vorschläge aus Sicht der Autoren im Einzelfall nicht immer eine wirklich 'gute' Lösung im Hinblick auf eine nachhaltige und kontinuierliche Verbesserung des betrieblichen Umweltschutzes darstellen.

10.3.1 Internationale Normung

Bereits seit 1993 beschäftigt sich die International Standardization Organisation (ISO) im Rahmen ihrer Normungsaktivitäten zum Themenkomplex Umweltmanagement (Normenreihe ISO 14 000) mit dem Aspekt Umweltkennzahlen. Mittlerweile (April 1998) hat das Subcommittee 4 (SC 4) *Environmental Performance Evaluation* (Umweltleistungsbewertung) des Technical Committee 207 (TC 207) ein sog. „Unofficial English Language Text" des ISO/DIS 14031 erarbeitet[5]. Mit der Veröffentlichung des Normentwurfs ist frühestens für die 2. Jahreshälfte 1998 zu rechnen.

Ein zentrales Element des vorliegenden ISO/DIS 14 031 ist die Einführung einer übergeordneten Dreiteilung des Aspektes *Environmental Performance Evaluation* und der zugehörigen Kennzahlen („indicators") in „management performance indicators", „operational performance indicators" und „environmental condition indicators"[6], vgl. auch Abbildung 6. Dabei sollen

- **management performance indicators** Informationen über Managementaspekte wie z.B. Ausbildung der Mitarbeiter, Einhaltung gesetzlicher Anforderungen, Aufzeichnungen und Korrekturmaßnahmen liefern,
- **operational performance indicators** diejenigen Aspekte beschreiben, die mit den physischen Prozessen des Unternehmens korrelieren (Produktionsanlagen, Logistik, Stoff- und Energieflüsse sowie Produkte),
- **environmental condition indicators** den Zustand der Umwelt des Unternehmens und die lokalen, regionalen, nationalen oder globalen Auswirkungen seiner Tätigkeit erfassen.

---

[5] Hierbei, wie auch bei der angestrebten Endfassung, handelt es sich ausdrücklich *nicht* um einen zertifizierbaren Standard.

[6] An dieser Stelle werden ausnahmsweise die englischen Originalbezeichnungen verwendet, da die aktuellen deutschen Übersetzungen (vgl. z.B. BMU und UBA, 1997) nach Ansicht der Autoren ungenau sind und die Diskussion über die deutsche Terminologie noch nicht abgeschlossen ist.

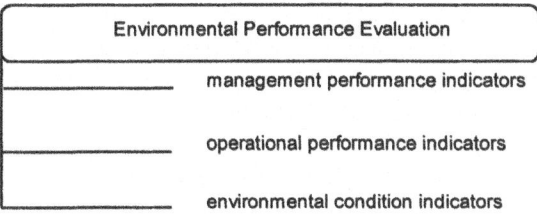

Abb. 6. Die Umweltkennzahlendreiteilung nach (ISO/DIS 14 031, 1997)

Der deutsche Spiegelausschuß zum SC 4 des TC 207, der Arbeitsausschusses (AA) 5 Umweltleistungsbewertung im DIN-NAGUS, hat sich zwar mittlerweile konstituiert, seine inhaltliche Arbeit steht allerdings noch an den Anfängen. Im Gegensatz zu den Arbeiten auf ISO-Ebene soll der Schwerpunkt der inhaltlichen Aktivitäten jedoch nicht auf den betrieblichen Umweltkennzahlen, sondern verstärkt auf den Aspekten rund um die Themen Micro-Macro-Link liegen.

10.3.2 Aktivitäten von Bundesumweltministerium und Umweltbundesamt

Das „Handbuch Umweltcontrolling" (BMU und UBA, 1995) und das „Handbuch Umweltkostenrechnung" (BMU und UBA, 1996), herausgegeben von Bundesumweltministerium und Umweltbundesamt, informieren über theoretische Grundlagen und zahlreiche, weitestgehend isoliert betrachtete Praxisbeispiele. Diese sollen „branchenunabhängig großen, mittelständischen und auch kleinen Unternehmen eine praktische Hilfe sein" (BMU und UBA, 1996, Vorwort). In beiden Werken wird auch das Thema Umweltkennzahlen behandelt.

Mit dem im Januar 1997 veröffentlichten „Leitfaden Betriebliche Umweltkennzahlen" (BMU und UBA, 1997) liegt nunmehr von 'höchster deutscher Stelle' unter erstmaliger Berücksichtigung der ISO-Aktivitäten eine Übersicht zum Thema Kennzahlen vor. Ein auf der ISO-Dreiteilung fußender Gliederungsvorschlag wird vorgestellt sowie eine Vielzahl von Praxisbeispielen für ein Umweltkennzahlensystem angeführt.

10.3.3 Leitlinien für Umweltgutachter und Zertifizierer

Wie schon im klassischen Feld der Wirtschaftsprüfung an der Tagesordnung, entwickeln Ständeorganisationen der „Environmental Certifier" (also der Umweltgutachter für EMAS und der Zertifizierer für DIN EN ISO 14 001) im Rahmen ihrer Fachausschußarbeit u.a. interne Leitlinien, die im Rahmen der gutachterlichen Tätigkeit von ihren Mitgliedern anzuwenden sind. Diese dienen in erster Linie dazu, bei Prüfungen einheitliche Standards anzuwenden, um eine Gleichbehandlung der Geprüften weitestmöglich zu gewährleisten, in zweiter Linie der Festsetzung einer quantitativen Meßlatte, die der Geprüfte überwinden muß.

So sind mittlerweile vom Institut der Umweltgutachter und -berater in Deutschland (IdU) und vom Institut der Wirtschaftsprüfer (IdW) entsprechende Regularien entworfen worden (vgl. IdU, 1996 und IdW, 1997). Diese beschreiben Instrumente, die in Zukunft im Rahmen von Umweltmanagementsystemen und deren Prüfung, sei es die Validierung der Umwelterklärung i.S.d. EG-Öko-Audit-Verordnung oder die Zertifizierung nach ISO 14 001, angewandt werden sollen. Auch der Bereich der Umweltkennzahlen wird hier gestreift.

In Summe kann ihr Inhalt in der Praxis für die Unternehmen im Hinblick auf die externe Prüfung interessant werden: Er dürfte von einzelnen Unternehmen in der Zukunft als Anforderung für den Aufbau seines Kennzahlensystems herangezogen werden. Damit erhielten diese internen Leitlinien hinsichtlich ihrer Wirkung auf die unternehmerische Praxis eine den Verwaltungsvorschriften vergleichbare beträchtliche 'indirekte Wirkung', auch wenn natürlich ihr Rechtscharakter mit dem einer Verwaltungsvorschrift nicht zu vergleichen ist. Dadurch, daß der Geprüfte weiß, welche Anforderungen der Prüfer konkret stellen wird, wird er i.d.R. versuchen, sich so zu verhalten – an dieser Stelle also sein Kennzahlensystem so zu konzipieren und anzuwenden –, daß genau diese Anforderungen erfüllt werden.

Ob die Aufstellung und Anwendung solcher internen Standards mit den Grundprinzipien des im Umweltauditgesetz fixierten Zulassungs-, Aufsichts- und Überwachungssystem für EMAS konform ist, oder ob diese Aufgabe nicht möglicherweise in den eigentlichen Zuständigkeitsbereich des Umweltgutachterausschusses (UGA) fällt, kann und soll an dieser Stelle nicht vertieft werden.

10.3.4 Praxisorientierte Leitfäden

Die Erfahrungen mit der Umsetzung von EG-Öko-Audit-Verordnung und DIN EN ISO 14 001 zeigen, daß eine (branchen-)spezifische Interpretation in hohem Maße sinnvoll ist. Einige Institutionen haben sich daher entschlossen, quasi als Serviceleistung für ihre in vielen Fällen kleinen und mittelständischen Mitgliedsunternehmen, dezidierte, auf die spezifischen Anforderungen der Branche zugeschnittene Hilfestellung in Form von Branchenleitfäden und Musterkonzepten zu geben, ähnlich wie sie auch im Rahmen des Qualitätsmanagements entwickelt wurden. Auch von öffentlicher Seite wurden entsprechende Branchenaktivitäten unterstützt. So förderte z.B. das Ministerium für Wirtschaft und Mittelstand, Technologie und Verkehr des Landes Nordrhein-Westfalen mehrere Branchenprojekte, über die mittlerweile umfangreiche Projektdokumentationen sowie eine zusammenfassende Gesamtübersicht vorliegt (MWMTV, 1998). Auch in anderen Bundesländern gab es vergleichbare Aktivitäten. Nachfolgend sei kurz auf zwei Beispiele eingegangen, an denen die Autoren maßgeblich beteiligt waren.

So liegt für die Galvano- und Oberflächentechnik ein detaillierter, praxiserprobter Leitfaden vor, der u.a. detaillierte Ausführungen zum Thema Umweltkennzahlen enthält (Nagel und Kauschke, 1997). Aktuell denkt die Gütegemeinschaft Galvanotechnik e.V., Darmstadt, darüber nach, die dort formulierten Vorschläge und Anforderungen auch im Bereich der Vergabe branchenspezifischer Gütezeichen zu berücksichtigen.

Insbesondere wenn es auch um Kostenbetrachtungen (also die Schnittstelle zur Ökonomie) geht, kann es eine hilfreiche Unterstützung für das Unternehmen sein, ein Umweltcontrollingsystem zu installieren, in welches ein geeignetes Kennzahlensystem integriert wird. Zu dieser Fragestellung wurde von der IHK Nürnberg und dem Lehrstuhl Qualitätsmanagement und Fertigungsmeßtechnik, Universität Erlangen-Nürnberg, der Leitfaden „Umwelt-Controlling" erstellt (IHK/QFM, 1998), der sich damit befaßt, wie Ziele des betrieblichen Umweltschutzes mit betriebswirtschaftlichen Prioritäten in Einklang zu bringen sind. Zentrales Element dabei ist die Bewertung betrieblicher Umweltschutzmaßnahmen in wirtschaftlicher und ökologischer Hinsicht. Dabei basiert die wirtschaftliche Bewertung auf einer Kostenrechnungsmethodik, bei der Umweltkosten verursachergerecht den entsprechenden Fertigungsprozessen und Produkten zugeordnet werden. Die ökologische Bewertung zielt auf einen Vergleich zwischen gesetzlichen Grenzwerten und tatsächlich durch den betrieblichen Prozeß verursachten Belastungen der Umwelt.

Entsprechende Handlungshilfen genügen dabei vielleicht nicht in jedem Fall den theoretischen Anforderungen der Wissenschaft an Umweltkennzahlensysteme. Sie stellen jedoch erprobte funktionsfähige Werkzeuge für das Umweltmanagement dar.

10.3.5 VDI-Richtlinienarbeit

Trotz der genannten Ansätze sind konkrete Vorgehensmuster für die Einführung und Pflege von Umweltkennzahlen in die betriebliche Praxis nur unzureichend entwickelt. Dies ist ein Grund, wieso das Instrument Umweltkennzahlen trotz seiner prinzipiell hohen Effizienz heute i.d.R. nur auf niedrigem Niveau eingesetzt wird.

Vor diesem Hintergrund hat sich die Koordinierungsstelle Umwelttechnik des Verein Deutscher Ingenieure (VDI-KUT) entschlossen, sich im Rahmen der Arbeiten des Ausschusses „Umweltmanagement und Öko-Audit in der betrieblichen Praxis" intensiv mit der Umweltkennzahlenthematik auseinanderzusetzen. Der eigens dafür ins Leben gerufene Unterausschuß „Betriebliche Kennzahlensysteme für das Umweltmanagement" hat sich zum Ziel gesetzt, das 'fehlende Glied' zu erabeiten: eine praxistaugliche Handlungshilfe für Aufbau, Einführung, Nutzung und Weiterentwicklung eines betrieblichen Kennzahlensystems für das Umweltmanagement, insbesondere für kleine und mittlere Unternehmen. Die Diskussion über die endgültige formale Aufbereitung ist noch nicht abgeschlossen – aktuell

(Stand: Frühjahr 1998) ist geplant, eine entsprechende Handlungshilfe zu erarbeiten und in Form einer VDI-Richtlinie zu veröffentlichen.

Die Idealvorstellung ist eine dedizierte Handlungsanleitung, die den Anwender strukturiert dabei unterstützt, vor dem Hintergrund der Vielfalt denkbarer Kennzahlensysteme dasjenige aktiv und eigenständig (!) zu entwickeln, das den eigenen Anforderungen, Bedürfnissen und betrieblichen Besonderheiten am Besten entspricht. Endergebnis soll ein Ablaufplan sein, der in logischer Abfolge dem Anwender gezielte Fragen stellt und ihm gleichzeitig Unterstützung, z.B. in Form von Auswahlmöglichkeiten, Entscheidungskriterien etc. bietet, die letztlich zum 'maßgeschneiderten' Kennzahlensystem führen. Um die Komplexität dieses Ablaufs so gering wie möglich zu gestalten, werden dabei sinnvolle, praxisnahe und erprobte Vereinfachungen vorgenommen, die die theoretisch denkbare Vielfalt von vornherein anwendungsorientiert reduzieren (vgl. dazu Nagel und Brunk, 1997, S. 60).

10.4 Die Zukunft betrieblicher Umweltkennzahlen

Angesichts der skizzierten Ansätze und vorliegenden praktischen Erfahrungen bei Aufbau, Einführung und Einsatz von Umweltkennzahlen im Kontext von Umweltmanagementsystemen stellt sich die Frage nach der weiteren Entwicklung, und zwar gleich in zweierlei Hinsicht: Der erste Aspekt betrifft die (theoretische) Weiterwicklung und den zukünftigen Einsatz von Umweltkennzahlen im allgemeinen, der zweite Aspekt konkret die anstehende Revision der EG-Öko-Audit-Verordnung.

Die Überlegungen sind dabei von vornherein auf den Bereich der Anwendung betrieblicher Kennzahlen beschränkt. Ansätze auf überbetrieblicher Ebene, z.B. in Richtung eines 'micro-macro-links' (vgl. z.B. Seifert und O'Connor, 1997) oder einer Umweltökonomischen Gesamtrechnung (vgl. z.B. Beirat Umweltökonomische Gesamtrechnung, 1996), werden an dieser Stelle genauso wenig betrachtet werden wie die theoretische Diskussion um die 'richtige' Beschreibung von Umweltwirkungen, wie sie z.B. im Zusammenhang mit den Umweltzustandskennzahlen oder auch in Teilen der Wirkungsbilanzdiskussion im Rahmen der Ökobilanzierung geführt wird.

10.4.1 Weiterentwicklung von Umweltkennzahlen, zukünftige Einsatzfelder

10.4.1.1 Integrierte Kennzahlensysteme

Genauso, wie die Diskussion um die Existenz einer eigenständigen Umweltkostenrechnung (nicht nur) aus Sicht der unternehmerischen Praxis umstritten ist, ist eine Abgrenzung von Umweltkennzahlen und 'normalen', 'betriebswirtschaftlichen' Kennzahlen durchaus zu hinterfragen. Insbesondere bei einer näheren Betrachtung der OPIs (operational performance indicators) des ISO/DIS 14 031 (vgl. Kapitel 10.3.1) sind sachlich relevante Unterschiede eigentlich nicht mehr festzustellen. Fortgeschrittene Ansätze, die eine Beschreibung zumindest eines Teiles umweltrelevanter Sachverhalte beschreiben, finden sich im Gebiet der Reststoffkostenrechnung.

Sinnvolle, aufeinander abgestimmte 'integrierte' Kennzahlen als Bestandteil eines 'sustainable controlling' können dabei durchaus Unterstützung leisten, auch wenn man sich sicherlich nicht der Illusion hingeben sollte, daß alle in diesem Zusammenhang relevanten Sachverhalte quantifizierbar sind[7].

Benchmarking

Kern des Benchmarking ist der aufgabenorientierte Vergleich mit dem Marktführer oder dem internationalen 'Klassenbesten' hinsichtlich eines Produktes, eines Prozesses oder einer Dienstleistung. Benchmarking ist das ständige „sich Messen" mit den besten Konkurrenten bzw. der 'Best Practice' innerhalb des eigenen oder eines vergleichbaren Industriebereichs (Burckhardt, 1995). Benchmarking wird bislang meist mit Hilfe betriebswirtschaftlicher Zahlen praktiziert. Aber auch vermeintlich exotische Anwendungen sind denkbar. So wurden erst kürzlich bei der Suche nach dem besten und schnellsten Befüllvorgang die Boxenstops in der Formel 1 analysiert und im Hinblick auf die Übertragbarkeit auf das eigene Problem untersucht.

Durch Umweltkennzahlen werden umfangreiche Umweltdaten verdichtet und auf eine überschaubare Zahl aussagekräftiger Schlüsselinformationen reduziert, die so zwangsläufig für ein Öko-Benchmarking geeignet sind. Die folgende Grafik zeigt die prinzipielle Reihenfolge der beim Benchmarking erforderlichen Schritte.

Im Rahmen von EMAS wäre ein Öko-Benchmarking vor allem für die Umwelterklärung von Interesse. Vor allem eine Vergleichbarkeit auf der Meso-Ebene, also der Vergleich von Umweltkennzahlen innerhalb einer Branche, könnte den kontinuierlichen Verbesserungsprozeß vorantreiben und auch die Glaubwürdigkeit der Unternehmen gegenüber der Öffentlichkeit erhöhen.

„Wegen des unternehmensspezifischen Charakters können Umweltkennzahlen nur begrenzt für den Vergleich von verschiedenen Unternehmen in Form eines Benchmarking herangezogen werden" ist ein häufig verwendetes Argument gegen ein Öko-Benchmarking. Vergessen wird dabei jedoch zumeist, daß ein Benchmarking im klassischen Bereich wie z.B. mit Hilfe von Umsatzzahlen, Umsatzrenditen oder Wachstumsraten an der Tagesordnung ist, obwohl diese Zahlen sicherlich auch „unternehmensspezifischen Charakter" haben.

---

[7] Insofern stellt die englische Bezeichnung *indicator* einen neutraleren Begriff dar, auch wenn sie primär als quantifizierbare Aussage verstanden wird.

Entscheidend für die Akzeptanz und damit den Erfolg und den Nutzen (!) des Öko-Benchmarkings ist die Festlegung von unternehmenscharakteristischen Umweltkennzahlen in Verbindung mit Erhebungsrichtlinien, die auf beiden zu vergleichenden Seiten übereinstimmen – ein Vergleich von „Äpfeln mit Birnen" ist nicht zielorientiert. Ohne die konkreten Erhebungsrichtlinien kritiklos akzeptieren zu wollen, sei an dieser Stelle auf die langjährige Praxis der EPA[8] hingewiesen, die jährlich ein Ranking der am stärksten umweltverschmutzenden Industrieunternehmen der USA veröffentlicht – durchaus mit Erfolg hinsichtlich einer reduzierten Umweltbelastung durch die angeprangerten Unternehmen.

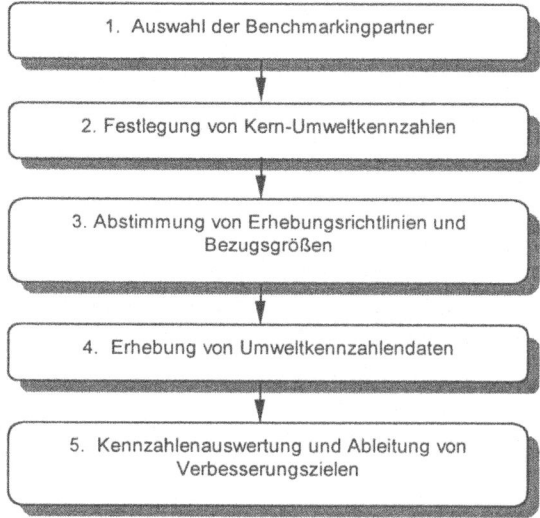

Abb. 7. Ablaufschema eines Benchmarkingprozesses

Thesen im Hinblick auf die Revision der EG-Öko-Audit-Verordnung

Schon vor EMAS bestand für jedes Unternehmen die Möglichkeit, ein proaktives, auf kontinuierliche Verbesserung ausgerichtetes Umweltmanagement zu betreiben. Wenn nun schon der Gesetzgeber (auf europäischer Ebene) die Voraussetzungen für eine offizielle Anerkennung eines Umweltmanagementsystems schafft und sich dabei des Vehikels Veröffentlichungspflicht bedient – warum dann nicht die Unternehmen gerade an solchen Punkten, die nachgewiesenermaßen zu einen beträchtlichen Nutzen für die Unternehmen führen, nicht 'noch stärker' in die Pflicht nehmen?

---

[8] Environmental Protection Agency der Vereinigten Staaten von Amerika; vergleichbar dem deutschen Umweltbundesamt.

Nachfolgend sind die in diesem Zusammenhang aus Sicht der Autoren zentralen Aspekte in Form von – sicherlich provozierenden – Thesen aufgeführt. Diese stellen *Ansatzpunkte* dar, die intensiv diskutiert werden sollten! Daß hier – wie an anderen Stellen auch – unterschiedliche Interessen bei den am Revisionsprozeß beteiligten Akteuren existieren dürften, steht dabei außer Frage.

1. Die richtige Anwendung von Umweltkennzahlen führt zwangsläufig zur Identifikation von Schwachstellen. Sie ermöglicht damit direkt die Ausnutzung unmittelbarer betriebswirtschaftlicher Potentiale und trägt so zu einer Effizienzsteigerung des angestrebten kontinuierlichen Verbesserungsprozesses bei. Als Konsequenz sind die Vorgaben der EG-Öko-Audit-Verordnung in diesem Punkt zu detaillieren.

2. Der Vergleich des einzelnen Unternehmens mit (branchenpezifischen) Benchmarks stellt eine logische Fortführung des Veröffentlichungsprinzips des Artikels 5 der EG-Öko-Audit-Verordnung (Umwelterklärung) dar und ist daher anzustreben.

3. Um dieses durchzusetzen, müssen erstens konsensfähige Regeln bzgl. der Bestimmung der „environmental performance" (Umweltleistungsstärke) gefunden und zweitens den teilnehmenden Unternehmen funktionsfähige Werkzeuge zu ihrer operativen Ermittlung zur Verfügung gestellt werden.

10.5 Resümee

In einem viel größeren Maße als noch vor einigen Jahren denkbar, ist es mittlerweile für moderne Unternehmen wichtig geworden, mehr zu tun als nur ein allgemeines Bekenntnis zum betrieblichen Umweltschutz abzugeben – dies gilt heute ohnehin als selbstverständlich. Gefordert werden zunehmend quantifizierte Aussagen über den konkreten Erfolg durchgeführter Umweltschutzmaßnahmen. Nur durch die Präsentation 'harter' Fakten kann sichergestellt werden, daß der Umweltschutz zum Eckpfeiler eines neuen Unternehmensselbstverständnisses wird. Umweltkennzahlen und Umweltkennzahlensysteme bieten sachgerechte Hilfestellung bei umweltbezogenen Entscheidungsfindungen von Unternehmen. Insbesondere in Verbindung mit einem Benchmarking-Element kann das Unternehmen auch seine Position gegenüber anderen Marktteilnehmern analysieren und – gezielter als durch eine ausschließlich interne Analyse – Maßnahmen im Umweltschutz ergreifen.

Literatur

Beirat Umweltökonomische Gesamtrechnung (1996): Zweite Stellungnahme des 'Beirates Umweltökonomische Gesamtrechnung' zu den Umsetzungskonzepten des Statistischen Bundesamtes. Bonn.

BMU und UBA - Bundesumweltministerium, Umweltbundesamt (1995): Handbuch Umweltcontrolling. Vahlen, München.

BMU und UBA - Bundesumweltministerium, Umweltbundesamt (1996): Handbuch Umweltkostenrechnung. Vahlen, München.

BMU und UBA - Bundesumweltministerium, Umweltbundesamt (1997): Leitfaden Betriebliche Umweltkennzahlen. Eigenverlag, Bonn / Berlin.

Burckhardt, W. (1995): Benchmarking und Qualitätsauszeichnungen. In: Hansen, W., Jansen, H. H. und Kamiske, G. F. (Hrsg.): Qualitätsmanagement im Unternehmen. Springer, Berlin.

Clausen, J., Seifert, K. und Seidel, E. (1998): Umweltkennzahlen. Verlag Vahlen, München.

DIN EN ISO 14001 (1996): Umweltmanagementsysteme – Spezifikationen und Leitlinien zur Anwendung. Beuth, Berlin.

EMAS (1993): Verordnung (EWG) Nr. 1836/93 des Rates vom 29. Juni 1993 über die freiweillige Beteiligung gewerblicher Unternehmen an einem Gemeinschaftssystem für das Umweltmanagement und die Umweltbetriebsprüfung.

Horvath, P. (1994): Controlling. München.

IHK und QFM - Industrie- und Handelskammer Nürnberg, Lehrstuhl Qualitätsmanagement und Fertigungsmeßtechnik der Universität Erlangen-Nürnberg (1998): IHK/QFM-Wegweiser Umwelt-Controlling. IHK-Nürnberg, Nürnberg.

IdU - Institut der Umweltgutachter und -berater in Deutschland (1996): Richtlinie zum Validierungsverfahren gemäß EG-Verordnung 1836/93. Eigenverlag, Bonn.

IdW - Institut der Wirtschaftsprüfer (1997): Grundsätze ordnungsgemäßer Durchführung von Umweltsberichtsprüfungen. In: Die Wirtschaftsprüfung, Heft 14, S. 495–501.

ISO/CD 14 031 (1997): Environmental management – Environmental performance evaluation – Guidelines. Unofficial English Language Text vom 10.12.1997.

Kunert AG (1995): Modellprojekt Umweltkostenmanagement (Abschlußbericht). Kunert, Immenstadt.

Küting, K. (1993): Grundsatzfragen von Kennzahlen als Instrumente der Unternehmensführung. In: Wirtschaftswissenschaftliches Studium 12, S. 237–241.

Lachnit, L. (1979): Systemorientierte Jahresabschlußanalyse mit Kennzahlensystemen, EDV und mathematisch-statistischen Methoden. Wiesbaden.

Merkle, E. (1982): Betriebswirtschaftliche Formeln und Kennzahlen und deren betriebswirtschaftliche Relevanz. In: Wirtschaftswissenschaftliches Studium 11, S. 325–330.

MWMTV - Ministerium für Wirtschaft und Mittelstand, Technologie und Verkehr des Landes Nordrhein-Westfalen (1998): Betriebliches Umweltmanagement – Konsequenzen für den Umweltschutz und Standortwettbewerb. Agentur für Grafik und Gestaltung Stiefelhagen GmbH, Duisburg.

Nagel, C. und Kauschke, P. (1997): Umweltmanagement in der Galvano- und Oberflächentechnik: Branchenkonzept zur erfolgreichen Umsetzung der EG-Öko-Audit-Verordnung. Endbericht zum gleichnamigen Forschungsvorhaben im Auftrag der Gütegemeinschaft Galvanotechnik. Eigenverlag, Darmstadt.

Nagel, C. und Brunk, M. (1997): Umweltkennzahlen – hilfreiches Werkzeug im Umweltmanagement. In: VDI-Koordinierungsstelle Umwelttechnik (Hrsg.): Jahrbuch 1997/98. S. 51–62, VDI, Düsseldorf.

Peemöller, V. H., Keller, B. und Schöpf, C. (1996): Ansätze zur Entwicklung von Umweltkennzahlensystemen. In: UmweltWirtschaftsForum 4, 2, S. 4–12. Springer, Heidelberg.

Reichmann, T. (1995): Controlling mit Kennzahlen und Managementberichten – Grundlagen einer systemgestützten Controlling-Konzeption. München.

Seifert, E. K. and O'Connor, M. (1997): The Micro-Macro-Link. In: Methodological Problems in the calculation of environmentally adjusted national income figures, Vol. II, Part IV. Final Report to the EU-Commission DG XII.

Würth, S. (1993): Umwelt-Auditing. Die Revision im ökologischen Bereich als wirksames Überwachungsinstrument für die ökologiebewußte Unternehmung. Zürich.

11 Schnittstellen zwischen dem UVP-Gesetz, der EG-Öko-Audit-Verordnung und der IVU-Richtlinie

Guido Kaupe

Eine Vielzahl umweltpolitischer Instrumente besitzen einen direkten oder indirekten Einfluß auf die Investitionstätigkeiten deutscher Unternehmen. Diese häufig auf europäische Initiativen zurück gehenden Instrumente haben dabei nicht nur einen Einfluß auf die nachhaltige Entwicklung in den Unternehmen, sondern beeinträchtigen durch ihre europäische Ausrichtung auch die unternehmensindividuelle Wettbewerbsfähigkeit in sich immer stärker globalisierenden Märkten. Der vorliegende Beitrag zeigt exemplarisch am Gesetz über die Umweltverträglichkeitsprüfung (UVPG) Schnittstellen zur EG-Öko-Audit-Verordnung und zur Richtlinie über die integrierte Vermeidung und Verminderung der Umweltverschmutzung (IVU-Richtlinie)[1] auf, um den latenten Zielkonflikt zwischen Ökonomie und Ökologie in die Richtung einer Zielkonformität zu transformieren.

11.1 Gesetz über die Umweltverträglichkeitsprüfung (UVPG)

Das Gesetz über die Umweltverträglichkeitsprüfung (UVPG) schreibt für Großinvestitionen mit erheblichen Auswirkungen auf die Umwelt eine Analyse vor, die bereits in der Planungsphase des Projektes Aufschluß über die ökologischen Konsequenzen der Realisation geben soll. Für die Abschätzung der Umweltauswirkungen sind umfangreiche und langwierige naturwissenschaftlich-technische Untersuchungen erforderlich, die die Grundlage für den Genehmigungsprozeß bilden. Der Begriff Umweltverträglichkeitsprüfung (UVP) suggeriert, daß eine Untersuchung stattfindet, die bestimmten Produkten, Prozessen oder Verhaltensweisen nicht-negative Auswirkungen gegenüber der Umwelt attestiert. Dieser Widerspruch gründet jedoch auf Übersetzungsfehlern, denn der Begriff UVP basiert auf den im englischsprachigen Raum verwendeten Termini Environmental

---

[1] Richtlinie 96/61/EG des Rates vom 24. September 1996 über die integrierte Vermeidung und Verminderung der Umweltverschmutzung, veröffentlicht im ABl. EG, Nr. L 275/26 am 10.10.1996, S. 26-40.

Impact Assessment, Environmental Impact Analysis bzw. Environmental Impact Appraisal. Environmentl Impact Assessment müßte korrekterweise als Umweltfolgenprüfung übersetzt werden.

11.1.1 Genese der Umweltverträglichkeitsprüfung (UVP)

Die Entwicklungen einer europäischen bzw. bundesdeutschen UVP besitzen ihren Ursprung im anglikanischen Raum. In den 60er Jahren beanstandete ein U.S.-Bundesgericht, daß die für öffentliche Vorhaben zuständige Behörden den Umweltauswirkungen geplanter Vorhaben nur geringe Beachtung schenken und darüber hinaus keine weniger umweltbelastende Alternativen in den Entscheidungsprozeß über die Durchführung eines bestimmten Projekts berücksichtigt werden (vgl. Mezger 1989, S. 83). Vor diesem Hintergrund wurde in den U.S.A. der National Environmental Policy Act (NEPA) verabschiedet, ein Gesetzeswerk, das u.a. Bundesbehörden verpflichtete, für Maßnahmen mit signifikanten Umweltauswirkungen, ein sogenanntes Environmental Impact Statement (EIS) durchzuführen. Das EIS gilt als Ausgangspunkt für die vielfältigen europäischen und bundesdeutschen Überlegungen, die UVP in den genehmigungsbehördlichen Entscheidungsprozeß einzubeziehen.

11.1.2 Ökologische Zielsetzungen und ökonomische Konsequenzen der UVP

Zweck des Gesetzes über die Umweltverträglichkeitsprüfung (UVPG)[2] vom 12.02.1990 ist es, sicherzustellen, daß bei bestimmten Vorhaben bzw. Projekten zur wirksamen Umweltvorsorge nach einheitlichen Grundsätzen die umweltspezifischen Auswirkungen frühzeitig und umfassend ermittelt, beschrieben und bewertet werden.[3] Das Ergebnis dieser Umweltverträglichkeitsprüfung (UVP) muß so früh wie möglich bei allen behördlichen Entscheidungen über die Zulässigkeit eines genehmigungspflichtigen Vorhabens Berücksichtigung finden. Die UVP, ein selbständiges verwaltungsrechtliches Verfahren, fordert eine medienübergreifende, projektbezogene und präventive Gesamtbeurteilung sämtlicher ökologischen Auswirkungen des Auditobjektes.

Während für die Genehmigung bestimmter Vorhaben vor Verabschiedung des UVPG medienspezifische Beurteilungen[4] ausreichend waren, müssen für diese Projekte jetzt holistische Untersuchungen erfolgen und die Ergebnisse der zuständigen Behörde zur Beurteilung vorgelegt werden. Die Genehmigungsfristen

---

[2] Gesetz über die Umweltverträglichkeitsprüfung (UVPG) vom 12.02.1990, veröffentlicht im Bundesgesetzblatt (BGBl.), Teil I am 20.02.1990, S. 205-211.
[3] Die im Anhang zu diesem Gesetz aufgeführten Vorhaben sind Projekte mit erheblichen Umweltauswirkungen, wie beispielsweise großtechnische Industrieanlagen, Abfallentsorgungsanlagen oder Verkehrswegeprojekte.
[4] Beispielsweise die Einhaltung immissionsschutzrechtlicher Grenzwerte.

haben sich vor diesem Hintergrund absolut und relativ im Vergleich zu europäischen und außereuropäischen Konkurrenten erhöht. Dadurch wird der Konflikt zwischen ökologischen und ökonomischen Zielsetzungen offensichtlich. (vgl. hierzu Abbildung 1)

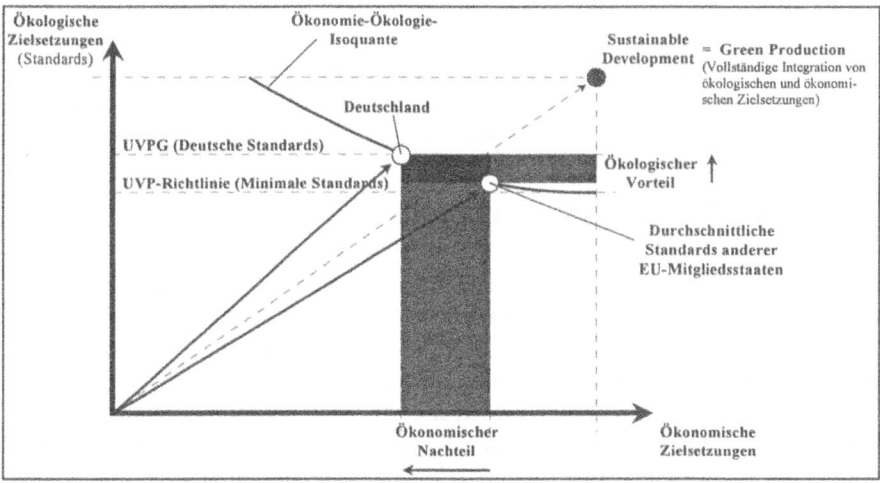

Abb. 1. Deutsche Unternehmen im Spannungsfeld zw. ökologischen und ökonomischen Zielsetzungen (vgl. Kaupe 1997, S. 66)

Dieses Dilemma ist insbesondere vor dem Hintergrund sich verkürzender Produktlebenszyklen, einer voranschreitenden Globalisierung der Absatz- und Beschaffungsmärkte und einem damit einher gehenden steigenden Konkurrenzdruck kritisch zu beurteilen. Der globale Konkurrenzdruck impliziert wiederum steigende Forschungs- und Entwicklungstätigkeiten, die in zunehmend kürzeren Produktlebenszyklen amortisiert werden müssen. Einen entscheidenden Faktor für die Gewährleistung der Amortisation stellt die Zeitspanne 'Time-to-Market' dar. Die westlichen Industriestaaten besitzen in weiten Bereichen der Massenproduktion komparative Kostennachteile gegenüber Drittländern. Dies trifft verstärkt, nicht zuletzt durch die hohen Personalkosten, den Standort Deutschland. Die Chance der deutschen Wirtschaft liegt deshalb in der Entwicklung innovativer Produkte und Prozesse. Obwohl die damit verbundene Ausweitung der F&E-Aktivitäten durch die Anwendung moderner Methoden wie bspw. dem Simultaneous- oder Concurrent-Engineering in zeitlicher Hinsicht aufgefangen werden können, führen lange Genehmigungsprozesse zu existentiellen Wettbewerbsnachteilen. Ein verzögertes Time-to-Market[5] kann mächtigere Markteintrittsbarrieren nach sich ziehen, zu deren Überwinden zusätzliche Ressourcen erforderlich werden. Darüber hinaus entgehen diesen Unternehmen ceteris paribus Möglichkeiten zum Abschöpfen von Konsumentenrenten (zu weiteren Implikationen der First-Follower-Problematik vgl. Wolfrum 1994).

11.2 Identifizierung und Evaluierung von Schnittstellen zwischen der EG-Öko-Audit-Verordnung und dem UVPG

11.2.1 Identifizierung von Schnittstellen

Bevor detailliert analysiert wird, welche Integrationspotentiale zwischen EG-Öko-Audit und UVP bestehen, ist anzumerken, daß die Verknüpfung zwischen den Anforderungen der UVP und der EG-Öko-Audit-Verordnung nur dann einen praktischen Nutzen besitzt, wenn eine geplante, UVP-pflichtige Investition an einem Betriebsstandort realisiert werden soll, der bereits zertifiziert wurde bzw. in naher Zukunft zertifiziert wird. Eine Öko-Zertifizierung nur zum Zweck einer synergetischen Nutzung des Datenmaterials anzustreben, ist sehr unwahrscheinlich und geht an der Realität vorbei.

Für die Identifizierung und Evaluierung von Synergiepotentialen ist es erforderlich, die unterschiedlichen Ausprägungen der UVP bzw. des EG-Öko-Audit[6] näher zu beleuchten. Die EMAS-VO schreibt u.a. vor, daß an einem zu zertifizierenden Standort einschlägige Umweltvorschriften eingehalten werden müssen. Hieraus folgt, daß für neu zu errichtende Anlagen mit erheblichen Auswirkungen auf die Umwelt gem. EMAS-VO eine der UVP vergleichbare Prüfung der Umweltauswirkungen indirekt gefordert wird. Der Unterschied in den gesetzlichen Vorschriften liegt darin, daß das EMAS *lediglich* freiwillig eine allgemeine Beurteilung der Auswirkungen der geplanten Tätigkeit fordert.[7] Im Sinne des UVPG muß jedoch ein zwingend vorgeschriebenes Genehmigungsverfahren explizit durchgeführt werden, das mit der Entscheidung über die Genehmigung der Anlage endet. Darüber hinaus sind gem. EMAS die Auswirkungen der gegenwärtigen

---

[5] In diesem Kontext verstanden als den Zeitraum von der Idee bis zur Markteinführung eines Produktes. Im Rahmen dieses Zeitabschnittes ist die großtechnische Realisation des Produktionsprozesses ein entscheidender Zeitfaktor.

[6] International wird die EG-Öko-Audit-Verordnung als Environmental Management and Audit Scheme bezeichnet. Deshalb findet für die EG-Öko-Audit-VO auch die englischsprachige Abkürzung EMAS synonyme Anwendung.

[7] Die 'guten Managementpraktiken' des EMAS schreiben vor, daß die Umweltauswirkungen jeder neuen Tätigkeit - also auch geplante Investitionen mit erheblichen Auswirkungen auf die Umwelt - im voraus beurteilt werden müssen. Vgl. Anhang I lit. D Nr. 2 EMAS-VO.

Tätigkeiten auf die lokale Umgebung zu beurteilen, zu überwachen und alle bedeutenden Auswirkungen auf die Umwelt im allgemeinen zu prüfen.[8] Bereits diese relativ allgemein formulierten Managementpraktiken lassen Parallelen zwischen den Anforderungen des EMAS und der UVP erkennen, die im weiteren Verlauf der Verordnung konkretisiert werden und speziell auf die Ermittlung eines Status quo der Umweltauswirkungen aus betrieblichen Tätigkeiten ausgerichtet ist.

Die Registrierung und Bewertung der Auswirkungen auf die Umwelt stellt deshalb eine der zentralen Aufgaben eines Umweltmanagementsystems dar. Hierbei müssen sämtliche Umweltauswirkungen berücksichtigt werden, die sich aufgrund von normalen bzw. außergewöhnlichen Betriebsbedingungen ergeben sowie durch Unfälle entstehen können.[9] Zur Bewertung und Registrierung der Auswirkungen auf die Umwelt müssen auch diejenigen Auswirkungen berücksichtigt werden, die sich gegebenenfalls aus früheren, laufenden und *geplanten* Tätigkeiten ergeben oder wahrscheinlich ergeben werden.[10] Umweltauswirkungen mit besonderer Bedeutung sind dabei speziell zu dokumentieren. Obwohl die EMAS-VO bei der Prüfung und der Beurteilung bestimmter Umweltaus-wirkungen *nur* auf diejenigen mit besonderer Bedeutung eingeht und tendenziell eine isolierte weitgehend emissionsbezogene, quanitative Bewertung vorsieht, bestehen bei dieser Vorgehensweise Parallelen zu den Erfordernissen des UVPG. Das Ziel des UVPG ist die Ermittlung und Beurteilung erheblicher Umwelt-auswirkungen von bestimmten Vorhaben, die auf einer integrativen und eher qualitativ ausgerichteten Bewertung basiert. Es kann davon ausgegangen werden, daß es sich bei erheblichen Umweltauswirkungen auf jeden Fall auch um bedeutende Auswirkungen handelt, d.h. auch in diesem Bereich bestehen zwischen den Anforderungen der EMAS-VO und dem UVPG Parallelen. Diese Dokumentation beinhaltet Angaben über abgegebene Emissionen in die Atmosphäre, Ableitungen in Gewässer, erzeugte Abfälle, Freisetzung von Wärme, Lärm, Geruch, Staub, Erschütterungen sowie optische Einwirkungen und/oder Auswirkungen auf bestimmte Teilbereiche der Umwelt und auf Ökosysteme.[11]

Im Gegensatz zu anderen europäischen Staaten, in denen die EG-Öko-Audit-VO angewendet wird, unterscheidet sich das deutsche Audit dadurch, daß der Beurteilung von betrieblichen Tätigkeiten ein technologieorientierter Ansatz zugrunde liegt. Hierbei sind traditionell strenge technische Umweltschutzvorschriften zu beachten, was beispielsweise durch die Überprüfung der Einhaltung der Grenzwerte von Emissionen für bestimmte Stoffe gewährleistet wird.[12] In anderen

---

[8] Vgl. Anhang I lit. D Nr. 3 EMAS-VO.
[9] Der im dt. Umweltrecht häufig verwendete Störfall-Begriff (vgl. bspw. § 31a BImSchG oder § 2a 9. BImSchV) findet in der EMAS-VO keine Berücksichtigung.
[10] Vgl. Anhang I lit. B Nr. 3 EMAS-VO.
[11] Vgl. Anhang I lit. B Nr. 3 EMAS-VO.
[12] Selbst in der 9. BImSchV wird explizit auf die Verknüpfung von UVP und EMAS hingewiesen. Hierin heißt es: „Dabei ist zu berücksichtigen, ob die Anlage Teil eines Standortes ist, für den Angaben in einer der Genehmigungsbehörde vorliegenden Umwelterklärung gemäß Artikel 5 der Verordnung (EWG) Nr. 1836/93 des Rates vom 29. Juni

EU-Staaten, so z.B. in Frankreich oder in Großbritannien, steht weniger die technische Evaluierung als vielmehr die Beurteilung der Management-Komponente des betrieblichen Umweltschutzes im Vordergrund (vgl. Hoffmann 1996, S. 29-31). Ohne sich auf eine inhaltliche Diskussion über die Vor- und Nachteile einer technischen bzw. managementorientierten Beurteilung des betrieblichen Umweltschutzes einzulassen, läßt sich konstatieren, daß der deutsche Ansatz dem verfolgten Ziel der Verknüpfung der Anforderungen des EMAS mit denen der UVP entgegen kommt. Die Überprüfung des Legal Compliance in dt. Unternehmen orientiert sich an den gesetzlich vorgeschriebenen Normen. Ein Teil der im Rahmen eines Öko-Audit erhobenen Daten und Informationen kann auch für eine UVP verwendet werden.

11.2.1.1 Umweltvorsorge und Erfassung von Umweltauswirkungen

Ebenso wie das UVPG beinhaltet auch die EMAS-VO Hinweise auf das Erfordernis eines präventiven Umweltschutzes. Diese Umweltvorsorge kommt in beiden Rechtsvorschriften dadurch zum Ausdruck, daß für jede neue Tätigkeit Umweltauswirkungen frühzeitig und umfassend ermittelt, beschrieben und bewertet werden müssen. Erfolgt die Anwendung dieser Vorschrift auf geplante Anlagen mit erheblichen Auswirkungen auf die Umwelt, ist eine UVP durchzuführen, die gleichzeitig den präventiven Umweltschutz des EMAS erfüllt. Grundsätzlich nähern sich EMAS und UVP dem Ziel eines präventiven Umweltschutzes jedoch auf unterschiedlichen Ebenen.[13] Dieser Unterschied ist auf die Tatsache zurückzuführen, daß der angestrebte Umweltschutz im Rahmen des EMAS primär auf bereits bestehende Anlagen bzw. Tätigkeiten gerichtet ist. Bei der Realisierung des EMAS-spezifischen Umweltschutzes steht deshalb die Einhaltung der rechtlichen Normen bzw. die Reduzierung der Umweltauswirkungen durch Maßnahmen kurativer Art im Vordergrund.[14] Eine präventive Ausrichtung des dem EMAS zugrunde liegenden Umweltschutzes läßt sich aber aus dem intendierten Ziel des 'kontinuierlichen Verbesserungsprozesses' ableiten.[15] Zum Zweck der Umwelt-

---

1993 über die freiwillige Beteiligung gewerblicher Unternehmen an einem Gemeinschaftssystem für das Umweltmanagement und die Umweltbetriebsprüfung (Abl. EG Nr. L 168 S. 1) enthalten sind." § 4 Absatz 1 Satz 2 9. BImSchV.

[13] In einer sehr weiten Interpretation läßt sich m.E. die These rechtfertigen, daß der Gedanke der Umweltvorsorge in den beiden Rechtsvorschriften vollständig komplementär ist. Die Vorsorge des UVPG richtet sich an geplante Anlagen (vor Inbetriebnahme), die Umweltvorsorge des EMAS richtet sich an bereits bestehende Anlagen (während des Betriebs).

[14] Vielfach wird dieser kurative Umweltschutz durch den Einsatz von EoP-Technologien realisiert und ist auf die Einhaltung der gesetzlich vorgegebenen Emissionsgrenzwerte gerichtet.

[15] Gem. den einschlägigen Vorschriften der EMAS-VO sind die Unternehmen verpflichtet, eine betriebliche Umweltpolitik festzulegen, „die nicht nur die Einhaltung aller einschlägigen Umweltvorschriften vorsieht, sondern auch Verpflichtungen zur angemesse-

vorsorge hat gem. EMAS-VO und UVPG aber auch eine Erfassung von Umweltauswirkungen gegenwärtiger Tätigkeiten zu erfolgen (vgl. Abbildung 2).

11.2.1.2 Auswahl von Produktionsverfahren

Aufbauend auf der Erfassung der Umweltauswirkungen muß eine Auswahl von neuen Produktionsverfahren getroffen und begründet werden. Vor dem Hintergrund dieser gesetzlichen Forderung wird das EMAS in der einschlägigen Literatur auch häufig als 'kleine UVP' bezeichnet (vgl. Schimmelpfeng 1995, S. 205-206). Handelt es sich bei dem auszuwählenden Produktionsverfahren um eine neue Anlage oder eine wesentliche Änderung einer bestehenden Anlage mit erheblichen Umweltauswirkungen, wird ebenfalls die Durchführung einer UVP erforderlich. Abbildung 2 faßt die diesen Ausführungen zugrunde liegenden Rechtsvorschriften zusammen.

	UVPG	**EMAS-Verordnung**
Umweltvorsorge	Zweck dieses Gesetzes ist es sicherzustellen, daß bei (...) Vorhaben zur wirksamen Umweltvorsorge nach einheitlichen Grundsätzen die Auswirkungen auf die Umwelt frühzeitig und umfassend ermittelt, beschrieben und bewertet werden. *(§ 1 UVPG.)*	Zur Eintragung eines Standorts (...) muß das Unternehmen (...) eine betriebliche Umweltpolitik festlegen, die (...) auch Verpflichtungen zur angemessenen kontinuierlichen Verbesserung des betrieblichen Umweltschutzes umfaßt. *(Artikel 3 Satz 2 lit. a) EMAS-VO.)* Umweltauswirkungen jeder neuen Tätigkeit und jedes neuen Verfahrens werden im voraus beurteilt. *(Anhang I lit. D Nr. 2 EMAS-VO.)*
Erfassung von Umweltauswirkungen	Die Umweltverträglichkeitsprüfung umfaßt die Ermittlung, Beschreibung und Bewertung der Auswirkungen eines Vorhabens auf 1. Menschen, Tiere und Pflanzen, Boden, Wasser, Luft, Klima und Landschaft, (...) 2. Kultur- und sonstige Sachgüter. *(§ 2 Absatz 1 Satz 2 UVPG.)*	Auswirkungen der gegenwärtigen Tätigkeiten auf die lokale Umwelt werden beurteilt, überwacht und geprüft. *(Anhang I lit. D Nr. 3 EMAS-VO.)* Beurteilung, Kontrolle (...) der Auswirkungen der betreffenden Tätigkeit auf die verschiedenen Umweltbereiche. *(Anhang I lit. C Nr. 1 EMAS-VO.)* Bewertung, Kontrolle (...) der Lärmbelästigung innerhalb und außerhalb des Standortes. *(Anhang I lit. C Nr. 5 EMAS-VO.)*
Auswahl von Produktionsverfahren	Übersicht über die wichtigsten, vom Träger des Vorhabens geprüften Vorhabenalternativen und Angabe der wesentlichen Auswahlgründe unter besonderer Berücksichtigung der Umweltauswirkungen des Vorhabens. *(§ 6 Absatz 4 Satz 1 Nr. 3 UVPG.)*	Auswahl neuer (...) Produktionsverfahren. *(Anhang I lit. C Nr. 6 EMAS-VO.)*

Abb. 2. Parallelen zwischen dem UVPG und der EMAS-VO

---

nen kontinuierlichen Verbesserung des betrieblichen Umweltschutzes umfaßt; diese Verpflichtungen müssen darauf abzielen, die Umweltauswirkungen in einem solchen Umfang zu verringern, wie es sich mit der wirtschaftlich vertretbaren Anwendung der besten verfügbaren Technik erreichen läßt" (Art. 3 Satz 2 lit. a) EMAS-VO).

Ohne den Blick auf eine synergetische Nutzung EMAS-spezifischer Informationen für die Durchführung einer UVP aus den Augen zu verlieren, läßt sich ausgehend von den analysierten Parallelen insbesondere die Informationsbeschaffung als Beschleunigungspotential langer Genehmigungsprozesse identifizieren. Hierfür muß die UVP- und EMAS-relevante Datenerhebung, -aufbereitung und -verwendung aufeinander abgestimmt und redundante Tätigkeiten weitgehend eliminiert werden.

11.2.2 Evaluierung von Schnittstellen

Zur Entfaltung von Beschleunigungspotentialen sind eine Reihe von Tätigkeiten durchzuführen, um die im Rahmen der ersten Umwelt- oder -betriebsprüfung ermittelten Umweltdaten übertragbar zu machen und synergetisch zu nutzen. Dieser Übertragung stehen jedoch inhaltliche aber auch zeitliche Abgrenzungsschwierigkeiten im Weg. Die Daten, die im Rahmen einer Umweltbetriebsprüfung erfaßt werden, basieren vorwiegend auf den Vorschriften der Umweltgesetzgebung. Das ist darauf zurückzuführen, daß die EG-Öko-Audit-VO ein Legal Compliance vorschreibt. Aus den einschlägigen Rechtsvorschriften ergeben sich konkrete Handlungsanweisungen, welche Emissionen bzw. Immissionen gemessen werden müssen und welche Grenzwerte hierbei einzuhalten sind.[16] Mit Hilfe dieser Angaben läßt sich ein Status quo der Umweltauswirkungen aus betrieblichen Tätigkeiten ermitteln, der im Rahmen der UVP als Grundlage zur Beschreibung der gegenwärtigen Umweltsituation dienen kann.

11.2.2.1 Synergetische Nutzung von Umweltinformationen

Es ist jedoch darauf zu achten, daß die mit Hilfe der Umweltbetriebsprüfungen ermittelten Daten aktuell sind. Schwierigkeiten können dadurch entstehen, daß die durch die Umweltbetriebsprüfung ermittelten Daten bereits veraltet und deshalb für eine Beurteilung der aktuellen Umweltsituation nicht mehr geeignet sind.[17] Zu

---

[16] Beispielsweise ist ein Betreiber von genehmigungsbedürftigen Anlagen verpflichtet, in bestimmten zeitlichen Abständen oder kontinuierlich Messungen von bestimmten Emissionen oder Immissionen unter Verwendung aufzeichnender Meßgeräte durchzuführen. Vgl. §§ 27-29 BImSchG sowie 11. BImSchV. Hierfür sind vom Betreiber „Angaben zu machen über die Art, die Menge sowie die räumliche und zeitliche Verteilung der Luftverunreinigungen, die von der Anlage in einem bestimmten Zeitraum ausgegangen sind, sowie über die Austrittsbedingungen (Emissionserklärung)" (§ 27 Absatz 1 Satz 1 BImSchG). Diese Emissionserklärungen müssen für eine Reihe von Stoffen durchgeführt werden, sofern der Massenstrom der jeweiligen Emission (z.B. Staub, Stickstoffdioxid, Schwefelwasserstoff) einen bestimmten Wert je Kalenderwoche überschreitet. Vgl. § 4 Absatz 2 11. BImSchV.

[17] Umweltbetriebsprüfungen sind innerhalb eines Zeitraums von ein bis drei Jahren zu wiederholen. Aus diesem Grund ist diese Situation vergleichbar mit einem alten be-

diesem Zweck müssen die Messungen der wichtigsten Umweltschutzdaten in kürzeren Intervallen durchgeführt werden, sofern dies nicht ohnehin durch Vorschriften des Gesetzgebers vorgesehen ist. Bei der UVP lassen sich nach Kühling drei unterschiedliche Bewertungsschritte differenzieren:

- „Bewertung des Umweltzustandes
- Bewertung der Zustandsveränderungen (Prognose ohne Vorhaben)
- Bewertung der Zustandsveränderungen bei Realisation des Vorhabens" (Kühling 1989, S. 38).

Auf Basis dieser Differenzierung entfallen die größten Überschneidungen zwischen UVP und EMAS auf den Bereich der Bewertung des gegenwärtigen Umweltzustandes und - bis zu einem gewissen Maß - der Bewertung der Zustandsveränderungen (Prognose ohne Verfahren)[18]. Es muß an dieser Stelle betont werden, daß die Bewertung der Umweltauswirkungen aus betrieblicher Tätigkeit im Rahmen des EMAS nicht mit einer Bewertung des Umweltzustands gem. UVPG gleichgesetzt werden kann. Dieser Anspruch an das EMAS-spezifische Bewertungsverfahren wäre zu hoch, reduziert sich die Bewertung der Umweltauswirkungen doch weitgehend auf eine mediale Betrachtungsebene. Deshalb kann mit den im Rahmen einer Umweltbetriebsprüfung ermittelten Daten keine UVP im eigentlichen Sinne durchgeführt werden. Dies hat zur Folge, daß das Datenmaterial für die Zwecke der UVP aufzubereiten ist, denn eine ganzheitliche und medienübergreifende Beurteilung ist per definitionem durch das EMAS nicht vorgesehen. Im Gegenteil, sofern die Grenzwerte für bestimmte Schadstoffkonzentrationen noch nicht überschritten sind, herrscht für Unternehmen, die ein Legal Compliance anstreben, sogar in gewissem Sinne ein Handlungs- und Gestaltungsspielraum zum Ausfüllen bis zu dieser Grenze (vgl. Graphik A der Abbildung 3).

Dieser Gestaltungsspielraum ist jedoch nur theoretisch gegeben, da das EMAS die Definition und die Einhaltung ökologieorientierter Unternehmensziele explizit vorschreibt. Darüber hinaus ist im Rahmen des Umweltmanagementsystems ein kontinuierlicher Verbesserungsprozeß im betrieblichen Umweltschutzbereich anzustreben. Ausgehend von den gesetzlich vorgeschriebenen Grenzwerten müssen betriebliche Mindeststandards definiert werden (vgl. t_1 in der Graphik B der Abbildung 3), die sich durch eine Variation bzw. Substitution der Produktionseinsatzfaktoren und/oder des Produktionsprozesses realisieren lassen. Zur Beurteilung der UVP favorisiert Kühling nicht Mindeststandards (zur Differenzierung unterschiedlicher Umweltstandards vgl. Förstner 1993, S. 106-109 sowie Scholles 1990, S. 35-37), sondern schreibt die Festlegung von Ziel- bzw. Leitwerten vor,

---

triebswirtschaftlichen Problem, nämlich der Verwendung des Jahresabschlusses als Informationsgrundlage zur Beurteilung des kurzfristigen Betriebserfolgs.

[18] Zur Bewertung der Zustandsveränderungen (unter Berücksichtigung der Nullvariante) lassen sich die ex post-Daten extrapolieren und damit zukünftige Umweltzustände prognostizieren.

die im Sinne eines Minimierungsgebots eine Grundbelastung oder quasi-Null-Belastung - zur Realisierung einer umweltverträglichen Belastungssituation - als Maßstab anlegen (vgl. Kühling 1989, S. 39). Diese Grundbelastung ist anzustreben und wird in der nachfolgenden Abb. mit t_2 bezeichnet.

In der folgenden Abbildung 3 besitzen die beiden Ordinaten die Dimension 'Schadstoffkonzentration'. Hierbei lassen sich bspw. MAK- oder MIK-Werte als Beurteilungskriterien zugrunde legen. Problematisch ist in diesem Zusammenhang, daß die Konzentrationen nur bedingt Aussagen über das Gesamtvolumen einer Emission oder Immission und damit die Gesamtbelastung eines Schutzgutes über einen bestimmten Zeitraum hinweg zulassen. Es muß deshalb die Frage gestellt werden, inwieweit die Anwendung von Schadstoffkonzentrationen als Kriterien zur Beurteilung der Umweltverträglichkeit sinnvoll ist.

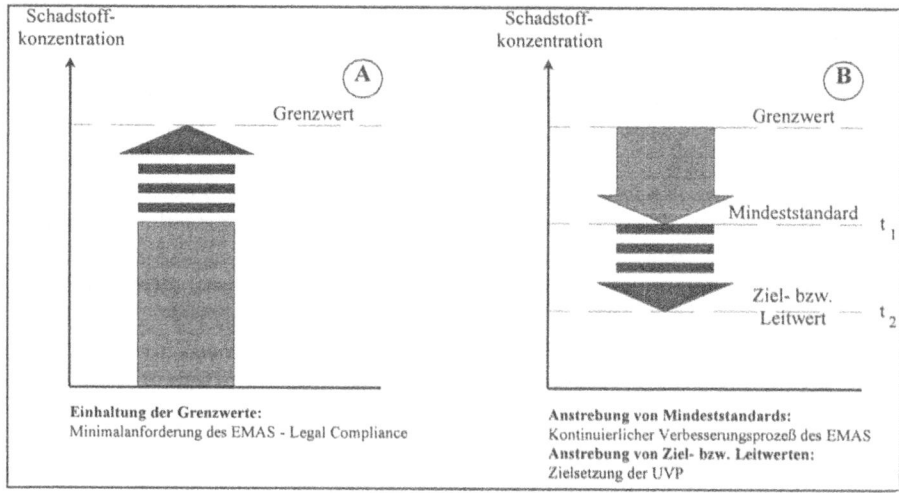

Abb. 3. Unterschied zwischen Grenzwerten und Mindeststandards (vgl. Kühling 1989, S. 39)

Ein Problem, das bei der Ermittlung der gegenwärtigen Umweltsituation mit Hilfe von EMAS-Daten entsteht, basiert auf der Tatsache, daß die Systemgrenze des betrachteten Untersuchungsraums mit den geographischen Grenzen des zertifizierenden Standorts identisch ist. Umweltbelastungen, resultierend aus Tätigkeiten oder Aktivitäten außerhalb des Betriebsgeländes, bleiben bei der Beurteilung gem. EMAS weitestgehend unberücksichtigt. Diese Belastungen müssen jedoch bei der Durchführung einer UVP in die Analyse integriert werden, d.h. Immissionen die ihre Ursachen außerhalb des Betriebsgeländes besitzen - wie bspw. Emissionen, die durch extreme Verkehrsbelastungen oder benachbarte Industriebetriebe hervorgerufen werden -, sind zur ganzheitlichen Beurteilung zu erfassen und in die Entscheidung einzubeziehen.

Vor diesem Hintergrund läßt sich konstatieren, daß zertifizierte Unternehmen synergetische Effekte realisieren können, wenn die Ergebnisse der Umweltbetriebsprüfungen auf die Erfordernisse der UVP abgestimmt und aktuell vorgehalten werden. Hierdurch kann auf Grundlage der erfaßten und dokumentierten Umweltauswirkungen eine standortbezogene Beurteilung des Umweltzustands ermittelt werden, die als Ausgangsbasis zur Durchführung einer UVP dient.[19] Da zertifizierte Unternehmen auch eine kontinuierliche Verbesserung des betrieblichen Umweltschutzes fixieren, lassen sich die Umweltauswirkungen der betrieblichen Tätigkeiten auch für die Zukunft prognostizieren. Des weiteren können Rückschlüsse auf die Zustandsveränderungen der Umweltauswirkungen gezogen und eine Prognose der Umweltauswirkungen ohne Realisierung des geplanten Vorhabens abgeleitet werden (Null-Variante). Diese für eine UVP erforderlichen Daten und Informationen lassen sich aktuell vorhalten und zur Vervollständigung der Antragsunterlagen UVP-adäquat aufbereiten.[20]

11.2.2.2 Erleichterungen für zertifizierte Unternehmen in Anlagenenehmigungsprozessen

Darüber hinaus versprechen sich viele Industrieanlagenbauer durch die Anwendung des EMAS Deregulierungseffekte in anderen Umweltschutzbereichen (vgl. Bohne 1996, S. 105-165 sowie Klemisch 1996, S. 120). Vor diesem Hintergrund erwarteten EMAS-zertifizierte Vorhabenträger positive Effekte bei der Genehmigung von UVP-pflichtigen Industrieanlagen (vgl. Wöstmann 1993, S. 169). Die Möglichkeit zur Beschleunigung von Genehmigungsverfahren wurde auch von einer unabhängigen Expertenkommission aufgegriffen und ausführlich diskutiert. Auf der Grundlage dieser Diskussionen hat die Kommission der Bundesregierung den folgenden Vorschlag zur Beschleunigung der Genehmigungsverfahren unterbreitet:

„Die Kommission schlägt vor, für Anlagen an Standorten mit validierter Umwelterklärung nach der Umwelt-Audit-VO erleichterte Genehmigungsvoraussetzungen zu schaffen. An solchen Standorten soll eine 'Rahmenge-

---

[19] Lediglich die Umweltauswirkungen von Aktivitäten außerhalb des Betriebsgeländes müssen ermittelt werden. Vielfach erfolgt eine Ermittlung der unternehmensexternen Umweltauswirkungen durch Mitarbeiter des Unternehmens, die durch die Übermittlung von Daten externer Meßstationen oder -fahrzeugen betrieblich bedingte Immissionen außerhalb des Standortes messen. Bei dieser Ermittlung der Umweltauswirkungen werden gleichzeitig auch Immissionen anderer Emittenten erfaßt, die Rückschlüsse auf eine unternehmensübergreifende Umweltbelastung ermöglichen.

[20] Hierbei darf nicht der Eindruck entstehen, daß in EMAS-zertifizierten Unternehmen eine Bewertung des aktuellen, standortbezogenen Umweltzustandes laufend fortgeschrieben wird, die darüber hinaus UVP-rechtlichen Anforderungen genügt. Unter Abwägung von Aufwand und Nutzen in bezug auf eine lfd. Bewertung des Umweltzustandes, wird lediglich das Vorhalten aktueller Daten und Informationen über bestehende Umweltauswirkungen aus betrieblichen Tätigkeiten sinnvoll sein.

nehmigung' genügen, mit der der Anlagengegenstand, die Verfahren und die materiellen Schutzpflichten festgeschrieben werden. Detailausführungen des Vorhabens sollen dem Unternehmen überlassen bleiben. Sie sind zu dokumentieren. Änderungen an Anlagen innerhalb des durch die Genehmigung gesetzten Rahmens bedürfen keiner Genehmigung oder Anzeige, sind aber ebenfalls zu dokumentieren." (Bundesministerium für Wirtschaft 1994, S. 118)

Dieser relativ weit gehende Vorschlag zur Deregulierung von Genehmigungsverfahren wurde vom Gesetzgeber jedoch nicht aufgegriffen, so daß eine entsprechende Regelung keinen Eingang in die vor kurzem verabschiedeten Beschleunigungsgesetze gefunden hat. Es kann gemutmaßt werden, daß zertifizierte Unternehmen gegenüber den Genehmigungsbehörden aber auch der Öffentlichkeit versuchen, die Rolle eines ökologischen Primus inter pares anzunehmen.[21] Das heißt, Unternehmen, die nach EMAS zertifiziert sind und einen Genehmigungsantrag stellen, erhoffen sich gegenüber nicht-zertifizierten Unternehmen Vorteile in der Genehmigungspraxis. Auswirkungen auf eine zügigere Durchführung des Genehmigungsverfahrens oder gar die Reduzierung materiell-rechtlicher Standards durch die Genehmigungsbehörden sind Idealvorstellungen der Vorhabenträger, entbehren aber jeder Realität und sind nicht zu erwarten. Es muß jedoch davon ausgegangen werden, daß die Entscheidung über die Genehmigung einer UVP-pflichtigen Anlage allein auf den sachlichen Inhalten der eingereichten Genehmigungsunterlagen basiert.

11.2.3 Schnittstellenprobleme

Bei der Verknüpfung von EMAS und UVP kann jedoch auch ein Problem für UVP-pflichtige Neuinvestitionen entstehen. Der Grund hierfür basiert auf der Tatsache, daß der durch das betriebliche Umweltmanagementsystem angestrebte kontinuierliche Verbesserungsprozeß - bspw. die Reduzierung bestimmter Emissionen um einen definierten Prozentsatz - durch die Neuinvestition nicht eingehalten bzw. erreicht werden kann. Die UVP-pflichtige Anlage könnte dem neuesten Stand der Technik entsprechen und weit über die technischen Standards bereits bestehender Anlagen hinaus gehen. Die Realisierung dieser Anlage kann aber dazu führen, daß die Auswirkungen des betrieblichen Umweltschutzes konstant bleiben bzw. sich sogar verschlechtern. Hierbei wäre zu entscheiden, ob die Zertifizierung des Unternehmens weiterhin Bestand hat, das Unternehmen erneut zertifiziert werden muß oder die Genehmigung der UVP-pflichtigen Anlage verweigert wird.

Neben der Überlegung, spezielle Anforderungen der EMAS-VO auf die Zielsetzungen des UVPG abzustimmen, erfolgt im nachfolgenden die Analyse einer EU-Richtlinie, die nach ihrer Transformation in nationales Recht, ebenfalls zur Beschleunigung von Anlagengenehmigungsprozessen führen kann. Hierbei han-

---

[21] Nicht zuletzt die stark ansteigende Zahl an Veröffentlichungen von Umweltberichten und -erklärungen unterstützt diese Vermutung.

delt es sich um die Richtlinie zur integrierten Vermeidung und Verminderung der Umweltverschutzung.

11.3 Identifizierung und Evaluierung von Schnittstellen zwischen der IVU-Richtlinie und dem UVPG

11.3.1 Genese der IVU-Richtlinnie

Der europäische Gesetzgeber hat die sogenannte Richtlinie 96/61/EG des Rates vom 24. September 1996 über die integrierte Vermeidung und Verminderung der Umweltverschmutzung (IVURL) entwickelt und verabschiedet, in der die Grundlagen für ein integriertes Konzept zur Vermeidung und Verminderung der Verschmutzung durch Emissionen in Luft, Wasser, Boden, unter Einbeziehung der Abfallwirtschaft, festgeschrieben wurden, um ein hohes Schutzniveau für die Umwelt zu erreichen.[22] In der Begründung zur Verabschiedung der IVURL wird auf die Ziele und Prinzipien der gemeinschaftlichen Umweltpolitik abgehoben, die „insbesondere auf die Vermeidung, Verminderung und, soweit wie möglich, auf die Beseitigung der Verschmutzung durch Maßnahmen ... sowie auf eine umsichtige Bewirtschaftung der Ressourcen an Rohstoffen gerichtet (sind; A.d.V.), wobei das Verursacher- und Vorsorgeprinzip gelten."[23]

Anlagebetreiber erwarteten aus der Verabschiedung dieser Richtlinie eine Harmonisierung der Anlagengenehmigungs- oder -zulassungsverfahren in den einzelnen Mitgliedsstaaten der EU (vgl. Betz 1994, S. 214). Durch diese Angleichung sollten die durch unterschiedlich lange Genehmigungsfristen implizierten Wettbewerbsungleichgewichte reduziert werden. Entgegen früherer Intentionen wurden jedoch keine Regelungen in der Richtlinie manifestiert, die eine direkte zeitliche Reduktion langer Genehmigungsfristen indizieren.[24]

Die Heterogenität der nationalen Umweltschutzvorschriften in den Mitgliedsländern der EU haben dazu geführt, daß über die inhaltliche Ausgestaltung der IVURL seit 1991 intensiv diskutiert wurde. Manchen Mitgliedsstaaten gingen die in den Kommissionsvorschlägen zum Ausdruck kommenden Regelungen zu weit,[25] anderen gingen sie, speziell aufgrund des materiell-rechtlichen Regelungsgehaltes, nicht weit genug (vgl. Schnutenhaus 1994, S. 299). Zu letzteren zählten insbesondere Regierungen von Mitgliedsstaaten, die bereits über ein dichtes na-

---

[22] Eine isolierte Vermeidungs- bzw. Verminderungsstrategie in einzelnen Umweltmedien soll durch diesen Ansatz verhindert werden.
[23] Erster Erwägungsgrund zur Verabschiedung der IVURL. Einleitung zur IVURL, a.a.O., S. 26.
[24] Beispielsweise eine zeitliche Begrenzung des Genehmigungsverfahrens.
[25] Zu den Kritikern einer restriktiveren Auslegung der Vorschriften zählten insbesondere die peripheren Mittelmeeranrainerstaaten, deren Interessen vorwiegend durch Spanien vertreten wurden.

tionales Regelwerk verfügen, wie beispielsweise die Bundesrepublik Deutschland (vgl. Schnutenhaus 1994a, S. 671-673). Die letztendliche Ausgestaltung der IVURL konkretisiert jedoch viele europäische Regelungen und Vorschriften - nicht zuletzt diejenigen der UVP-Richtlinie (UVPRL). Aus diesem Grund ist es erforderlich, die Vorschriften der IVURL auf ihre unterstützende Wirkung in bezug auf eine Genehmigungsbeschleunigung hin zu untersuchen. Hierfür erfolgt eine Beschreibung der beschleunigungsrelevanten inhaltlichen und verfahrensspezifischen Aspekte der IVURL sowie die Ermittlung der Auswirkungen auf die Durchführung einer UVP.

Wie die UVPRL geht diese neue Richtlinie von einer medienübergreifenden Betrachtungsweise aus. Deshalb wurden für die o.b. Ziele und Prinzipien Minimalanforderungen definiert, die bei der Transformation in die nationalen Rechtsvorschriften der EU-Mitgliedsstaaten zugrunde gelegt werden müssen.[26] Sobald die Umsetzung in den Staaten der EU vollzogen ist, müssen bei der Genehmigung neuer Anlagen sämtliche dieser Richtlinie zugrunde liegenden Vorschriften berücksichtigt werden. Die Regelungen der IVURL sind auch auf bereits bestehende Anlagen anzuwenden, wenn nationale Gesetze keine Ausnahme der Untersuchung zulassen. Die Pflicht zur Überprüfung bestehender Anlagen tritt jedoch erst acht Jahre nach Veröffentlichung der nationalen Regelungen in Kraft.[27]

11.3.2 Inhalte der IVURL

In der IVURL werden zunächst begriffliche Abgrenzungen vorgenommen. Hierbei werden beispielsweise die Begriffe Umweltverschmutzung, Anlage, Emission, Emissionsgrenzwert, Umweltqualitätsnorm oder Genehmigung en détail erläutert.[28] Des weiteren sind Ähnlichkeiten zwischen der Richtlinie 96/61/EG und der UVPRL offensichtlich. Diese lassen sich u.a. an den allgemeinen Prinzipien erkennen, denen die untersuchungsrelevanten Objekte gemäß IVURL genügen müssen. Die Anlagen müssen so betrieben werden, daß

- alle geeigneten Vorsorgemaßnahmen gegen Umweltverschmutzungen unter dem Einsatz der besten verfügbaren Technik getroffen werden;
- keine erheblichen Umweltverschmutzungen verursacht werden;
- Abfälle vermieden sowie entstandene Abfälle verwertet oder beseitigt werden;
- Energie effizient Verwendung findet;
- notwendige Maßnahmen zur Verhinderung von Unfällen und deren Folgen ergriffen werden;
- bei einer endgültigen Stillegung dieser Anlagen die erforderlichen Maßnahmen getroffen werden, um jegliche Gefahr einer Umweltverschmutzung zu vermei-

---

[26] Die nationale Transformation dieser Vorschriften muß bis zum 30.10.1999 abgeschlossen sein.
[27] Vgl. Artikel 5 Absatz I IVURL.
[28] Vgl. Artikel 2 IVURL.

den und um einen zufriedenstellenden Zustand des Betriebsgeländes wiederherzustellen.[29]

Im Gegensatz zur UVPRL muß die IVURL nicht nur auf neue, sondern auch auf bestehende Anlagen angewendet werden. Beide Richtlinien implizieren durch ihre individuelle inhaltliche Ausrichtung ein Screening, d.h. die Überprüfung der Umweltauswirkungen von Industrieanlagen. Die Regelungen der IVURL gehen jedoch über das eigentliche Screening hinaus. Der europäische Gesetzgeber strebt ein Monitoring bestehender Anlagen an, in Form einer regelmäßigen Überprüfung und Aktualisierung der Genehmigungsauflagen durch die zuständigen Behörden. Diese zusätzliche Kontrolle wird darüber hinaus erforderlich, sofern die Auswirkungen der Emissionen die Umwelt erheblich beeinflussen und die zugrunde gelegten Emissionsgrenzwerte überprüft oder neue Grenzwerte festgelegt werden müssen. Des weiteren wird eine Validierung der Genehmigungsauflagen erforderlich, wenn neuere technische Entwicklungen zu einer erheblichen Verminderung der Emissionen beitragen können und dieser technischen Variation der Anlage keine unverhältnismäßig hohen Kosten entgegenstehen.[30] Existieren offensichtliche Gefährdungen der Betriebstätigkeit oder ergeben sich aus der Verabschiedung neuer europäischer bzw. nationaler Rechtsvorschriften höhere Umweltstandards, müssen die Genehmigungsauflagen durch die zuständige Behörde überprüft und gegebenenfalls aktualisiert werden.

Der Anlagebetreiber hat in diesem Zusammenhang sicherzustellen, daß die Auflagen einer Genehmigung eingehalten werden und die zuständige Behörde regelmäßig über die Ergebnisse der Überwachung der Emissionen der betreffenden Anlagen unterrichtet wird. Bei Kontrollen der Auflagen, wie beispielsweise bei Überprüfungen der Anlage oder Probenahmen durch Vertreter der zuständigen Behörde müssen die Unternehmen jede notwendige Unterstützung gewähren.[31] Nicht zuletzt durch regelmäßige Emissionsüberwachungen bleibt das Unternehmen auf einem aktuellen Informationsstand. Diese Informationen, die im Austausch mit den Behörden zur Erstellung des Emissionskatasters und zur Entwicklung von Luftreinhalteplänen herangezogen werden können, sind darüber hinaus für die Umweltbetriebsprüfung zertifizierter Unternehmen sowie für die Beurteilung der gegenwärtigen Umweltsituation im Rahmen der UVP von grundlegender Bedeutung.

Die Mitgliedsstaaten müssen deshalb Vorkehrungen treffen um zu verhindern, „daß keine neue Anlage ohne eine Genehmigung gemäß dieser Richtlinie betrieben wird."[32] Hierfür muß bei der zuständigen Behörde ein Genehmigungsantrag eingereicht werden, der folgende Beschreibungen umfaßt:

---

[29] Vgl. Artikel 1 Satz 1 lit. a)-f) IVURL.
[30] Der Angleich der europäischen Rechtsvorschriften wird auch durch diese Regelung offenkundig. Die inhaltliche Ausgestaltung dieser Regelung orientiert sich dabei sehr stark an der Formulierung des Artikel 3 lit. a) EMAS-VO.
[31] Vgl. Artikel 14 IVURL.
[32] Artikel 4 IVURL.

- Anlage sowie Art und Umfang ihrer Tätigkeiten;
- Roh- und Hilfsstoffe, sonstige Stoffe und Energie, die in der Anlage verwendet oder erzeugt werden;
- Quellen der Emissionen aus der Anlage;
- Zustand des Anlagengeländes;
- Art und Menge der vorhersehbaren Emissionen aus der Anlage in jedes einzelne Umweltmedium sowie Feststellung von erheblichen Auswirkungen der Emissionen auf die Umwelt;
- vorgesehene Technologie und sonstige Techniken zur Vermeidung der Emissionen aus der Anlage oder, sofern dies nicht möglich ist, Verminderung derselben;
- erforderlichenfalls Maßnahmen zur Vermeidung und Verwertung der von der Anlage erzeugten Abfälle;
- sonstige vorgesehene Maßnahmen zur Erfüllung der Vorschriften bezüglich der bereits beschriebenen Prinzipien der Grundpflichten der Betreiber;
- vorgesehene Maßnahmen zur Überwachung der Emissionen in die Umwelt;
- eine nichttechnische Zusammenfassung dieser Beschreibungen.[33]

11.3.3 Vergleich zwischen den inhaltlichen Anforderungen einer UVP und den Anforderungen gemäß IVURL

Ein Vergleich dieser inhaltlichen Anforderungen mit denen der UVPRL legt die Gemeinsamkeiten der beiden Richtlinien offen. Auch der europäische Gesetzgeber hebt die Ähnlichkeiten der individuellen Anforderungen im weiteren Verlauf der IVURL explizit hervor. Hierin heißt es: „Wenn Angaben gemäß den Anforderungen der Richtlinie 85/337/EWG ... eine der Anforderungen dieses Artikels (hiermit wird auf die o.b. inhaltliche Ausgestaltung abgehoben; A.d.V.) erfüllen, können sie in den Antrag aufgenommen oder diesem beigefügt werden."[34] Bei dieser Vorgehensweise kann jedoch nicht von einem monokausalen Zusammenhang ausgegangen werden. Vielmehr müssen in der Praxis aus Effizienzgesichtspunkten die jeweiligen Anforderungen der beiden Richtlinien aufeinander abgestimmt werden.

11.3.3.1 Fixierung von Grenzwerten

Die Richtlinie strebt durch den gegenüber vergleichbaren Richtlinien spezifischeren Inhalt sowie den regelmäßigen Informationsaustausch zwischen den einzelnen EU-Mitgliedsstaaten[35] eine Harmonisierung der Umweltschutzvorschriften in den

---

[33] Vgl. Artikel 6 Absatz I IVURL.
[34] Artikel 6 Absatz II IVURL.
[35] Beispielsweise müssen spätestens alle drei Jahre die festgelegten Emissionsgrenzwerte sowie gegebenenfalls die besten verfügbaren Techniken von den jeweiligen Mitglieds-

jeweiligen Staaten an. Aufgrund der mangelnden Umsetzung der IVURL in den EU-Mitgliedsstaaten besteht z.Zt. jedoch noch keine Pflicht zur Beurteilung der Umweltauswirkungen untersuchungsrelevanter Anlagen. Die Vorschriften der Richtlinie lassen sich aber bereits jetzt, auch vor der Transformation in nationale Rechtsvorschriften, als Orientierungshilfen auf ähnliche Regelungen anwenden. Zu erwähnen ist in diesem Zusammenhang das 'nicht erschöpfende' Verzeichnis der wichtigsten Schadstoffe, für die Emissionsgrenzwerte festgelegt werden müssen.[36] Die Festlegung von Emissionsgrenzwerten durch die EU-Mitgliedsstaaten und der turnusgemäße Informationsaustausch zwischen den Staaten und der EU können einen Einfluß auf die Beschleunigung von Genehmigungsverfahren im allgemeinen sowie auf die beschleunigte Durchführung einer UVP im speziellen besitzten.[37] Z.Zt. beschränkt sich dieses Verzeichnis jedoch nur auf einige wenige Schadstoffe aus den Bereichen der Umweltmedien Luft und Wasser. Nachteilig wirkt sich außerdem der nicht erschöpfende Charakter dieses Verzeichnisses aus, das die Summe der zu berücksichtigenden Schadstoffe auf die Medien Luft und Wasser begrenzt sowie lediglich Schadstoffe beinhaltet, die extreme Auswirkungen auf Mensch und Umwelt implizieren. Darüber hinaus bleibt abzuwarten, inwieweit Kombinationswirkungen einzelner Schadstoffe im Rahmen der Bestimmung von Emissionsgrenzwerten Berücksichtigung finden. Der europäische Gesetzgeber verspricht sich hieraus aber trotzdem eine Angleichung der Umweltstandards in den EU-Mitgliedsstaaten.

11.3.3.2 Informationsaustausch

Ebenso kann sich aus dem Informationsaustausch ein Einfluß auf die zum Einsatz kommende Technologie respektive Technik (Best Available Technique; BAT) ergeben.[38] Gemäß der IVURL werden die EU-Mitgliedsstaaten aufgefordert, In-

---

[36] staaten an die EU weitergeben werden, die dann zum Informationsaustausch durch die Kommission veröffentlicht werden. Vgl. Artikel 16 Absatz I u. II IVURL.

In der IVURL ist bereits eine Regelung enthalten, die darauf hinweist, daß der Rat der EU gemeinschaftliche Emissionsgrenzwerte festlegt, wenn der auf Artikel 16 basierende Informationsaustausch nicht zu einer Harmonisierung der materiell-rechtlichen Anforderungen führt. Vgl. Artikel 18 Absatz I IVURL.

[37] Selbstverständlich muß hierbei berücksichtigt werden, daß die der UVP zugrunde gelegten Grenzwerte an die individuelle Situation (z.B. bereits bestehende Belastungen) angepaßt werden müssen. Problematisch ist deshalb, daß durch die Begrenzung der Schadstoffemissionen lediglich die Anlage in den Fokus der Betrachtungen gestellt werden. Eine erforderliche Betrachtung der Auswirkungen auf die Umwelt - unter Berücksichtigung bereits existenter Umweltauswirkungen - bleibt bei dieser Beurteilung unberücksichtigt. Hierfür wäre die Fixierung von Immissionsgrenzwerten eine sinnvollere Vorgehensweise.

[38] „Im Sinne dieser (IVU-; A.d.V.) Richtlinie bezeichnet der Ausdruck 'beste verfügbare Techniken' den effizientesten und fortschrittlichsten Entwicklungsstand der Tätigkeiten und entsprechenden Betriebsmethoden, der spezielle Techniken als praktisch erscheinen

formationen über die in den Anlagen eingesetzten besten verfügbaren Techniken an die EU-Kommission weiterzuleiten, damit diese ihrerseits die Ergebnisse des Informationsaustausches den Staaten wieder zur Verfügung stellt.[39] Insbesondere die Bundesrepublik Deutschland verspricht sich Auswirkungen auf eine europaweite Harmonisierung der nationalen Umweltschutzvorschriften (vgl. Schnutenhaus 1994, S. 300-301). Neben diesem, spätestens in einem dreijährigen Intervall durchzuführenden, Informationsaustausch müssen die Mitgliedsstaaten bei der Festlegung der besten verfügbaren Techniken, besonders die Aspekte des Anhanges IV IVURL berücksichtigen.[40] Hierbei müssen aber auch die sich aus einer bestimmten Maßnahme ergebenden Kosten und Nutzen sowie der Grundsatz der Vorsorge und der Vorbeugung bei der Festlegung der besten verfügbaren Technik im Entscheidungsprozeß Berücksichtigung finden.

11.3.3.3 Verwaltungsbehördliche Koordination

Um Koordinierungsschwierigkeiten im Rahmen des eigentlichen verwaltungsbehördlichen Genehmigungsprozesses zu vermeiden, sind die EU-Mitgliedsstaaten gemäß IVURL verpflichtet, ein sogenanntes integriertes Konzept zur Erteilung der Genehmigung zu entwickeln. Sofern am Genehmigungsprozeß mehrere zuständige Behörden partizipieren, müssen die Mitgliedsstaaten Maßnahmen treffen, die eine vollständige Koordinierung des Genehmigungsverfahrens und der Genehmigungsauflagen gewährleisten.[41] In der Bundesrepublik muß die Umsetzung dieser speziellen Regelung nur formal erfolgen, da die Anforderungen an eine verwaltungsbehördliche Koordination bereits durch einschlägige Vorschriften gewährleistet ist. Konkret kann in diesem Zusammenhang auf die Änderung des Verwaltungsverfahrensgesetzes (VwVfG) durch Artikel 1 GenBeschlG verwiesen werden. Beispielsweise wird mit § 71 d VwVfG, die Regelung des Sternverfahren im behördlichen Genehmigungsprozeß eingeführt. Kerngedanke des Sternverfahren ist, daß nachzufragender spezifischer Sachverstand bei am Genehmigungsprozeß partizipierenden Stellen nicht sukzessiv, sondern simultan erhoben wird (vgl. Jäde 1996, S. 368).

11.3.3.4 Öffentlichkeitsbeteiligung

Im Rahmen der Öffentlichkeitsbeteiligung existieren weitere Gemeinsamkeiten zwischen der IVURL und dem deutschen UVPG, die ebenfalls einen Einfluß auf

---

[39] läßt, grundsätzlich als Grundlage für die Emissionsgrenzwerte zu dienen, um Emissionen in und Auswirkungen auf die Umwelt allgemein zu vermeiden oder, wenn dies nicht möglich ist, zu vermindern." Artikel 2 Ziffer 11 IVURL.
Vgl. Artikel 11 sowie Artikel 16 Abs. I u. II IVURL.
[40] Beispielsweise vergleichbare Verfahren, Vorrichtungen und Betriebsmethoden, die mit Erfolg im industriellen Maßstab erprobt wurden.
[41] Vgl. Artikel 7 IVURL.

die Angleichung der nationalen europäischen Rechtsvorschriften nach sich ziehen können. In der aktuellen Version der UVPRL wird den EU-Mitgliedsstaaten vorgeschrieben, der Öffentlichkeit den Genehmigungsantrag sowie die eingeholten Informationen zugänglich zu machen. Darüber hinaus muß der Öffentlichkeit die Gelegenheit gegeben werden, sich vor Durchführung des Projektes dazu zu äußern.[42] Die IVURL schreibt deshalb vor, daß der Öffentlichkeit die Anträge neuer Anlagen oder wesentlicher Änderungen sowie sonstiger Informationen während eines angemessenen Zeitraumes zugänglich gemacht werden müssen. Diese Möglichkeit der Einsicht- und Stellungnahme der Öffentlichkeit muß vor der Entscheidung der zuständigen Behörde über die Erteilung oder Verweigerung der Genehmigung gewährleistet werden. Hieraus kann abgeleitet werden, daß auch in anderen Mitgliedsstaaten der EU die Öffentlichkeitsbeteiligung bei der ökologischen Beurteilung von Indutrieanlagen einen höheren Stellenwert einnehmen wird, als dies gegenwärtig der Fall ist. Dadurch wird ebenfalls ein signifikanter Effekt auf die Angleichung der innereuropäischen Umweltschutzvorschriften hervorgerufen.

11.3.3.5 Grenzüberschreitender Informationsaustausch

Äquivalent zur grenzüberschreitenden Behördenbeteiligung des UVPG legt die IVURL die Grundlagen für bilaterale Konsultationen zwischen EU-Mitgliedsstaaten im Falle grenzüberschreitender Umweltauswirkungen neuer und bestehender Anlagen. Der Staat, in dem die schadstoffemittierende Anlage erstellt wurde oder wird, muß dem durch die erheblichen Auswirkungen auf die Umwelt betroffenen Mitgliedsstaat die Inhalte des Genehmigungsantrages zugänglich machen. Die Mitteilung an den betroffenen Mitgliedsstaat muß mit der Mitteilung an die eigenen Staatsangehörigen zeitgleich zusammenfallen. Der durch die Umweltauswirkungen betroffene Mitgliedsstaat hat darüber hinaus der eigenen Öffentlichkeit die Möglichkeit zu gewähren, die vorliegenden Unterlagen über die Anlage in einem angemessenen Zeitraum einzusehen, damit diese dazu Stellung nehmen können, bevor die zuständige Behörde die Entscheidung über die Genehmigung der Anlage trifft.[43]

Die entscheidende Qualitätskontrolle der Prüfung über die integrierte Vermeidung und Verminderung der Umweltverschmutzung liegt bei den Behörden respektive der zuständigen Behörde. Dies ist äquivalent zur Behördenkontrolle der Antragsunterlagen im Rahmen der Umweltverträglichkeitsprüfung. Aus den Regelungen bzgl. der grenzüberschreitenden Konsultationen und der Qualitätskontrolle der ökologischen Prüfung werden sich keine zusätzlichen Harmonisierungswirkungen auf die Durchführung einer UVP ergeben.

In der Abbildung 4 sind die grundlegenden Charakteristika der UVP und der IVU nochmals zusammengefaßt dargestellt.

---

[42] Vgl. Artikel 6 Absatz 2 UVPRL.
[43] Vgl. Artikel 17 Absatz I u. II IVURL.

Charakteristika	Umweltverträglichkeitsprüfung (UVP)	Integrierte Vermeidung und Verminderung der Umweltverschmutzung (IVU/IPPC)
Europäische Fundierung	EG-Richtlinie 85/337 EWG	EG-Richtlinie 96/61/EG
Nationale Spezifizierung	UVPG, UVPVwV, Fachgesetze	Umsetzung muß bis zum 30.10.1999 erfolgen
Notwendigkeit der Prüfung	gesetzlich vorgeschrieben / freiwillig	nach Umsetzung der RL gesetzlich vorgeschrieben / freiwillig
Untersuchungsträger	Unternehmen und öffentl. Körperschaften (s. Anlage/Anhang zum UVPG)	Unternehmen und öffentl. Körperschaften (s. Anhang I IVURL)
Gegenstand der Prüfung	geplante Anlagen mit erheblichen Umweltauswirkungen	geplante und bestehende Anlagen mit Umweltauswirkungen
Ziel der Prüfung	wirksame Umweltvorsorge	Erreichen eines hohen Umweltschutzniveaus unter Anwendung der B.A.T.
Durchführung der Prüfung	aperiodisch Screening	aperiodisch/periodisch Screening/Monitoring
Standards der Prüfung	nationale Standards regional individuell angepaßt	nationale Standards; europäischer Informationsaustausch über Emissionsgrenzwerte und B.A.T.
Öffentlichkeitsbeteiligung	Einbeziehung der Öffentlichkeit	Öffentlichkeitsbeteiligung am Genehmigungsverfahren vor der eigentlichen Entscheidung
Grenzüberschreitende Auswirkungen	Grenzüberschreitende Behördenbeteiligung	Grenzüberschreitende Konsultationen
Qualitätskontrolle der Prüfung	Kontrolle durch die Genehmigungsbehörden	Kontrolle durch die Genehmigungsbehörden

Abb. 4. Charakteristika der UVP und der Anforderungen der IVURL

11.4 Harmonisierung und Integration von Umweltschutzvorschriften

Existierende Wettbewerbsnachteile bundesdeutscher Unternehmen, impliziert durch lange UVP lassen sich nur reduzieren, wenn die unterschiedlichen materiell-rechtlichen Anforderungen an derartige Prüfungen in den Mitgliedsstaaten der EU angeglichen werden. Die Nivellierung dieser Wettbewerbsunterschiede darf dabei nicht durch eine Reduktion der hohen deutschen Umweltstandards realisiert werden. Vielmehr sind niedrigere Standards anderer EU-Mitgliedsstaaten den Bundesdeutschen anzupassen. Ansatzpunkte ergeben sich aus der Verabschiedung der IVURL. Insbesondere durch einen regelmäßigen Informationsaustausch über Emissionsgrenzwerte und den Stand der besten verfügbaren Techniken lassen sich unterschiedliche Standards langfristig angleichen. Problematisch ist in diesem Zusammenhang die europäische Fixierung des Emissionsgrenzwertes als Beurteilungskriterium für eine nachhaltige Entwicklung. Die Festlegung bzw. die Einigung auf einheitliche Immissionsstandards zum Abschätzen von Umweltauswirkungen wären hierzu wesentlich geeigneter. Trotzdem ist durch die Verabschiedung der IVURL zu erkennen, daß der europäische Gesetzgeber versucht, unterschiedliche gesetzliche Ansatzpunkte miteinander zu integrieren. Nicht zuletzt die Aufnahme der 'besten verfügbaren Techniken' in die Vorschriften der IVURL läßt Gemeinsamkeiten zur EMAS-Verordnung offensichtlich werden.

Damit schließt sich der Kreis, denn auch zwischen dem UVPG und der EMAS-VO existieren eine Reihe von Überschneidungen. Insbesondere bei der Ermittlung des derzeitigen Umweltzustands im Rahmen einer UVP lassen sich die unterschiedlichsten Daten und Informationen, resultierend aus Umweltbetriebsprüfungen und dem Aufbau von Umweltmanagementsystemen gem. EMAS-VO, für die Zusammenstellung von Genehmigungsunterlagen nutzen. Nicht zuletzt vor diesem Hintergrund ist zu erkennen, daß der europäische Gesetzgeber bestrebt ist, die auf europäischer Ebene verabschiedeten Rechtsvorschriften, aufeinander abzustimmen. Dies ist zumindest in Ansätzen bereits jetzt erkennbar. Das zweite große Ziel der europäischen Entscheidungsträger ist auf eine Harmonisierung der Rechtsvorschriften zwischen den EU-Mitgliedsstaaten gerichtet. Auch in diesem Bereich sind die Weichen in Richtung einer langfristigen Angleichung der Regelungen gestellt. Sowohl die Harmonisierung der Umweltschutzvorschriften zwischen den EU-Mitgliedsstaaten sowie eine integrative Verknüpfung von Umweltinstrumenten sollte von den europäischen Entscheidungsträgern weiterhin unterstützt werden. Nur auf diesem Weg ist langfristig ein einheitliches Niveau an Umweltqualität zu erreichen, das frei von Wettbewerbsinteressen einzelner Regionen stetig verbessert werden kann.

Literatur

Betz, M. und Stahl, H. (1994): Genehmigungsverfahren für Chemieanlagen im europäischen Vergleich In: Dose, N., Holznagel, B. und Weber, B. (Hrsg.): Beschleunigung von Genehmigungsverfahren - Vorschläge zur Verbesserung des Industriestandortes Deutschland. Bonn, S. 203-218.

Bohne, E. (1996): Die integrierte Genehmigung als Grundlage der Vereinheitlichung und Vereinfachung des Zulassungsrechts und seiner Verknüpfung mit dem Umweltaudit. In: Rengeling, H.-W. (Hrsg.): Integrierter und betrieblicher Umweltschutz - Dritte Osnabrücker Gespräche zum deutschen und europäischen Umweltrecht am 18./19. Mai 1995. Köln, S. 105-165.

Bundesministerium für Wirtschaft (1994): Investitionsförderung durch flexible Genehmigungsverfahren - Bericht der Unabhängigen Expertenkommission zur Vereinfachung und Beschleunigung von Planungs- und Genehmigungsverfahren. Bonn.

Förstner, U. (1993): Umweltschutztechnik - Eine Einführung. 4. Aufl., Berlin.

Hoffmann, A. (1996): Ökonomische Effektivität und Effizienz der EG-Öko-Audit-Verordnung - Eine informationstheoretische Analyse in der Umweltpolitik. Aachen.

Jäde, H. (1996): Beschleunigung von Genehmigungsverfahren nach dem Genehmigungsverfahrensbeschleunigungsgesetz. In: UPR, 16. Jg., Heft 10/1996, S. 361-369.

Kaupe, G. (1997): Umweltverträglichkeitsprüfungen für Betriebe - Konsequenzen langer Genehmigungsprozesse und Ansätze zur prozessualen Beschleunigung. In: Umwelt-WirtschaftsForum (uwf), 5. Jg., Heft 3/97, S. 65-69.

Klemisch, H. (1996): Ist das Öko-Audit ein Anlaß zur Deregulierung?. In: UVP-report, 10. Jg., Heft 3+4/96, September 1996, S. 120.

Kühling, W. (1989): Grenz- und Richtwerte als Bewertungsmaßstäbe für die Umweltverträglichkeitsprüfung. In: Hübler, K.-H. und Otto-Zimmermann, K. (Hrsg.): Bewertung der Umweltverträglichkeit - Bewertungsmaßstäbe und Bewertungsverfahren für die Umweltverträglichkeitsprüfung. 3. Aufl., Taunusstein, S. 31-44.

Mezger, G. (1989): Umweltverträglichkeitsprüfung, Umweltschutz und räumliche Nutzung in den USA - Am Beispiel der Umweltverträglichkeitsprüfung auf der Bundesebene und in Kalifornien. Berlin.

Schimmelpfeng, L. (1995): Konsequentes Öko-Audit führt zur Umweltvorsorge, in: UVP-report, 9. Jg., Heft 4/1995, September 1995, S. 204-206

Schnutenhaus, Jörn (1994): Die IPPC-Richtlinie - Eine umweltrechtliche und politikanalytische Bestandsaufnahme. In: ZUR, 6. Jg., Heft 6/94, S. 299-304.

Schnutenhaus, J. (1994a): Stand der Beratungen des IPPC-Richtlinienvorschlags der Europäischen Union. In: NVwZ, 13. Jg., Heft 7, S. 671-673.

Scholles, F. (1990): Umweltqualitätsziele und -standards - Begriffsdefinitionen. In: UVP-report, 4. Jg., Heft 3/90, Juli 1990, S. 35-37.

Wöstmann, U. (1993): Umweltrisikoprüfung - Betriebliche Risikovorsorge auf freiwilliger Basis. In: Pfaff-Schley, H. (Hrsg.): Die Umweltverträglichkeitsprüfung als Planungsinstrument: Planungs-UVP und Anlagen-UVP. Taunusstein, S. 163-173.

Wolfrum, B. (1994): Strategisches Technologiemanagement. 2. Aufl., Wiesbaden.

12 Aktuelle Entwicklungen zur Erweiterung des Anwendungsbereiches der EG-Öko-Audit-Verordnung

Jörg Bentlage und Heike Rieger

12.1 Erweiterungsverordnung zum Umweltauditgesetz (UAG-ErwV)

Am 13. Januar 1998 hat die deutsche Bundesregierung nach den Maßgaben des Bundesrates die Erweiterungsverordnung zum Umweltauditgesetz im Sinne des Artikels 14 der EMAS-Verordnung beschlossen (vgl. Bundesministerium für Umwelt, Naturschutz und Reaktorsicherheit 1997; Verordnung (EWG) Nr. 1836/93). Danach können auf nationaler Ebene eine Vielzahl zusätzlicher Sektoren bzw. Branchen, die bisher von einer offiziellen Teilnahme an EMAS ausgeschlossen waren, zukünftig eine Validierung und Standortregistrierung für ihre Umwelterklärung und ihr Umweltmanagementsystem bekommen. Die Verbandsvertreter der entsprechenden Branchen hatten im Vorfeld der Entscheidung (die ersten Entwürfe zur Erweiterungsverordnung lagen bereits Mitte 1997 vor) mehrfach Gelegenheit zur Äußerung ihrer Vorstellungen und zu ihrem Teilnahmewunsch.

Die bisher auf produzierende Betriebe nach den Abschnitten C und D der Verordnung (EWG) Nr. 3037/90 (NACE-Code bzw. NACE Rev. 1) der statistischen Systematik der Wirtschaftszweige der Europäischen Gemeinschaft (vgl. Verordnung (EWG) Nr. 3037/90 vom 24. Oktober 1990) beschränkte Teilnahme erweitert sich um folgende Bereiche (vgl. Tabelle 1).

Gegenüber den früheren Entwurfsfassungen der Erweiterungsverordnung sind nochmals weitere Branchen hinzugekommen. Außerdem wird für die Teilnahme grundsätzlich kein Unterschied mehr zwischen Unternehmen in privatwirtschaftlicher oder öffentlich-rechtlicher Rechtsform gemacht. Einige weitere Branchen, wie z. B. die Landwirtschaft und das Bauhauptgewerbe, sind allerdings nach wie vor nicht offiziell teilnahmeberechtigt, also auch nicht in der Erweiterungsverordnung enthalten.

Es steht zu erwarten, daß es noch bis ca. Mitte 1998 dauern wird, bis die Voraussetzungen für die ersten Validierungen und Standortregistrierungen von Seiten des nationalen Zulassungssystems (d. h. der DAU und der Zuständigen Stellen) gegeben sind. Das betrifft vor allem die Akkreditierung von Umweltgutachtern, die die für die neuen Sektoren notwendigen scopes besitzen und eine entsprechende Prüfung nach dem UAG bzw. der UAGZVV abgelegt haben (vgl. UAG-ErwV; Umweltauditgesetz - UAG vom 7. Dezember 1995).

Tabelle 1. Anhang zu § 1 der UAG-ErwV (Quelle: Bundesministerium für Umwelt, Naturschutz und Reaktorsicherheit 1997)

Nr.	Bereich
1	Erzeugung von Strom, Gas, Dampf und Heißwasser sowie Recycling, Behandlung, Vernichtung oder Endlagerung von festen oder flüssigen Abfällen gemäß Artikel 2 Buchstabe i der Verordnung (EWG) Nr. 1836/93 des Rates vom 29. Juni 1993 über die freiwillige Beteiligung gewerblicher Unternehmen an einem, Gemeinschaftssystem für das Umweltmanagement und die Umweltbetriebsprüfung (ABl. EG Nr. L 168, S. 1) in öffentlich-rechtlicher Organisationsform.
2	Energieversorgung, Wasserversorgung sowie Abwasserbeseitigung und sonstige Entsorgung gemäß den Abteilungen 40, 41 und 90 des Anhangs der Verordnung (EWG) Nr. 3037/90 des Rates vom 9. Oktober 1990 betreffend die statistische Systematik der Wirtschaftszweige in der Europäischen Gemeinschaft (ABl. EG Nr. L 293, S. 1).
3	Groß- und Einzelhandel gemäß den Gruppen 51.2 bis 51.7 und 52.1 bis 52.6 des Anhangs der Verordnung (EWG) Nr. 3037/90.
4	Eisenbahnen, sonstiger Landverkehr, Binnenschiffahrt, Linienflugverkehr, Gelegenheitsflugverkehr, Hilfs- und Nebentätigkeiten für Verkehr und Verkehrsvermittlung, Nachrichtenübermittlung gemäß den Abteilungen 63, 64 und den Gruppen 60.1, 60.2, 61.2, 61.2, 62.1, 62.2 des Anhangs der Verordnung (EWG) Nr. 3037/90.
5	Kreditgewerbe gemäß der Abteilung 65 sowie Versicherungsgewerbe gemäß der Abteilung 66 des Anhangs der Verordnung (EWG) Nr. 3037/90.
6	Gastgewerbe gemäß der Abteilung 55 des Anhangs der Verordnung (EWG) Nr. 3037/90.
7	Technische, physikalische und chemische Untersuchung gemäß den Gruppen 74.3 des Anhangs der Verordnung (EWG) Nr. 3037/90.
8	Öffentliche Verwaltung von Gemeinden und Kreisen sowie der Feuerschutz und die öffentliche Sicherheit und Ordnung von Gemeinden und Kreisen gemäß der Gruppe 75.1 und der Klassen 75.24 und 75.25 des Anhangs der Verordnung (EWG) Nr. 3037/90.
9	Öffentliches und privates Bildungswesen einschließlich der Kinderbetreuungseinrichtungen sowie der Erwachsenenbildung gemäß der Abteilungen 80 des Anhangs der Verordnung (EWG) Nr. 3037/90.
10	Krankenhäuser gemäß der Klasse 85.11 und Heime sowie soziale Einrichtungen der Klasse 85.31 des Anhangs der Verordnung (EWG) Nr. 3037/90 und medizinische Labors gemäß der Unterklasse 85.14.6 der deutschen Klassifikation der Wirtschaftszweige des Statistischen Bundesamtes, Ausgabe 1993 (WZ 93).
11	Betrieb und technische Hilfsdienste für kulturelle Leistungen gemäß der Klasse 92.32, Bibliotheken, Archive, Museen, botanische und zoologische Gärten gemäß der Gruppe 92.5 des Anhangs der Verordnung (EWG) Nr. 3037/90.
12	Betrieb von Sportanlagen gemäß der Klasse 92.61 des Anhangs der Verordnung (EWG) Nr. 3037/90.
13	Wäschereien, chemische Reinigungen und Bekleidungsfärberei gemäß der Unterklassen 93.01.1 und 93.01.3 der deutschen Klassifikation der Wirtschaftszweige des Statistischen Bundesamtes, Ausgabe 1993 (WZ 93).

Die Erweiterungsverordnung enthält weiterhin eine umfangreiche Begründung mit branchenbezogenen Erläuterungen. Zentraler Bestandteil der Erläuterungen sind der Standortbegriff und die Frage der Notwendigkeit der Einbeziehung von Produkten. Insbesondere bei denjenigen Branchen, die nicht nur an einem Standort (im rein geographischen Sinne gesehen) tätig sind (wie z. B. filialisierende Banken oder auch die öffentliche Verwaltung von Gemeinden und Kreisen) bzw. mobile Tätigkeiten ausüben (wie z. B. Verkehrsunternehmen im Bereich der Schiene, der Straße, des Wassers und der Luft) erzeugt eine rein räumlich ausgerichtete Standortdefinition nach dem "Werkszaunprinzip" erhebliche Schwierigkeiten bei der praktischen Durchführung.

Neben Deutschland haben bisher nur Großbritannien (für Kommunalverwaltungen) und Österreich (für das Verkehrswesen und das Kreditgewerbe) die EMAS-Verordnung nach Artikel 14 auf weitere Sektoren ausgedehnt. Allerdings sind auch in anderen EU-Mitgliedsstaaten verschiedene einschlägige Pilotprojekte in Gang (z. B. im Bereich der Forstwirtschaft in Schweden und im Bereich des Tourismus in Spanien).

12.2 Kritische Betrachtung des Standortbegriffes in der Erweiterungsverordnung

Der Standortbegriff hat sich in der Erweiterungsverordnung zum UAG gegenüber der EMAS-Verordnung nicht geändert (vgl. Verordnung (EWG) Nr. 1836/93, Art. 2 k; UAG-ErwV, A. 3.). Nach wie vor ist das Umweltmanagementsystem eines Standortes eines Unternehmens bzw. einer Organisation sowie die zugehörige Umwelterklärung die zu validierende Einheit.

Aufgrund der Natur von Dienstleistungstätigkeiten taucht schnell das Problem auf, daß der Standortbegriff im ausschließlich geographischen Sinne für eine Teilnahme an dem Gemeinschaftssystem nur sehr bedingt nutzbar ist bzw. zu einem unverhältnismäßig großen Aufwand beim Aufbau eines Umweltmanagementsystems führen würde. Dies kann folgende Gründe haben:

- Die Art der Tätigkeiten der teilnahmewilligen Organisation sind (bis auf einen Betriebshof oder ein Verwaltungsgebäude) mobil; Beispiel: Verkehrsunternehmen jeglicher Art.
- Die Tätigkeiten finden an periodisch wechselnden Standorten statt und sind an den einzelnen Standorten nur temporärer Natur; Beispiel: Abfallbeseitigung bzw. Entsorgungsdienstleistungen
- Das Spektrum der einzelnen Tätigkeiten ist sehr heterogen und an vielen verschiedenen Einzelstandorten angesiedelt, verbunden mit nur unwesentlichen Entscheidungskompetenzen für den Bereich des Einzelstandortes; Beispiel: öffentliche Verwaltung von Gemeinden und Kreisen (Heterogenität und (meist) unwesentliche Einzelkompetenzen) oder filialisierende Unternehmen z. B. aus der Reisevermittlung (unwesentliche Einzelkompetenzen).

– Am Standort selber (d. h. zum Beispiel am Verwaltungssitz der Organisation) finden nur Tätigkeiten mit kaum signifikanten Umweltauswirkungen im Vergleich zu den Umweltauswirkungen der Produkte statt, so daß den indirekten Umweltauswirkungen, die aus den Produkten der Organisation resultieren, mehr Aufmerksamkeit geschenkt werden muß; Beispiel: Banken und Versicherungen.

In den Erläuterungen der Erweiterungsverordnung zu den einzelnen Branchen sind diese Aspekte durchaus erkannt (z. B. im Bereich der Banken oder auch der öffentlichen Verwaltung von Gemeinden und Kreisen). Allerdings wird an dem Standortbegriff im geographischen Sinne festgehalten, obwohl dies aus den erläuterten Gründen im Falle von Dienstleistungsbetrieben häufig schwierig ist bzw. einen sehr großen Aufwand für die teilnahmewilligen Organisationen bedeuten würde. So ist beispielsweise bei der öffentlichen Verwaltung von Gemeinden und Kreisen nach der UAG-ErwV nur ansatzweise eine Erleichterung dadurch gegeben, daß "(...) Liegenschaften, die aus der Nachbarschaftsperspektive als einheitliche Örtlichkeit wahrgenommen werden, zu einem Standort zusammengefaßt werden" können. Die Festlegung jedoch, welche Einzelbereiche aus der Nachbarschaftsperspektive zusammengehören können bzw. welche Kriterien für eine solche Zusammenlegung gelten, unterbleibt bzw. wird offensichtlich in das Ermessen des Umweltgutachters gelegt.

Die Schwierigkeiten bei der Frage der Standortabgrenzung hat neben der Tatsache, daß diese Entscheidung weitgehend in das Ermessen des Gutachters gelegt wird, vor allem praktische Auswirkungen auf den für eine Validierung zu betreibenden Aufwand. Für jeden Standort muß schließlich das EMAS-Verfahren durchgeführt werden. Es ist somit eine Umweltprüfung durchzuführen, ein Umweltprogramm und eine Umweltmanagementsystem aufzustellen sowie eine Betriebsprüfung zu organisieren. Schließlich muß eine Umwelterklärung geschrieben werden. Zwar ergeben sich einige Erleichterungen daraus, daß bestimmte Teile insbesondere des Umweltmanagementsystem (wie z. B. Verfahrensanweisungen, ein Umweltrechtsverzeichnis sowie aufbau- und ablauforganisatorische Regelungen) gleichartig für alle Einzelstandorte ausgeführt werden können. Allerdings müssen laut UAG-ErwV alle definierten Einzelstandorte separat geprüft werden, eine Matrixvalidierung mit stichprobenweiser Überprüfung von signifikanten Einzelaspekten oder von einer Standortauswahl ist nicht möglich.

Je größer somit die Anzahl der zu prüfenden Standorte wird, umso größer wird auch der personelle, organisatorische und vor allem finanzielle Aufwand, sofern sich eine Organisation mit allen Einzelstandorten an dem Verfahren beteiligt. Eine solche Organisation wird deshalb ernsthafte Überlegungen hinsichtlich einer alternativen Teilnahme an der internationalen Umweltmanagementnorm ISO 14001 anstellen, da diese einen organisationsbezogenen Ansatz zuläßt (vgl. Bentlage und Steib 1997).

12.3 Revision der EMAS-Verordnung gemäß Artikel 20

Nach Artikel 20 der EMAS-Verordnung soll diese spätestens fünf Jahre nach Inkrafttreten überprüft werden. Bis dahin vorliegende Erfahrungen mit dem Gemeinschaftssystem sind hinsichtlich einer etwaigen Änderung und/oder Erweiterung des Systems zu berücksichtigen.

Anfang 1998 liegen bereits Entwürfe vor, wie die EMAS-Verordnung zukünftig aussehen könnte. In diesen Entwürfen bestätigt sich der grundlegende Trend, daß die ISO 14001 und EMAS sich weiter annähern werden. Ein weiterer Trend ist, daß der strenge Standortbezug innerhalb der EMAS-Verordnung bei einer novellierten EMAS in dieser Form wohl nicht mehr zu finden sein wird. Allerdings besteht in diesem Punkt noch Unklarheit, in welcher Form die Umweltauswirkungen, die mit der Tätigkeit von Dienstleistern verbunden sind, zu berücksichtigen sind. Unter Umständen wird es in einer novellierten EMAS entsprechende Anhänge geben, die zu den Fragen der Handhabung des Systems innerhalb verschiedener nicht-gewerblicher Sektoren Auskunft geben. Ein weites Feld werden sicherlich auch die Ergebnisse der Deregulierungsdiskussion, die momentan speziell in Deutschland, aber auch EU-weit, im Zusammenhang mit EMAS geführt wird, einnehmen. Zum momentanen Zeitpunkt bleiben konkrete Ausformulierungen abzuwarten. Eine offizielle Teilnahme von Organisationen an einer novellierten EMAS-Verordnung wird es frühestens ab dem Jahr 2000 bis 2001 geben.

Bisherige Diskussionsgrundlage sind daher die zehn Grundsätze der EG-Kommission für die Novellierung der EMAS-Verordnung (vgl. Tabelle 2).

Tabelle 2. Die zehn Grundsätze der EG-Kommmission zur Novellierung der EMAS (Quelle: O.V. 1997)

Nr.	Aspekt
1	environmental performance - clarity about the resulting environmental gain
2	continuity for existing users - no major surprises
3	work with ISO 14000 - series complementary/compatibility
4	meet stakeholder requirements - adress the right audience
5	regulatory coherence - link with other EU instruments (IPPC, Seveso II)
6	to ensure added value - cost savings, better image, regulatory benefit
7	work with the market - feasibility, saleability and promotability
8	general applicability - for all sectors and all sizes of business
9	no technical trade barriers - consistent with WTO/TBT rules
10	clear simple language - avoidance of doubt

Herausragendes Merkmal an diesen Grundsätzen ist neben der Anwendbarkeit des Gemeinschaftssystems auf alle Sektoren und Organisationsgrößen auch die Gewißheit für diejenigen Unternehmen, die bereits früher an EMAS teilgenommen haben, daß die grundlegende Zielrichtung von EMAS nicht geändert wird. Diesen Unternehmen dürfen somit keine Nachteile durch Nachbesserungs- und/oder Änderungsaufwand entstehen. Ihre frühere Teilnahme muß rechtssicher bleiben. Ein weiterer wichtiger Punkt ist die Kompatibilität zur ISO 14000-Serie, die in diesen Grundsätzen noch einmal explizit genannt ist.

12.4 Prozeßorientierte Vorgehensweise zur Einführung eines Umweltmanagementsystems in Dienstleistungssektoren

In diesem Kapitel wird ein Verfahren erläutert, die bei der Einführung von EMAS in Unternehmen des Dienstleistungssektors auftretenden Herausforderungen zu bewältigen. Berücksichtigt wird insbesondere die Standortfrage und die Erfassung und Bewertung von Umweltauswirkungen. Die Darstellung geht auch auf solche Branchen ein, die nicht an EMAS teilnahmeberechtigt und auch nicht in der UAG-ErwV enthalten sind.

12.4.1 Welche Branchen können über die UAG-ErwV hinaus einbezogen werden?

Obwohl mit der UAG-ErwV einer Vielzahl von Branchen bzw. Einrichtungen nun die Teilnahme an dem Gemeinschaftssystem ermöglicht wird, ist nach wie vor Betrieben einiger wichtiger Sektoren eine Validierung und Registrierung nicht möglich. Kennzeichnend für diese im folgenden exemplarisch genannten Sektoren ist die Vielzahl von Umweltauswirkungen, die von Tätigkeiten oder Produkten dieser Betriebe ausgehen.

Die Landwirtschaft beeinflußt z.B. durch ihre ausgedehnte Flächennutzung einerseits, aber auch durch die z.T. örtlich konzentrierte Tierhaltung andererseits in intensiver Form die Umwelt (vgl. hierzu den Beitrag von Alexandra Fuchs, Thomas Keßeler und Thorsten Zellmann in diesem Buch). Auch bedeutende Anlagen des Verteidigungswesens, wie z.B. Truppenübungsplätze oder Schießstände, können trotz ihrer offensichtlichen Umweltrelevanz (resultierend z. B. aus Lärmemissionen, Umgang mit Gefahrstoffen, Bodenbelastungen u. ä.) offiziell nicht an EMAS teilnehmen. Während die öffentliche Verwaltung von Gemeinden und Kreisen mittlerweile zu den teilnahmeberechtigten Sektoren zählen, ist die öffentliche Verwaltung des Landes und des Bundes von einer offiziellen Teilnahme ausgeschlossen.

Ein weiterer wichtiger Sektor, der in der UAG-ErwV nicht berücksichtigt wurde, ist das Baugewerbe. Durch das Baugewerbe, das als wichtiger Bestandteil des produzierenden Gewerbes mit ca. 1,5 Mio Beschäftigten (vgl. Hauptverband der Deutschen Bauindustrie 1996) eine wichtige Rolle in der Gesamtwirtschaft Deutschlands einnimmt, wird die Umwelt nachhaltig und in vielfältiger Weise belastet. So fielen allein im Jahr 1993 nahezu 132 Mio t Baurestmassen an, die sich aus den Bestandteilen Erdaushub, Bauschutt, Straßenaufbruch und Baustellenabfällen zusammensetzen (vgl. Statistisches Bundesamt 1996). Die Notwendigkeit, gerade in dieser Branche systematische Umweltmanagementinstrumente in den Betrieben einzuführen, steht der Argumentation gegenüber, die EMAS-Verordnung sei aufgrund ihres strikt Standortbezuges in Baubetrieben nicht umsetzbar.

Zusätzliche Branchen mit signifikanten Umweltauswirkungen, die aber nicht an EMAS teilnahmeberechtigt sind, lassen sich finden. Allein die Beispiele Landwirtschaft, Verteidigungswesen und Bauwesen zeigen, daß in diesen Sektoren aufgrund ihrer Umweltbelastungen eine Rechtfertigung zur Teilnahme an EMAS begründbar ist. Diese Branchen müssen sich allerdings nach wie vor entweder einiger Kunstgriffe bedienen, um eine offizielle Teilnahmemöglichkeit zu bekommen (z. B. Definition eines Blockheizkraftwerkes oder einer Abfallbehandlungsanlage als Standort) oder aber eine freiwillige Teilnahme ohne Validierung und Registrierung in Kauf nehmen. Daher bleibt festzuhalten, daß eine zukünftige Novellierung der EMAS-Verordnung auf jeden Fall eine Teilnahmemöglichkeit für alle Sektoren enthalten sollte.

12.4.2 Erweiterung des Standortbegriffes

In der UAG-ErwV wird zwar der Standortbegriff branchenspezifisch interpretiert, an der eigentlichen Definition ist jedoch keine Änderung vorgenommen worden. Die Begriffsauslegung bezieht sich wie bisher auf den geographischen Ort, an dem die unter der Kontrolle eines Unternehmens stehenden Tätigkeiten ausgeführt werden, einschließlich der Lager sowie der mobilen und immobilen Infrastruktur und Ausrüstung. Die stringent räumliche Auslegung des Standortbegriffes schließt aber Branchen aus, die tätigkeitsbedingt an vielen Standorten tätig sind. Eine über die räumliche Interpretation hinausgehende Definition des Standortes ergibt sich aus der Systemtechnik, wie im folgenden dargestellt wird.

12.4.2.1 Methodik der Systemtechnik

Eine Definition des Standortes, die auch den mobil tätigen Unternehmen entgegenkommt, ergibt sich aus der Systemtechnik (vgl. Daenzer 1985). Als Hauptsystem wird hier die Organisation definiert, die zur Produktion oder zur Erbringung von Dienstleistungen notwendigen Betriebseinheiten werden als Untersysteme zugeordnet.

Dabei müssen sich die Betriebseinheiten nicht zwingend auf einem Gelände befinden, sondern stehen in funktionaler Abhängigkeit des als Produktionsstandort definierten Systems, dessen Systemgrenze (= Standortgrenze) festzulegen ist. In dem so determinierten offenen System ergeben sich auch Beziehungen zu Elementen, die sich in der Umwelt bzw. Umgebung des Systems befinden. Die Systemgrenze stellt dabei die Schnittstelle zwischen dem System und seiner Umwelt oder zwischen dem System und seinem Nachbarsystem dar. Die wichtigsten Elemente eines offenen dynamischen Systems sind in Abbildung 1 dargestellt.

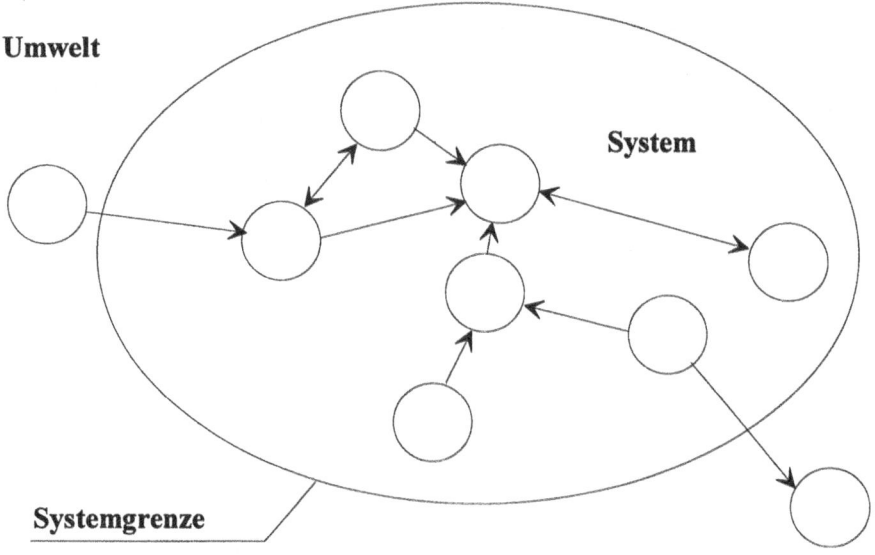

Abb. 1. Grundelemente eines offenen, dynamischen Systems (vgl. Daenzer 1985)

In dem folgenden Beispiel wird eine geeignete Systemabgrenzung aufgezeigt (vgl. Daenzer 1985):

In einem Fabrikationsbetrieb soll eine interne Prüfung des Transportwesens vorgenommen werden. Eine betriebseigene Werkstatt befindet sich außerhalb des eigentlichen Betriebsareals. Hier stellt sich nun die Frage, inwieweit die Werkstatt in das System mit einbezogen werden kann. Wenn eindeutige Abgrenzungskriterien fehlen, wird in der Praxis die Abgrenzung zu einem Suchvorgang, bei dem ständig die Vor- und Nachteile einer bestimmten Grenzbestimmung abgewogen werden müssen.

Als Beurteilungskriterium kann die Intensität (d.h. die Wichtigkeit, Häufigkeit etc.) der Beziehungen zu diesem Element herangezogen werden. In diesem Fall gilt entsprechend, je intensiver die Transportbeziehungen zwischen dem Fabrikationsbetrieb und der abseits gelegenen Werkstatt sind, desto zwingender ist es, die Werkstatt als Systemelement in das Gesamtsystem aufzunehmen.

Für ein Umweltmanagementsystem ist jedoch Voraussetzung, daß sich alle Betriebseinheiten unter der völligen Kontrolle der betrachteten Organisation befinden, da sich andernfalls die Durchführung umweltrelevanter Maßnahmen nicht problemlos realisieren ließe. Konkret würde das bedeuten, daß Teilbereiche, die aus vertragsrechtlichen Gründen nicht in der Sphäre der Organisation liegen, aus dem System ausgeschlossen werden und so nicht bei einer Umweltprüfung oder in dem Umweltprogramm berücksichtigt werden. Andererseits müssen aber bei einem systemorientierten Umweltmanagement nicht nur die Betriebseinheiten einem System zugeordnet werden, sondern auch in rechtlicher Abhängigkeit stehende Organisationen wie z.B. Subunternehmer, die in den Betriebseinheiten tätig sind.

Auf die Anforderungen der EMAS-Verordnung übertragen bedeutet diese Standortdefinition, daß die Organisation in allen dem System zugeordneten Betriebseinheiten die Einhaltung der Mindestanforderungen im Umweltschutz bzw. die Umsetzung der eigenen Umweltziele gewährleisten muß. Die für die Standorteintragung erforderliche Validierung der Umwelterklärung und des Umweltmanagementsystem kann dann in Abhängigkeit von Art und Umfang der Tätigkeit und Distanz der Betriebseinheit auf der Basis repräsentativer, stichprobenhafter Überprüfungen durch den akkreditierten Umweltgutachter erfolgen.

Im folgenden wird die systemorientierte Standortdefiniton an zwei ausgewählten Branchen dargestellt.

Bauhauptgewerbe

Die Bauproduktion im Bauhauptgewerbe läßt sich grundsätzlich anhand von zwei wesentlichen Eigenschaften charakterisieren:

1. Ein ständiger Wechsel des Produktionsstandortes.
2. Eine zeitliche Begrenzung der Baustelle.

Eine Bauunternehmung führt nicht alle ihre Tätigkeiten an einem Ort durch, sondern wechselt mit jedem neuen Auftrag an eine neue Produktionsstätte, die Baustelle. Dadurch ergeben sich permanent neue Situationen, angefangen bei örtlichen Veränderungen bezüglich der Umweltmedien Luft, Boden und Wasser bis hin zu einer wechselnden Konstellation der am Bau Beteiligten verbunden mit einer völlig unterschiedlichen Rechtslage. Jede Baumaßnahme ist zeitlich begrenzt und kann je nach Art des Bauwerks von einigen Wochen bis zu mehreren Jahren dauern. Die an dem Bauprozeß beteiligten Unternehmen sind dabei nicht zwingend über die gesamte Bauzeit hinweg an der Baustelle tätig, sondern erbringen ihre Leistung innerhalb eines bestimmten zeitlichen Rahmens (vgl. Bentlage, Rieger und Falk 1997).

Mit der systemorientierten Standortdefinition läßt sich das Auftragsgebiet der Niederlassung einer Bauunternehmung als Standort definieren. In Abbildung 2 sind die Elemente des Systems Bauunternehmung verdeutlicht. Als Subsysteme sind hier die stationären Betriebseinheiten Verwaltung, Fuhrpark und Lager sowie die mobilen bzw. temporären Betriebseinheiten Baustellen definiert. Neben den innerhalb des Systems auftretenden Beziehungen zwischen den Subsystemen existieren auch darüber hinaus Beziehungen zu den Elementen der Umwelt außerhalb des Systems, z.B. wie hier dargestellt zu Lieferanten oder Kunden.

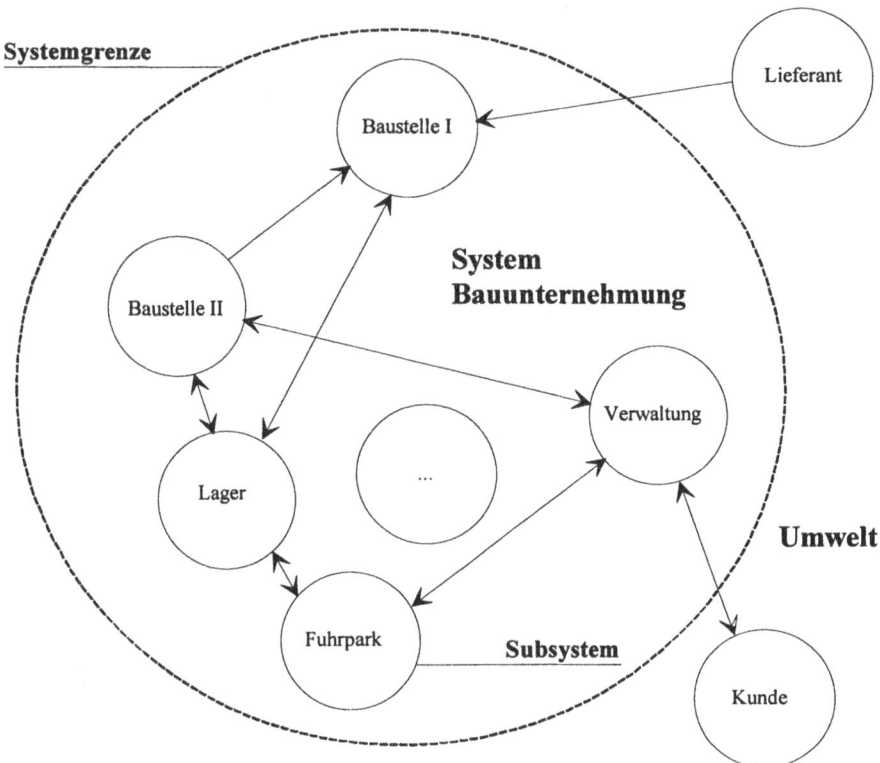

Abb. 2. System Bauunternehmung

Stadtverwaltungen

Bei Stadtverwaltungen lassen sich ebenfalls zwei grundlegende Merkmale feststellen:

1. Eine stark heterogen geprägte Funktions- und Aufgabenvielfalt.
2. Die Tätigkeiten werden in vielen verschiedenen Gebäuden, Einrichtungen und Anlagen über ein Stadtgebiet verteilt erbracht.

Bedingt durch das breite Aufgabenspektrum von Verwaltungseinrichtungen bis hin zu technischen Funktionen ist die Vorhaltung und der Betrieb zahlreicher unterschiedlicher Gebäude und Anlagen erforderlich. Aus diesem Umstand resultiert fast immer eine weiträumige Verteilung der Einheiten über das gesamte

12 Erweiterung des Anwendungsbereiches der EG-Öko-Audit-Verordnung

Stadtgebiet, verbunden mit einer Vielzahl von Transportvorgängen zwischen den einzelnen Standorten und der dazugehörigen Infrastruktur (vgl. Bentlage, Rieger und Falk 1997).

In Anlehnung an die systemorientierte Auslegung des Standortbegriffes kann der Verwaltungssitz der Organisation, z.B. das Rathaus, als Standort im Sinne der EMAS-Verordnung definiert werden. Alle dieser Organisation zugehörigen und durch diese kontrollierten funktionalen Einheiten, d.h. einzelne Gebäude, Anlagen und Einrichtungen, die räumlich abgrenzbar sind, werden dem System zugeordnet. In Abbildung 3 sind die Systemelemente und ihre Interaktionen dargestellt.

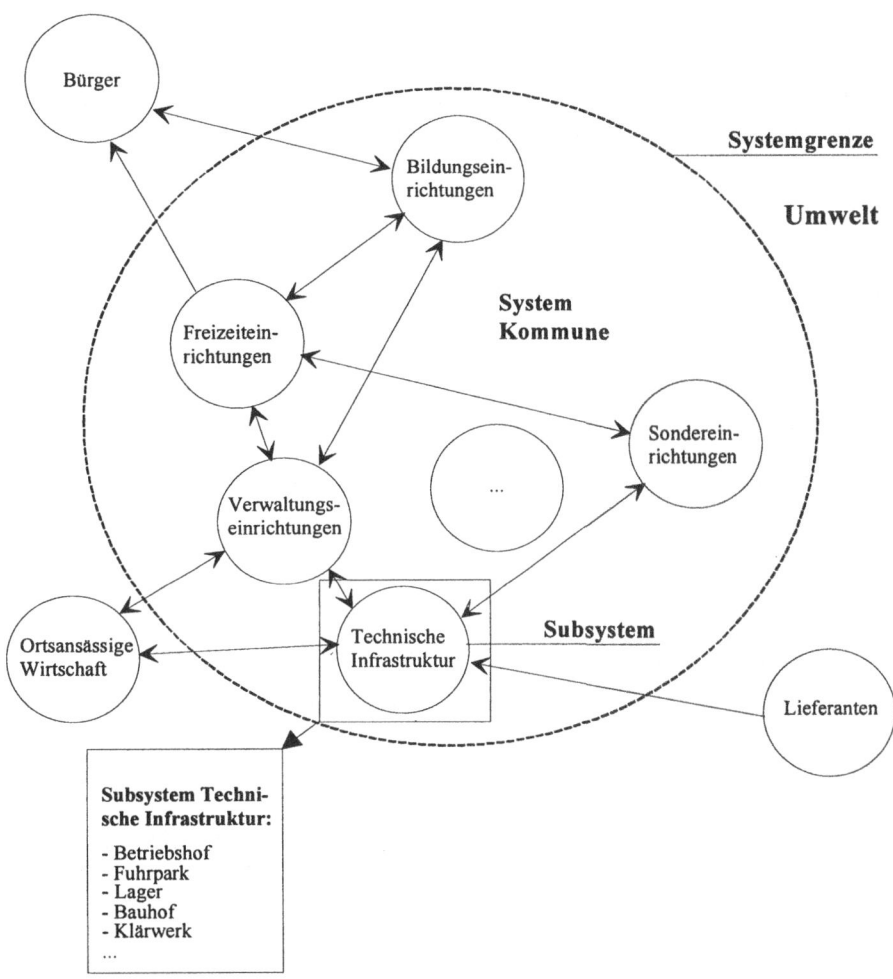

Abb. 3. System Kommune

12.4.2.2 Anwendung im Baugewerbe

Bei einer streng räumlichen Auslegung des Standortbegriffes der EMAS-Verordnung als dem Ort, an dem die unter der Kontrolle des Unternehmens stehenden Tätigkeiten ausgeführt werden, müßte bei einer Bauunternehmung jede einzelne Baustelle einer Umweltprüfung, einer Umweltbetriebsprüfung und der anschließenden Standortregistrierung unterzogen werden. Neben der Vielzahl der Baustellen würden die bereits erwähnten Charakteristika der Baustellen, also der ständige Wechsel der Örtlichkeit und die zeitliche Begrenzung, dieses Vorgehen ad absurdum führen.

Eine Lösungsmöglichkeit besteht also in Anlehnung an die systemorientierte Standortdefinition darin, das Auftragseinzugsgebiet der Niederlassung als Standort zu betrachten, womit dann zum Zeitpunkt der Umweltbetriebsprüfung alle Tätigkeiten der Unternehmen auf den aktuellen Baustellen einbezogen werden können. Da jedoch die Prüfung aller Baustellen den Prüfungsrahmen sowohl zeitlich als auch finanziell sprengen würde, bietet es sich an, vor Beginn der Umweltbetriebsprüfung die Bautätigkeiten auszuwählen, die in Übereinstimmung mit dem Auftragsprofil der Niederlassung einen typischen Umriß darstellen. Dabei muß jedoch beachtet werden, daß sich die Baustellen oft in Regionen mit verschiedenen Umweltanforderungen befinden, die eine Anpassung der Prüfung an die jeweilige Umweltsituation bezüglich der Umweltmedien und die lokale Rechtslage notwendig machen. Außerdem ist im Hinblick auf die Konstellation der am Bau Beteiligten zu prüfen, inwiefern die von der Niederlassung ausgeführten Tätigkeiten auch tatsächlich ihrer Kontrolle unterliegen. Sollte es sich bei der betrachteten Unternehmung nicht um einen Totalunternehmer oder einen Bauträger mit gleichzeitiger Bauherreneigenschaft handeln, besteht die Möglichkeit, daß über die gesetzlichen Mindestanforderungen hinausgehende Umweltmaßnahmen aufgrund anders lautender Anordnungen des Bauherrn nicht umgesetzt werden können. In diesem Fall dürfte die Baustelle nicht oder nur teilweise einer Prüfung unterzogen werden. Die Umweltbetriebsprüfung setzt sich somit aus zwei Bestandteilen zusammen:

1. Einer Prüfung der stationären Betriebseinheiten, z. B. Verwaltungsgebäude, Lager und Betriebshof
2. Prüfung der mobilen und nicht-permanenten Betriebseinheiten, z. B. Fuhrpark und einzelne, repräsentative Baustellen

Für das Umweltmanagementsystem der Unternehmung bedeutet diese Unterteilung, daß für den stationären Bereich die Tätigkeiten und die daraus resultierenden Umweltauswirkungen konkret ermittelt und die notwendigen Organisationsstrukturen und die gesetzlichen Anforderungen zugeordnet werden können. Das Umweltprogramm für die Baustellen muß dagegen flexibler gestaltet werden. Prinzipiell werden für die unterschiedlichen Vorgänge an Baustellen die Umweltziele formuliert, z. B. der Einsatz lärmarmer Baumaschinen oder die separate Erfassung der Baurestmassen. Jedoch können die Maßnahmen zur Umsetzung der

Ziele in Abhängigkeit der Bautätigkeit und der Örtlichkeit variieren, beispielsweise im Hinblick auf die Einhaltung gesetzlicher Anforderungen oder behördlicher Auflagen. Für das Umweltmanagement sind also in erster Linie die Tätigkeiten der Unternehmung und die davon ausgehenden Umweltauswirkungen selbst relevant, während durch den Ort der Baustelle lediglich die Rahmenbedingungen definiert werden. Dieser Umstand rechtfertigt dann auch eine stichprobenhafte Prüfung, da das einheitliche Umweltprogramm die Umsetzung der Umweltmaßnahmen an allen Baustellen voraussetzt.

Die Umweltprüfung der Baustellen sollte im Hinblick auf eine Aufwandsminimierung standardisiert werden, indem z. B. Checklisten mit Abstimmung auf die verschiedenen von der Unternehmung durchgeführten Bauprozesse erstellt werden. Auf der Baustelle können dann umweltrelevante Bereiche, wie z. B. der Zustand der eingesetzten Baugeräte oder die Handhabung wassergefährdender Stoffe, leicht überprüft werden. Auch die Bewertung der Umweltauswirkungen und der Maßnahmenkatalog zur Beseitigung festgestellter Mängel wird auf die typischen, sich wiederholenden Bauprozesse abgestimmt.

12.4.2.3 Anwendung in einer Stadtverwaltung

Ähnlich wie im Bauhauptgewerbe stellt sich bei einer Stadtverwaltung das erläuterte Problem einer Verteilung der diversen Anlagen und Liegenschaften über das gesamte Stadtgebiet. Um das EMAS-Verfahren durchzuführen müssen hier ebenfalls eine Umweltprüfung, Ziele und Programme und ein Soll-Ist-Abgleich, die Umweltbetriebsprüfung, für jede räumlich abgrenzbare Einheit durchgeführt werden. Dies ist auch in der Erweiterungsverordnung so vorgesehen, bis auf die Einschränkung, daß aus Nachbarschaftsperspektive zusammenghörige Standorte zusammengefaßt werden können (vgl. Kapitel 1). Insgesamt würde ein derartiges Vorgehen zu in der Praxis zu kaum leistbaren personellen und finanziellen Aufwendungen führen. Abgesehen davon macht dies auch wenig Sinn, da die Signifikanz der Umweltbelastungen, die von den einzelnen Standorten ausgehen, stark differiert. So ist es unstrittigerweise sinnvoll, beispielsweise ein Klärwerk, eine Kompostanlage oder einen Betriebs- bzw. Bauhof jeweils als einzelnen Standort zu betrachten. Bei reinen Verwaltungsstandorten, Schulen und ähnlichen Einrichtungen ist es eher angebracht, eine Zusammenfassung und stichprobenweise Überprüfung ähnlicher Einheiten durchzuführen, um den Aufwand entsprechend verkleinern zu können. Dies gilt sowohl für die Umweltprüfung als auch für die Umweltbetriebsprüfung.

Im Managementsystem kann sehr wohl unterschieden werden zwischen der für alle Einheiten geltende Umweltpolitik, den gesetzlichen Vorgaben und bestimmten, standardisierten Prüfverfahren sowie den individuellen organisatorischen und technischen Spezifika der einzelnen Einheiten wie z. B. bestimmte Verfahrensanweisungen, die nur für ausgewählte Einheiten oder Funktionen gültig sind. Für die Umweltziele und -programme gilt dies sinngemäß; die einzelnen Standorte können innerhalb eines zusammenfassenden Umweltprogramms z. B. für Schulen oder Verwaltungsstandorte problemlos mit ihren spezifischen Ausprägungen berücksichtigt werden (vgl. Bentlage, 1997 und 1998).

In der Konsequenz bedeutet dieses Vorgehen, daß als Standort der Sitz der "Geschäftsführung" (respektive der politischen Führung, also des Oberbürgermeisters und des Stadtrates) als Sitz der Organisation und somit als registrierungsfähiger Standort definiert werden müßte. Um die spezifischen Herausforderungen, die ein Umweltmanagementsystem in einer Stadtverwaltung mit sich bringt, dabei nicht unter den Tisch fallen zu lassen, kann das Umweltmanagementsystem entsprechende Prüfverfahren für die einzelnen zugehörigen Einheiten enthalten. Bei einer Validierung wäre es somit Aufgabe des Umweltgutachters, diese spezifischen Verfahren und die daraus resultierenden Ergebnisse zu berücksichtigen (vgl. Riglar, 1997).

12.4.3 Methoden zur Analyse und Bewertung der Umweltauswirkungen

Bei allen nachfolgenden Methoden muß zwischen direkten und indirekten Umweltauswirkungen unterschieden werden. Je größer der reine Dienstleistungsanteil bei den auszuführenden Tätigkeiten ist, umso wichtiger wird diese Fragestellung, da die signifikanten Umweltauswirkungen weniger durch bestimmte Tätigkeiten am Standort als vielmehr durch die am Standort getroffenen Entscheidungen resultieren. Als Beispiele lassen sich Versicherungen und Banken, aber auch die umweltpolitischen Entscheidungen von Kommunen z. B. bei der Verkehrs- und Bauplanung anführen. Ein zu implementierendes Umweltmanagementsystem muß auf jeden Fall eine Aussage darüber treffen, ob indirekte Umweltauswirkungen mit betrachtet werden. Sofern dies der Fall ist, müssen entsprechende Verfahren vorhanden sein. Insgesamt kommt damit der Produktdefinition bei Dienstleistern eine große Bedeutung zu.

Ein prozeßorientiertes Verfahren zur übersichtlichen Darstellung der Umweltauswirkungen und darüber hinaus zu ihrer systematischen Bewertung stellt eine Matrix dar, in der die Umweltmedien Luft, Boden, Wasser und Flora/Fauna sowie die Umweltaspekte Lärm, Abfall und Energie den jeweiligen Tätigkeiten der Unternehmung zugeordnet werden (vgl. Tabelle 3). Diese Matrix läßt sich für verschiedenen Organisationen und ihre spezifischen Umweltauswirkungen anpassen und verwenden.

Im Vorfeld werden die in sich abgeschlossenen Tätigkeiten 1 bis n der Organisation definiert, wobei sich bei komplexeren Vorgängen auch eine weitere Unterteilung bis in die kleinste prüfbare Einheit anbietet. In Abbildung 4 sind beispielhaft die Aktivitäten einer unter anderem im konventionellen Hochbau tätigen Bauunternehmung ausschnittsweise dargestellt. Tatsächlich kann es sich in der Praxis um durchaus komplexere Vorgänge handeln. Die Tätigkeit "Betonierarbeiten" wird hier weiter in die nächste Ebene heruntergebrochen, wobei aber die Leistungen bei Betrachtung der Umweltauswirkungen in dieser letzten Ebene

12 Erweiterung des Anwendungsbereiches der EG-Öko-Audit-Verordnung

hinsichtlich ihrer Umweltrelevanz spezifiziert werden müssen (ob z.B. der Beton mit einer Betonpumpe oder mit Kran und Kübel eingebracht wird).

Tabelle 3. Grundform der Bewertungsmatrix

	Tätigkeit 1	Tätigkeit 2	Tätigkeit 3	Tätigkeit 4	Tätigkeit 5	Tätigkeit n-1	Tätigkeit n
Luft		✓		✓			✓
Wasser		✓	✓				✓
Boden			✓		✓	✓	
Flora/Fauna	✓					✓	
Lärm		✓	✓				✓
Abfall	✓	✓	✓		✓		
Energie			✓	✓	✓	✓	
...				✓			✓

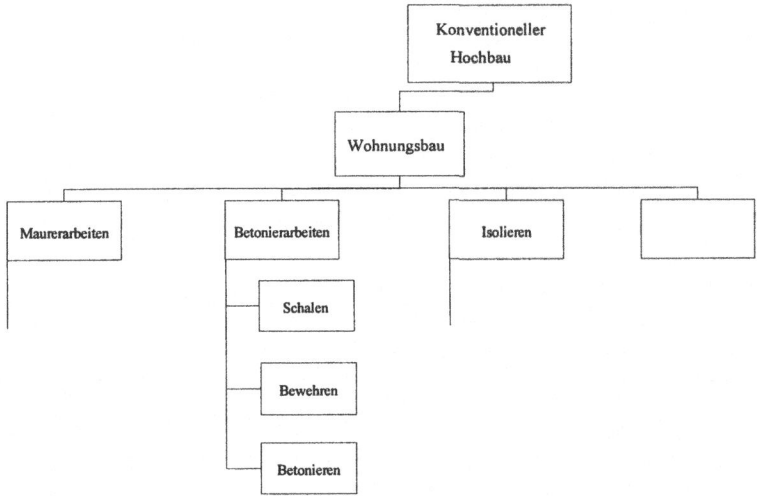

Abb. 4. Darstellung der prüfbaren Tätigkeiten einer Bauunternehmung

In Abbildung 5 sind die im Baubereich zu verzeichnenden, typischen umweltrelevanten Bereiche nach Umweltmedien und Umweltaspekten aufgeschlüsselt in einer weiteren Ebene dargestellt. Auch hier können die Umweltauswirkungen noch detaillierter erfaßt werden, indem z. B. die Verursacher der Staub- und Abgasemissionen oder die Beeinträchtigungen des Grundwassers noch feiner unterschieden werden.

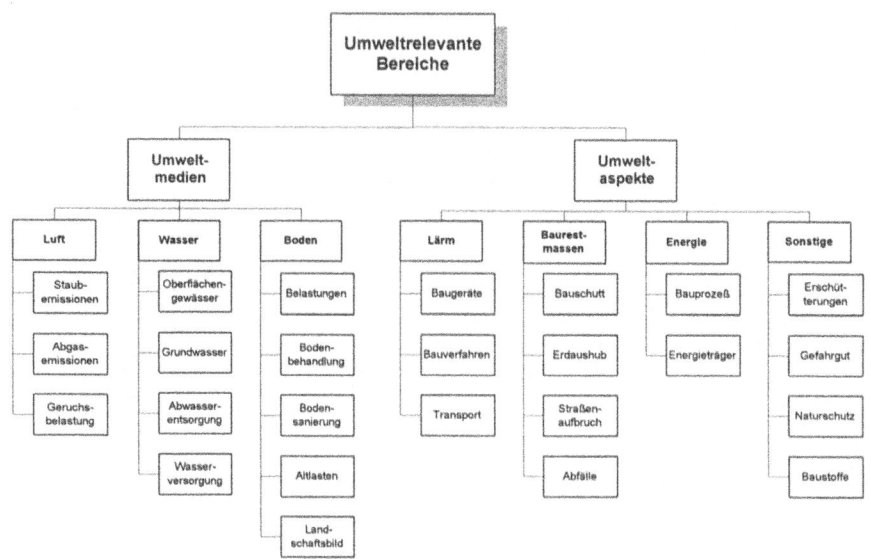

Abb. 5. Darstellung der Umweltauswirkungen

Wenn die Tätigkeiten den Umweltauswirkungen zugeordnet worden sind, wird mit Hilfe der ABC/XYZ-Analyse eine Bewertung vorgenommen. Die ABC/XYZ-Analyse stellt eine quantitativ/qualitative Bewertungsmethode unter Berücksichtigung argumentativer und monetarisierender Aspekte dar. Mit Erweiterung um XYZ kann aber auch die Mengenrelevanz des Stoffeinsatzes beurteilt werden, womit sich die ökologischen Prioritäten mit den ökonomischen Zielen abstimmen lassen (vgl. Bundesumweltministerium und Umweltbundesamt 1995, 127ff).

Grundlage der Bewertung bilden Kriterien, die sich auf die Produktlinie des Unternehmens respektive auf die Sphäre des Unternehmens beziehen, aber auch wesentliche Elemente des nachhaltigen Wirtschaftens enthalten. Danach zählen zu den die wichtigsten Umweltinformationen berücksichtigenden Kriterien:

- Umweltrechtliche/-politische Anforderungen
- Gesellschaftliche Akzeptanz
- Gefährdungs- und Störfallpotential
- Internalisierte Umweltkosten
- Negativeffekte in vor- und nachgeschalteten Stufen
- Erschöpfung nichtregenerativer Rohstoffe

In Abhängigkeit von der Unternehmensart (z.B. Produktions- oder Dienstleistungsbetrieb) und der bereits vorhandenen Umweltziele werden die Bewertungskriterien dem Betrieb angepaßt und auf deren Grundlage ein Bewertungskonzept entworfen. Darin sollten die Zielsetzungen, Grundlagen, Informationsquellen und die Bedingungen für die ABC-Klassifizierung enthalten sein.

Über eine ABC-Bewertung hinaus können die Umweltauswirkungen bei Auftreten vorher definierter Rahmenbedingungen gewichtet werden. Eine lärmintensive Tätigkeit in einem Wohngebiet wird mit einem höheren Faktor versehen als die gleiche Tätigkeit in einem Gewerbegebiet; ebenso ist der Umgang mit wassergefährdenden Stoffen auf exponiertem Gelände nahe eines Wasserschutzgebietes höher zu bewerten als in einer abgeschlossenen Produktionshalle.

In Abbildung 6 ist eine abgeschlossene Bewertungsmatrix dargestellt, in der die Tätigkeiten mit den Umweltauswirkungen über das Merkmal Relevanz miteinander verknüpft sind. Aus der Matrix wird ersichtlich, welche Umweltauswirkungen überhaupt in den betrieblichen Vorgängen maßgeblich sind und bei welchen Tätigkeiten ein Handlungsbedarf besteht. Wird mit der Matrix auch ein Maßnahmenkatalog verknüpft, könnte ein "x" bei einer Tätigkeit "kein Handlungsbedarf" bedeuten, während eine "5" zu einem "sofortigen Handlungsbedarf" mit den entsprechenden Maßnahmen führen wird.

	Tätigkeit 1	Tätigkeit 2	Tätigkeit 3	Tätigkeit 4	Tätigkeit 5	Tätigkeit 6
Luft	1	x	x	5	2	2
Wasser	x	3	x	3	1	4
Boden	x	4	2	1	x	x
Flora/Fauna	1	3	x	x	2	x
Lärm	4	1	2	3	3	x
Abfall	2	2	x	5	2	1
Energie	2	1	1	4	x	2

Bewertung: x = nicht relevant
1 = kaum relevant
...
5 = stark relevant

Abb. 6. Bewertungsmatrix

Literatur

Bentlage, J. (1997): Entwicklung eines Umweltmanagementsystems im "Unternehmen Stadt Erlangen" nach der EMAS-Verordnung. In: Grothe-Senf, A., Rubelt, J., Skrabs, S. und Schomaker, K. (Hrsg.): Öko-Audit auch für Dienstleister - Erfahrungen, Lösungen und Perspektiven aus dem öffentlichen und privaten Dienstleistungsbereich. Berlin 1997, 73-88.

Bentlage, J. (1998): Die Erweiterung der EG-Öko-Audit-Verordnung auf Kommunen und Verwaltungen - nationale und internationale Erfahrungen. In: Pfaff-Schley, H. (Hrsg.): Möglichkeiten und Grenzen der Umsetzung der EG-Öko-Audit-Verordnung in Kommunen und Verwaltungen. Springer, Berlin, Heidelberg, New York (im Druck).

Bentlage, J., Rieger, H. und Falk, H. (1997): Standortbegriff in der EG-Öko-Audit-Verordnung und Branchenerweiterung. WLB Wasser, Luft und Boden 7-8/1997, 20-23.

Bentlage, J. und Steib, A.M. (1997): Dienstleistungsindustrie: Problemstellung Standort. Ermöglicht Brüssel zukünftig auch Dienstleistern die Teilnahme an EMAS? Umwelt, Bd. 27 (1997), Nr. 6, S. 71-74.

Bundesministerium für Umwelt, Naturschutz und Reaktorsicherheit (1997): Entwurf zur Verordnung nach dem Umweltauditgesetz über die Erweiterung des Gemeinschaftssystems für das Umweltmanagement und die Umweltbetriebsprüfung auf weitere Bereiche (UAG-Erweiterungsverordnung - UAG-ErwV) vom 04.12.1997, Bonn.

Bundesumweltministrium und Umweltbundesamt (1995): Handbuch Umweltcontrolling. Vahlen, München.

Daenzer, W.F. (1985): Systems Engineering. Zürich.

Hauptverband der Deutschen Bauindustrie (1996): Baustatistisches Jahrbuch 1996. Frankfurt

O.V. (1997): Bericht der IdU-/IEP-Informationsveranstaltung "Aktueller Stand der Novellierung der EG-Öko-Audit-Verordnung Nr. 1836/93". IdU-News September 1997, 1-2.

Riglar, N. (1997) Eco-Management and Audit Scheme for UK Local Authorities: Three Years On. In: Sheldon, C. (ed.): ISO 14001 and Beyond: Environmental Management Systems in the Real World, Sheffield, 309-332.

Statistisches Bundesamt (1996): Statistisches Jahrbuch 1996, Stuttgart

Umweltauditgesetz - UAG vom 7. Dezember 1995 (Gesetz zur Ausführung der Verordnung (EWG) Nr. 1836/93 des Rates vom 29. Juni 1993 über die freiwillige Beteiligung gewerblicher Unternehmen an einem Gemeinschaftssystem für das Umweltmanagement und die Umweltbetriebsprüfung). BGBl. I S. 1591).

Verordnung (EWG) Nr. 3037/90 des Rates vom 9. Oktober 1990 betreffend die statistische Systematik der Wirtschaftszweige in der Europäischen Gemeinschaft (NACE Rev. 1), ABl. der Europäischen Gemeinschaften Nr. L 293/1 vom 24. Oktober 1990, Luxemburg.

Verordnung (EWG) Nr. 1836/93 des Rates vom 29. Juni 1993 über die freiwillige Beteiligung gewerblicher Unternehmen an einem Gemeinschaftssystem für das Umweltmanagement und die Umweltbetriebsprüfung, ABl. der Europäischen Gemeinschaften Nr. L 168/1 vom 10. Juli 1993, 1-18, Luxemburg.

13 Die Einbeziehung der Landwirtschaft in den Anwendungsbereich der EG-Öko-Audit-Verordnung

Alexandra S. Fuchs, Thomas Keßeler und Thorsten Zellmann

13.1 Ursachen für die Nichtberücksichtigung der Landwirtschaft

Anhand der Entwicklungsgeschichte der EMAS-VO[1] (vgl. hierzu den Beitrag von Annett Baumast in diesem Buch) kann nachvollzogen werden, weshalb neben anderen Bereichen auch die Landwirtschaft in ihrer ersten Fassung nicht mit in den Anwendungsbereich einbezogen wurde. Der Verordnungstext weist in den Erwägungsgründen explizit darauf hin „...sollte in einem ersten Stadium auf den gewerblichen Bereich abstellen, in dem es bereits Umweltmanagementsysteme und Umweltbetriebsprüfungen gibt". Die Anwendung der Verordnung war somit anfangs auf Unternehmen beschränkt, die an einem oder mehreren Standorten eine gewerbliche Tätigkeit ausüben (Artikel 3 Satz 1 der EMAS-VO). Unter „gewerbliche Tätigkeit[2]" fallen all diejenigen Unternehmensbereiche, die unter den Abschnitten C und D der statistischen Systematik der Wirtschaftszweige in der Europäischen Gemeinschaft (NACE Rev. 1) gemäß der VO (EWG) Nr. 3037/90[3] aufgeführt sind sowie zusätzlich der Abfall- und Energiebereich.

Der Rat der Europäischen Gemeinschaften behält sich im Verordnungstext aber eine Einbeziehung weiterer Bereiche vor. Bereits in den Erwägungsgründen wird darauf hingewiesen, daß entsprechende Bestimmungen für eine versuchsweise Einbeziehung des Handels und des öffentlichen Dienstleistungsbereichs erlassen werden können. Darüber hinaus weist Artikel 14[4] explizit auf die Möglichkeit der

---

[1] VO (EWG) Nr. 1836/93 des Rates vom 29. Juni 1993 über die freiwillige Beteiligung gewerblicher Unternehmen an einem Gemeinschaftssystem für das Umweltmanagement und die Umweltbetriebsprüfung; im folgenden kurz EMAS-VO (Eco Management and Audit Scheme) genannt (ABl. Nr. L 168 vom 10. 07. 1993, S.1ff).
[2] Vgl. auch Kothe (1995, S. 21-25) welcher den Begriff „gewerbliche Tätigkeiten" erläutert.
[3] Veröffentlicht in ABl. Nr. L 293 vom 24.10.1990, S. 1ff.
[4] Vgl. hierzu auch § 3 Umweltauditgesetz, welcher die Bundesregierung ermächtigt weitere nichtgewerbliche Sektoren mit einzubeziehen.

Mitgliedstaaten hin nationale Bestimmungen für eine Einbeziehung nichtgewerblicher Sektoren verfügen zu können. In der Bundesrepublik Deutschland wurde davon bereits Gebrauch gemacht und mit der Erweiterungsverordnung zum Umweltauditgesetz (UAG-ErwV) am 18.01.1998 Bereiche, wie z.B. der Groß- und Einzelhandel, das Gastgewerbe und das Kreditgewerbe mit in den Anwendungsbereich der EMAS-VO einbezogen (vgl. hierzu den Beitrag von Jörg Bentlage und Heike Rieger in diesem Buch). Grundlage für diese Entscheidung waren Pilotprojekte, welche im vorhinein die Umsetzung der EMAS-VO in diesen Bereichen grundsätzlich überprüften sowie Forderungen nach einer Einbeziehung seitens der Standesvertreter der einzelnen Branchen. Verschiedene Bereiche sind aber nach wie vor von einer Teilnahme am Gemeinschaftssystem und damit von der Möglichkeit der Validierung und Registrierung ihrer Standorte ausgeschlossen. Darunter fällt auch die Landwirtschaft. Zurückzuführen ist dies insbesondere auf die ablehnende Haltung bzw. das mangelnde Interesse seitens der Standesvertreter.

Insgesamt steht die Bundesregierung einer Einbeziehung der Landwirtschaft nicht negativ gegenüber. Dies wurde von ihr auf eine kleine Anfrage[5] der Bundestagsfraktion *Bündnis 90*/DIE GRÜNEN hin so geäußert. Allerdings wurde die Einschränkung vorgenommen, daß, und dies gilt ebenso für alle anderen bisher noch unberücksichtigten Bereiche, eine Aufnahme in den sachlichen Anwendungsbereich der Verordnung nur dann erfolgt, wenn Vertreter der betroffenen Wirtschaftsbereiche eine Teilnahmebereitschaft signalisieren.

Auf Bundesebene wird derzeit ein Projekt zur Anwendung des Gemeinschaftssystems in Schweinemastbetrieben, welches von der Deutschen Landwirtschaftsgesellschaft (DLG) durchgeführt wird, gefördert. Eine abschließende Beurteilung steht noch aus, da das Projekt noch nicht beendet ist. Auf Länderebene wurden bereits mehrere Pilotprojekte in verschiedenen Betriebsformen durchgeführt. Die Ergebnisse zeigen, daß die Umsetzung der EMAS-VO insbesondere in landwirtschaftlichen Großbetrieben möglich ist, eine Anwendung in kleinen und mittleren familienbäuerlichen Betrieben wird derzeit in verschiedenen anderen Projekten überprüft (vgl. hierzu Kapitel 13.2, insbesondere Kapitel 13.3.2).

Angesichts der Ergebnisse bleibt abzuwarten, ob die Standesvertreter ihre momentane Zurückhaltung aufgeben und für eine Einbeziehung der Landwirtschaft in das Gemeinschaftssystem plädieren.

---

[5] Deutscher Bundestag Drucksache 13/5188.

13.2 Die Bedeutung der EMAS-VO für die Agrar- und Ernährungswirtschaft

13.2.1 Anforderungen der Verbraucher an die Agrar- und Ernährungswirtschaft

Besondere Ansprüche der Kunden an die Agrar- und Ernährungswirtschaft hinsichtlich umweltrelevanter Produktmerkmale gewinnen mehr und mehr an Bedeutung. Die Sensibilisierung breiter Verbraucherschichten hinsichtlich der Güte der Lebensmittel zeigt sich immer wieder bei sogenannten Lebensmittelskandalen sowie in der Änderung von Ernährungsgewohnheiten. So ist das Vertrauen der Verbraucherinnen und Verbraucher bezüglich der Lebensmittel in der Bundesrepublik Deutschland gering. In einer Umfrage im Auftrag der EU-Kommission gaben in der Bundesrepublik Deutschland lediglich 29% der Befragten an, daß sie die Lebensmittel für sicher halten, 57,5% halten dagegen Lebensmittel für nicht sicher (o.V., 1997). Damit ist die Verunsicherung der Konsumentinnen und Konsumenten EU-weit in der Bundesrepublik Deutschland am größten. Im Hinblick auf das angeschlagene Image der landwirtschaftlichen Produktion ist die Forderung zu stellen, daß auch landwirtschaftliche Betriebe freiwillig ihre Ziele für eine dauerhafte und umweltgerechte Entwicklung ihrer Betriebe definieren und dokumentieren (Meier-Ploeger, 1996). Nur durch das Vertrauen der Verbraucher in die Nahrungsmittel kann der Absatz landwirtschaftlicher Produkte dauerhaft gesichert werden.

Die Bedeutung des Umweltmanagements für die Ernährungswirtschaft belegt auch eine Untersuchung zur organisatorischen Verankerung einer umweltbewußten Unternehmensführung von Nitze (1991). Diese beschäftigte sich mit dem gesellschaftlichen Druck in Umweltfragen von Seiten verschiedener Anspruchsgruppen (Öffentlichkeit, Behörden, Abfallindustrie, Mitarbeiter etc.) auf die unterschiedlichen Branchen. Für die Nahrungs- und Genußmittelindustrie stellen die Kunden demnach im Hinblick auf Umweltfragen nicht nur die wichtigste (im Durchschnitt aller Branchen: dritter Rang), sondern auch gegenüber anderen Branchen die einzige überdurchschnittlich auftretende Anspruchsgruppe dar. Bei einer Betrachtung der eingetragenen Standorte gemäß der EMAS-VO fällt daher auch die überdurchschnittliche Anzahl von Standorten aus der Ernährungsbranche auf, die bereits zertifiziert wurden (DIHT, 1998; Pape, 1997).

Aufgrund der besonderen Ansprüche der Konsumenten an Lebensmittel, wie sie oben dargestellt wurden, ist es nicht verwunderlich, daß Unternehmen der Ernährungsindustrie mit zu den ersten gehörten, die schon seit längerem den Umweltschutz zum Unternehmensziel erklärt haben und auch Umweltberichte veröffentlichen (z.B. Neumarkter Lammsbräu, Dr. August Oetker Nahrungsmittel KG, Ludwig Stocker Hofpfisterei). Umweltberichte und Umweltmanagementsysteme dieser Unternehmen besitzen teilweise einen vorbildlichen und richtungsweisenden Charakter und wurden auch bereits vor dem Inkrafttreten der EMAS-VO erstellt bzw. veröffentlicht.

Von dem Schlagwort „Globalisierung der Märkte" ist auch die deutsche Landwirtschaft betroffen. Durch die, im Vergleich zum Produktionsaufwand, relativ niedrigen Transportkosten konkurrieren deutsche Agrarerzeugnisse schon sehr viel länger als andere Produktionszweige mit Waren aus anderen Ländern. Zumindest in Europa ist das potentielle Angebot an Grundnahrungsmitteln größer als deren Nachfrage. So beträgt der Selbstversorgungsgrad in Europa bei Getreide 107% und bei Fleisch 106% (Bundesministerium für Ernährung, Landwirtschaft und Forsten, 1997). Der Abnehmer landwirtschaftlicher Erzeugnisse kann demnach aus einem Überangebot an Produkten zur täglichen Ernährung auswählen. Nach marktwirtschaftlichen Gesetzmäßigkeiten wird sich die Auswahl des Konsumenten an einer maximalen Qualität zu einem minimalen Preis orientieren. Will die deutsche Landwirtschaft im internationalen, aber auch im nationalen Vergleich bestehen, muß sie sich den Anforderungen des Marktes stellen. Mit dieser immer stärker werdenden Marktorientierung wird gerade von einem landwirtschaftlichen Unternehmer der Nachweis eines schadstofffreien Produktes sowie eine umweltfreundliche Landbewirtschaftung gefordert (Jahnke, 1996). Die jüngsten Negativschlagzeilen des Agrarsektors (Hormonskandale, BSE, Schweinepest) zeigen, wie wichtig das Vertrauen des Marktes in die landwirtschaftliche Produktion ist. Nur wenn der Kunde vom Produkt überzeugt ist, wird er dieses erwerben. Diese Überzeugungsarbeit muß vom Händler, aber auch vom Hersteller der Primärprodukte, dem Landwirt, erbracht werden. Somit besteht ein direkter Zusammenhang zwischen der richtigen Positionierung der Landwirtschaft am Markt sowie makro- und mikroökonomischen Gesichtspunkten. Diese Ausrichtung der Landwirtschaft am Markt kann durch eine Offenlegung und damit verbundene „Abgrenzung" zwischen verschiedenen Produktionsbedingungen/-prozessen vollzogen werden.

13.2.2 Die Weitergabe von Kundenbedürfnissen vom Verbraucher über den Handel und die Verarbeitungsindustrie an die Landwirtschaft

Die EMAS-VO fordert in ihrem Anhang I B 4b von den teilnehmenden Standorten explizit „Verfahren betreffend die Beschaffung und die Tätigkeit von Vertragspartnern, um sicherzustellen, daß die Lieferanten und diejenigen, die im Auftrag des Unternehmens tätig werden, die sie betreffenden ökologischen Anforderungen des Unternehmens einhalten". Damit wird Unternehmen, die sich gemäß der EMAS-VO validieren lassen, die Auseinandersetzung mit ihren Vorlieferanten ausdrücklich vorgeschrieben. Da die Landwirtschaft der mit weitem Abstand wichtigste Lieferant der Ernährungsindustrie ist (vgl. dazu auch Kapitel 13.2.3), unterliegt sie einem besonderen Augenmerk.

Mit der Etablierung eines Umweltmanagementsystems werden, ähnlich wie im Qualitätsmanagement, Unternehmen die ein zertifiziertes Umweltmanagementsystem besitzen nach und nach ein solches System auch von ihren Lieferanten einfordern (vgl. u.a. Hüwels, 1994; Mangelsdorf, 1995). Die zunehmenden Anforderungen der Verbraucher nach lückenlosen Herkunftsnachweisen und eine immer umfassendere Produktbetrachtung verstärken diese Tendenz weiter. Immer wieder wird von verschiedener Seite hervorgehoben, daß durch die Weiterleitung der Ansprüche der Konsumenten innerhalb der agrar- und ernährungswirtschaftlichen Produktionskette die Landwirtschaft selbst nach und nach einer Art "freiwilligem oder latentem Zwang" unterliegen wird bzw. ein "Dominoeffekt" in der Produktionskette zu erwarten sei (vgl. u.a. Abresch, 1996a; Larisch, 1996; Bockmann, 1997; Pape, 1997). Warmbier (1997) fordert für Ernährungsprodukte explizit unternehmensübergreifende Gesamtbilanzen für die Absatzwege, da nur so die aus ökologischer Sicht komplexe Erfassung durchführbar und integrierbar darzustellen ist. "Im Öko-Audit kann ein geeigneter Rahmen für unternehmensübergreifende Betrachtungen gesehen werden" (ebenda, 1997).

Unter Umweltgesichtspunkten schiebt sich dabei auch in der Agrar- und Ernährungswirtschaft zunehmend die integrierte, vertikale Betrachtung einer gesamten Prozeßkette der in der Landwirtschaft erzeugten Produkte in den Vordergrund. Dyllick und Belz (1994) definierten in diesem Zusammenhang mit dem **Markt** (Erfolgskriterium: Ökonomische Effizienz), der **Politik** (Erfolgskriterium: politische Legitimität des Handels) sowie der **Öffentlichkeit** (Erfolgskriterium: Akzeptanz der Unternehmung und ihrer Tätigkeit) drei **externe Lenkungssysteme**, "durch die ökologische Ansprüche auf unterschiedliche Art und Weise vermittelt werden" (ebenda, 1994) und damit Einfluß auf die einzelnen Branchen und deren Produktionsketten ausüben können. Dabei läßt sich unschwer erkennen, daß die Beeinflussung eines einzelnen Kettengliedes unmittelbar, oder z.B. durch veränderte Kundenanforderungen auch indirekt, Auswirkungen auf die gesamte Prozeßkette hat. Abbildung 1 zeigt den Einfluß der ökologischen Kernansprüche durch die externen Lenkungssysteme auf die agrar- und ernährungswirtschaftliche Prozeßkette.

Aus obigen Gesichtspunkten wird die moderne Agrarwirtschaft in Zukunft gezwungen sein, der in Sachen Umwelt immer kritischer werdenden Bevölkerung die Umweltwirkungen ihrer Produktion zu erläutern. Denn gerade im Hinblick auf das angeschlagene Image der landwirtschaftlichen Produktion in den Industrieländern ist die Forderung zu stellen, daß auch landwirtschaftliche Betriebe freiwillig ihre Ziele für eine dauerhafte und umweltgerechte Entwicklung ihrer Wirtschaftsweise definieren (Meier-Ploeger, 1996). Ein Ansatzpunkt hierzu kann das freiwillige Instrument des Öko-Audits sein.

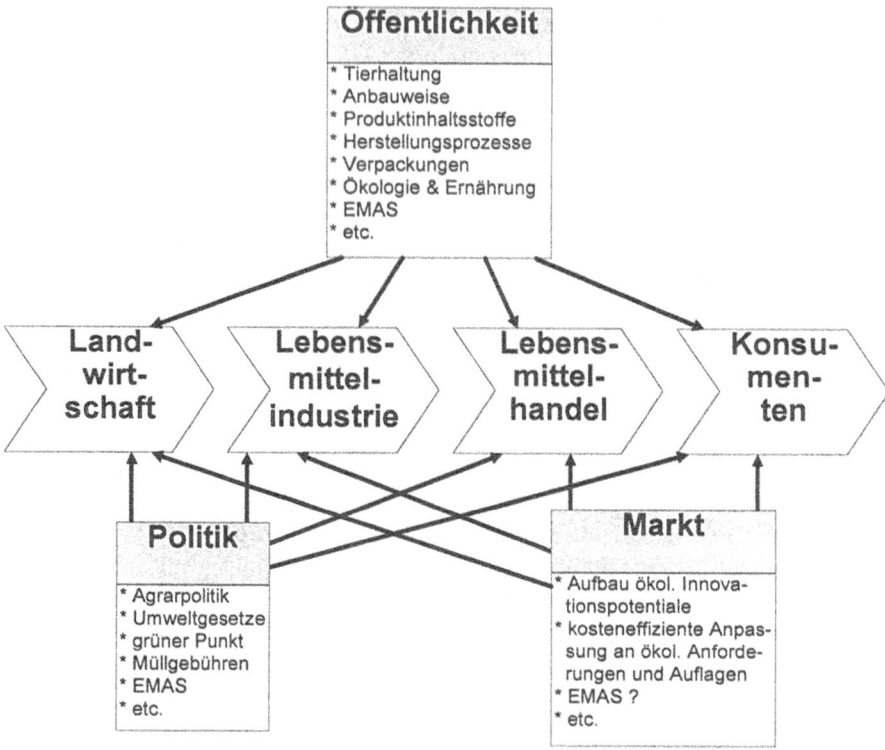

Abb. 1. Ökologische Kernansprüche durch externe Lenkungssysteme an die land- und ernährungswirtschaftliche Produktionskette (Keßeler, 1996b, in Anlehnung an Belz, 1994)

13.2.3 Die Bedeutung der Landwirtschaft an der Umweltrelevanz bei der Erzeugung von Nahrungsmitteln

Durch eine Arbeit von Geier et al. (1997) konnte anhand einer Fallstudie gezeigt werden, welche überragende Bedeutung die Umweltwirkungen der landwirtschaftlichen Produktion bei der Erzeugung von Lebensmitteln einnehmen können. In der Fallstudie wurde die Kochschinkenproduktion von einem konkreten landwirtschaftlichen Betrieb über die Schlachtung und Verarbeitung bis zur Anlieferung an den Lebensmitteleinzelhandel, inklusive aller Transportwege, untersucht. Dazu wurden, in Anlehnung an das Umweltbundesamt (1995a), Umweltwirkungsbereiche definiert, welche die Auswirkungen eines bestimmten Prozesses oder Produktionsschrittes auf die verschiedenen Umweltwirkungen (z.B. Klimarelevanz in CO_2-Äquivalenten oder Primärenergieverbrauch in Megajoule) getrennt ausweisen. Im vorliegenden Fallbeispiel konnten Geier et al. (1997) am Beispiel von Kochschinken nachweisen, daß hinsichtlich wichtiger Umweltwirkungsbereiche jeweils mindestens 70% des Gesamteinflusses der Schinkenherstellung der

Landwirtschaft (einschließlich Vorleistungen) zuzurechnen sind (vgl. Abb. 2 und 3). Obwohl diese Daten nur für den untersuchten Betrieb und die spezifische nachgelagerte Weiterverarbeitung Gültigkeit besitzen, kann davon ausgegangen werden, daß die Umweltwirkung der landwirtschaftlichen Produktion bei Lebensmitteln (und hier vor allem bei tierischen) allgemein von überdurchschnittlicher Bedeutung ist.

In den Abbildungen 4 und 5 werden für den landwirtschaftlichen Schweinemastbetrieb die verschiedenen Quellen für die genannten Effekte dargestellt.

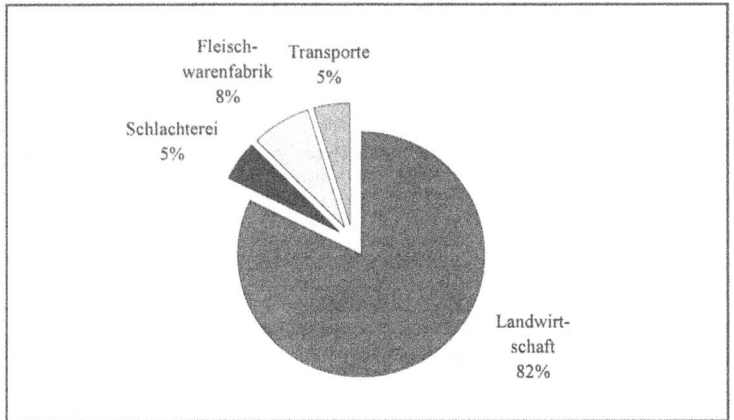

Abb. 2. Anteile klimarelevanter Emissionen an den einzelnen Produktionsschritten eines Kochschinkens (1 kg Kochschinken = 2,7 kg CO_2-Äquivalente) von der Landwirtschaft (Ferkelproduktion und Mast) bis zum Lebensmitteleinzelhandel (Geier et al., 1997)

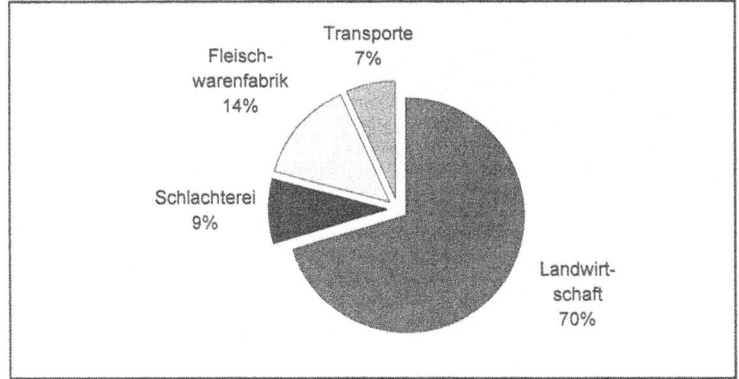

Abb. 3. Anteile des Primärenergieverbrauches an den einzelnen Produktionsschritten eines Kochschinkens (1 kg Kochschinken = 24 MJ) von der Landwirtschaft (Ferkelproduktion und Mast) bis zum Lebensmitteleinzelhandel (Geier et al., 1997)

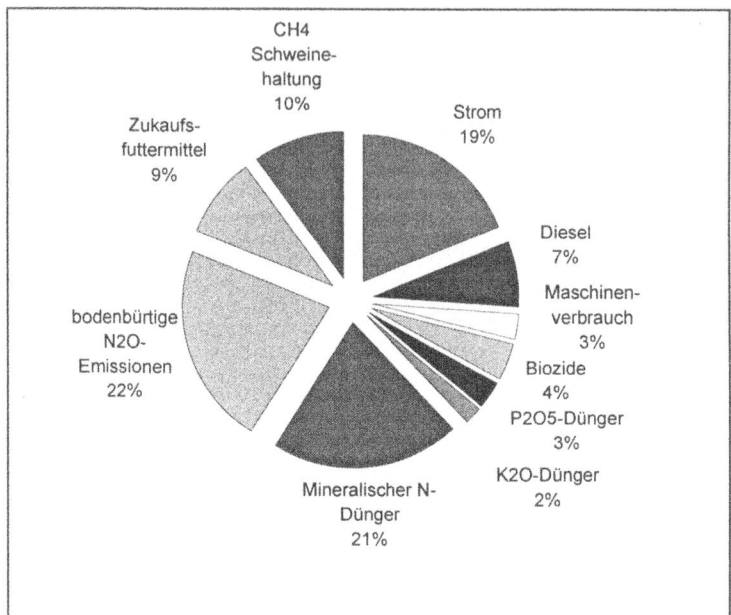

Abb. 4. Quellen klimarelevanter Emissionen in der Schweinemastproduktion anhand eines Fallbeispiels (Geier et al., 1997)

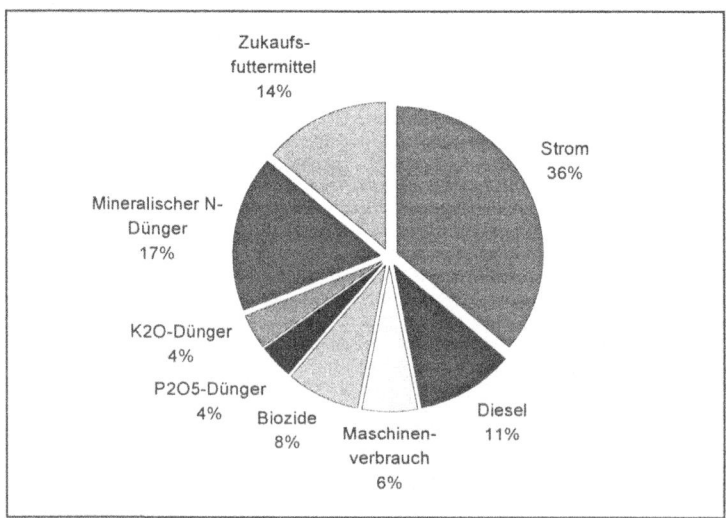

Abb. 5. Quellen des Primärenergieverbrauchs in der Schweinemastproduktion anhand eines Fallbeispiels (Geier et al., 1997)

13.3 Übertragbarkeit der EMAS-VO auf den landwirtschaftlichen Betrieb

13.3.1 Besonderheiten landwirtschaftlicher Betriebe vor dem Hintergrund der EMAS-VO

In Deutschland wurden 1996 ca. 540.000 landwirtschaftliche Betriebe über 1 ha gezählt. Annähernd 42% der Betriebe[6] werden im Haupterwerb geführt, diese weisen eine durchschnittliche Betriebsgröße von 42 ha auf (Bundesministerium für Ernährung, Landwirtschaft und Forsten, 1997). Dabei sind die Betriebe in den neuen Bundesländern in der Regel deutlich größer als die Betriebe in den alten Bundesländern. Dies ist auf die unterschiedliche agrarstrukturelle Entwicklung zurückzuführen. Die Betriebe in Westdeutschland entwickelten sich aus gewachsenen Strukturen heraus. In Ostdeutschland hingegen setzte nach der Wende 1989 ein abrupter agrarstruktureller Wandel ein. Die ehemals volkseigenen Güter (VEG) und landwirtschaftlichen Produktionsgenossenschaften (LPG) wurden privatisiert und einerseits in landwirtschaftliche Großbetriebe, andererseits in mehrere kleine und mittlere Betriebe umgewandelt. Betrachtet man die Betriebe in den alten und neuen Bundesländern im Hinblick auf ihre Gesellschaftsform, so wird deutlich, daß diese im wesentlichen geprägt ist von landwirtschaftlichen Einzelunternehmen, die auch den größten Teil der landwirtschaftlichen Fläche bewirtschaften. Für die Zukunft kann erwartet werden, daß sich an diesem Verhältnis nichts ändern wird (Doluschitz, 1997).

Vor diesem Hintergrund müssen auch die Management- und Organisationsstrukturen landwirtschaftlicher Betriebe gesehen werden. Nach Doluschitz (1997) weisen diese nahezu alle Merkmale auf, wie sie auch bei kleinen und mittleren Unternehmen (KMU) verschiedener anderer Branchen zu finden sind. Hierzu zählen insbesondere (vgl. auch Adams, 1996; Ackermann und Blumenstock, 1993; Knickel und Schmidt, 1994):
- Organisationsstrukturen sind auf engem Raum konzentriert;
- kurze Kommunikations- und Entscheidungswege;
- geringer Dokumentationsgrad;
- Betriebsleiter ist Eigentümer;
- Familienmitglieder sind im Betrieb beschäftigt;
- Flexibilität, Effizienz und Identifikation der Mitarbeiter mit dem Betrieb sind sehr stark ausgeprägt;
- hohe Motivation der Beteiligten;
- schlagkräftiges Entscheidungsfindungs- und Problemlösungspotential und
- enorme Arbeitsbelastungen z.T. bis an die Leistungsgrenze der Arbeitskräfte und damit kaum freie Kapazitäten für neue Aufgaben.

---

[6] Die Angaben für Haupterwerbsbetriebe beziehen sich auf Einzelunternehmen, welche 97,2 % aller landwirtschaftlicher Betriebe > 1 ha ausmachen (Bundesministerium für Ernährung, Landwirtschaft und Forsten, 1997).

Die Gemeinsamkeiten, welche zwischen landwirtschaftlichen Betrieben sowie KMU verschiedener anderer Branchen bestehen, lassen den Schluß zu, daß sich Erfahrungen mit der EMAS-VO in diesen Branchen bis zu einem gewissen Maße auch auf landwirtschaftliche Betriebe übertragen lassen.

Bei der Durchführung eines Öko-Audits ist deshalb darauf zu achten, daß effektive und effiziente Managementsysteme implementiert werden, die die Vorteile von kleineren Betrieben noch zusätzlich stärken. So sind z.B. KMU wesentlich übersichtlicher strukturiert als Großbetriebe, und dem einzelnen Mitarbeiter ist ein größeres Maß an Entscheidungskompetenz übertragen. Dies erleichtert den Aufbau eines Umweltmanagementsystems deutlich (Mehrländer, 1997). Der Organisationsaufwand durch Verfahrens- und Arbeitsanweisungen reduziert sich mit der Zahl der Mitarbeiter eines Unternehmens. Für landwirtschaftliche Betriebe, welche durch einen geringen Arbeitskräftebesatz gekennzeichnet sind, bedeutet dies mitunter eine deutliche Aufwandsentlastung bei der Durchführung eines Öko-Audits. Ein Betriebsleiter als einziger Angestellter ist für den gesamten Betrieb Verantwortlicher und ausführendes Organ in einer Person, d.h. eine dokumentierte Aufbauorganisation kann entfallen. Somit muß nur die Ablauforganisation, z.B. über Verfahrens- und Arbeitsanweisungen für den Umweltgutachter als Nachweis des funktionierenden Umweltmanagementsystems zur Validierung vorliegen. Dies ist auch aus pragmatischen Gesichtspunkten sinnvoll, um z.B. für saisonale Aushilfskräfte oder in Krankheitsfällen des Betriebsinhabers für den Betrieb den Arbeitsablauf zu organisieren.

Landwirtschaftliche Betriebe zeichnen sich neben Punkten, die in verschiedenen anderen Brachen ebenfalls anzutreffen sind, im Hinblick auf ihre eigentliche Produktion durch einige spezifische Besonderheiten aus (Doluschitz, 1997):

– Naturgebundenheit, insbesondere der pflanzlichen Produktion, was zu einer Abhängigkeit von den natürlichen Verhältnissen und den witterungsbedingten Einflüssen führt;
– organischer Charakter der Produkterzeugung;
– saisonale Erzeugungsrhythmen und
– Doppelfunktion des Umweltmediums Boden, welches gleichzeitig Standort und Produktionsfaktor darstellt.

Für eine Betrachtung der Besonderheiten landwirtschaftlicher Produktionsabläufe vor dem Hintergrund der EMAS-VO bedeutet dies, daß sich die Abläufe und Prozesse in landwirtschaftlichen Betrieben nicht in einer derartigen Weise standardisieren lassen, wie dies in gewerblichen Betrieben bei abgegrenzten Produktionsbedingungen der Fall ist. Darüber hinaus müssen stets naturgebundene Einflüsse mit einbezogen werden. Pilotprojekte zum Umweltmanagement müssen, insbesondere im Hinblick auf die Methodik der Datenerfassung und der Möglichkeit zu einer standardisierten Vorgehensweise für eine erste Umweltprüfung, klären, wie diese Besonderheiten berücksichtigt werden können, um einen dokumentierten, nachhaltigen Verbesserungsprozeß im betrieblichen Umweltschutz zu erlangen.

13.3.2 Erfahrungen bei der Umsetzung der EMAS-Verordnung in Pilotbetrieben

Einige erste Pilotprojekte[7] wurden in landwirtschaftlichen Großbetrieben in den neuen Bundesländern durchgeführt. Hintergrund für die Teilnahme dieser Pilotbetriebe war zum einen ein bereits seit längerer Zeit bestehendes Engagement im Umweltschutz (Hentschel, 1997), zum anderen die Gewerblichkeit der Unternehmen, welche Grundlage für die meisten Förderprogramme in den Bundesländern ist (z.B. das Förderprogramm EFRE in Thüringen). Die finanzielle Förderung durch ein solches Programm kann durchaus 60% der Kosten betragen (Abresch, 1996b). Zur Zeit werden auch kleine und mittlere landwirtschaftliche Betriebe[8] eingehender untersucht. Abschließende Ergebnisse liegen noch nicht vor. Einige vorläufige Resultate werden im folgenden kurz vorgestellt. Dabei kann sicherlich davon ausgegangen werden, daß Chancen und Schwierigkeiten, welche bei der Umsetzung der EMAS-VO in den landwirtschaftlichen Pilotbetrieben identifiziert werden bzw. wurden, auch auf andere landwirtschaftliche Betriebe übertragen werden können.

13.3.2.1 *Erfassung der Umweltwirkungen im landwirtschaftlichen Betrieb*

Probleme bei der Umsetzung der Verordnung treten in erster Linie bei der Erfassung, Prüfung und Bewertung der vom Betrieb ausgehenden Umweltwirkungen auf. Ziel muß es deshalb sein, praxisnahe Methoden zu entwickeln, welche einfach durchführbar und handhabbar sind.

Zur Umsetzung der EMAS-VO in der Landwirtschaft beschreibt Friedel (1997) für ein Pilotprojekt (durchgeführt 1994) auf der Grundlage der im Anhang I B 3[9] und C[10] der Verordnung angegebenen Sachverhalte eine grobe Liste für ökologisch relevante Stoffe und Prozesse in landwirtschaftlichen Betrieben (*Trinkwasser, Wasserverbrauch, Abwasser, Energieeinsatz, Futter, Medikamente, Pflanzenschutzmittel, Wachstumsregulatoren, Düngemittel, Reinigungs- und Desinfektionsmittel, Abfälle, Tierhygiene und tierartgerechte Haltung, Emissionen, Boden- und Landschaftsschutz*). Anhand dieser Parameter läßt sich die ökologische Situation eines landwirtschaftlichen Betriebes in einem ersten Schritt recht umfassend darstellen. Es wird aber über weitere Spezifizierungen diskutiert, welche in Anbetracht der weiter unten gemachten Ausführungen sicherlich auch sinnvoll ist.

Einen methodischen Ansatz zur Erfassung von Umweltwirkungen landwirtschaftlicher Betriebe entwickelte Nieberg (1994). Auf der Grundlage einer Exper-

---

[7] Vgl. dazu Friedel, R. (1997).
[8] Vgl. dazu Fuchs, A.S. (1998); Keßeler, T. (1998); Zellmann, T. (1998).
[9] „Auswirkungen auf die Umwelt".
[10] „Zu behandelnde Gesichtspunkte".

tenbefragung wurde die Eignung von Indikatoren zur Erfassung einzelbetrieblicher Umweltwirkungen herausgearbeitet. Beispielsweise konnten für den Bereich Düngung: *der N-Saldo, die Anwendung von Meß- und Kontrollverfahren, die Führung von Düngeplan oder Schlagkartei, die schlagspezifische Stickstoffdüngung, die Güllelagerungskapazität und die Gülledüngung* als praktikable Indikatoren bestimmt werden. Gerade bei dieser Untersuchung zeigte sich aber, daß die befragten Experten z.T. stark voneinander abweichende Einschätzungen im Hinblick auf die zur Zeit zur Verfügung stehenden Indikatoren vornahmen (Münchhausen und Nieberg, 1997).

Mit dem Konzept der „Kritischen Umweltbelastung Landwirtschaft (KUL)" von Eckert und Breitschuh[11] (1997) gibt es bereits seit einiger Zeit einen ersten interessanten Ansatz Umweltwirkungen der landwirtschaftlichen Produktion bewertbar zu machen. Dieses Konzept beschränkt sich zur Zeit auf ackerbauliche Parameter, soll aber auf weitere Bereiche der Landwirtschaft (z.B. tierhaltungsbedingte Emissionen, tierartgerechte Haltung und Grünland) ausgedehnt werden. Ziel des KUL-Ansatzes ist es, über einfach zu erhebende Parameter die Kriterien *Nährstoffhaushalt, Bodenschutz, Pflanzenschutzmitteleinsatz, Landschafts-/Artenvielfalt und Energie* abzubilden. Dazu werden verschiedene Kenngrößen in einem vorgegebenen Toleranzbereich mit Punkten bonitiert. Danach kann also ein Betrieb aufgrund seiner Punktzahl ökologisch bewertet werden. Dieser Ansatz kann daher als eine Spezifizierung einer eindimensionalen Ökobilanz auf die Landwirtschaft betrachtet werden. Dieser, zu Beginn der Beschäftigung mit der Ökobilanzierung favorisierte Ansatz, wird jedoch zunehmend skeptisch beurteilt (vgl. u.a. Stahlmann, 1994; Umweltbundesamt, 1995b; Kaminske et al., 1995; Giegrich et al., 1995). Auch muß insbesondere die Festlegung von Toleranzbereichen zur Bonitierung der einzelnen Umweltkriterien, wie er vom KUL verfolgt wird, als subjektiv bezeichnet werden. Als problematisch erweist sich zudem die Tatsache, daß die Algorithmen zur Berechnung der Boniturnoten nicht offengelegt werden und somit eine Aus- und Bewertung der erfaßten Daten von Außenstehenden nicht vorgenommen, sondern nur von den Entwicklern selbst durchgeführt werden kann. Einzelne Parameter des KUL können demnach als brauchbar für die Bewertung von ökologischen Parametern bezeichnet werden. Insgesamt eignet sich KUL in seiner momentanen Ausgestaltung aber nicht für eine ökologische Gesamtbewertung landwirtschaftlicher Betriebe.

Im Gegensatz zu eindimensionalen Ökobilanzen gewinnen mehrdimensionale Ökobilanzen immer mehr an Bedeutung (Keßeler, 1996a). Hier sind vor allem die Arbeiten der Society of Environmental Toxicology and Chemistry (SETAC, 1993) und dem Umweltbundesamt (1995b) sowie die mittlerweile gültige internationale Norm DIN EN ISO 14040 (Deutsches Institut für Normung, 1997) zu nennen. Ziel ist es dabei, zuerst Umweltwirkungen naturwissenschaftlich in Umweltwirkungskategorien zu erfassen, um den jeweiligen Entscheidungsträgern

---

[11] Entwickelt wurde das Instrumentarium an der Thüringer Landesanstalt für Landwirtschaft (TLL).

dann eine differenzierte Beurteilung und Abwägung auch in Zusammenhang mit ökonomischen Größen zu ermöglichen. Diese beiden Schritte sind bei eindimensionalen Ökobilanzen miteinander verknüpft, wie dies zum Beispiel auch für den KUL-Ansatz gilt.

Tabelle 1. Relevante Umweltwirkungsbereiche der Landwirtschaft in Deutschland und Umweltindikatoren für die betriebliche Ebene (verändert nach Geier und Köpke, 1998 und Keßeler, 1998)

Umweltwirkungsbereiche in der Landwirtschaft	Umweltindikatoren für die betriebliche Ebene (Auswahl)	Erfassung der Umweltindikatoren (Auswahl)
1. Biotop- u. Artenschutz	– mit Herbiziden u. Insektiziden behandelte Fläche – N-Düngungsniveau – Anwendung des Schadschwellenprinzips	– Ackerschlagkartei (ASK) – ASK gemäß Dünge-VO – Dokumentation
2. Landschaftsbild	– Randstrukturen – Kulturartenvielfalt	– Kartenmaterial – ASK
3. Gewässerschutz	– Austrag von Pflanzenschutzmittel (PSM) in Gewässer – N-Austrag in Gewässer – P-Austrag in Gewässer	– Einhaltung der PSM-§ (Abstandsauflagen, Spritzmittelreste etc.) – Lagerungs- u. Ausbringtechnik, N-Saldo (nach Dünge-VO) – P- Saldo (nach Dünge-VO)
4. Boden	– Bodenverdichtung – Erosion – Humushaushalt – Zufuhr von toxischen Stoffen	– Schätzverfahren – Schätzverfahren – Humuseinheiten – diverse Quellen
5. Eutrophierung u. Versauerung	– Ammoniak-Verluste – N-Austrag in Gewässer – P-Austrag in Gewässer	– Verluste im Stall, bei der Lagerung u. Ausbringung (nach Faustzahlen)
6. Humantoxizität (Anwenderschutz u. Nahrungsmittelbelastung)	– Verwendung von Pflanzenschutzmitteln	– Verwendung von Schutzkleidung u. Verhalten bei Befüllung u. Ausbringung – Klassifizierung der Pflanzenschutzmittel
7. Ressourcenverbrauch	– Primärenergie – Wasser – Betriebsstoffe	– Betriebsdaten (Dokumente, Rechnungen etc.) – Berechnung aufgrund von Betriebsdaten (nach Faustzahlen)
8. Treibhauseffekt	– CO_2 – Methan – N_2O	– Berechnung aufgrund von Betriebsdaten (nach Faustzahlen)
9. Geruch		– beschreibende Darstellung
10. Abfall		– Betriebsdaten
11. Lärm		– beschreibende Darstellung

Geier und Köpke (1998) entwickelte auf der Grundlage der mehrdimensionalen Ökobilanzierung spezifische Umweltwirkungsbereiche der Landwirtschaft in Deutschland. Dabei orientierte er sich an deren kritischen Beiträgen und erarbeitete darauf aufbauende Umweltindikatoren für die Landwirtschaft. Aus den Indikatoren lassen sich relevante und einfach zu handhabende Schlüsselindikatoren ermitteln (ebenda, 1998). Diese können für den Gebrauch bei der Durchführung einer einzelbetrieblichen Umweltbetriebsprüfung herangezogen werden (Keßeler, 1998). Die Berücksichtigung der kritischen Umweltbeiträge der Landwirtschaft gewährleistet - eingeschränkt durch regionale und einzelbetriebliche Besonderheiten - eine sichere Auswahl von zu berücksichtigenden Umweltwirkungsbereichen. Das Instrumentarium erfordert bei der Erarbeitung praxistauglicher und zugleich aussagekräftiger Indikatoren für die einzelnen Umweltwirkungsbereiche eine Weiterentwicklung. Trotz dieses Entwicklungsbedarfes kann dieses Instrumentarium als Grundlage einer Teilnahme von landwirtschaftlichen Betrieben an normierten Umweltmanagementsystemen dienen. Dies wird durch die Tatsache begünstigt, daß viele wichtige Umweltinformationen in den Betrieben bereits erfaßt werden und andere ohne großen Aufwand zur Verfügung gestellt werden können (ebenda, 1998). Buchführungsdaten bieten ein gute Grundlage für eine quantitative Erfassung der meisten Betriebsmittel wie Wasser, Energie, Dünge-, Pflanzenschutz- und Zukaufsfuttermittel.

Ein weiterer Vorteil dieser Methodik liegt in der Tatsache, daß damit eine prozeßkettenübergreifende Analyse aller Umweltwirkungsbereiche möglich wird. Es können über die Prozeßkette hinweg für jedes einzelne Kettenglied die wichtigsten Verursacher benannt werden. Damit können die einzelbetrieblichen Daten Bausteine von umfassenden Produkt-Ökobilanzen sein (Geier et al., 1997; Geier und Köpke, 1998; Keßeler, 1998).

In Tabelle 1 werden Umweltwirkungsbereiche und Umweltindikatoren für die betriebliche Ebene sowie die praxisgerechte Erfassungsmöglichkeiten für die Landwirtschaft gegenübergestellt. Dabei werden den Umweltwirkungsbereichen der landwirtschaftlichen Produktion jeweils Umweltindikatoren zur Erfassung dieser Umweltwirkungsbereiche auf betrieblicher Ebene zugeordnet. In der dritten Spalte wird dann erläutert, aus welchen Quellen die notwendigen Information zusammengestellt werden können.

13.3.2.2 Organisation von Umweltmanagementsystemen im landwirtschaftlichen Betrieb

Die Implementierung eines Umweltmanagementsystems muß in Abhängigkeit von der Betriebsgröße betrachtet werden. Der Aufbau des Umweltmanagementsystems nach der EMAS-VO muß so ausgerichtet sein, daß die in Anhang I B definierten Anforderungen an folgende Systemelemente gewährleistet werden:

- Umweltpolitik, -ziele und -programme;
- Organisation und Personal;

- Auswirkungen auf die Umwelt;
- Aufbau- und Ablaufkontrolle;
- Umweltmanagement-Dokumentation und
- Umweltbetriebsprüfungen.

In landwirtschaftlichen Großbetrieben, wie sie in den neuen Bundesländern überwiegend vertreten sind, sollte dies ohne größere Probleme möglich sein, da auf einem i.d.R. vorhandenen Managementsystem aufgebaut werden kann.

Für kleine und mittlere landwirtschaftliche Betriebe scheint dies in einer auf die Notwendigkeit modifizierten und daher reduzierten Form ebenfalls möglich. Besonders wichtig ist dabei, daß der zu leistende Dokumentations- und damit Arbeitsaufwand möglichst gering gehalten wird. Das System muß so einfach wie möglich gestaltet werden. So ist der Punkt Organisation und Personal im landwirtschaftlichen Familienbetrieb aufgrund des geringen Arbeitskräftebesatzes quasi nicht relevant, Zuständigkeiten und Verantwortungsbereiche brauchen im Familienbetrieb nur in geringem Umfang definiert werden, da der Betriebsleiter in der Regel über alle Vorgänge auf dem Betrieb stets unterrichtet ist bzw. auch dafür verantwortlich ist. Dies führt u. a. auch zu einer schlanken Umweltmanagement-Dokumentation. Für eine praxisgerechte und an die organisatorischen und betrieblichen Voraussetzungen angepaßte Umsetzung eines Umweltmanagementsystems in der Landwirtschaft sollte den Landwirten jedoch Hilfsmittel zur Unterstützung an die Hand gegeben werden. Im folgenden wird eine Auswahl angeführt:

- **Checklisten** der zu beachtenden Umweltwirkungen und Umweltindikatoren (vgl. dazu Tabelle 1)

- **EDV-Unterstützung**
  In landwirtschaftlichen Betrieben sind eine Vielzahl von rechnergestützten Dokumentations- und Analyseinstrumente im Einsatz (Ackerschlagkarteien, Kuh- und Sauenplaner, Buchführungsprogramme etc.). Eine Vielzahl von umweltrelevanten Daten werden in diesen bereits verwaltet bzw. können durch die vorhandenen Daten leicht abgeleitet werden (Primärenergieverbrauch, Klimarelevanz etc.) (Keßeler, 1998). Ansätze zur Umsetzung eines integrierten Umweltmanagements in landwirtschaftliche Unternehmen werden von Doluschitz und Fuchs (1997) sowie Zellmann (1997) beschrieben. Da sich die existierenden EDV-Systeme meist durch einen modularen Aufbau kennzeichnen, könnte die Aufsattelung eines spezifischen Umweltmanagementwerkzeugs, das auf bereits bestehende Datenbanken zurückgreift, zu einer erheblichen Vereinfachung im betrieblichen Ablauf führen. Ein solches Modul ließe sich auch um weitere Funktionen, die im Zusammenhang mit einem formalen Umweltmanagementsystem wie der EMAS-VO stehen (wie z.B. Dokumentation) ergänzen. Ein derartiges Werkzeug könnte sich damit zu einer Art elektronischem Umwelthandbuch erweitern lassen.

Ein solches arbeitseffizientes Werkzeug zur praktischen Umsetzung wurde in Großbritannien bereits für die Umsetzung der ISO 14001 in der Landwirtschaft entwickelt (Lewis et al., 1997).

– **Gewährleistung der Umweltgesetzeskonformität**
Bei der Gewährleistung der Umweltgesetzeskonformität wird vor allen Dingen immer wieder die Kooperation mit den staatlichen Stellen hervorgehoben. Die „Richtlinien zur Einhaltung des Umweltrechts" der Schweizerischen Normen-Vereinigung stellt wohl den weltweit ersten Versuch dar, ein allgemeingültiges Vorgehen zur Erlangung von Umweltrechtskonformität zu beschreiben. Diese Richtlinien empfehlen in Kapitel 5 zur Sicherung der Umweltrechtskonformität ausdrücklich den Einbezug der Vollzugsbehörden in den Aufbau und die Anwendung eines Umweltmanagementsystems (SNV, 1997). Dies ist vor allen Dingen für Unternehmen sinnvoll, die über kein detailliertes juristisches Fachwissen, z.B. durch eine Rechtsabteilung, verfügen. Landwirtschaftliche Betriebe zählen zweifellos dazu. Hier erscheint es darüber hinaus wichtig, daß die landwirtschaftliche Offizialberatung, wie sie vielerorts durch die Landwirtschaftskammern abgedeckt wird, als Ansprechpartner zur Verfügung steht.

13.3.2.3 Integration von Umwelt- und Qualitätsmanagementsystemen

Es kann empfehlenswert sein, verschiedene Managementsysteme in ein System zu integrieren. Hierbei bietet sich insbesondere die Verknüpfung von Umwelt- und Qualitätsmanagement sowie einer darüber hinausgehenden Erweiterung auf die Thematik Arbeitssicherheit an (Nagel, 1997; Petrick, 1995 u.a.).

Vereinzelt wurde daher auch bereits die Integration von Qualitäts- und Umweltmanagementsystemen in der Landwirtschaft untersucht (Gottlieb-Pettersen, 1997; Knudsen, 1997; Keßeler, 1998). Wie in der gewerblichen Wirtschaft standen auch in der Landwirtschaft bei einer integrierten produktkettenübergreifenden Betrachtung zuerst Qualitätsaspekte im Vordergrund (vgl. u.a. Schouwenburg, 1994; Schiefer und Helbig, 1995). Auf die Parallelen von Umwelt- und Qualitätsmanagement in der Landwirtschaft verweist Abresch (1997). Aufgrund eines Pilotvorhabens in einem Betrieb, welcher auf der Grundlage der DIN EN ISO 9002 zertifiziert wurde, läßt sich nachweisen, daß bei einer geschickten Integration von Qualitäts- und Umweltmanagementsystem große Synergieeffekte genutzt werden können und der organisatorische und personelle Mehraufwand gering ist (Keßeler, 1998). Damit kann gezeigt werden, daß eine Integration von Umweltbelangen in allgemeine Produktions- und Managementprozesse auch in der Landwirtschaft möglich ist.

Wie sich durch Synergieeffekte der Gesamtnutzen des Integrierten Managementsystems voll entfalten kann, stellt Abbildung 6 dar.

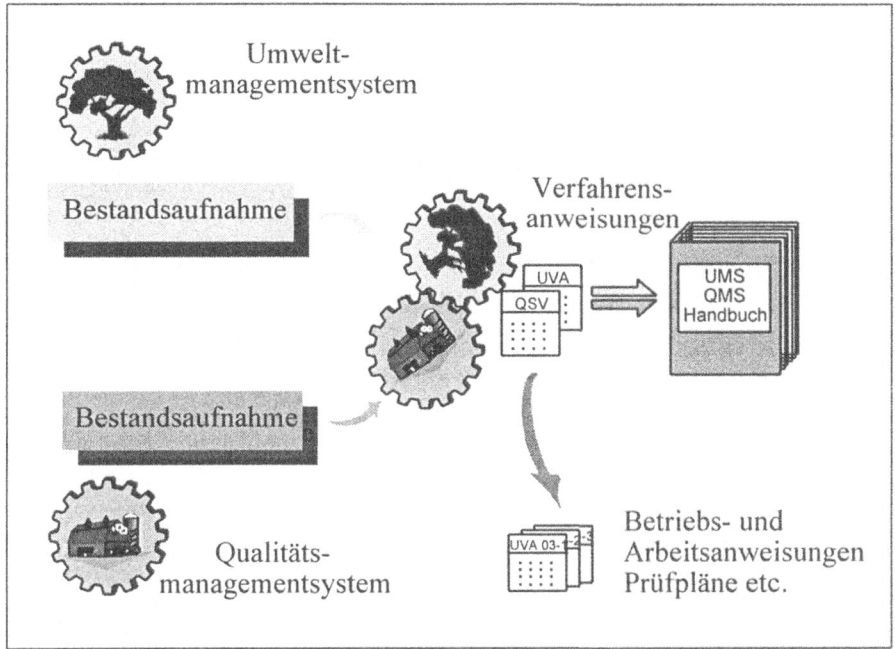

Abb. 6. Synergieeffekte von Umwelt- und Qualitätsmanagementsystemen (Zellmann, 1998)

13.3.2.4 Chancen und Probleme der EMAS-VO in der Landwirtschaft

Die bisher identifizierten **Probleme** bei der Umsetzung der EMAS-VO im landwirtschaftlichen Betrieb können wie folgt zusammengefaßt werden (vgl. auch Birkner, 1997; Friedel, 1997; Sächsische Landesanstalt für Landwirtschaft, 1997):

- **Methoden zur Identifizierung von Umweltwirkungen**
  Um eine einheitliche und damit vergleichbare Vorgehensweise bei der Erfassung und Bewertung von Umweltwirkungen im landwirtschaftlichen Betrieb zu erhalten, müssen vorhandene Methoden (vgl. Kap. 13.3.2.1) weiterentwickelt und standardisiert werden.

- **Arbeits- und Kostenaufwand**
  Vor dem Hintergrund der wirtschaftlichen Situation vieler Betriebe und den insbesondere in Familienbetrieben knappen Arbeitskapazitäten, müssen Lösungsmöglichkeiten zur Reduzierung des Arbeits- und Kostenaufwands gefunden werden. Mögliche Ansätze wären z.B. eine Standardisierung der Vorgehensweise oder der Einsatz integrierbarer Software.

- **Standortbegriff** (Artikel 2k)
  In seiner momentanen Ausgestaltung bezieht sich der Begriff „Standort" auf die Durchführung einer gewerblichen Tätigkeit. Eine Erweiterung im Hinblick

auf die Einbeziehung der Besonderheiten der landwirtschaftlichen Produktion (der Boden dient gleichzeitig Standort und Produktionsfaktor) ist erstrebenswert.

- **Verbot der Produktwerbung**
Werbung mit der Teilnahmeerklärung direkt auf dem hergestellten Produkt ist nicht erlaubt. Dies ist z.B. für Betriebe relevant, die Direktvermarktung betreiben.

Als mögliche **Vorteile** konnten bisher folgende Aspekte im Zusammenhang mit der EMAS-VO ermittelt werden (vgl. auch Birkner, 1997; Friedel, 1997):

- **Freiwilligkeit**
Die Durchführung der EMAS-VO ist für alle Betriebe freiwillig. Für alle teilnehmenden Betriebe ist die Gewährleistung der Einhaltung aller relevanter Rechts- und Verwaltungsvorschriften sowie der Nachweis eines kontinuierlichen Verbesserungsprozesses im betrieblichen Umweltschutz verpflichtend. Wie die einzelnen Schritte in diesem Verbesserungsprozeß aussehen, wird von den Betrieben selbst bestimmt.

- **Umweltleistungen öffentlich darstellen**
Die EMAS-VO und hier insbesondere die Umwelterklärung beinhaltet für den Sektor Landwirtschaft dahingehende Vorteile, daß die einzelnen Betriebe ihre erbrachten Umweltleistungen in der Öffentlichkeit dokumentiert darstellen könnten. Es kann erwartet werden, daß dies positive Auswirkungen auf das z.T. negative Image der Landwirtschaft hätte.

- **Produktionseffizienz**
Durch die Transparenz der betrieblichen Abläufe können die Produktionsabläufe effizienter gestaltet werden. Es kann vermutet werden, daß dies mit Ressourceneinsparungen und damit auch mit einer Kostensenkung verbunden ist.

- **Beziehungen zum Ernährungsgewerbe**
Einen großen Teil der bisher validierten gewerblichen Betriebe stellt das Ernährungsgewerbe. Es ist zu erwarten, daß diese über kurz oder lang auch ihre Lieferanten mit einbeziehen werden. Für am Gemeinschaftssystem teilnehmende landwirtschaftliche Betriebe bedeutet dies, daß u. U. Wettbewerbsvorteile realisiert werden können.

- **Haftungsminimierung**
Im Zuge einer Haftungsminimierung kann die Einhaltung aller gesetzlichen Bestimmungen gewährleistet werden. Bei einem auftretenden Umweltschaden kann der validierte Betrieb mit Hilfe seiner Dokumentation den Betriebsablauf sowie die vorgenommenen Schutzmaßnahmen bei außerplanmäßigen Situationen (z.B. Notfallplan) belegen.

– **Deregulierung**
Im Rahmen der Einhaltung von gesetzlichen Vorgaben besteht u. U. die Möglichkeit der „Deregulierung" seitens der Behörden.

Stellt man die angesprochenen Vorteile und Probleme im Zusammenhang mit einer möglichen Implementierung der EMAS-VO in landwirtschaftlichen Betrieben einander gegenüber, so zeigt sich, daß für die Probleme bereits Lösungsmöglichkeiten bzw. -wege vorhanden sind. Dem steht eine Reihe von möglichen Vorteilen gegenüber. Mithin gibt es keine Gründe, weshalb der sachliche Anwendungsbereich der EMAS-VO nicht auch auf den Sektor Landwirtschaft ausgeweitet werden sollte. Insbesondere, da es sich um ein auf Freiwilligkeit beruhendes marktwirtschaftliches Instrument handelt und somit niemand zu einer Teilnahme verpflichtet werden kann.

13.6 Resümee

Umweltmanagementsysteme spielen in der Landwirtschaft heute noch keine bedeutende Rolle. Es zeigt sich aber, daß ihnen in Zukunft eine steigende Bedeutung zugemessen werden wird. Dies insbesondere deshalb, weil der Nahrungsmittelsektor zunehmend derartige Systeme implementiert und erwartet werden kann, daß hieraus resultierende Forderungen bezüglich einer dokumentierten und nachweisbaren Verbesserung des betrieblichen Umweltschutzes an den Sektor Landwirtschaft als wesentlicher Zulieferer herangetragen werden. Die EMAS-VO stellt in der EU das am weitesten verbreitete Instrumentarium zum Nachweis eines funktionierenden Umweltmanagementsystems dar und wird auch am Markt als solches angenommen. Der bisherige Ausschluß der Landwirtschaft von der Teilnahme an diesem System kann für diese ein Wettbewerbsnachteil sein, mit der ihr die Möglichkeit genommen wird, ihre Umweltleistungen in einem allgemein anerkannten System der Öffentlichkeit, interessierten Kunden und Vertragspartnern darzustellen. Es sollte den landwirtschaftlichen Betrieben, die die EMAS-VO umsetzen möchten die Möglichkeit gegeben werden, dieses freiwillige Instrument zur Anwendung bringen zu können. Die Pilotprojekte, welche in der Vergangenheit durchgeführt wurden bzw. aktuell laufen, legen den Schluß nahe, daß bei einer konsequenten Vervollständigung der vorliegenden Teilergebnisse durch Wissenschaft und Praxis mit der EMAS-VO insgesamt ein positiver Gesamtnutzen für die Landwirtschaft erzielt werden kann.

Literatur

Abresch, J.-P. (1997): Agrar-Öko-Audit - Überlegungen zu Chancen und Problemen von betrieblichem Umweltmanagement in der Landwirtschaft. In: Spindler E.A. (Hrsg.): Agrar-Öko-Audit - Praxis und Perspektiven einer umweltorientierten Land- und Forstwirtschaft. Springer, Berlin, New York.

Abresch, J.-P. (1996a): Agrar-Öko-Audit - Chancen und Probleme aus der Sicht der Agrar- und Umweltwissenschaften. Vortrag auf der Tagung "Agrar-Öko-Audit" am 21.2.1996 in Hamm.

Abresch, J.-P. (1996b): Papier-Kram für die Umwelt? In: DLG-Mitteilungen, Nr. 9/96, S. 66-69.

Ackermann, K.F. und Blumenstock, H. (1993): Personalmanagement in mittelständischen Unternehmen. Schäffer-Poeschel, Stuttgart.

Adams, H. (1996): Umweltkostenmanagement als Verknüpfung zwischen Ökologie und Ökonomie. In: Management Circle: Umweltkostenmanagement. Tagung vom 16.-17.01.1996 in Frankfurt/Main.

Belz, F. (1994): Ökologischer Strukturwandel in der Schweizer Lebensmittelbranche. In: Dyllick, T., Belz, F., Hugenschmidt, H., Koller, F., Laubscher, R., Paulus, J., Sahlberg, M. und Schneidewind, U. (Hrsg.): Ökologischer Wandel in Schweizer Branchen. Paul Haupt, Bern, Stuttgart.

Birkner, U. (1997): Berliner Bericht zum „Agrar-Öko-Audit" Argumente für und wider ein Öko-Audit für landwirtschaftliche Betriebe. Institut für Wirtschafts- und Sozialwissenschaften des Landbaus der Landwirtschaftlich-Gärtnerischen Fakultät, Humboldt-Universität zu Berlin, Berlin.

Bockmann, H.-C. (1997): Umwelt-Audit, ein Beitrag zur aktiven Sicherung der betrieblichen Zukunft? In: Bauernblatt Schleswig-Holstein, Nr. 3/97, S. 30-32.

Bundesministerium für Ernährung, Landwirtschaft und Forsten (1997): Agrarbericht der Bundesregierung 1997. Bonn.

Deutsches Institut für Normung (1997): DIN EN ISO 14040 - Ökobilanz - Prinzipien und allgemeine Anforderungen. Beuth, Berlin.

DIHT - Deutscher Industrie und Handelstag (1998): Liste der Standorte, die nach Art. 8 der Verordnung 1836/93 im Standortregister eingetragen sind. Bonn.

Doluschitz, R. und Fuchs, A.S. (1997): Integriertes Umweltmanagement in Unternehmen der landwirtschaftlichen Primärproduktion. In: Birkner, U. und Doluschitz, R. (Hrsg.): Betriebliches Umweltmanagement. Schriften für den Agrarmanager 6. Deutscher Landwirtschaftsverlag, Berlin.

Doluschitz, R. (1997): Unternehmensführung in der Landwirtschaft. Ulmer, Stuttgart.

Dyllick, T. und Belz, F. (1994): Zum Verständnis des ökologischen Branchenstrukturwandels. In: Dyllick, T., Belz, F., Hugenschmidt, H., Koller, F., Laubscher, R., Paulus, J., Sahlberg, M. und Schneidewind, U. (Hrsg.): Ökologischer Wandel in Schweizer Branchen. Paul Haupt, Bern, Stuttgart.

Eckert, H. und Breitschuh, G. (1997): Kritische Umweltbelastung Landwirtschaft (KUL). Ein Verfahren zur Erfassung und Bewertung landwirtschaftlicher Umweltwirkungen. In: Deutsche Bundesstiftung Umwelt (Hrsg): Umweltverträgliche Pflanzenproduktion. Zeller, Osnabrück.

Friedel, R. (1997): Erste praktische Erfahrungen mit dem Öko-Audit in der Landwirtschaft. In: Spindler (Hrsg.): Agrar-Öko-Audit - Praxis und Perspektiven einer umweltorientierten Land- und Forstwirtschaft Springer, Berlin, New York.

Fuchs, A.S. (1998): Die Durchführung der EMAS-VO im landwirtschaftlichen Produktionsbetrieb. Institut für landwirtschaftliche Betriebslehre, Universität Hohenheim, Stuttgart (in Vorbereitung).

Geier, U., Keßeler, T., Köpke, U. und Schiefer, G. (1997): Grundlagen einer prozeßkettenübergreifenden Ökobilanz in der Fleischerzeugung. Vortrag bei den DLG-Umweltgesprächen '97, "Ökobilanzen - von der Erzeugung zum Produkt" in Bonn.

Geier, U. und Köpke, U. (1998): Grundlagen für die Entwicklung eines betrieblichen Umwelt-Bewertungsverfahrens für die Landwirtschaft (unveröffentlichtes Manuskript).

Giegrich, J., Mampel, U., Duscha, M., Zazcyk, R., Osorio-Peters, S. und Schmidt, T. (1995): Bilanzbewertung in produktbezogenen Ökobilanzen. Evaluation von Bewertungsmethoden, Perspektiven. In: Umweltbundesamt (Hrsg.): Methodik der produktbezogenen Ökobilanzen - Wirkungsbilanz und Bewertung - . UBA-Texte 23/95.

Gottlieb-Pettersen, C. (1997): Quality and Environmental Management System on 60 Danish Farms. In: Schiefer, G. and Helbig, R. (eds.): Quality Management and Process Improvement for Competitive Advantage in Agriculture and Food. Proceedings of the 49th Seminar of the European Association of Agricultural Economists (EAAE). University of Bonn (ILB), Bonn.

Hentschel, B. (1997): Viel Aufwand für die Umwelt. In: Neue Landwirtschaft, Nr. 3/97, S. 24-26.

Hüwels, H. (1994): Umweltmanagement und Umweltbetriebsprüfung nach EG-Verordnung. In: Zertifizierung, Nr. 11/94, S. 130-132.

Jahnke, D. (1996): Ökologische Bilanzen und ökologisches Controlling im Gut Tellow zur Zeit Thünens. Rostocker agrar- und umweltwissenschaftliche Beiträge. Heft 4. Rostock

Kamiske, G.F., Butterbrodt, D., Dannich-Kappelmann, M. und Tammler, U. (1995): Umweltmanagement - Moderne Methoden und Techniken zur Umsetzung. Hanser, München, Wien.

Keßeler, T. (1996a): Ökobilanzen und andere Methoden zur Bewertung umweltrelevanter Größen in betrieblichen Entscheidungsprozessen. In: Schiefer G. (Hrsg.): Unternehmensführung, Organisation und Management in Agrar- und Ernährungswirtschaft. Bericht B-96/1. Institut für Landwirtschaftliche Betriebslehre, Bonn.

Keßeler, T. (1996b): Umweltmanagement in land- und ernährungswirtschaftlichen Produktionsketten. In: Schiefer, G. (Hrsg.): "Unternehmensführung, Organisation und Management in Agrar- und Ernährungswirtschaft". Bericht B-96/2. Institut für Landwirtschaftliche Betriebslehre, Bonn.

Keßeler, T. (1997): Identifizierung und Bewertung von umweltrelevanten Parametern in der Land- und Ernährungswirtschaft. Unveröffentlichtes Manuskript. Bonn.

Keßeler, T. (1998): Umsetzung betrieblicher Umweltmanagementsysteme in der Landwirtschaft. Mündlicher Vortrag anläßlich des "Seminars zum Umweltmanagment in der Landwirtschaft" der Theodor-Brinkmann-Stiftung, Bonn, am 6. Februar 1998 in Bonn.

Knickel, K. und Schmidt, F. (1994): Arbeitsbedingungen in klein- und mittelbäuerlichen Betrieben. Ber. ü. Ldw. 72, S. 195-211.

Knudsen, S. (1997): A Quality and Environmental Managementsystem Developed by farmers. In: Schiefer G. and Helbig R. (eds.): Quality Management and Process Improvement for Competitive Advantage in Agriculture and Food. Proceedings of the 49th

Seminar of the European Association of Agricultural Economists (EAAE). University of Bonn (ILB), Bonn.
Kothe, P. (1997): Das neue Umweltauditrecht. Beck, München.
Larisch, G. (1996): Umwelt-Audits - Unternehmen auf dem Prüfstand. Vortrag auf der Tagung "Agrar-Öko-Audit" am 21.2.1996 in Hamm.
Lewis, K., Tzilivakis, J. and Bardon, K. (1997): Environmental Best Practice Advisory System for Agriculture. In: Kure, H., Thysen, I. and Kristensen, A.R. (eds.): First European Conference for Information Technology in Agriculture, Copenhagen.
Mangelsdorf, D. (1995): Umwelt - ein wichtiger Aspekt der Unternehmensführung. In: Qualität und Zuverlässigkeit, Jg. 40, Nr. 6/95.
Mehrländer, H. (1997): Einführung zum Fachseminar. In: DEKRA Umwelt GmbH (Hrsg.): Schneller und kostengünstiger Einstieg in ein Umweltmanagementsystem für kleine und mittlere Unternehmen. Fachseminar am 28.04.1997 in Stuttgart.
Meier-Ploeger, A. (1996): Öko-Audit in der Landwirtschaft. In: Leicht-Eckardt, E., Platzer, H.-W., Schrader, C. und Schreiner M. (Hrsg.): Öko-Audit: Grundlagen und Erfahrungen: Chancen des Umweltmanagements in der Praxis. Verlag für akademische Schriften (VAS), Karben.
Münchhausen, H. Frhr. von und Nieberg, H. (1997): Agrar-Umweltindikatoren: Grundlagen, Verwendungsmöglichkeiten und Ergebnisse einer Expertenbefragung. In: Deutsche Bundesstiftung Umwelt (Hrsg.): Umweltverträgliche Pflanzenproduktion. Zeller, Osnabrück.
Nagel, G. (1997): Integrationsmöglichkeiten von Umwelt- und Qualitätsmanagementsystemen. In: DEKRA Umwelt GmbH (Hrsg.): Schneller und kostengünstiger Einstieg in ein Umweltmanagementsystem für kleine und mittlere Unternehmen. Fachseminar am 28.04.1997 in Stuttgart.
Nieberg, H. (1994): Umweltwirkungen der Agrarproduktion unter dem Einfluß von Betriebsgröße und Erwerbsform. Angewandte Wissenschaft Heft 428. Landwirtschaftsverlag, Münster.
Nitze A. (1991): Die organisatorische Umsetzung einer ökologisch bewußten Unternehmensführung. Eine empirische Erhebung mit Fallbeispielen. Dissertation Hochschule St. Gallen.
O.V. (1997): "Unsere Lebensmittel sind sicher". In: DLG-Mitteilungen, Nr. 7/97, S. 4.
Pape J. (1997): Betriebliches Umweltmanagement: EMAS-Verordnung und Agrar-Öko-Audit. In: Birkner U. und Doluschitz R. (Hrsg.): Betriebliches Umweltmanagement. Schriften für den Agrarmanager 6. Deutscher Landwirtschaftsverlag, Berlin.
Petrick, K. (1995): Das Konzept der Zusammenführung von Qualitätsmanagement und Umweltmanagement. In: Petrick, K. und Eggert R. (Hrsg.): Umwelt- und Qualitätsmangementsysteme - Eine gemeinsame Herausforderung. Hanser, München, Wien
Sächsische Landesanstalt für Landwirtschaft (1997): Umweltmanagement in der Land- und Ernährungswirtschaft. Dresden.
Schiefer, G. und Helbig, R. (1995): Qualitätsmanagement in der Agrarwirtschaft - Integration landwirtschaftlicher Betriebe in Entwicklungen zur Qualitätsproduktion in der Agrarwirtschaft. In: Landwirtschaftliche Rentenbank: Neue Organisationsformen im Anpassungsprozeß der Landwirtschaft an die ökonomisch-technische Entwicklung in Produktion, Verarbeitung und Absatz. Schriftenreihe Band, Frankfurt a.M.
Schouwenburg, H. (1994): The IKB-Concept in the Netherlands: From Pilot Project to Quality Strategy. In: Forschungsgemeinschaft Controlling in der Landwirtschaft: Con-

trolling und Qualitätsmanagement in der Agrar- und Ernährungswirtschaft. FCL-Schriftenreihe Band 1, S. 93-99. Bonn.

SNV - Schweizerische Normen-Vereinigung (1997): Richtlinien zur Einhaltung des Umweltrechts - in Zusammenhang mit dem Aufbau und der Zertifizierung von Umweltmanagement-Systemen nach EN ISO 14001. SNV-Schriftenreihe 1/1997.

SETAC - Society of Environmental Toxicology and Chemistry (1993): Guidelines for Life-Cycle Assessment: A 'Code of Practise'. Sesimbra.

Stahlmann, V. (1994): Umweltverantwortliche Unternehmungsführung - Aufbau und Nutzen eines Öko-Controllings. CH. Beck'sche Verlagsbuchhandlung, München.

Umweltbundesamt (1995a): Methodik der produktbezogenen Ökobilanzen. UBA-Texte 23/95, Berlin.

Umweltbundesamt (1995b): Ökobilanz für Getränkeverpackungen. UBA-Texte Nr. 52/95. Berlin.

Warmbier W. (1997): Einige grundsätzliche Überlegungen zum Marketing und seinen Beziehungen zum Öko-Audit. In: Spindler E. (Hrsg.): Agrar-Öko-Audit - Praxis und Perspektiven einer umweltorientierten Land- und Forstwirtschaft. Springer, Berlin, New York.

Wölfle, M. (1997): Umsetzung eines Öko-Audi-Systems in der betrieblichen Praxis. In: DEKRA Umwelt GmbH (Hrsg.): Schneller und kostengünstiger Einstieg in ein Umweltmanagementsystem für kleine und mittlere Unternehmen. Fachseminar am 28.04.1997 in Stuttgart.

Zellmann, T. (1997): Methodik eines gemeinsamen Öko- und Qualitäts-Audits in der Landwirtschaft. Unveröffentlichtes Manuskript. Universität Rostock, Agrarwissenschaftliche Fakultät, Institut für Agrarökonomie und Verfahrenstechnik, Rostock.

Zellmann, T. (1998): Die Einführung von Umweltmanagementsystemen in kleinen und mittleren landwirtschaftlichen Unternehmen. Universität Rostock, Agrarwissenschaftliche Fakultät, Institut für Agrarökonomie und Verfahrenstechnik, Rostock (in Vorbereitung).

Teil IV

Umweltmanagementsysteme:
Vergleich und Ausblick

mit Beiträgen von:

Peter M. Thimme
Der Wettbewerb zwischen EG-Öko-Audit-Verordnung und DIN ISO 14.001

Gabriele Poltermann
Erste Erfahrungen mit der Anwendung der DIN ISO 14.001 – eine empirische Untersuchung

Alexander Pischon und Dirk Iwanowitsch
Generische Managementsysteme als zukünftige Option

14 Der Wettbewerb zwischen EG-Öko-Audit-Verordnung und DIN ISO 14.001

Peter M. Thimme

Eine vergleichende Betrachtung der gegenwärtig international bedeutendsten Normenwerke für Umweltmanagementsysteme kann sinnvoll nur vor dem Hintergrund ihrer Entstehung stattfinden. Die Unternehmerschaft hat sich schon früh der Idee des "sustainable development" gestellt und ihre Verantwortung für die Umwelt bewußt wahrgenommen. So hat schon 1991 die Internationale Handelskammer (ICC) eine "Charta für eine langfristig tragfähige Entwicklung" verabschiedet (ICC, 1991).

Was bedeutet aber nun eigentlich Umweltmanagement? Für ein Unternehmen bleibt der tätige Umweltschutz doch immer auf eine relative Umweltschonung beschränkt (Kudert, 1990, S. 569), d.h. das Unternehmen muß darauf ausgerichtet sein, im Zuge seines Handelns die Umwelt im Vergleich zu (schlechteren) Alternativen ökologisch zu entlasten. Versteht man Management im weitesten Sinne als Prozeßlenkung (Petrick und Eggert, 1994), so liegt hier der Aufgabenbereich eines ökologisch orientierten Managements, eines Umweltmanagements. Die Hauptaufgabe eines solchen Managementsystems ist die Schaffung der zur Entwicklung und Durchsetzung dieses Ziels, und der damit verbundenen konkreten Einzelziele, notwendigen Transparenz und organisatorischen Voraussetzungen (Baumann, 1995, S. 23). Das Umweltmanagement kann dabei auf zwei Weisen in ein Unternehmen integriert werden (Meffert und Kirchgeorg, 1993, S. 37). Einerseits können die Umweltziele in konfliktärer Beziehung zu den ökonomischen Unternehmenszielen stehen, d.h. die Umweltauflagen werden als eine von außen vorgegebene Behinderung des Gewinnzieles gesehen. Umweltschutz kann aber andererseits auch als Möglichkeit gesehen werden durch Ausnutzen von Synergieeffekten gleichzeitig eine höhere Umweltleistung und Ertragsverbesserungen zu erzielen (komplementäre Beziehung) (Wagner, 1996, S. 32).

14.1 Die Ursprünge der Umweltmanagementsystem-Normen

Während im angelsächsischem Rechtsraum schon seit längerem die Selbstverantwortlichkeit der Unternehmen gefordert wird, ist im kontinentaleuropäischen

Raum bisher eher auf die staatliche Reglementierung der Umwelteinwirkungen über Grenzwerte und Kontrollen gesetzt worden (Waskow, 1994, S. 5). In beiden Fällen ist aber ein leistungsfähiges Umweltmanagementsystem für die Unternehmen immer notwendiger geworden. Diesem Bedürfnis trugen die Normungsgremien durch den Entwurf von Managementstandards Rechnung. 1992 (überarbeitete Fassung 1994) wurde die britische Norm BS 7750 (British Standard 7750: "Specification for Environmental Management Systems") veröffentlicht (BS 7750:1994). In dieser Zeit wurden auch verschiedene andere nationale Normentwürfe herausgebracht, wie z. B. von den irischen, französischen, südafrikanischen oder kanadischen Normungsgesellschaften[1]. Zum besseren Verständnis der Zusammenhänge muß kurz auf die Geschichte der hier betrachteten Managementsysteme eingegangen werden[2].

Aus eher umweltpolitischen Gründen wurde am 29.06.1993 die sogenannte "EG-Öko-Audit-Verordnung", die Verordnung (EWG) Nr. 1836/93 des Rates über die freiwillige Beteiligung gewerblicher Unternehmen an einem Gemeinschaftssystem für das Umweltmanagement und die Umweltbetriebsprüfung, durch den Rat der Europäischen Gemeinschaften in Kraft gesetzt (Rat der Europäischen Gemeinschaften, 1993)[3]. Im folgenden Text wird - wie mittlerweile international üblich (Dyllick, 1995, S. 300) - die Kurzform EMAS-Verordnung („Eco Management Audit Scheme") verwendet. Um den Mitgliedsstaaten der europäischen Gemeinschaft Gelegenheit zu geben die erforderlichen Strukturen aufzubauen, wurde in Artikel 21 der EMAS-Verordnung eine Frist von 21 Monaten bis zum Inkrafttreten der Verordnung gewährt, d.h. bis zum April 1995. Allerdings erfolgte die Umsetzung in den einzelnen europäischen Ländern sehr unterschiedlich.

In Deutschland griff die Zulassung von Umweltgutachtern in das Grundrecht der freien Berufswahl ein (Art. 12 GG) (Myska, 1995). Daher mußte die Zulassung von Umweltgutachtern über ein Bundesgesetz geregelt werden, obwohl EU-Verordnungen im Prinzip keiner Umsetzung in nationales Recht bedürften, sondern unmittelbar wirken. Die von der EMAS-Verordnung geforderte zuständige Stelle für die Prüfung und Zulassung der Umweltgutachter wurde zwar fristgerecht im Mai 1995 mit der Deutschen Akkreditierungs- und Zulassungsgesellschaft für Umweltgutachter (DAU) provisorisch gegründet (Blick durch die Wirtschaft, 1997). Erste Prüfungen für Umweltgutachter wurden aber erst im Oktober durchgeführt (Ökologische Briefe, 1995/36). Und nicht eher als im Dezember 1995 trat das Umweltauditgesetz (UAG), welches die gesetzliche Grundlage für die Zulassung der Umweltgutachter schafft und gleichzeitig die Registrierung der Standorte nach Art. 8 EMAS regelt, in Kraft (Bund, 1995). Die Registrierung der am EMAS-System teilnehmenden Unternehmen übernehmen in Deutschland die

---

[1] Der britische Entwurf ist in gewisser Weise der Vorläufer der anderen Normen. Vergleiche hierzu auch: Peglau und Schulz, 1993, S. 876 ff.
[2] Für eine tiefergehende Betrachtung vgl. den Beitrag von Annett Baumast in diesem Buch.
[3] alle Angaben zu EMAS Inhalten beziehen sich auf diese Quelle.

Industrie- und Handelskammern (IHK) und die Handwerkskammern (HWK). Im Dezember 1995 hatten sich europaweit 54 Unternehmen registrieren lassen, davon allein 43 aus Deutschland (Ökologische Briefe, 1996/5). Die deutschen Betriebe haben die zögerliche Anlaufphase durch ihre rege Beteiligung also mehr als kompensiert. Diese Entwicklung setzte sich zunehmend fort (vgl. Situation in Europa im Dezember 1997, Abbildung 1). Zwei Jahre nach Inkrafttreten des Umweltauditgesetzes sind Ende 1997 in Deutschland 1241 Standorte in das Register der Europäischen Kommission eingetragen (Stand: 31.12.1997). Die Zahl der neu eingetragenen Standorte in Deutschland bleibt dabei von Monat zu Monat relativ konstant, bei ca. 30 - 40 Standorten im Monat (Thimme, 1997). Derzeit sind in Deutschland 1200 Standorte eingetragen (Stand 21.04.1998, laut Auskunft IHK Frankfurt)[4].

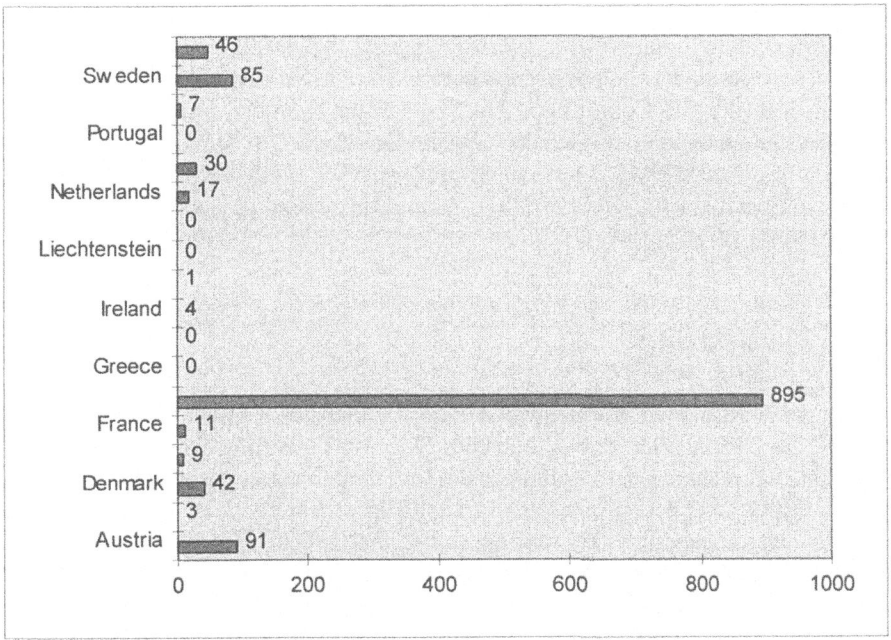

Abb. 1. Standortregistrierung in Europa 12/1997, Quelle: EMAS Helpdesk, Brüssel

Parallel mit der Entwicklung der EMAS-Verordnung auf europäischer Ebene hat sich die International Organization for Standardization (ISO, mit Sitz in Genf) mit der Entwicklung einer auf internationaler Ebene gültigen Normenreihe für Umweltmanagementsysteme beschäftigt: Environmental management systems - Spe-

---

[4] Die Daten der EU dabei hinken immer etwas hinter der Entwicklung in Deutschland zurück, auf Grund der langen Übertragungswege (so waren im Ende Dezember 1997 auch schon über 1000 Standorte in Deutschland gemeldet).

cifications with guidance for use (ISO 14001) (Koch, 1994). In Reaktion auf die UN-Konferenz für Umwelt und Entwicklung in Rio de Janeiro 1992 (BMU, 1992) wurde 1993 auf Anraten der Strategic Advisory Group on Environment (SAGE) der ISO ein u. a. für den Entwurf einer Umweltmanagementsystem-Norm zuständiges Subkomitee (Technical committee, TC 207) gegründet (El-Tawil, 1996, S. 6). Im Februar 1995 wurde der überarbeitete Entwurf des Komitees der Öffentlichkeit vorgestellt (ISO/CD 14001.2) (ISO :DIS 14001:1995). Die nur in wenigen Punkten leicht überarbeitete endgültige Fassung wurde nach einem internationalen Abstimmungsprozess Herbst 1996 verabschiedet (DIN EN ISO 14001:1996-10). Das Comitée Européen de Normalisation (CEN) hatte schon zuvor beschlossen, die ISO 14001 als europäische Norm unverändert zu übernehmen (Jasch, 1995). Eine Entscheidung über die Zulassung der ISO Norm als Grundlage des Umweltmanagements nach der EMAS-Verordnung fiel durch den Ausschuß der Europäischen Kommission nach Art. 19 EMAS bereits kurze Zeit darauf Anfang 1997 (IHK, 1997). Allerdings war die Anerkennung der ISO 14001 zumindest als Basis für eine Teilnahme am EMAS-System bereits im Vorfeld anzunehmen, hatte doch die CEN von der EU-Kommission ein Mandat zur Normung von Umweltmanagementsystemen bekommen (Koch, 1994, S. 42; Myska, 1995a). Um die Standortregistrierung nach EMAS zu erhalten, muß ein ISO 14001 zertifizierter Betrieb einige weitergehenden Punkte erfüllen. So muß insbesondere eine validierte Umwelterklärung vorgelegt werden.

14.2 Zielsetzung

Die beiden wichtigsten Normenwerke zum Aufbau von Umweltmanagementsystemen, die EMAS-Verordnung und die ISO 14001, verfolgen das gemeinsame Ziel, den Unternehmen eine Anleitung für den Aufbau einer betrieblichen Organisationsstruktur zur Handhabe seiner Umweltauswirkungen zu geben. In der Struktur des letztendlich zu realisierenden betrieblichen Managementsystems ähneln sich beide Systeme stark. Trotz dieser grundsätzlichen Ähnlichkeit bezüglich des Aufbaus des Umweltmanagementsystems unterscheiden sich die verschiedenen Normenwerke in ihrer Zielsetzung wesentlich. Dies begründet sich aus der unterschiedlichen Ausrichtung der Systeme.

Die EMAS-Verordnung ist von einer hoheitlichen Stelle, dem Rat der Europäischen Gemeinschaft, erlassen worden. Zwar wird in der Verordnung das im 5. Umweltaktionsprogramm der Europäischen Gemeinschaft von 1992 verkündete "Prinzip der Zusammenarbeit" umgesetzt (Kommission der Europäischen Gemeinschaften, 1992) und so das eher aus dem angelsächsischen Rechtsraum bekannte Prinzip der freiwilligen Vereinbarungen und der Selbstkontrolle der Industrie an die Stelle der bislang im kontinental-europäischen Raum vorherrschenden

Ge- und Verbotsregelungen⁵ gestellt (Waskow, 1994, S. 5). Auch sollen die Unternehmen im Rahmen des „Gemeinschaftsprogramms für Umweltpolitik und Maßnahmen im Hinblick auf eine dauerhafte und umweltgerechte Entwicklung" der Europäischen Gemeinschaft stärker in die Verantwortung für den Schutz der Umwelt genommen werden (Rat der Europäischen Gemein-schaften, 1993a). Damit reagiert die Europäischen Union auf das offenkundige Vollzugsdefizit (Ketteler, 1994) in der Umweltrechtskontrolle und fördert zusätzlich die Durchsetzung der wesentlichen Prinzipien des staatlichen Umweltschutzes: des Vorsorge-, Verursacher- und Kooperationsprinzips (BMU/UBA, 1995). Mit der Verpflichtung zur Erstellung einer Umwelterklärung und der Kontrolle durch die von staatlicher Seite zu akkreditierenden Umweltgutachter kommen Elemente der externen Kontrolle der Unternehmen durch den Staat und durch die Öffentlichkeit hinzu. Somit wird im Rahmen der EMAS-Verordnung auf sehr innovative Weise ein für den internen Gebrauch entwickeltes Managementinstrument mit Elementen einer externen Kontrolle verbunden und zu einem "Instrument staatlich und öffentlich überwachter Selbstkontrolle der Unternehmen" gemacht (Dyllick, 1995, S. 302).

Das Normenwerk der ISO 14001 ist dagegen ein von privaten Institutionen festgeschriebener Wirtschaftsstandard. Ziel war die Aufstellung einer Norm, die Unternehmen Vorgaben für ein effizientes und verifizierbares System des Umweltmanagements, d.h. des Umgangs mit ihren Umweltauswirkungen, an die Hand gibt. Im Grunde stellt die ISO 14001 ein betriebsinternes Regelungssystem für die Unternehmen dar. Die Unternehmen werden in die Lage versetzt nicht mehr nur ein reaktives, sondern ein proaktives Umweltverhalten zu zeigen (Smith, 1995), d.h. nicht mehr nur auf Gesetzesänderungen und Vorgaben der öffentlichen Meinung zu reagieren, sondern auftauchende Umweltprobleme im Vorfeld zu erkennen und entsprechende Abwehrmaßnahmen ergreifen zu können. Der Grad der Erfüllung dieser Systeme mit tätiger Umweltverantwortung bleibt allerdings den Unternehmen selbst überlassen, ohne die dem EMAS eigenen Kontrollmöglichkeiten öffentlicher Stellen. Diese fehlende Kontrolle und die größere Unverbindlichkeit der ISO 14001 sind wesentliche Kritikpunkte vor allem von Umweltverbänden an der internationalen Norm (Ökologische Briefe, 1995/41).

Einer der Vorwürfe, der den Managementnormen gemacht wird, ist der, daß sie reine Formalrahmen für Umweltmanagementsysteme sind (vgl. z. B. für EMAS-Verordnung, ISO 14001 und BS 7750 u. a. Dyllick, 1995; Peglau und Schulz, 1993, S. 882; Fichter, 1993). Die privatwirtschaftliche Norm kann dieser Vorwurf nicht treffen, denn gerade dieses ist ihr Ziel: den Rahmen für ein Managementsystem zu bilden. Die EMAS-Verordnung mit ihrer Zielvorgabe der Dynamisierung des betrieblichen Umweltschutzes versucht diesem Vorwurf durch die öffentliche Kontrolle über die Umwelterklärung und das Gutachterwesen entgegenzuwirken, und gerade in dieser Öffentlichkeitswirksamkeit liegt ein wesentlicher Unter-

---

⁵ Z. B. in Form von materiellen, zwingend einzuhaltenden Grenzwerten wie in der 17. Bundesimmissionsschutzverordnung o. ä.

schied zwischen den Normsystemen. Eine tatsächliche Verbesserung der Umweltleistung eines Betriebes läßt sich selbstverständlich keinesfalls allein durch die Aufstellung eines Managementrahmens bewirken, sondern läßt sich nur über das "Leben des Systems" durch die Mitarbeiter erreichen (Schneider, 1995): die Mitarbeiter müssen das Managementsystem im täglichen Arbeitsleben durch ihr Handeln mit Leben erfüllen.

Aus den oben erläuterten unterschiedlichen Denkansätzen heraus ergeben sich die verschiedenen Zielsetzungen der Normenwerke, und damit auch die unterschiedlichen Anforderungen an ein betriebliches Umweltmanagementsystem. Die ISO 14001 beschreibt hauptsächlich das betriebsinterne Umweltmanagementsystem, während die EMAS-Verordnung das Verfahren zur Teilnahme am EU-System darstellt und dabei das eigenverantwortliche Umweltmanagement mit einer staatlich legitimierten und unterstützten Kontrolle verbindet. Die einzelnen Unterschiede werden im folgenden näher untersucht.

14.3 Vergleich der Normensysteme[6]

Bei einem Vergleich fallen zunächst formale Unterschiede ins Auge. Die EMAS-Verordnung ist in Artikel gegliedert, die wesentlichen Systembeschreibungen finden sich in den Anhängen. Daraus resultiert eine in weiten Teilen unklare Formulierung, insbesondere ist auch die Aufteilung inhaltlicher Zusammenhänge auf verschiedene Abschnitte sehr verwirrend.

Die ISO 14001 ist dagegen in themenbezogene Kapitel eingeteilt, sehr viel klarer strukturiert und straffer geschrieben als die EMAS-Verordnung. Deutlich ist erkennbar, daß das Umweltmanagement in den dazwischenliegenden Jahren Fortschritte gemacht hat und sich durch Anwendungserfahrungen in der Praxis die relevanten Bereiche herauskristallisiert haben. Dies fällt besonders im Gegensatz zu der im äußeren Aufbau ähnlichen BS 7750 auf, in dem viele Dinge noch recht umständlich beschrieben werden. Die britische Normungsgesellschaft hat zwar durch die erste Veröffentlichung einer Umweltmanagementnorm die internationale Diskussion richtungsweisend beeinflußt (Peglau und Schulz, 1993), das Umweltmanagement hatte sich aber in der Zwischenzeit augenscheinlich weiterentwickelt. Interessant wird diese Entwicklung auch im Zusammenhang mit der Revision der EMAS-Verordnung in den nächsten Jahren: zur Zeit ist geplant, die EMAS-Verordnung stärker an die ISO 14001 anzulehnen, unter anderem um diese Vorteile der klaren Strukturierung zu nutzen (VDMA, 1998).

---

[6] Im folgenden werden nur die wesentlichsten Unterschiede der EMAS-Verordnung zur ISO 14001 herausgestellt. Für eine detailliertere Betrachtung siehe P. Thimme (1996).

14.3.1 Zulassung zur Teilnahme

In der Beschränkung des Teilnehmerkreises für validierbare Umweltmanagementsysteme liegt einer der wesentlichen Nachteile der EMAS-Verordnung.

Die EMAS-Verordnung beschränkt zunächst den Teilnehmerkreis im wesentlichen auf das produzierende Gewerbe, unter Hinzunahme von Energieerzeugungs- und Abfallbehandlungsunternehmen. Diese Ausgrenzung insbesondere der Handelsbetriebe und des übrigen Dienstleistungssektors ist ein wichtiger Kritikpunkt an der EMAS-Verordnung (Ökologische Briefe, 1995/41). Denn durch diese Ausgrenzung wird die EMAS-Verordnung von vornherein in ihrer Bedeutung eingeschränkt und die zu diesen Sektoren gehörenden Unternehmen werden gezwungen sich nach der ISO-Norm zu richten. Eine baldige Ausdehnung des Geltungsbereiches der EMAS-Verordnung nach Art. 14 wurde von verschiedenen Seiten dringend gefordert (Ökologische Briefe, 1995/38). Mittlerweile gibt es in einigen europäischen Ländern bereits nationale Erweiterungen dieses Zuständigkeitsbereiches. So hat Österreich den Geltungsbereich der EMAS-Verordnung auf den Dienstleistungsbereich ausgedehnt (Hirche, 1998). In Deutschland wurde im Februar 1998 die wohl weitestgehende experimentelle Ausdehnung des Geltungsbereiches des Gemeinschaftssystems verabschiedet (Bund, 1998), indem u. a. neben dem Handelsunternehmen, den Banken und Versicherungen auch die gesamte kommunale Verwaltung einbezogen wurde. Bei der anstehenden Überarbeitung der EMAS-Verordnung gilt als sicher, daß der Geltungsbereich der EMAS-Verordnung ohne Einschränkung, auf jeden Fall aber sehr weitgehend, erweitert wird (Farragher, 1997).

Die ISO 14001 ist indes von ihrem Wesen her auf alle Unternehmen und Wirtschaftszweige zugeschnitten, und gibt folglich sowohl dem produzierenden Gewerbe, als auch dienstleistenden Unternehmen die Möglichkeit, ein normiertes Umweltmanagementsystem zertifizieren zu lassen.

In diesem Zusammenhang ist auch der unterschiedliche Geltungsbereich der Normen anzuführen. Die EMAS-Verordnung gilt naturgemäß als Verordnung der Europäischen Union nur in den Mitgliedsstaaten, d.h. nur ein Standort innerhalb der EWG (Europäischen Wirtschaftsgemeinschaft) kann registriert werden. Zwar ist der Aufbau eines Umweltmanagementsystems nach den Regeln der EMAS-Verordnung prinzipiell überall möglich, aber die Validierung des Systems ist beschränkt. Das international anerkannte ISO-Normenwerk kann dagegen weltweit zertifiziert werden. Die aufgeführten Punkte zusammengenommen bewirken, daß die ISO-Norm für viele international tätige Firmen in jedem Fall von größerer Bedeutung ist (Freibel, 1997, S. 27).

14.3.2 Standortproblematik und Systemgrenzen

Ein weiterer entscheidender Unterschied der Normenwerke liegt in der geographischen Definition des Gültigkeitsbereiches des Umweltmanagementsystems, d. h. der Standort- bzw. der Systemgrenzen.

Die EMAS-Verordnung ist bei der Einführung eines Umweltmanagementsystems auf den jeweiligen Standort eines Unternehmens begrenzt. Diese geographische Grenzziehung führt im Gegensatz zu der körperschafts-orientierten ISO 14001 zu Problemen bei der Durchführung und Einrichtung von Umweltmanagementsystemen gerade bei größeren Firmen oder bei Dienstleistungsfirmen (Bentlage und Steib, 1997, S. 71f; vgl. auch Dyllick, 1995, S. 320; Waskow, 1994, S. 22f). Hier zeigt sich, daß die EMAS-Verordnung stark durch das lokal, d. h. auf die einzelne Anlage bzw. den einzelnen Betrieb, organisierte Denken der Behörden geprägt ist und nicht aus einer industrienäheren Position heraus entworfen wurde.

Insbesondere ist die Abgrenzung des Standortes nach EMAS schwierig und damit die Definition des Bereiches, in dem das Unternehmen seine Umwelteinwirkungen berücksichtigen muß. Die EMAS-Verordnung definiert den Standort als das Gelände, auf dem das Unternehmen tätig ist, einbezüglich der dazugehörigen Infrastruktur. Allein die sinnvolle Definition des Standortes eines eintragungswilligen Unternehmens erweist sich in der Praxis zunehmend als schwierig, insbesondere im Fall einer räumlich über mehrere Standorte verteilten organisatorischen Einheit (Lieback et. al, 1997, S. 68f). Der Standortbegriff trifft in vielen Fällen nur sehr ungenau die Lebenswirklichkeit der Betriebe. In der Praxis führt dies zu vielen Diskussionen und nicht aus der Struktur der Unternehmen begründbaren Standortdifferenzierungen. Der Lebenswirklichkeit der Betriebe kommt die organisationsbezogene ISO 14001 deutlich näher. Insofern geht auch das Bestreben der EU-Kommission dahin, den schwierigen Standortbegriff durch den Organisationsbegriff abzulösen (Kommission der Europäischen Gemeinschaft, 1997), und damit der ISO-Nomenklatur näher zu rücken.

Bei der Wahl der Systemgrenzen unterscheiden sich die beiden Normen nicht wesentlich. Nach beiden Managementsystemen ist z. B. eine Betrachtung der Auswirkungen der unternehmerischen Tätigkeit auf die Umwelt bei der Beschaffung der Rohstoffe und Energiequellen (im Laufe der Zeit) zu beurteilen, zu kontrollieren und zu verringern, d. h. während der Tätigkeit bei der Entsorgung der Abfälle und insbesondere auch bezüglich des Lebensweges der Produkte. Im Prinzip wird also nicht nur eine Betriebsbilanz im Sinne einer Input-/Output-Analyse mit dem Standort als "black-box" oder eine Prozeßbilanz für die einzelnen Produktionsschritte verlangt, sondern der Bezugsrahmen wird bis hin zur Produktbilanz ausgeweitet[7]. Bis zu welcher Tiefe die Unternehmen für alle ihre Prozesse oder Produkte solche Ökobilanzen erstellen müssen, wird in der EMAS-

---

[7] Zur Definition der einzelnen Bilanzen vergleiche Baumann, 1995, S. 46 f; auch BMU/UBA (1995), S. 98 ff.

Verordnung nicht deutlich herausgearbeitet, z. B. ob über die geforderte Beurteilung jedes neuen Produktes hinaus auch die vorgelagerten und nachgelagerten Stufen der Produktion einbezogen werden müssen. Somit bleibt dies der Auslegung des Umweltgutachters überlassen. Hier ist eine Ausarbeitung von allgemeingültigen Richtlinien als Orientierungshilfe sehr vonnöten. Die ISO Norm enthält klarere Vorgaben bezüglich des Umfanges der Untersuchungen: es wird deutlich darauf hingewiesen, daß die Unternehmen unter Beachtung der wirtschaftlichen Rahmenbedingungen schrittweise vorgehen können[8], außerdem wird klar gestellt, daß nicht jedes Produkt, bzw. Betriebsmittel bewertet werden muß.

14.3.3 Umweltprüfung

Die Umweltprüfung ist eine erste umfassende Prüfung der Umweltauswirkungen eines Unternehmens und der eventuell schon vorhandenen Elemente eines Umweltmanagementsystems.

Die EMAS-Verordnung schreibt eine solche Umweltprüfung als Einstieg eines Unternehmens in das Umweltmanagement am Standort vor, um so eine Grundlage für den Aufbau eines Umweltmanagements und das Umweltprogramm zu haben. In der ISO 14001 wird eine solche vorbereitende Untersuchung nur in den nicht zertifizierbaren Anleitungen vorgeschlagen, aber nur als sinnvoller Einstieg, nicht als verpflichtender Bestandteil des Umweltmanagementsystems. Die inhaltlichen Anforderungen an eine solche vorbereitende Umweltprüfung sind weitgehend deckungsgleich. Die Gliederung des Prüfungsaufbaus ist allerdings in der ISO 14001 klarer und praxisorientierter gestaltet als in der EMAS-Verordnung. Hier werden vier Themenkomplexe behandelt: die gesetzlichen Forderungen, die Ermittlung der bedeutenden Umweltaspekte, die Überprüfung vorhandener Umweltmanagement-Praktiken und die Bewertung der Erfahrungen aus vorhergegangenen umweltrelevanten Vorfällen. Als weiterer Punkt wird auf die Beachtung von Notfällen und abweichenden Betriebsbedingungen hingewiesen. Die ISO-Norm schwächt die Umweltprüfung dahingehend ab, daß sie der Organisation freistellt, zunächst nicht alle Tätigkeiten zu überprüfen, sondern nur eine Auswahl.

Festzuhalten ist, daß die EMAS-Verordnung durch die verbindliche Verpflichtung der Unternehmen zur Durchführung einer vorbereitenden Umweltprüfung weitergehende Anforderungen als die ISO-Norm stellt. Vor allem insofern, als daß sie eine Beurteilung der Umweltauswirkungen des Unternehmens fordert.

Allerdings erfordert eine Zertifizierung nach der ISO 14001 das Bestehen und Funktionieren des Umweltmanagementsystemes. Ein bestehendes Managementsystem wird dann angenommen, wenn es vor der Überprüfung durch den Auditor schon mindestens drei Monate funktioniert (Seidensticker, 1997). Hier ist die EMAS-Verordnung deutlich weniger streng und erlaubt ein Validierung auch schon, während das System erst im Aufbau befindlich ist.

---

[8] DIN EN ISO 14001:1996-10, Kap. 3.1 (Anmerkung).

14.3.4 Umweltpolitik

Die Umweltpolitik wird als die Unternehmensleitlinien oder -grundsätze bezüglich des Umgangs mit den Umweltauswirkungen der betrieblichen Tätigkeiten definiert (LfU Baden-Württemberg, 1994, S. 17). Beiden Normsystemen ist die Forderung nach der Festlegung einer Umweltpolitik durch die oberste Leitung des Unternehmens gemein. Ebenso ist in beiden Normenwerken die Verpflichtung enthalten, die Umweltpolitik öffentlich zugänglich zu machen. Die EMAS-Verordnung stellt allerdings sehr viel weitergehende Veröffentlichungszwänge mit der Auflage der Erstellung einer Umwelterklärung. Aus den Unterschieden in der Zielsetzung der Normenwerke ergeben sich verschiedenartige inhaltliche Schwerpunkte in den Anforderungen an die Umweltpolitik.

Die EMAS-Verordnung unterscheidet sich in grundlegender Weise von der ISO-Norm durch die sehr viel detaillierteren Anweisungen zur inhaltlichen Gestaltung der Umweltpolitik. Im Anhang I werden in Teil C die zu behandelnden Gesichtspunkte einzeln aufgeführt, z. B. Energiemanagement, Vermeidung von Abfällen, Produktplanung, etc., im Teil D werden die "Guten Managementpraktiken" aufgeführt, deren Einbau in die Umweltpolitik für die Unternehmen verpflichtend ist. Diese bilden einen recht engen Rahmen für die betriebliche Umweltpolitik. Bei der tatsächlichen Erfüllung dieser Grundsätze im Alltagsgeschehen, einem "Leben des Systems", sollten sie soweit als möglich eine Garantie für ein positives Umweltverhalten der Betriebe darstellen.

14.3.5 Kontinuierliche Verbesserung

Die EMAS-Verordnung gibt das klare Ziel einer kontinuierlichen Verbesserung der Umweltleistung vor[9] und ist so gemäß ihrer Zielvorgabe auf die Dynamisierung des Schutzes und Erhalts der Umwelt als primäres Ziel der Norm ausgerichtet.

Die ISO 14001 definiert jedoch "kontinuierliche Verbesserung" lediglich als Fortentwicklung des betrieblichen Umweltmanagements. Eine Steigerung der Umweltaktivitäten und -leistungen eines Unternehmens wird nicht explizit verlangt, sondern nur als Folgeerscheinung im Zuge einer solchen Verbesserung des Umweltmanagementsystems erwartet. Dies löste den scharfen Protest u. a. vieler Umweltschutzorganisationen aus. Sehr heftig wurde vermehrt die Meinung vertreten, daß damit die gesamte ISO Norm in Bezug auf ihre tatsächliche positive Wirkung auf die Umweltsituation des Unternehmens nurmehr eine Alibifunktion darstelle und nichts bewirke (Gleckmann, 1996). Nach der ISO 14001 Norm werde im Grunde nur die "ökologische Effizienz" im Sinne eines funktionierenden Umweltmanagementsystems zertifiziert, während die EMAS-Verordnung eine "ökologische Effektivität" im Sinne eines verbesserten Umweltschutzes zu errei-

---

[9] EMAS (1993), Art. 3, Abs. a; in der englischen Version deutlicher: "continuous improvement in the environmental performance of industrial activities".

chen versuche[10]. Die EMAS-Verordnung stelle sich damit mehr der Verantwortung des "sustainable development" gemäß der Agenda 21 (BMU, 1992, S. 9-14).

Dagegen ist zu halten, daß sich ja auch der ISO 14001 zertifizierte Betrieb im Rahmen seiner Umweltpolitik verpflichten muß, seine Umweltleistung stetig zu verbessern. Im Endeffekt muß das Unternehmen auch nach ISO 14001 den kontinuierlichen Verbesserungsprozess (KVP) auf seine realen Umweltauswirkungen beziehen. Dieser stark kontrovers diskutierte Unterschied der Normen ist letztendlich also eher eine Sache des Vertrauens in die Selbstverantwortung der Unternehmen und deren Erfüllung ihrer Umweltpolitik mit Taten.

14.3.6 Einhaltung der Gesetze und Richtlinien

Ein weiterer strittiger Punkt bei dem Vergleich der beiden Normen ist der Verpflichtungsgrad der Unternehmen zur Einhaltung der umweltrelevanten gesetzlichen Forderungen nach beiden Normsystemen. Im allgemeinen wird die EMAS als strenger anerkannt. Natürlich ist jede Unternehmung an die geltenden Gesetze gebunden. Allerdings ist es für die Unternehmung im Einzelfall in Anbetracht der Fülle von umweltspezifischen Vorschriften in den seltensten Fällen möglich, eine Garantie für die tatsächliche Erfüllung dieser Pflicht zu geben.

In der EMAS-Verordnung ist eine Verpflichtung zur Einhaltung aller einschlägigen Umweltvorschriften gefordert. Sie sieht im Rahmen der Kontrolle der Einhaltung der Umweltpolitik die Überprüfung der Einhaltung der gesetzlichen Anforderungen vor. Die ISO 14001 fordert nur eine Verpflichtung zur Einhaltung der relevanten gesetzlichen Umweltbestimmungen ein, in einem späteren Kapitel auch die Bewertung der Einhaltung der gesetzlichen Vorgaben ("compliance audit").

Hieraus ist erkennbar, daß die EMAS-Verordnung hinsichtlich der Anforderungen an den Erfüllungsgrad der gesetzlichen Vorgaben überinterpretiert wird. Auch dort ist nicht explizit die Einhaltung aller Gesetze gefordert, sondern nur eine Selbstverpflichtung der Unternehmen (Ulrici, 1995, S. 24f) mithin dasselbe, wenn nicht weniger, wie in der ISO 14001 Norm. Allerdings ist die EMAS-Verordnung deutlich schärfer in der Durchführung, weil bei Nichteinhaltung der Umweltvorschriften der Standort wieder aus dem Register der eingetragenen Teilnehmer am EMAS System gestrichen werden muß (in schwerwiegenden Fällen)[11]. Dies würde zu einem deutlichen, kontraproduktiven Imageverlust führen, gerade im äußerst umweltbewußten Deutschland. Auch ist in der EMAS-Verordnung, bzw. in dem deutschen Ausführungsgesetz (Umweltauditgesetz, UAG), ein Regelkreis der behördlichen Überprüfung der Einhaltung der Umweltvorschriften der Zertifizierung von Unternehmen vorgeschaltet, indem die zuständige Stelle (in Deutschland die IHK bzw. HWK) die Rechtserfüllung seitens der Unternehmen

---

[10] Begrifflichkeiten und Argumentation in Anlehnung an Dyllick, 1993.
[11] EMAS-Verordnung, Art. 8, IV & Art. 18, IV;
UAG (1995), § 34.

bei den Umweltbehörden nochmals abfragt. Im Endeffekt muß ein Unternehmen, welches am EMAS-Gemeinschaftssystem teilnimmt, nicht nur ein "compliance audit" durchführen und die Einhaltung der gesetzlichen Vorschriften bewerten, sondern tatsächlich unter Androhung von Sanktionen seitens des Normsystems die Gesetze einhalten. Durch den Regelkreis der Überprüfung der Vorschriftentreue der Unternehmen durch öffentliche Stellen ergibt sich bei der Eintragung des Standortes nach der EMAS-Verordnung gewissermaßen eine staatliche Kontrolle des unternehmensseitigen Umweltverhaltens. Beide Umweltmanagementstandards stellen somit auf eine Verpflichtung des Unternehmens zur Einhaltung aller einschlägigen Umweltvorschriften ab. Durch die eingebauten Regelkreise über die Genehmigungsstelle verstärkt die EMAS-Verordnung diese freiwillige, betriebsinterne Selbstverpflichtung der Unternehmen in der realen Praxis zu einem externen Zwang. In der ISO Norm wird dagegen an keiner Stelle die öffentliche Hand eingeschaltet, sondern die Verantwortung voll den Unternehmen übertragen.

Fraglich ist, inwieweit dieser Sachverhalt aufgrund der unterschiedlichen Gesetzesgrundlagen der Mitgliedsstaaten der EU nicht zu Wettbewerbsverzerrungen führen kann (Dyllick, 1995, S. 328). Hier ist eine klare Richtlinie gefordert und implizit auch eine Harmonisierung des europäischen Umweltrechts. Sehr umstritten ist im übrigen auch, wie die Umweltgutachter die Einhaltung aller einschlägigen Vorschriften verifizieren können (Ulrici, 1995, S. 25), bzw. inwieweit sie nur das Kontrollsystem der Firma zu überprüfen haben.

14.3.7 Zu verwendende Technologien

Unterschiedlich fallen die Anforderungen an die zu verwendende Technologie beim betrieblichen Umweltschutz aus. Die EMAS-Verordnung verlangt ausdrücklich im Verordnungstext die Anwendung der besten verfügbaren, wirtschaftlich vertretbaren Technologien (Economically viable best available technique, EVABAT). Die ISO 14001 ermutigt dagegen nur in der Einleitung die Unternehmen dazu, die besten verfügbaren, wirtschaftlich vertretbaren Technologien einzusetzen. Dies war auch einer der Punkte, die der Anerkennung der ISO 14001 im Rahmen des Art. 12 der EMAS-Verordnung als Basisnormenwerk entgegenstanden (Dyllick, 1995, S. 337). Ebenso ist die fehlende Verpflichtung zur Anwendung der neuesten Technologien einer der Kritikpunkte der Umweltverbände an der ISO 14001 (Ökologische Briefe, 1995/41).

14.3.8 Umweltziele und Umweltprogramme

Umweltziele werden als vom Unternehmen selbst bestimmte und möglichst quantifizierbare Leistungsvorgaben im Umweltbereich definiert. Die Verpflichtung zum Aufstellen von Umweltzielen ist in beiden Normen vorhanden. Die ISO 14001 unterscheidet dabei zwischen Umweltzielsetzungen als Zielvorgaben und konkreten Einzelzielen, die EMAS-Verordnung spricht nur von Umweltzielen.

Den Begriff Umweltprogramme definieren die betrachteten Normenwerke übereinstimmend als Beschreibung der Umweltziele und der für deren Erreichung erforderlichen Festsetzungen. Es sollen in den Umweltprogrammen die Maßnahmen und Fristen zur Erfüllung der Umweltziele festgelegt werden, ebenso die personellen und finanziellen Mittel sowie die Verantwortlichkeiten auf allen Unternehmensebenen.

Die EMAS-Verordnung fordert eine Zeitvorgabe zur Erfüllung der gesetzten Umweltziele und den Bezug auf die kontinuierliche Verbesserung der Umweltleistung des Unternehmens. Diese Fristsetzung fordert die ISO 14001 für die Erreichung der Umweltziele bei der Beschreibung der Umweltprogramme. Anders als die EMAS-Verordnung stellt die privatwirtschaftliche Norm ausdrücklich die Einbeziehung finanzieller und betrieblicher, operationaler Kriterien in die Umweltziele heraus. Von der organisatorischen Seite her sind die Anforderungen an die Umweltziele in beiden Normenwerken prinzipiell deckungsgleich.

Gemeinsam ist den Managementstandards die Forderung nach getrennten Programmen, bzw. Änderungen in den bestehenden Umweltprogrammen, bei neuen Entwicklungen, Produkten, Dienstleistungen, o.ä.. In der ISO 14001 fehlt der Bezug auf die Einarbeitung von Verfahren für Korrekturmaßnahmen in die Umweltprogramme. Weitergehend als die privatwirtschaftliche Norm ist die EMAS-Verordnung in der detaillierten Aufstellung der zu behandelnden Inhalte des Umweltprogramms (Anhang 1, Teil C), hier wird z. B. die Beurteilung der Umweltauswirkungen, die Behandlung des Energiemanagements, der Vermeidung von Abfällen, die Produktplanung und andere Bereiche des betrieblichen Operationsfeldes angesprochen. Insofern stellt die EMAS-Verordnung hier spezifischere Anforderungen an das Umweltprogramm eines Unternehmens als die ISO 14001. Erfüllt ein Umweltprogramm die Anforderungen der EMAS-Verordnung, so erfüllt es sicher auch die Anforderungen des anderen Normenwerkes.

14.3.9 Umweltmanagementsystem

Das Umweltmanagementsystem wird übereinstimmend als der Teil des gesamtem Managementsystems definiert, der sich mit der Entwicklung, Umsetzung und Aufrechterhaltung der Umweltpolitik befaßt, d.h. der Organisationsstruktur, den Verantwortlichkeiten, den Verfahrensabläufen, den Planungstätigkeiten usw. Einzelheiten zum Aufbau des Managementsystems werden in der EMAS-Verordnung im Anhang 1, Teil B, und in der ISO 14001 im Kapitel 4 erläutert. Abbildung 2 zeigt eine Ablaufskizze eines Managementzyklusses nach der EMAS-Verordnung.

278 Teil IV: Umweltmanagementsysteme: Vergleich und Ausblick

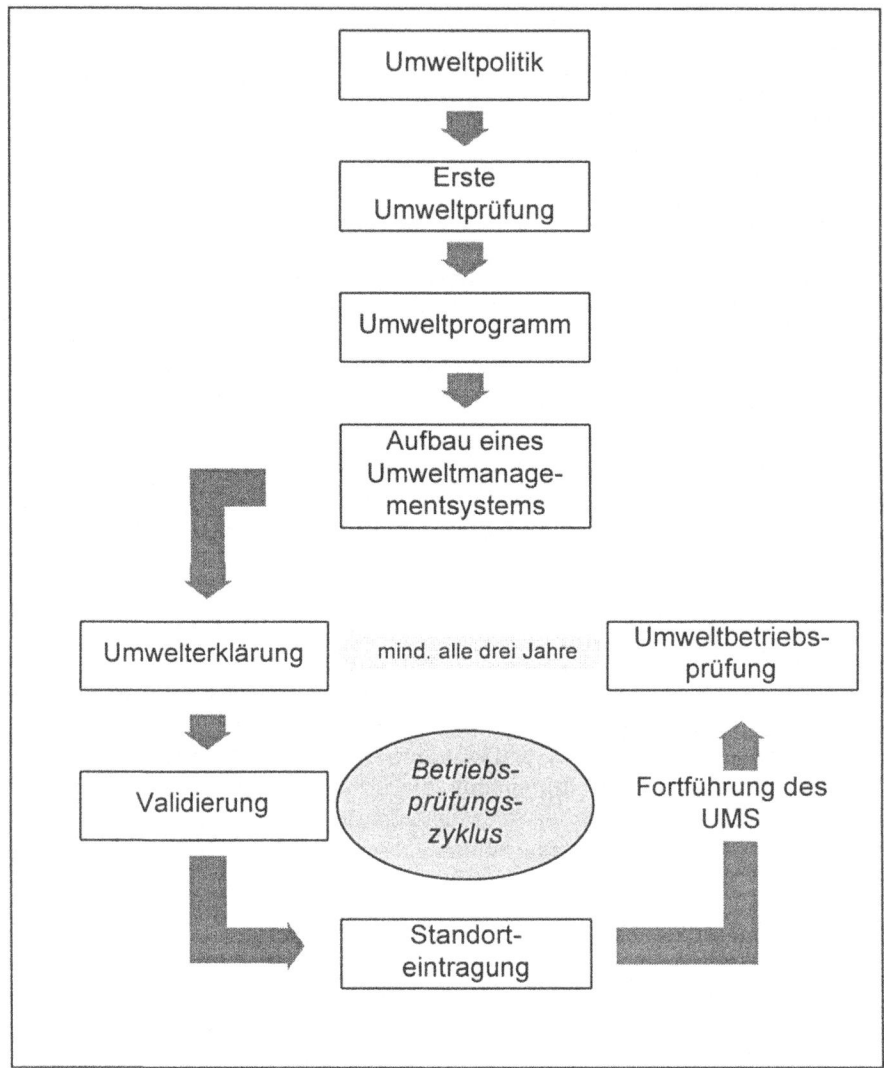

Abb. 2. Schritte zur Umsetzung der EMAS-Verordnung, Quelle: P. Thimme (1996)

Zusammenfassend läßt sich sagen, daß die Normen sich im organisatorischen Wesen des Managementsystems nur in wenigen Punkten unterscheiden. So sind in beiden Systemen die Elemente Umweltpolitik, Umweltziele und -programme vorhanden. Vor allem gleichen sich auch die formalen Strukturen der einzelnen Systeme: die Forderung zur Regelung der Verfahren und Verantwortlichkeiten, zur Dokumentation der umweltrelevanten Tätigkeiten, zum Aufstellen von Verzeichnissen der Umweltauswirkungen und gesetzlichen Anforderungen, zum

Aufbau eines Notfallmanagements, zur Einrichtung von Schulungen, etc.. Allerdings ist die ISO Norm zur Zeit in der praktischen Organisation des Umweltmanagements klarer gestaltet.

Diese Vergleichbarkeit begründet sich unter anderem in der Verflechtung des Entstehungsprozesses dieser Normenwerke. Sie kommt schon in einer frühen vergleichenden Beurteilung der Generaldirektion XI der EU (zuständig für Umweltfragen) deutlich zum Tragen: "Die ISO 14001 kommt bei einer guten Anwendung der EMAS-Verordnung sehr nahe" (Jasch, 1995, S. 7). Noch deutlicher wird dies im Entwurf der EU-Kommission für die Überarbeitung der EMAS-Norm. Hier ist angedacht, die betreffenden Passagen der ISO Norm 1:1 zu übernehmen (Kommission der Europäischen Gemeinschaften, 1997). Damit soll der große Vorteil der ISO Norm, die klarer und pragmatischer erfolgte Strukturierung der Managementanforderungen, für die Revision der europäischen Norm genutzt werden.

14.3.10 Umweltbetriebsprüfung

Eine internes Prüfungsprogramm (Auditprogramm) für das Umweltmanagementsystem ist ebenfalls in beiden Normenwerken vorgesehen. In diesen Audits soll regelmäßig überprüft werden, ob das Umweltmanagementsystem des Unternehmens die Vorgaben der Umweltpolitik und des Umweltprogramms erfüllt und inwieweit das Umweltmanagementsystem selber ordnungsgemäß umgesetzt und aufrechterhalten wird. An das Auditprogramm werden detaillierte Anforderungen bezüglich des Zeitplanes, der Durchführungsbestimmungen und der Dokumentation des Audits gestellt.

Der große Unterschied der EMAS-Verordnung zu dem Wirtschaftsstandard ist der, daß sie nicht nur eine Überprüfung des Umweltmanagementsystems fordert, sondern auch eine Überprüfung aller Umweltaspekte eines Unternehmens. Die Umweltbetriebsprüfungen nach der EMAS-Verordnung gehen also deutlich mehr ins Detail als die Audits nach ISO 14001. Es wird hier nicht nur die Durchführung eines "system audit", sondern einer Überprüfung der Umweltleistung der Betriebe ("compliance audit" im weitesten Sinn, bzw. „performance audit") gefordert.

Die ISO 14001 fordert eine anschließende Bewertung des Auditergebnisses durch die oberste Leitung des Unternehmens ("management review"), um das gesamte Umweltmanagementsystem, insbesondere die Umweltprogramme und Umweltziele, immer wieder von neuem zu beurteilen. Eine solche Bewertung wird auch in EMAS-Verordnung in Anhang II impliziert.

Die Umweltbetriebsprüfung kann von internen oder externen Auditoren durchgeführt werden, das Ergebnis ist aber in jedem Falle eine betriebsinterne Angelegenheit. In diesem Schritt unterscheidet sich die Normenwerke nicht.

14.3.11 Umwelterklärung

Der größte Unterschied der EMAS-Verordnung zur privatwirtschaftlichen Umweltmanagementnorm liegt in der in Artikel 5 erhobenen Forderung nach einer öffentlichen Umwelterklärung. Die EMAS-Verordnung schreibt eine solche für die Öffentlichkeit geschriebene Beurteilung der Umweltauswirkungen des Unternehmens, eine Darstellung der Umweltpolitik und der Umweltprogramme, vor allem aber eine jährliche[12] Zusammenfassung aller Zahlenangaben über umweltrelevante Aspekte der Unternehmenstätigkeit vor (z. B. über Schadstoffemisssionen, Abfallaufkommen, Rohstoffverbrauch). Die ISO 14001 fordert nur die öffentliche Zugänglichkeit der Umweltpolitik. Zwar werden auch Verfahren für die Kommunikation mit interessierten Kreisen über die bedeutenden Umweltaspekte der Unternehmen eingefordert, in keinem Falle aber fordert sie von den Unternehmen, daß sie Datenmaterial an die Öffentlichkeit geben.

Mit der Forderung nach einer Umwelterklärung gibt die EMAS-Verordnung der Öffentlichkeit die Möglichkeit zur Kontrolle des unternehmensseitigen Umweltverhaltens, und zwingt somit auch die Unternehmen zu einem weitgreifenden, vorbeugenden Umweltschutz. So wird das Umweltmanagementsystem - nach den Vorgaben der EMAS-Verordnung - zu einem "Instrument staatlich und öffentlich überwachter Selbstkontrolle der Unternehmen" (Dyllick, 1995, S. 302). Dies krankt allerdings an dem bisher sehr geringen Interesse der nicht aus beruflichen Gründen interessierten Öffentlichkeit (Nissen et al., 1997). Die Rolle des "public stakeholders" nehmen hier aber vor allem auch Umweltverbände ein, zum Beispiel mit den umstrittenen Rankings der Umwelterklärungen (z. B. durch das Öko-Institut (Blick durch die Wirtschaft, 1997a)).

Ein besonderer Weg diese Schwäche des ISO Systems auszugleichen wurde in Dänemark beschritten: hier ist es für eine bestimmte Kategorie potentiell umweltverschmutzender Wirtschaftszweige gesetzlich vorgeschrieben, jährlich eine Umweltbilanz zu veröffentlichen - eine Umwelterklärung auf dem "command and control" Weg (Thimme, 1996a; UNCTAD, 1996, S. 71).

14.3.12 Validierung bzw. Zertifizierung

Die Funktion des Umweltgutachters ist eine Berufsschöpfung durch die EMAS-Verordnung. Durch den öffentlich-rechtlich legitimierten Umweltgutachter erfolgt im EMAS-System eine externe, unabhängige Kontrolle des Umweltmanagementsystems eines Unternehmens. Erst nachdem der Umweltgutachter die Umwelterklärung des Unternehmens für gültig erklärt hat (Validierung), kann das Unternehmen zur Teilnahme am EMAS-System zugelassen werden. Über den oben dargestellten Regelkreis der Überprüfung der Vorschriftentreue der Unternehmen durch die zuständige Stelle ergibt sich bei der Eintragung des Standortes

---

[12] EMAS (1993), Art. 5, Abs. 5, mit einer Ausnahmeregelung in Art. 5, Abs. 6, für kleine und mittlere Unternehmen.

nach der EMAS-Verordnung eine staatliche Kontrolle des unternehmensseitigen Umweltverhaltens. Eine weitere Rückversicherung der Erfüllung der Zielvorgaben aus dem Umweltmanagementsystems durch die Unternehmen wird spätestens durch die nach jeweils drei Jahren erfolgende Nachauditierung gegeben.

Die ISO 14001 selber kennt den Begriff des Gutachters nicht. Die Zertifizierung der Umweltmanagementsysteme erfolgt durch die von den Normungsgesellschaften benannten Stellen, in Deutschland durch die von der Trägergemeinschaft für Akkreditierung (TGA) zugelassenen Zertifizierungsgesellschaften nach den Vorschriften der ISO Normen 14010 und 14011. Die Sicherung der international gleichwertigen Qualität und Methodik der Zertifizierung wird durch die stete Beaufsichtigung der Zertifizierungsgesellschaften über die Akkreditierer gewährleistet. Diese wiederum befinden sich im Rahmen der International Accreditation Forum (IAF) und z. B. der European Cooperation for Accreditation (EA) in einem stetigen Prozess der gegenseitigen Evaluierung, um eine weltweite Vergleichbarkeit der Zertifizierungen zu gewährleisten (Wloka, 1997, S. 2). Die Zertifikate sind maximal für 5 Jahre gültig und Überwachungsaudits in bestimmten Abständen (meist jährlich) vorgeschrieben. Auch wenn im Normalfall[13] öffentliche Stellen in den Prozeß der Zertifizierung nicht involviert werden, ist doch eine recht große Sicherheit gegeben, daß die Zertifizierung nach der ISO 14001 ein belastbares Ergebnis bietet.

14.4 Ausblick

Für die Zukunft ist eines deutlich: die EMAS-Verordnung in ihrer heutigen Form ist in vielen Belangen nicht mit der Lebenswirklichkeit der Industrieunternehmen in Einklang zu bringen. Insbesondere die Abgrenzung des Standortes ist in vielen Fällen mit größeren Schwierigkeiten verbunden. Bei der Überarbeitung der EMAS-Norm sollte sich die europäische Kommission auch das Schlagwort der „leistbaren Verantwortung" stärker vor Augen halten. Die Unternehmen können trotz bestem Willen nur in einem wirtschaftlich und technisch begrenztem Maße eine Teilverantwortung für die Umweltleistung der Gesellschaft auf freiwilliger Basis übernehmen. Das EMAS-System darf nicht überlastet werden mit Wunschvorstellungen von Umweltpolitikern, sondern sollte eine praktikable Möglichkeit zur stärkeren Berücksichtigung der Umweltauswirkungen unternehmerischen Tätigseins bieten.

Mit großer Aufmerksamkeit wird also die weitergehende Entwicklung der Normierung des Umweltmanagements verfolgt werden müssen. Obwohl sich heute noch einige deutliche Unterschiede in den Normenwerken erkennen lassen, so ist doch klar erkennbar, daß sich die Managementkonzepte zukünftig immer stärker angleichen werden. Insbesondere bei den Auditierungen verwischen sich

---

[13] Einige Normungsgesellschaften befinden sich in staatlicher Trägerschaft, ebenso einige der Akkreditierungsgesellschaften.

die Unterschiede schon jetzt immer stärker (VDMA, 1998, S. 72). Dies liegt auch im pragmatischen Interesse der Wirtschaft insgesamt, da ein Nebeneinander von zwei Normen zur selben Thematik nur für große Verwirrung sorgt. Heute spielt in der Diskussion eine viel größere Rolle, wie das Umweltmanagement-Konzept in das Gesamtmanagement einer Firma integriert werden kann. Die gewinnbringende und sinnvolle Einbindung der Umwelt-, Qualitäts- und Arbeitssicherheitsmanagementkonzepte in ein einheitliches Gesamtmanagement des Unternehmens ist das heute aktuelle und weitaus dringender zu behandelndere Thema. Nichtsdestotrotz bleibt eine Betrachtung der Unterschiede der bestehenden Normenwerke hilfreich zum Verständnis des Konzeptes von Umweltmanagement und damit für die Entwicklung der zukünftigen Strukturen.

Zu beachten ist im Zusammenhang des Normenvergleichs auch die Argumentation, daß die ISO 14001 als internationale Regel im Zuge des GATT-Abkommens (General agreement on Trade and Tariffs, das Ende 1995, durch die World Trade Organisation (WTO) ersetzt wurde) Anwendung finden könnte. Im Rahmen dieser Vereinbarung können Mitgliedsstaaten Regelungen anfechten, die von ihnen als Handelsbarrieren angesehen werden, wenn sie über international übliche Richtlinien hinaus gehen. Damit könnte auch die in manchen Dingen anspruchsvollere EMAS-Norm von Nicht-EU-Staaten als Handelshemmnis angefochten werden, da sie weitergehende Anforderungen stellt als die von der WTO anerkannte internationale ISO Norm (Benchmark, 1995, S. 2).

Literatur

Baumann, R. (1995): Ökologieorientierte Unternehmensplanung in mittelständischen Unternehmen. Fortschritt-Berichte VDI, VDI Verlag, Düsseldorf.

Benchmark Environmental Consulting European Environment Bureau (1995): ISO 14001: An uncommon perspective - Five public policy questions for proponents of the ISO 14001 series. European Environment Bureau, Brüssel.

Bentlage, J. und Steib, A.M. (1997): Dienstleistungsindustrie: Problemstellung Standort. Umwelt, Bd. 27, Nr. 6, S. 71 ff.

Blick durch die Wirtschaft (1997): Der Kompromiß zum Öko-Audit-Verfahren scheint tragfähig. Blick durch die Wirtschaft, 19.05.1997.

Blick durch die Wirtschaft (1997a): Völliger Verzicht auf Trichloethylen bis Ende 1997 geplant. Blick durch die Wirtschaft, 08.01.1997.

British Standard BS 7750 : 1994 (BS 7750:1994): Übersetzung durch BSI Language Services. London.

Bund - Bundesregierung (1995): Gesetz zur Ausführung der Verordnung (EWG) 1836/93 des Rates vom 29.06.1993 über die freiwillige Beteiligung gewerblicher Unternehmen an einem Gemeinschaftssystem für das Umweltmanagement und die Umweltbetriebsprüfung (Umweltauditgesetz - UAG), 07.12.1995, BGBl., Teil 1, S. 1591ff.

Bund - Bundesregierung (1998): Verordnung nach dem Umweltauditgesetz über die Erweiterung des Gemeinschaftssystems für das Umweltmanagement und die Umweltbetriebsprüfung auf weitere Bereiche. BGBl I, S. 338 vom 09.02.1988.

BMU - Bundesumweltministerium (1992): Bericht der Bundesregierung über die Konferenz der Vereinten Nationen für Umwelt und Entwicklung im Juni 1992 in Rio de Janeiro. BT-Drucksache 12/3380, Bonn.
BMU/UBA - Bundesumweltministerium, Umweltbundesamt (1995): Handbuch Umweltcontrolling. Verlag Franz Vahlen, München.
Bundesumweltministerium (o. J.): Umweltpolitik - Konferenz der Vereinten Nationen und Entwicklung im Juni 1992 in Rio de Janeiro - Agenda 21., Bonn.
DIN EN ISO 14001:1996-10: Umweltmanagementsysteme - Spezifikationen und Leitlinien zur Anwendung. Deutsches Institut für Normung (DIN), Berlin.
Dyllick, T. (1993): Ökologie und Qualitätsmanagement: Gemeinsamkeiten und Unterschiede. Bulletin der Schweizerischen Arbeitsgemeinschaft für Qualitätsförderung (SAQ), Heft 6, S. 9-14.
Dyllick. T. (1995): Die EU-Verordnung zum Umweltmanagement und zur Umweltbetriebsprüfung (EMAS-Verordnung) im Vergleich mit der geplanten ISO-Norm 14001. Eine Beurteilung aus Sicht der Managementlehre. In: Zeitschrift für Umweltpolitik und Umweltrecht (ZfU), Heft 3, S. 299-339.
El-Tawil, A. (1996): ISO 14000 - the impact on developing countries. Green Business Opportunities, Vol. 2, Issue 4, Oct.-Dec. 1996.
Farragher, J. (1997): EU-Kommission, anläßlich der Konferenz der europäischen Registrierungsstellen, Bonn, 23.10. 1997.
Fichter, K. (1993): Umweltmanagementstandards: der BS 7750. In: Informationsdienst des Instituts für ökologische Wirtschaftsförderung, Heft3/4, S. 15, Wien.
Friebel, M. (1997): Welchen Nutzen hat Umweltmanagement für Dienstleister? In: Mitteilungen der IHK Frankfurt a. M., Nr. 6, Juni 1997.
Gleckmann, H. (1996): Promising much but delivering little: ISO 14001 should not be part of government regulaiton procurements. ISO 14001 Update, Business and the Environment 1-6, April.
Hirche, W. (1998): Aktuelle Entwicklungen im Bereich des Umweltmanagements für Banken. Umwelt - Eine Information des Bundesumweltministeriums, Nr. 1.
IHK (1997): ISO 14001 als Basis für das Öko-Audit anerkannt. In: Mitteilungen der Industrie- und Handelskammer Frankfurt a. M.. Nr. 6, 15.06.1997.
ICC - Internationale Handelskammer (1991): Charta für eine langfristig tragfähige Entwicklung - Grundsätze des Umweltmanagements. International Chamber of Commerce, Paris.
ISO/DIS 14001: 1995: Umweltmanagementsysteme - Spezifikationen und Leitlinien zur Anwendung (Entwurf). Deutsches Institut für Normung (DIN), Berlin.
Jasch, C. (1995): Protokoll der CEN Sitzung in London. IÖW & VÖW Informationsdienst, 3:7, Wien.
Ketteler, J. (1994): Instrumente des Umweltrechts. In: Juristische Schulung (JuS), Heft 10, S. 828-832.
Koch, A. (1994): Stand der Normungsarbeiten von Umweltmanagementsystemen. In; Umweltwirtschaftsforum (UWF), Heft 6, S. 37-43.
Kommission der Europäischen Gemeinschaften (1992): Für eine dauerhafte und umweltgerechte Entwicklung (Teil II). KOM (92) 23 endg., Vol. II, 1992, Brüssel.
Kommisssion der Europäischen Gemeinschaft (1997): Draft of a new EMAS Regulation. Brüssel, 10.10.1997.
Kudert, S. (1990): Der Stellenwert des Umweltschutzes im Zielsystem einer Betriebswirtschaft. In: Das Wirtschaftsstudium (WISU) Heft 10, S. 569-575.

Landesanstalt für Umweltschutz Baden-Württemberg (1994): Umweltorientierte Unternehmensführung in kleinen und mittleren Unternehmen und in Handwerksbetrieben - ein Praxisleitfaden. Präzis-Druck GmbH, Karlsruhe.

Lieback. J.U., Schmallenbach, J. und Binetti, J.C. (1997): EG-Öko-Audit und Umweltmanagementsysteme in der Praxis. In: Umwelt. Bd. 27, Nr. 1/2, Jan./Feb. 1997, S. 68 f.

Meffert, H. und Kirchgeorg, M. (1993): Marktorientiertes Umweltmanagement. Schäffer Poeschel Verlag, Stuttgart.

Myska, M. (1995a): Aktueller Stand der Normung. In: Myska, M. (Hrsg.): Der TÜV-Umweltmanagement-Berater - Wegweiser zur Zertifizierung. Verlag TÜV Rheinland, Köln, Kapitel Kap. 03004.

Myska, M. (1995): Gesetzesentwurf für die Umsetzung der EG-VO in deutsches Recht liegt vor. In: Myska, M. (Hrsg.): Der TÜV-Umweltmanagement-Berater - Wegweiser zur Zertifizierung. Verlag TÜV Rheinland, Köln, Kapitel 03003.

Nissen, U., Pape, J., Vollmer, S. und Kreiner-Cordes, G. (1997): Der Regelungsauftrag zur Unterrichtung der Oeffentlichkeit ueber die EG-Oeko-Audit-Verordnung. Studie der AG Umwelterklaerung des Doktoranden-Netzwerkes Oeko-Audit e.V.

Ökologische Briefe (1995/36): Anspruchsvolle Prüfungen für deutsche Umweltgutachter. 36, Öko-Test-Verlag GmbH, Frankfurt.

Ökologische Briefe (1995/38): Auch für Dienstleister attraktiv. Öko-Test-Verlag GmbH, Frankfurt.

Ökologische Briefe (1995/41): ISO-Norm 14001: praxisnah, aber unverbindlich. Öko-Test-Verlag GmbH, Frankfurt.

Ökologische Briefe (1996/5): Deutsche Betriebe bei Zertifizierung vorn. Öko-Test-Verlag GmbH, Frankfurt.

Peglau, R. und Schulz. W. (1993): Ein Blick nach vorn. Umwelt und Energie - Handbuch für die betriebliche Praxis, 6, Berlin.

Petrick, K. und Eggert, R. (1994): Synthese von Qualitätsmanagement und Umweltmanagement. In: Umweltwirtschaftsforum (UWF) Heft 6, S. 44-46.

Rat der Europäischen Gemeinschaften (1993): Verordnung 1836/93 des Rates über die freiwillige Beteiligung gewerblicher Unternehmen an einem Gemeinschaftssystem für das Umweltmanagement und die Umweltprüfung. In: Amtsblatt der Europäischen Gemeinschaften, Nr. L 168, 10.07.1993, S. 1-18.

Rat der Europäischen Gemeinschaften (1993a): Gemeinschaftsprogramm für Umweltpolitik und Maßnahmen im Hinblick auf eine dauerhafte und umweltgerechte Entwicklung. Amtsblatt der Europäischen Gemeinschaften Nr. C 138, 17.05.1993, Brüssel.

Schneider, T.F. (1995): Umweltmanagementsysteme nach British Standard 7750. In: Myska, M. (Hrsg.): Der TÜV-Umweltmanagement-Berater - Wegweiser zur Zertifizierung. Verlag TÜV Rheinland, Köln.

Seidensticker, A. (1997): Verbindungsmöglichkeiten von ISO 14001 und EMAS in der Praxis. Vortrag auf der UGA-Veranstaltung "Öko-Audit und ISO 14001 - Chance oder Scheideweg", 10.06.1997, Bonn.

Smith, D. (1995): Vorteile und Hemmnisse bei der Teilnahme am Ökoaudit. In: Myska, M. (Hrsg.): Der TÜV-Umweltmanagement-Berater - Wegweiser zur Zertifizierung. Verlag TÜV Rheinland, Köln, Kap. 03006.

Thimme, P. (1996): Anforderungen an ein betriebliches Umweltmanagementsystem. Umsetzung ausgewählter Anforderungen an ein Umweltmanagementsystem in einem Musterbetrieb. Abschlußarbeit an der RWTH Aachen.

Thimme P (1996a), ISO 14001 and EMAS. RECIEL, Vol. 5, Issue 3, 1996, Cambridge

Thimme, P. (1997): Die Öko-Audit-Verordnung aus der Sicht der Indsutrie- und Handelskammern. In: Ellringmann, H., Schmihing, C. und Chrobok, R. (Hrsg.): "Umweltschutz-Management". Luchterhand Verlag, Erg.-Lfg. 10/Nov. 1997, Kap. I-5.3.3.

Ulrici, W. (1995): Gravierende Fehlinterpretation der Öko-Audit-Verordnung. Umwelt-Magazin, Vogel Verlag, Würzburg.

UNCTAD - United Nations Conference on Trade and Development Commodities Division (1996): ISO 14001: International environmental management systems standards - Five key questions for developing country officials (Draft for comments). United Nations, Geneva.

VDMA (1998): Umweltmanagementsystem - ein wirksames Werkzeug für den Maschinenbau? Maschinenbau Nachrichten, 1:71.

Wagner, G.R. (1997): Zur Konzeption der betriebswirtschaftlichen Umweltökonomie. Signale der WHU Koblenz: 11. Jhrg.: Nr. 2/1997.

Waskow, S. (1994): Betriebliches Umweltmanagement - Anforderungen nach der Audit Verordnung der EG. Heidelberg.

Wloka, M. (1997): IAF. DAR-Aktuell - Akkreditierung, Zertifizierung, Prüfung, Nr. 2/97, April 1997.

15 Erste Erfahrungen mit der Anwendung der DIN ISO 14.001 — eine empirische Untersuchung

Gabriele Poltermann[1]

Seit September 1996 können sich Unternehmen nach der ISO 14001, der Norm für das Umweltmanagement, zertifizieren lassen. Bis zum Juni 1997 haben bereits 164 Betriebe in Deutschland von dieser Möglichkeit Gebrauch gemacht. In einer Studie wurden die ersten Eindrücke und Erfahrungen jener Unternehmen bilanziert.

15.1 Die Studie

Die Norm „ISO 14001 - Umweltmanagementsysteme" verfolgt das Ziel den Umweltschutz und die Verhütung von Umweltbelastungen zu fördern (vgl. ISO 14001 1996). Dies soll durch die Einführung und die kontinuierliche Verbesserung eines Umweltmanagementsystems erfolgen.

Dies bedeutet für das Unternehmen, daß folgende Arbeitsschritte und Leistungen erbracht werden müssen:

- Festlegung einer Umweltpolitik,
- Planung des Umweltmanagementsystems,
- Implementierung des Umweltmanagementsystems,
- Durchführung von Kontroll- und Korrekturmaßnahmen und
- Bewertung des Umweltmanagementsystems durch die oberste Leitung.

Sind diese Arbeitsschritte erfolgt, können sich die Betriebe von einer akkreditierten Zertifizierungsstelle (z. B. TÜV oder DEKRA) zertifizieren lassen.

Ziel der Studie war es, die allgemeinen Erfahrungen der Unternehmen bei und nach der Einführung der ISO 14001 auszuwerten sowie die Instrumente und Methoden, die von den Firmen zur Unterstützung eingesetzt wurden, zu ermitteln. Dazu wurden alle deutsche Unternehmen, die bis zum Juni 1997 das ISO 14001-Zertifikat erhalten hatten, um die Teilnahme an einer Umfrage gebeten. Daher wurden die von der TGA akkreditierten Zertifizierungsstellen angeschrieben, um die Anzahl bisher ausgestellter Zertifikate festzustellen. Es konnten 164 Unter-

---

[1] Unter Mitarbeit von Dipl.-Kfm. Sonja Berret, IER, Veielbrunnenweg 14, 70372 Stuttgart.

nehmen ermittelt werden, die ein solches Zertifikat besitzen. Abweichungen von dieser Zahl sind dadurch möglich, daß auch akkreditierte Zertifizierungsstellen aus dem Ausland Zertifikate in Deutschland ausstellen können.

Für die *schriftliche Befragung* wurde ein strukturierter vierseitiger *Fragebogen* erstellt, welcher sich in sieben Blöcke gliedert. Der Aufbau kann Tabelle 1 entnommen werden.

Tabelle 1. Aufbau des Fragebogens

Bereich	Fragestellung
A. Allgemeine Betriebsdaten	1. Branche
	2. Mitarbeiterzahl
	3. Jahresumsatz
B. Gründe für die Zertifizierung	1. Gründe und deren Bedeutung
C. Unterstützung	1. Quellen zur Informationsbeschaffung
	2. Art der EDV-technischen Unterstützung
D. Instrumente / Methoden	1. Einsatz und Beurteilung verschiedener Instrumente/Methoden
	a. Analyse/Planungsmethoden
	b. Bewertungsmethoden
	c. Kontrollmethoden
	d. Dokumentationsmethoden
	e. Kommunikationsmethoden
E. Aufwand / Nutzen	1. Beteiligung externer Berater
	2. interner Personalaufwand
	3. Kostenanfall bis zur erstmaligen Zertifizierung
	4. geschätzter jährlicher Kostenanfall
	5. Investitionen in Sachanlagen ausgelöst durch Zertifizierung
	6. kostenmäßige Einsparungen
	7. mengenmäßige Einsparungen
F. Bewertung	1. Beurteilung von Verbesserungen/Erleichterungen
	2. Beurteilung der ISO 14001 unter verschiedenen Gesichtspunkten
	3. Vergleichende Beurteilung von ISO 14001 und Öko-Audit
G. Sonstiges	1. Beurteilung einer Verknüpfung von Qualitäts- und Umweltmanagement
	2. tatsächliche Verknüpfung von Qualitäts- und Umweltmanagement
	3. Raum für Anregungen und Kritik

Die Strukturierung des Fragebogens lehnt sich bezüglich der Systematisierung der Instrumente sowie der verschiedenen Gesichtspunkte, hinsichtlich derer die ISO 14001 beurteilt werden sollte, an die in den vorhergehenden Kapiteln getroffene Untergliederung an.

Nach Ermittlung der Adressen wurde allen 164 nach ISO 14001 zertifizierten Unternehmen am 15. August 1997 ein Fragebogen zugesandt. Die Rücksendung konnte auf postalischen Weg oder per Fax erfolgen. Die Antworten wurden anonym erfaßt, der Rücklauf konnte jedoch anhand der abtrennbaren Datendeckblätter, welche Firmenname und Adresse enthalten, kontrolliert werden.

15.2 Auswertung der Daten

Von den 164 ausgegebenen Fragebögen ergab sich ein Rücklauf von 75 Fragebögen. Das entspricht einer Rücklaufquote von knapp 46%.

15.2.1 Allgemeine Betriebsdaten

Die Erfassung allgemeiner Betriebsdaten diente dazu, die Unternehmen bezüglich ihrer Branche, ihrer Mitarbeiterzahl und ihrem Jahresumsatz untergliedern zu können. Die branchenbezogene Verteilung der Grundgesamtheit, d. h. aller 164 deutschen Unternehmen, die ein ISO 14001-Zertifikat besitzen, kann Abbildung 1 entnommen werden.

Die bislang größte Beteiligung ist in der Elektro-/Optikbranche zu verzeichnen (21% der ausgestellten Zertifikate). Auch im Ernährungs- sowie im Abfall-/Entsorgungssektor stieß eine Zertifizierung nach ISO 14001 auf großes Interesse (jeweils 13%). Darauf folgen die Maschinen- und Fahrzeugbauindustrie (11%) sowie Chemiebetriebe (10%). Unternehmen, welche von einer Teilnahme am Öko-Audit ausgeschlossen sind (Handels- und Dienstleistungsbetriebe) stellen insgesamt 7% der Zertifikatsinhaber.

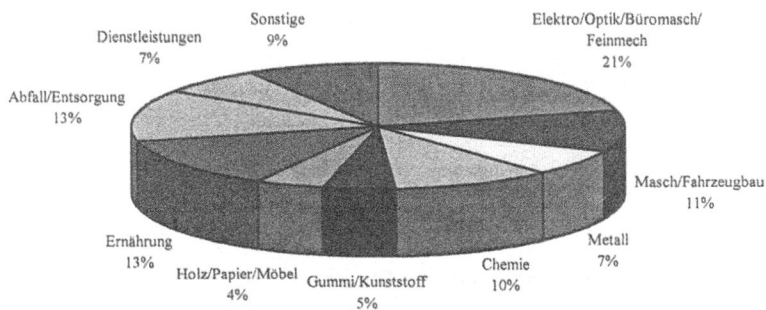

Abb. 1. Branchenbezogene Verteilung der Grundgesamtheit

Vergleicht man die branchenbezogene Verteilung des Rücklaufs (Abb. 2) mit jener der Grundgesamtheit, so erkennt man bei den meisten Branchen eine weitgehende Gleichverteilung. Nur zwei Bereiche fallen durch größere Abweichungen auf; der Rücklauf aus der Ernährungsbranche war überproportional groß, der

Bereich Abfall / Entsorgung hingegen beteiligte sich unterproportional an der Befragung.

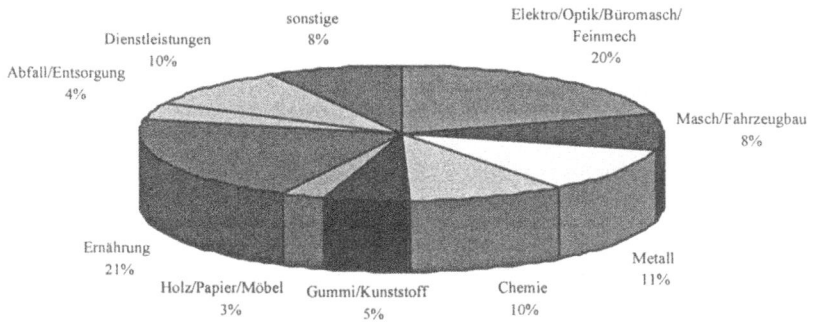

Abb. 2. Branchenbezogene Verteilung des Rücklaufs

Um Erkenntnisse über die Größe der Unternehmen zu gewinnen, die sich an einer Zertifizierung nach ISO 14001 beteiligen, wurde sowohl nach der Mitarbeiterzahl wie auch nach dem Jahresumsatz der Unternehmen gefragt.

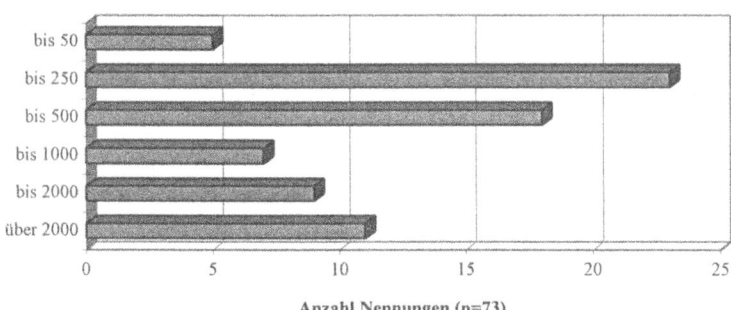

Abb. 3. Absolute Verteilung der Mitarbeiterzahl

Die Verteilung der Unternehmen nach der Mitarbeiterzahl ist in Abb. 3 dargestellt. Es wird deutlich, daß kleine Unternehmen mit bis zu 50 Mitarbeitern am schwächsten vertreten sind. Der größte Anteil der Antworten (31%) kam aus Betrieben mit zwischen 51 und 250 Mitarbeitern. Insgesamt machen Betriebe mit einer Mitarbeiterzahl von bis zu 500 einen Anteil von 63% der zertifizierten Unternehmen aus. Faßt man die Betriebe mit über 500 Angestellten zusammen, so repräsentieren diese einen Anteil von etwa 37%. Der Anteil, den jene Unternehmen statistisch gesehen an der Gesamtzahl der bestehenden Betriebe in der Bundesrepublik Deutschland ausmachen, liegt nach Angaben des Statistischen Bundesamtes bei 0,16%. Hieraus wird deutlich, daß sich Unternehmen mit einer Beschäftigtenzahl von über 500 Mitarbeitern im Verhältnis zu ihrem Gesamtanteil überproportional vertreten sind. Die Anzahl der Unternehmen mit weniger als 500 Angestellten hingegen beträgt zwar rund zwei Drittel der Zertifikatsinhaber, bezogen auf die relative Häufigkeit dieser Unternehmensgröße ist die Beteiligung aber gering. Insgesamt beteiligten sich vor allem mittlere und größere Unternehmen an der Einführung des Umweltmanagementsystems gemäß ISO 14001.

Betrachtet man die Angaben bezüglich des Jahresumsatzes, so erhält man das in Abb. 4 dargestellte Ergebnis. Nur fünf der Unternehmen, die auf diese Frage antworteten (9%) erwirtschafteten einen Umsatz von unter 10 Mio. DM. Nicht ganz die Hälfte (44%) der Betriebe konnte einen Jahresumsatz von über 200 Mio. DM aufweisen. Auch bei dieser Betrachtung zeigt sich die Tendenz, daß sich vornehmlich mittlere und größere Unternehmen ab einem jährlichen Umsatz von 10 Mio. DM an einer Zertifizierung beteiligen.

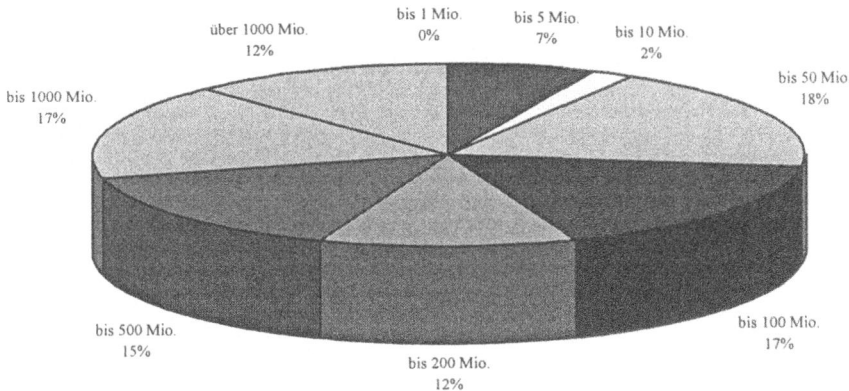

Abb. 4. Verteilung des Jahresumsatzes

Die Kategorisierung in kleine, mittlere und große Unternehmen ist Tabelle 2 zu entnehmen.

Tabelle 2. Definition der Unternehmensgröße

	Mitarbeiterzahl	Jahresumsatz (in Mio. DM)
kleines Unternehmen	bis 50	bis 10
mittleres Unternehmen	51 bis 500	über 10 bis 200
großes Unternehmen	über 500	über 200

292   Teil IV: Umweltmanagementsysteme: Vergleich und Ausblick

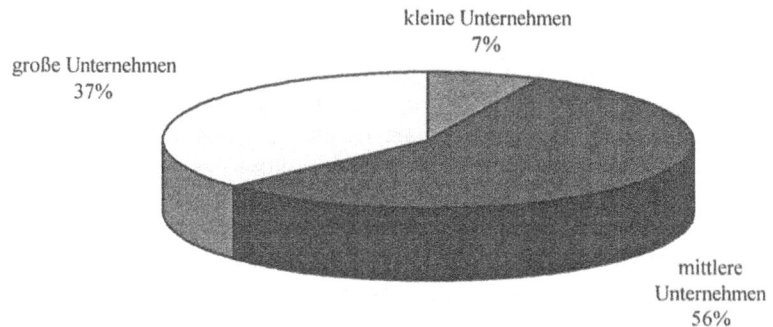

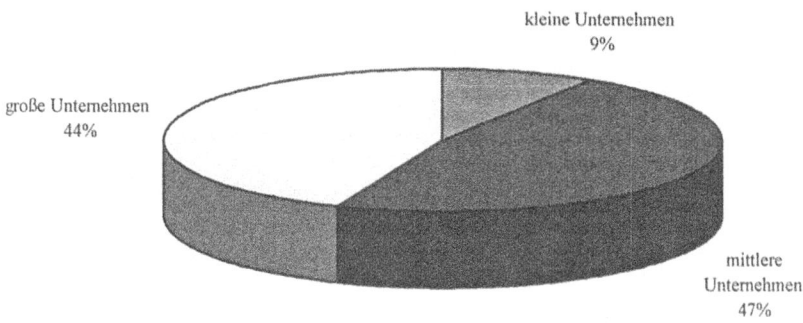

Abb. 5. Beteiligung nach festgelegten Kategorien der Unternehmensgröße

Entsprechend dieser Systematisierung gehören bezogen auf die Mitarbeiterzahl 7% der Unternehmen zu den Klein-, 56% zu den Mittel- und 37% zu den Großbetrieben (Abb. 5). Wird als Kriterium zur Größenklassenbildung der Jahresumsatz herangezogen, ergibt sich ein etwas abweichendes Bild. Dies liegt zum einen an der im allgemeinen starken Branchenabhängigkeit des Jahresumsatzes; zum anderen antworteten auf diese Frage nur eine geringere Anzahl der Unternehmen.

15.2.2. Gründe für die Zertifizierung

Die Unternehmensvertreter wurden um Auskunft über die Gründe gebeten, die sie dazu veranlaßten, sich gemäß ISO 14001 zertifizieren zu lassen. Gleichzeitig sollten sie die Bedeutung dieser Aspekte aus ihrer Sicht beurteilen. Als Vorauswahl wurden verschiedene Gründe vorgegeben, die auf einer fünfstufigen Skala zwischen „wichtig" und „unwichtig" einzustufen waren. Von den vorgegebenen Aspekten konnte eine beliebige Anzahl ausgewählt werden. Ebenfalls bestand die Möglichkeit, unter der Antwort „sonstige" weitere Gründe hinzuzufügen, wovon jedoch kaum Gebrauch gemacht wurde. Abb. 6 zeigt die Bedeutung der einzelnen Aspekte (Skala: 5=wichtig, 1=unwichtig). Die Durchschnittswerte wurden ermittelt, indem die genannten Werte aufsummiert und durch die Anzahl der Antworten geteilt wurden.

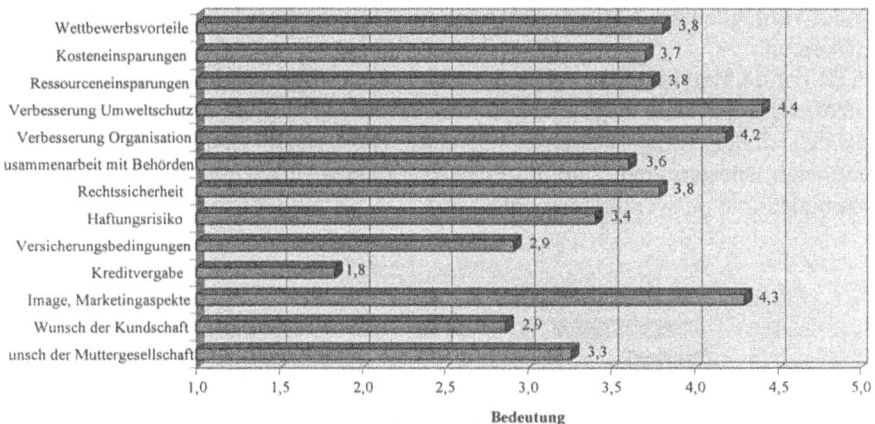

Abb. 6. Gründe für die Zertifizierung und deren Bedeutung

Der Hauptgrund, der die Unternehmen dazu veranlaßte, sich einer Zertifizierung gemäß ISO 14001 zu unterziehen, liegt den Angaben zufolge in dem Bestreben, den betrieblichen Umweltschutz zu verbessern (Durchschnittswert: 4,4). Daneben spielen Image und Marketingaspekte eine wesentliche Bedeutung (4,3) sowie der Wunsch, auf eine Verbesserung der Organisation im Umweltbereich hinzuwirken (4,2). Neben der Hoffnung auf Wettbewerbsvorteile (3,8) sowie eine Einsparung von Kosten (3,8) und anderen Ressourcen (3,7) besteht auch der Wunsch, durch die Zertifizierung eine höhere Rechtssicherheit (3,8) erreichen zu können. Ein relativ unbedeutendes Motiv stellt die eventuelle Verbesserung der Versicherungsbedingungen dar (2,9). Ebenso wird der Wunsch der Kunden (2,9) nicht als ausschlaggebender Grund für eine Zertifizierung betrachtet. Wenn man jedoch Parallelen zu der Verbreitung der ISO 9000ff zieht, die als Qualitätsnorm inzwischen vielfach als Voraussetzung für eine geschäftliche Beziehung zu einem Abnehmer gilt, so ist durchaus möglich, daß sich im Laufe der Zeit die Bedeutung dieses Aspektes noch erhöht. Mit weitem Abstand spielt die Kreditvergabe (1,8) die geringste Rolle für den Aufbau eines Umweltmanagementsystems.

15.2.3 Unterstützung

Die Fragen von Block C sollten einen Einblick in die Art der genutzten Unterstützungen im Rahmen der Zertifizierung ermöglichen. Dabei ging es zunächst darum zu erfassen, ob bzw. welche Quellen oder Institutionen zur Informationsbeschaffung herangezogen wurden. Von den 73 Unternehmen, die auf diese Frage antworteten, gaben nur fünf (d. h. 7%) an, keine der aufgeführten Möglichkeit der Informationsbeschaffung genutzt zu haben. Die übrigen kreuzten eine oder mehrere der vorgegebenen Antwortkategorien an. Das Ergebnis kann Abb. 7 entnommen werden.

57% der 68 Unternehmen gaben an, mehr als eine der genannten Informationsbeschaffungsmöglichkeiten zu nutzen. Der überwiegende Teil der Betriebe (69%) bediente sich der Hilfe von externen Beratern. Diese relativ große Anzahl externer Beratungen läßt vermuten, daß die Einführung eines Umweltmanagementsystems als komplex und aufwendig betrachtet wird.

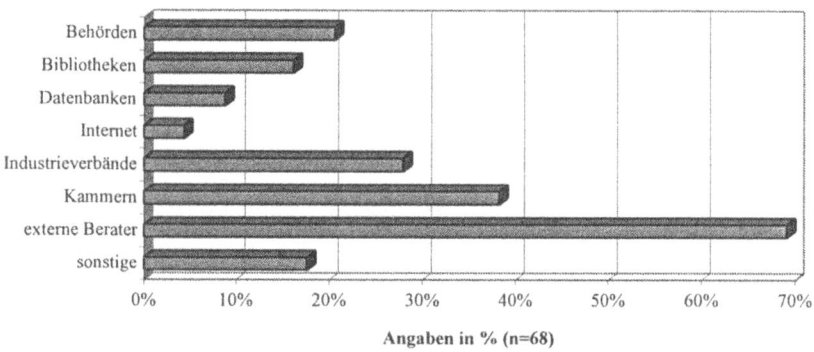

Abb. 7. Genutzte Quellen zur Informationsbeschaffung

Neben externen Beratern wurden auch Kammern (38%) und Industrieverbände (28%) häufig zur Beschaffung notwendiger Informationen herangezogen. Weniger genutzt hingegen wurden neue (elektronische) Medien wie Datenbanken (9%) oder das Internet (4%). Alle drei Unternehmen, die Recherchen im Internet durchführten, gehören zu den mittleren Betrieben mit zwischen 51 und 250 Mitarbeitern. Bei der Antwortmöglichkeit „sonstige" Informationsquellen wurden z. B. die Muttergesellschaft bzw. der Konzern, Universitäten oder Fachliteratur genannt.

Auf die Frage nach der EDV-technischen Unterstützung antworteten nur vier (5%), daß sie die Einführung ihres Umweltmanagementsystems ohne den Einsatz derartiger Hilfsmittel durchgeführt hätten. Der überwiegende Teil (95% bzw. 69 der 73 Unternehmen) gab jedoch an, eine solche Unterstützung in Anspruch genommen zu haben.

Es zeigt sich, daß 97% der Unternehmen auf Standardsoftware zurückgreifen (Abb. 8; Mehrfachnennungen waren möglich). Diese Software ist im allgemeinen im Unternehmen vorhanden und verursacht daher keine zusätzlichen Kosten. 35%

der EDV-unterstützten Unternehmen setzen Systeme zur Dokumentenverwaltung (wie z. B. für Umwelthandbücher) ein. Weniger häufig dagegen finden sich Systeme, die Checklisten oder Fragebögen beinhalten oder zum Management umweltrelevanter Teilbereiche (z. B. Abfall, Abwasser) dienen (jeweils 28%). Nur selten werden betriebliche Umweltinformationssysteme oder Systeme zur Öko-Bilanzierung verwendet. Ein Grund dafür liegt darin, daß solche Systeme einen hohen Einführungs- und Pflegeaufwand bedeuten.

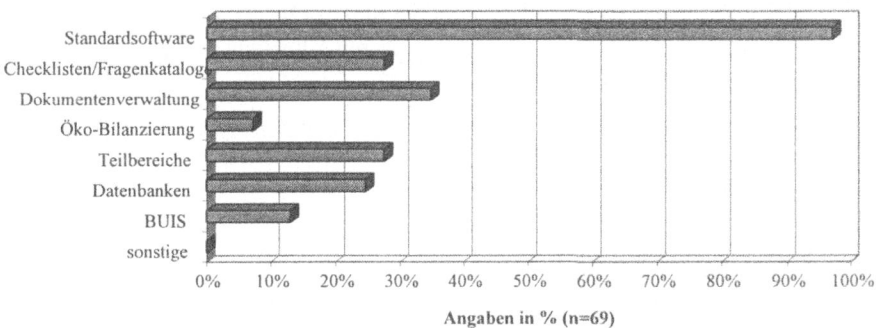

Abb. 8. EDV-technische Unterstützung

Betrachtet man den Einsatz der Systeme zum Management umweltrelevanter Teilbereiche (Abb. 9), so wird ersichtlich, daß diese am häufigsten in den Bereichen Abfall und Gefahrstoffe verwendet werden (16 von 19 Nennungen, d. h. 84%; Mehrfachnennungen waren möglich).

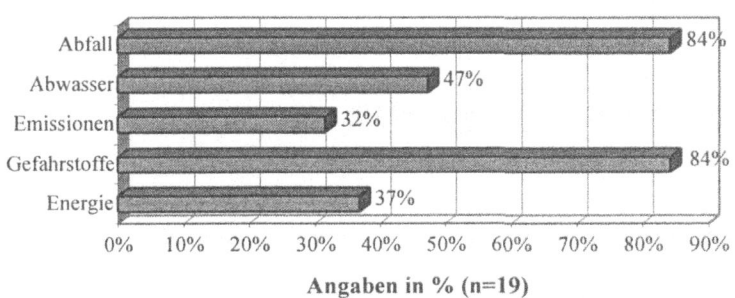

Abb. 9. Verwendung von Systemen zum Management umweltrelevanter Teilbereiche

Allerdings dürfte der Einsatz dieser Systeme stark von der Tätigkeit des Unternehmens am Standort abhängen, sodaß keine allgemeinen Schlußfolgerungen gezogen werden können. Auffallend ist auch, daß die 19 Unternehmen, welche derartige Systeme einsetzen im allgemeinen nicht nur einen der genannten Teilbereiche nutzen, sondern mehrere (Vier der Betriebe geben an, Systeme für alle fünf Teilbereiche zu verwenden).

15.2.4 Instrumente/Methoden

Ferner befaßte sich der Fragebogen mit verschiedenen Instrumenten und Methoden, die im Rahmen des Umweltmanagements eingesetzt werden können. Zum einen wurde gefragt, welche Instrumente/Methoden die Unternehmen bei der Einführung des Umweltmanagementsystems nach ISO 14001 eingesetzt haben bzw. welche noch immer verwendet werden. Desweiteren sollten die Unternehmensvertreter die verschiedenen Instrumente unabhängig davon, ob sie eingesetzt werden oder nicht, beurteilen. Dazu stand eine fünfstufige Skala von sinnvoll (=5) bis nicht sinnvoll (=1) zur Verfügung. Zur besseren Übersicht wurden die Methoden in mehrere Gruppen untergliedert:

- Analyse/Planungsmethoden,
- Bewertungsmethoden,
- Kontrollmethoden,
- Dokumentationsmethoden und
- Kommunikationsmethoden.

Die Darstellung des Einsatzes bzw. Nicht-Einsatzes von Instrumenten erfolgt in % des Rücklaufs (bezieht sich somit auf 73 Fragebögen). Ergänzen sich die Prozentangaben nicht zu 100%, so haben nicht alle Unternehmen diese Frage beantwortet.

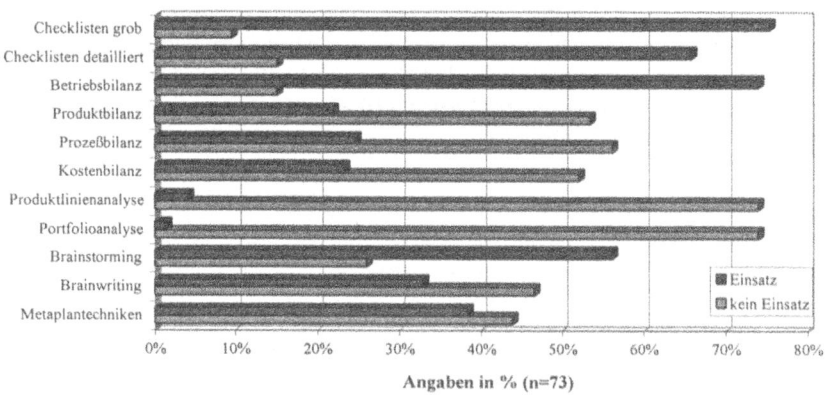

Abb. 10. Übersicht über den Einsatz von Analyse/Planungsmethoden

Die Verwendung der *Analyse/Planungsmethoden* ist Abb. 10 zu entnehmen. Von den vorgeschlagenen Instrumenten zu diesem Bereich wurden bzw. werden vor allem Checklisten (75% bzw. 66%) und Betriebsbilanzen (74%) eingesetzt. Auch das Brainstorming findet bei vielen Betrieben Verwendung (56%). Dagegen gaben nur wenige Unternehmen an, eine Produktlinienanalyse oder eine Portfolioanalyse durchgeführt zu haben. Auch Prozeß-, Produkt- und Kostenbilanzen werden von nur ca. 25% der Betriebe eingesetzt. Möglicherweise hängt dies mit dem großen Aufwand zusammen, der beim Einsatz dieser Instrumente notwendig ist.

Die Beurteilung der Analyse- und Planungsmethoden ergab die in Abb. 11 aufgeführten Durchschnittswerte. Es wird erkenntlich, daß die Instrumente, welche sehr häufig eingesetzt werden, auch sehr gut bewertet werden. Umgekehrt werden Instrumente, deren Verwendung eher selten vorzufinden ist, auch entsprechend schlechter beurteilt. Dies ist jedoch nachvollziehbar, da kaum ein Unternehmen eine Methode einsetzen würde, die es nicht für sinnvoll hielte. Eine mögliche Erklärung speziell für das schlechte Abscheiden der Portfolioanalyse könnte in deren strategischem Charakter liegen. So kann sie die Einführung eines Umweltmanagementsystems nicht direkt unterstützen, vielmehr liefert sie eher Anhaltspunkte für die umweltstrategische Entwicklung eines Unternehmens.

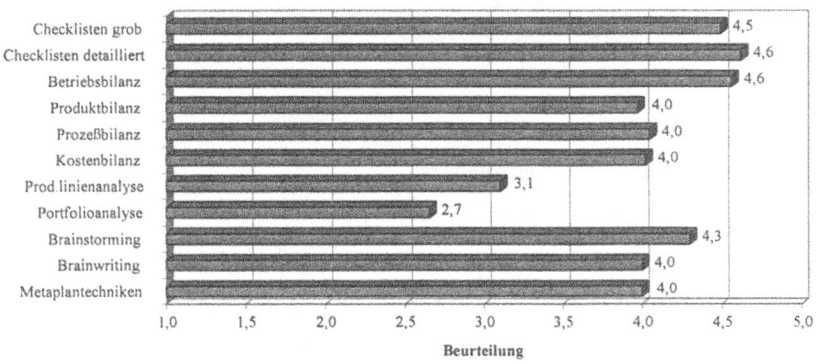

Abb. 11. Beurteilung der Analyse/Planungsmethoden

Bezüglich des Einsatzes und der Beurteilung verschiedener *Bewertungsmethoden* geben Abb. 12 und Abb. 13 einen Überblick.

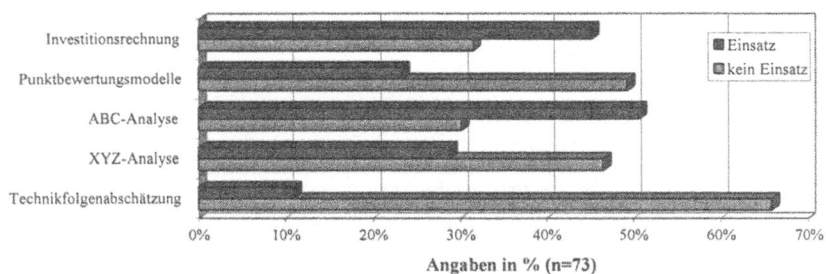

Abb. 12. Übersicht über den Einsatz von Bewertungsmethoden

Nur bei den Methoden ABC-Analyse und Investitionsrechnung liegt die Zahl der Unternehmen, die eine Verwendung bestätigen über jenen, die diese Instrument nicht einsetzen (51% bzw. 45%). Bei den restlichen Methoden überwiegt die Anzahl der Betriebe, die das entsprechende Instrument nicht angewendet haben. Besonders deutlich ausgeprägt findet sich diese Aussage bei der Technikfolgenabschätzung, die aber immerhin von acht Unternehmen (11%) durchgeführt wird. Betrachtet man die absolute Zahl der Betriebe, die Instrumente zur Bewertung einsetzen, so stellt man fest, daß im Vergleich zu den anderen Methodengruppen die Bewertungsmethoden in einem viel geringeren Umfang verwendet werden.

Auch bei der Beurteilung der Bewertungsmethoden zeigt sich die Tendenz, daß die Instrumente am besten abschneiden, welche am häufigsten eingesetzt werden.

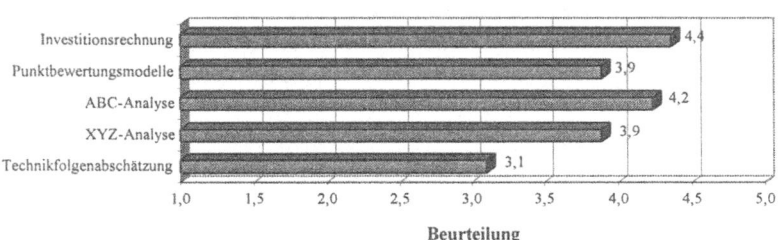

Abb. 13. Beurteilung der Bewertungsmethoden

Die Ergebnisse, die sich nach Auswertung der Aussagen zu den *Kontrollmethoden* ergaben, sind in Abb. 14 und Abb. 15 abgebildet.

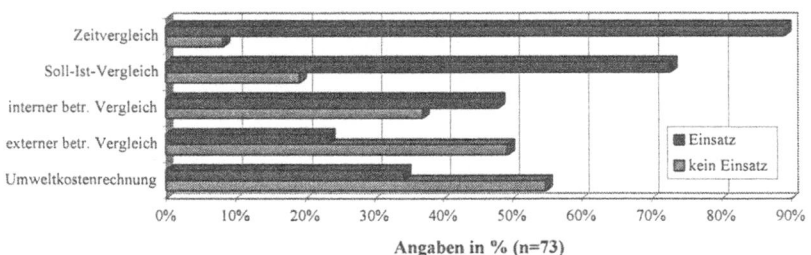

Abb. 14. Übersicht über den Einsatz von Kontrollmethoden

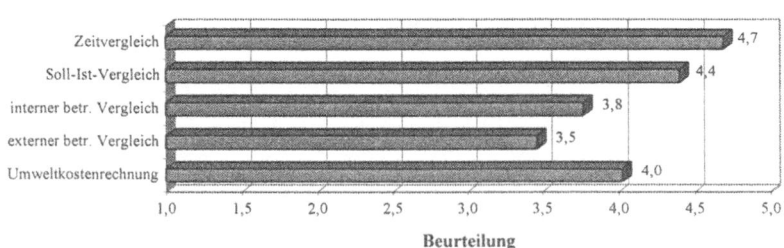

Abb. 15. Beurteilung der Kontrollmethoden

Bei den verschiedenen Möglichkeiten des Kennzahleneinsatzes zeigt sich ein sehr differenziertes Bild. Während Zeitvergleiche und Soll-Ist-Vergleiche recht häufig durchgeführt werden (89% bzw. 73%), beschränkt sich der Einsatz von Kennzahlen für innerbetriebliche Vergleiche auf 48%. Besonders Vergleiche mit anderen Betrieben finden kaum statt (23%). Auch die Verwendung der Umweltkostenrechnung ist im Vergleich zu den zuvor genannten Kontrollinstrumenten noch relativ wenig verbreitet (34%), wird jedoch als sinnvoll (Durchschnittswert: 4,0) betrachtet. Für die anderen Methoden ergibt sich wiederum eine Beurteilung, die sich stark am tatsächlichen Einsatz der Instrumente orientiert (d. h. je öfter ein Instrument eingesetzt wird, um so besser wird es bewertet).

Beim Überblick über die *Dokumentationsmethoden* zeigt sich, daß die meisten Instrumente sehr häufig verwendet werden (Abb. 16).

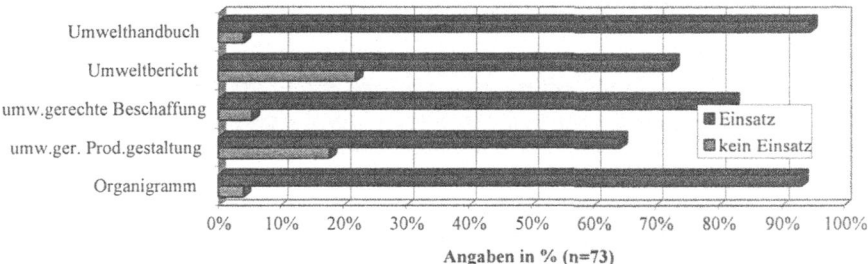

Abb. 16. Übersicht über den Einsatz von Dokumentationsmethoden

Fast alle der antwortenden Unternehmen haben Umwelthandbücher erarbeitet (95%) und verwenden zur Darstellung von Organisationsstrukturen im Umweltbereich Organigramme (93%). 82% bzw. 64% der Betriebe geben an, Leitlinien für die umweltgerechte Beschaffung bzw. Produktgestaltung anzuwenden. 73% der Unternehmen haben einen Umweltbericht veröffentlicht. Von den Betrieben, die ausschließlich das ISO 14001-Zertifikat besitzen, haben nur 44% einen Umweltbericht erstellt; betrachtet man die Unternehmen, welche sich sowohl an der ISO 14001 als auch am Öko-Audit beteiligt haben, so ergibt sich ein Anteil von 93%.

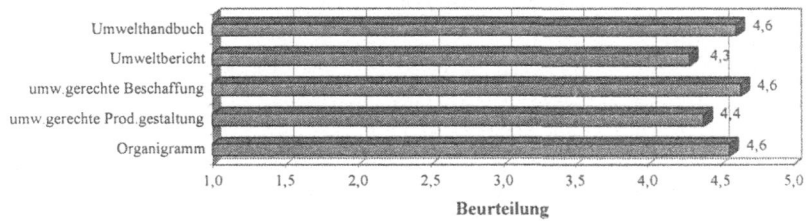

Abb. 17. Beurteilung der Dokumentationsmethoden

Insgesamt wurden die vorgegeben Dokumentationsmethoden sehr positiv beurteilt. Alle Durchschnittswerte lagen über 4,0. Umwelthandbuch, Organigramm und Richtlinien für die umweltgerechte Beschaffung schnitten mit einem Wert von jeweils 4,6 am besten ab.

Von den aufgezählten *Kommunikationsinstrumenten* werden die meisten in der Praxis genutzt (Abb. 18).

Schulungen stellen ein häufig eingesetztes Instrumentarium dar, sei es auf alle Mitarbeiter bezogen (86%) oder auf Führungskräfte (84%) bzw. umweltrelevante Bereiche (74%) beschränkt. Die Bildung verschiedener Zielgruppen dient dazu, die Mitarbeiter entsprechend ihres spezifische Schulungsbedarfs einzuordnen und auf diese Weise gezielter vorgehen zu können. Auch das Schwarze bzw. Grüne Brett wird von vielen Betrieben als Kommunikationsweg eingesetzt (82%), ebenso wie das betriebliche Vorschlagswesen (72%) und speziell auf Umweltaspekte bezogene Informationsveranstaltungen (66%).

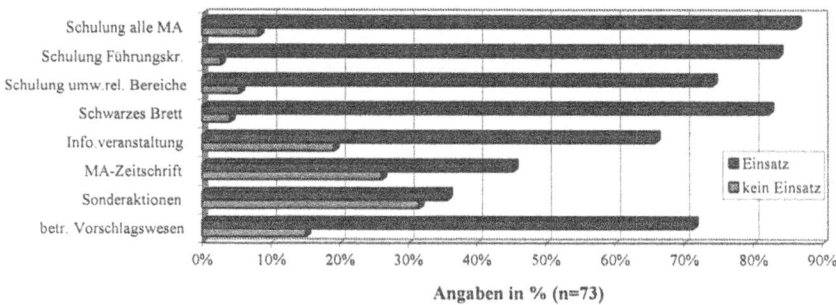

Abb. 18. Übersicht über den Einsatz von Kommunikationsmethoden

Die Kommunikationsmethoden wurden zumeist als sinnvoll beurteilt. Keiner der Durchschnittswerte lag unter 4,0. Als besonders zweckmäßig wurden Schulungen eingeschätzt (4,8 bzw. 4,7). Das schlechteste Resultat ergab sich für die Berichte in der Mitarbeiterzeitschrift (4,0).

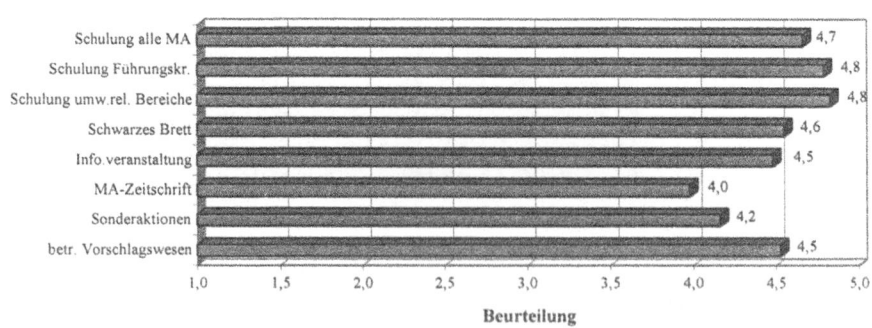

Abb. 19. Beurteilung der Kommunikationsmethoden

15.2.5 Aufwand/Nutzen

Der Fragenkomplex E soll Aussagen über den zeitlichen sowie kosten- und mengenmäßigen Aufwand und Nutzen der Einführung eines Umweltmanagementsystems zulassen.

Zunächst wurde um Auskunft über den Umfang der Beteiligung externer Berater beim Aufbau des Umweltmanagementsystems gebeten. Dabei ging es darum zu erfahren, inwieweit die Unternehmen selbst bei der Einführung mitarbeiten. Auf einer fünfstufigen Skala mußten die Betriebe den Anteil des Aufwands externer Berater beurteilen (5=vollständige Beteiligung externer Berater, 1=überhaupt keine Beteiligung externer Berater). 24% der Unternehmen gaben an, bei der Einführung des Umweltmanagementsystems überhaupt keine Hilfe externer Berater in Anspruch genommen zu haben. Dagegen führten bei acht Betrieben (11%) die Berater die Zertifizierung vollständig durch. Bei weiteren 21% der Unternehmen wirkten externe Berater in einem geringen, bei 28% in einem mittleren und bei 15% in einem großen Umfang mit. Insgesamt ist das eigene Engagement der Unternehmen als eher groß anzusehen (Abb. 20).

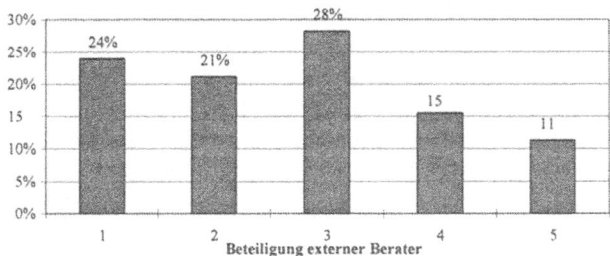

Abb. 20. Beteiligung externer Berater

Der interne Personalaufwand wurde bei 68 % der Unternehmen auf bis zu ein MJ geschätzt. Insgesamt 32% der Betriebe nahmen einen zeitlichen Aufwand von über einem MJ an, davon waren 13% sogar der Ansicht, eine Zeit von über zwei MJ benötigt zu haben (Abb. 21).

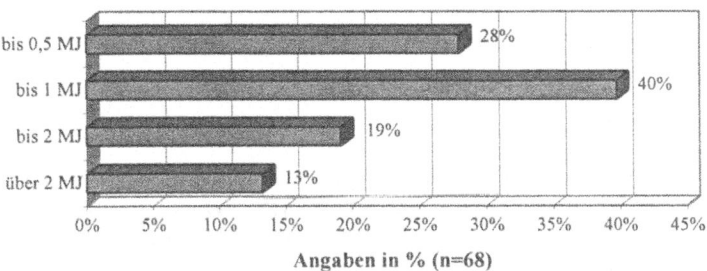

Abb. 21. Interner Personalaufwand

302 Teil IV: Umweltmanagementsysteme: Vergleich und Ausblick

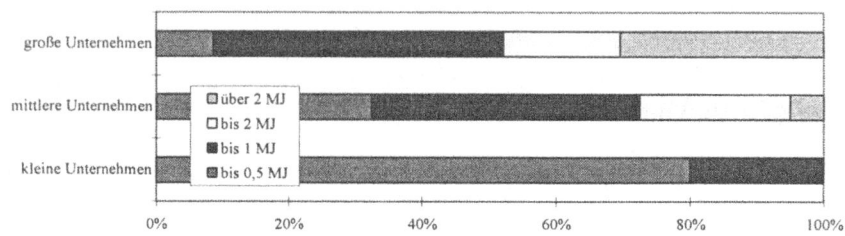

Abb. 22. Zusammenhang zwischen Unternehmensgröße und internem Personalaufwand

Ein abnehmender interner Personalaufwand bei zunehmender externer Beratung konnte nicht festgestellt werden. Mit zunehmender Unternehmensgröße stieg im allgemeinen jedoch der zeitliche Personalaufwand. Es zeigte sich, daß Unternehmen mit einer geringeren Mitarbeiterzahl tendenziell einen geringeren Personalaufwand verzeichneten (Abb. 22). Dasselbe Ergebnis erhält man, wenn man den Zusammenhang zwischen internem Personalaufwand und Jahresumsatz betrachtet. Auch hier läßt sich die Tendenz erkennen, daß Unternehmen mit einem höheren Jahresumsatz einen größeren Anteil interner Personalressourcen für die Einführung des Umweltmanagementsystems eingesetzt haben. Aufgrund der geringen Anzahl bisher zertifizierter Unternehmen kann dies jedoch nur als Tendenz und nicht als verallgemeinerbare Aussage verstanden werden.

Ferner wurden die Unternehmensvertreter gebeten, die Kosten, die bis zur ersten Zertifizierung gemäß ISO 14001 insgesamt anfallen, d. h. Kosten für Vorbereitung, Durchführung, Beratung etc., zu schätzen. Dazu wurden sechs Kostenkategorien vorgegeben (Abb. 23).

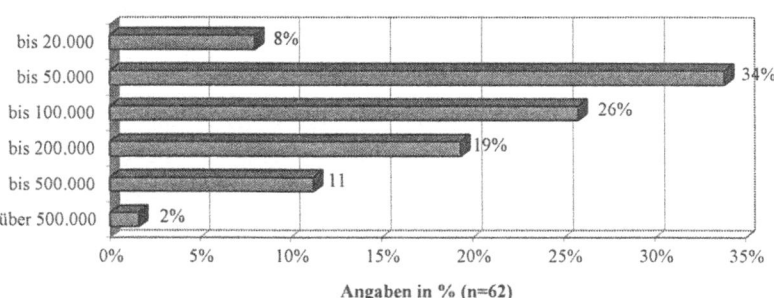

Abb. 23. Kosten in DM für die erstmalige Zertifizierung

Rund ein Drittel der auf diese Frage antwortenden Unternehmen (34%) schätzten die Kosten auf zwischen 20.000 und 50.000 DM. Weitere 26% der Unternehmensvertreter hielten einen Betrag von zwischen 50.000 und 100.000 DM für realistisch und insgesamt 32% gaben an, daß Kosten in Höhe von über 100.000 DM angefallen waren; davon verwies ein Unternehmen sogar auf Kosten von über 500.000 DM. Auch bei dieser Frage wurde ein möglicher Zusammenhang zwischen der Größe des Unternehmens und den Kosten für die Zertifizierung untersucht. Es zeigte sich, daß bei kleineren Unternehmen tendenziell geringere Kosten anfielen als bei größeren (Abb. 24). Davon gab es jedoch auch Ausnahmen (z. B. bezifferte eines der Unternehmen mit über 2000 Mitarbeitern die Zertifizierungskosten auf eine Höhe von bis zu 20.000 DM). Die Betrachtung der Beziehung zwischen angefallenen Kosten und Jahresumsatz ergab einen vergleichbaren Zusammenhang.

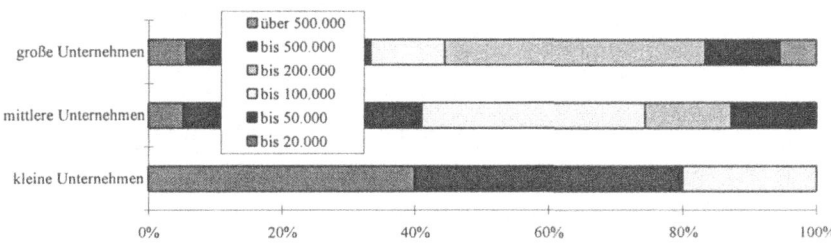

Abb. 24. Zusammenhang zwischen Unternehmensgröße und Kosten in DM bei erstmaliger Zertifizierung

Abb. 25 zeigt die geschätzten, ab jetzt jährlich anfallenden Kosten, die durch den Aufbau des Umweltmanagementsystems verursacht werden.

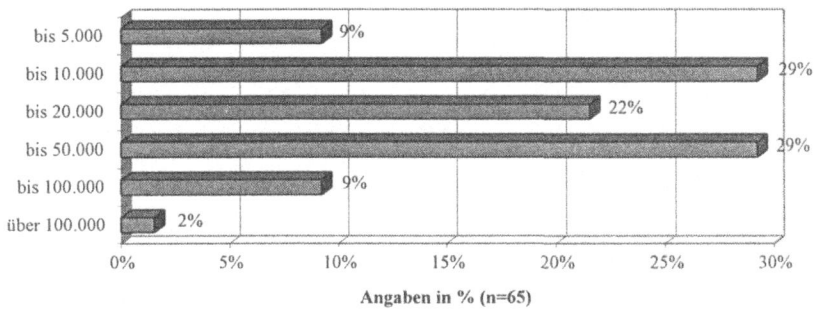

Abb. 25. Laufender jährlicher Kostenanfall in DM

9% der Betriebe kalkulieren mit einem Aufwand von jährlich bis zu 5.000 DM. Mit einem Kostenanfall von zwischen 5.000 und 10.000 DM rechnen 29% der Unternehmen. Außerdem schätzen 22% die jährlichen Kosten auf 10.000 bis 20.000 DM und weitere 29% der Unternehmen auf 20.000 bis 50.000 DM. Immerhin 11% der Betriebe veranschlagen die laufenden Kosten auf über 50.000 DM pro Jahr. Unternehmen mit einer geringeren Beschäftigtenzahl schätzten die laufenden Kosten tendenziell geringer ein als größere Unternehmen (Abb. 26). Lediglich die Verteilung der Betriebe mit einer Größe von zwischen 1000 und 2000 Angestellten fiel aus diesem Rahmen. Die meisten Unternehmen dieser

Kategorie schätzten die jährlich anfallenden Kosten als relativ gering ein (zwischen 5.000 und 10.000 DM).

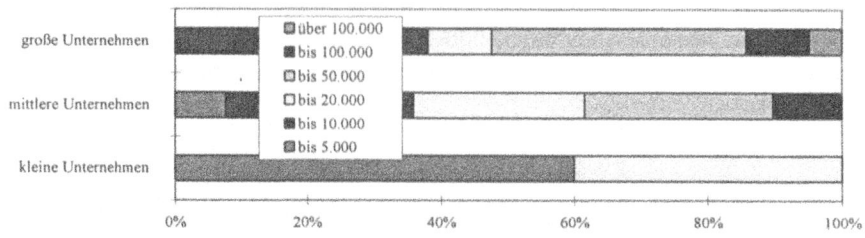

Abb. 26. Zusammenhang zwischen Unternehmensgröße und jährlichen Kosten

Bei 24% (bzw. 16 von 66) der Betriebe wurden durch die Zertifizierung keine spezifischen Investitionen in Sachanlagen ausgelöst. Die Investitionshöhe der restlichen 76% der Unternehmen kann Abb. 27 entnommen werden.

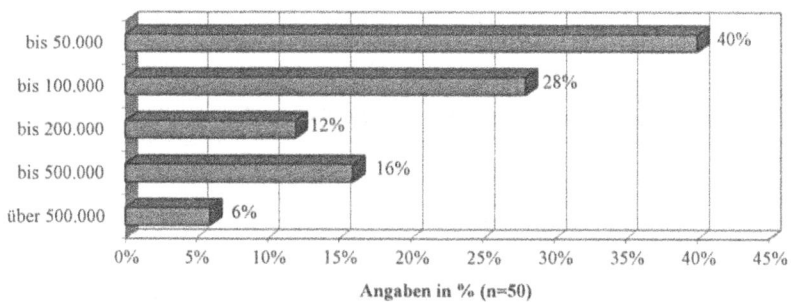

Abb. 27. Höhe der durch das Umweltaudit ausgelösten Investitionen in DM

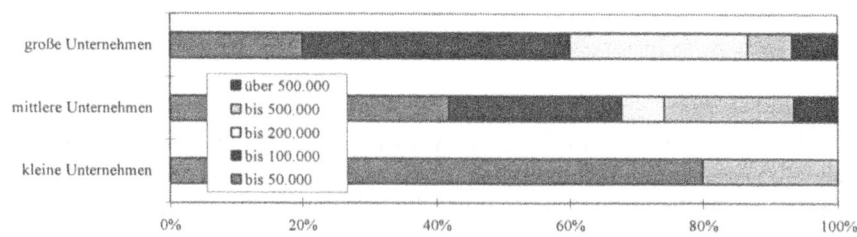

Abb. 28. Zusammenhang zwischen Unternehmensgröße und Investitionen in DM

40% der Unternehmen investierten in einem Rahmen von bis zu 50.000 DM. Die durch das Umweltaudit ausgelöste Investitionssumme von 28% lag zwischen

50.000 und 100.000 DM und insgesamt 36% der Betriebe investierten mehr als 100.000 DM. Der untersuchte Zusammenhang zwischen getätigten Investitionen und Unternehmensgröße fällt in diesem Fall weniger eindeutig aus (Abb. 28). So wurde festgestellt, daß der Anteil, kleiner und mittlerer Unternehmen, die Investitionen in einer sehr großen Höhe vorgenommen haben (über 200.000 DM) über dem großer Unternehmen liegt.

Ein weiterer Aspekt, der im Rahmen der Befragung untersucht wurde, bezieht sich auf die kostenmäßigen Einsparungen, welche die Unternehmen aufgrund der Einführung des Umweltmanagementsystems bislang erzielen konnten. Von den 66 antwortenden Betrieben erklärten zwölf (d. h. 18%), bislang keine Einsparungen realisiert zu haben; drei Unternehmen (5%) konnten zwar Einsparungen erzielen, machten aber keine Angaben über deren Ausmaß. Über die Aussagen der übrigen Unternehmen bezüglich der Höhe der Einsparungen gibt Abb. 29 eine Übersicht.

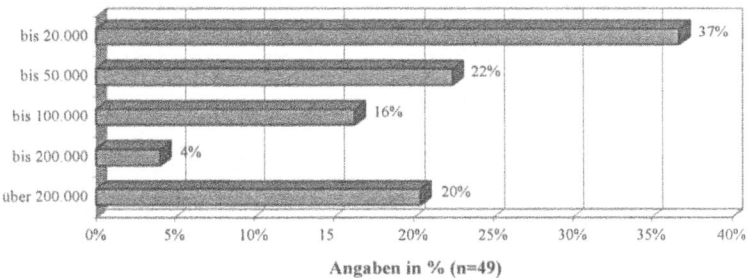

Abb. 29. Höhe der bislang erzielten Einsparungen in DM

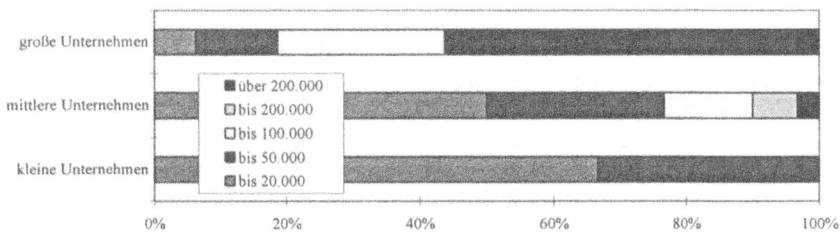

Abb. 30. Zusammenhang zwischen Unternehmensgröße und Einsparungen in DM

Der größte Anteil der Betriebe (37%) bezifferte die Kostenreduktionen auf bis zu 20.000 DM. Für die höheren Einsparungskategorien gingen die Nennungen mit Ausnahme der höchsten Kategorie (über 200.000 DM) kontinuierlich zurück. Auffallend ist der hohe Anteil von Unternehmen (20%), der Einsparungen in Höhe von über 200.000 DM angab. Berücksichtigt werden sollte bei dieser Frage die im allgemeinen recht kurze Zeitspanne, über die die Unternehmen erst über ein zertifiziertes Umweltmanagementsystem verfügen. Abb. 30 zeigt, daß die mittleren Unternehmen größtenteils Einsparungen von bis zu 20.000 DM realisieren konnten. Der Anteil mittlerer Betriebe, die höhere Kostenersparnissen erzielen können, geht mit steigender Einsparungshöhe kontinuierlich zurück. Bei großen Unternehmen (über 500 MA) ergibt sich das entgegengesetzte Bild. Hier übertrifft die Anzahl der Betriebe mit hohen Einsparungen diejenigen mit geringeren.

Neben den kostenmäßigen sollten die Unternehmensvertreter auch die mengenmäßigen Einsparungen in verschiedenen Bereichen beurteilen. Neun der auf diese Frage antwortenden 70 Unternehmen (13%) gaben an, in keinem der Bereiche Einsparungen erzielt zu haben. Die übrigen Unternehmen (87%) konnten in mindestens einem der Bereiche ihre mengenmäßigen Inputs bzw. Outputs reduzieren. Die Höhe der Einsparungen konnte anhand einer fünfstufigen Skala (5=hohe Einsparungen; 1=keine Einsparungen) angegeben werden. Aufgrund der Annahme, daß die Art der Einsparungen nicht zuletzt von der Branche, in der ein Betrieb tätig ist, abhängt, wurden zwei verschiedene Kategorien gebildet. Zum einen wurde das verarbeitende Gewerbe (inkl. Elektrizitätsversorgung) betrachtet; darunter versteht man Gewerbezweige, welche Rohstoffe be- und verarbeiten, verbessern, umwandeln, veredeln usw. Zum anderen wurden Handel und Dienstleistungen zu einer Gruppe zusammengefaßt (Abb. 31).

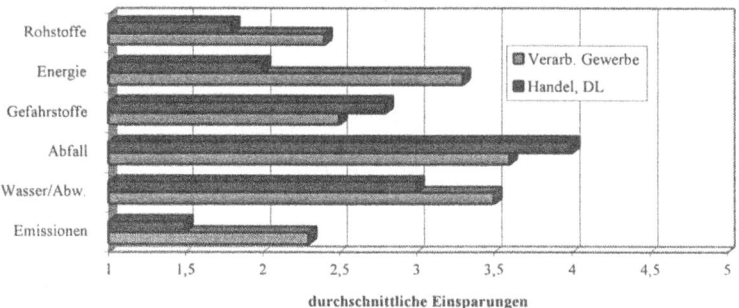

Abb. 31. Durchschnittliche mengenmäßige Einsparungen

Dienstleistungs- und Handelsunternehmen konnten in den Bereichen Rohstoffe, Energie und Emissionen deutlich geringere Einsparungen realisieren als Betriebe des verarbeitenden Gewerbes. Da aufgrund der nicht vorhandenen Produktion in diesen Branchen wenig Rohstoffe und fast keine Produktionsanlagen eingesetzt werden, die Energie verbrauchen oder Emissionen an die Umwelt abgeben, ist dieser Sachverhalt jedoch plausibel.

15.2.6 Bewertung

Im Rahmen des Fragenkomplexes F sollten die Unternehmen ihre bisherigen Erfahrungen mit der Umweltmanagementnorm ISO 14001 äußern und eine Beurteilung vornehmen. Zunächst wurde gefragt, inwieweit durch die Zertifizierung gemäß ISO 14001 Verbesserungen bzw. Erleichterungen eingetreten sind. Dazu mußten die Unternehmensvertreter ihre Antworten wiederum auf einer fünfstufigen Skala plazieren (5=große Verbesserung/ Erleichterung, 1=keine Verbesserung/Erleichterung). Die Durchschnittswerte, welche sich aus den Nennungen ergaben, können Abb. 32 entnommen werden.

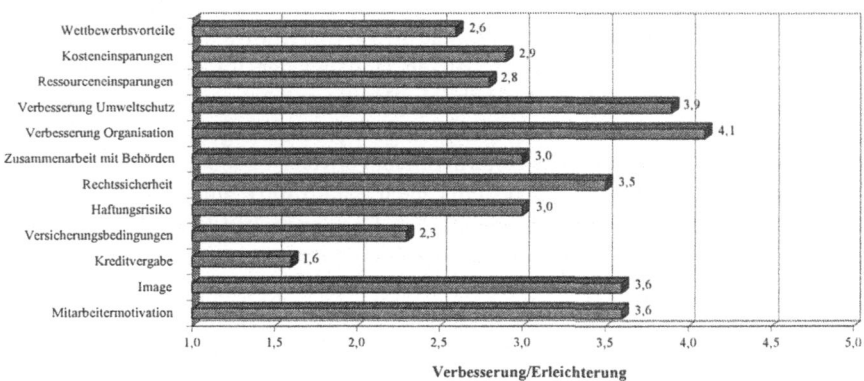

Abb. 32. Verbesserungen bzw. Erleichterungen durch die Zertifizierung nach ISO 14001

Die tatsächlich eingetretenen Verbesserungen liegen nach Angabe der Unternehmen besonders im Bereich der organisatorischen Verankerung des Umweltschutzes im Unternehmen (Durchschnittswert: 4,1) sowie im betrieblichen Umweltschutz (3,9). Als relativ bedeutend sind auch das verbesserte Image, die gestiegene Mitarbeitermotivation (jeweils 3,6) und die höhere Rechtssicherheit einzustufen (3,5). Fast keine Erleichterungen ergaben sich hingegen bei den Versicherungsbedingungen (2,3) und der Kreditvergabe (1,6).

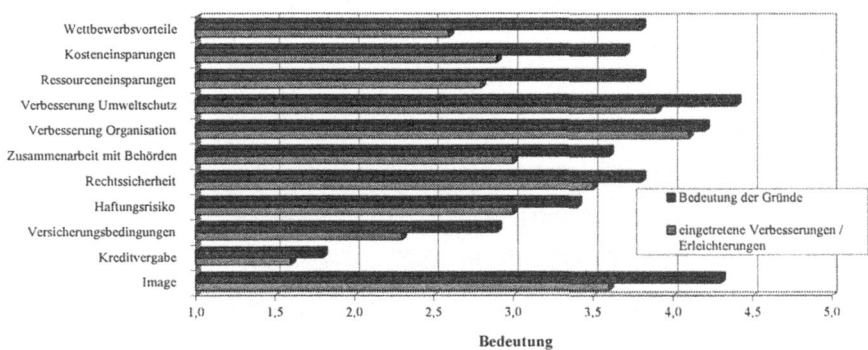

Abb. 33. Gegenüberstellung der Gründe für die Zertifizierung und den eingetretenen Verbesserungen bezüglich dieser Aspekte

Eine größere Aussagekraft erhalten diese Daten, wenn man ihnen die Bedeutsamkeit der einzelnen Aspekte gegenüberstellt. Abb. 33 zeigt die zum Teil großen Diskrepanzen zwischen Erwartungshaltung und tatsächlich eingetretenen Verbesserungen. Besonders auffallend ist die Abweichung bei den Wettbewerbsvorteilen. Sie stellen einen der wichtigsten Gründe für die Zertifizierung dar; die eingetretenen Verbesserungen in diesem Bereich werden jedoch als relativ gering beurteilt. Ein ähnliches Bild ergibt sich für das Image sowie die erhofften Kosten- und Ressourceneinsparungen. Geringe Diskrepanzen sind bei der Verbesserung der Organisation (große Bedeutung und erhebliche Verbesserungen) sowie der Kreditvergabe (untergeordnete Bedeutung und geringe Verbesserungen) festzustellen.

Des weiteren wurden die Unternehmensvertreter gebeten, verschiedene Aspekte des Umweltmanagementsystems nach ISO 14001 auf einer Skala zwischen gut (=5) und schlecht (=1) zu beurteilen. Die ermittelten Durchschnittswerte sind in Abb. 34 dargestellt. Bis auf das Kosten-Nutzen-Verhältnis, welches sich im mittelmäßigen Bereich bewegt (Durchschnittswert: 3,0), tendieren alle aufgeführten Aspekte zu einer positiven Beurteilung. Die Idee/Konzeption weist den höchsten Durchschnittswert auf (4,2), gefolgt von der Umsetzbarkeit, dem Beitrag zum Umweltschutz (jeweils 3,8) und der Glaubwürdigkeit (3,4). Insgesamt wird das Umweltmanagementsystem nach ISO 14001 mit einem Wert von 3,7 als relativ gut beurteilt.

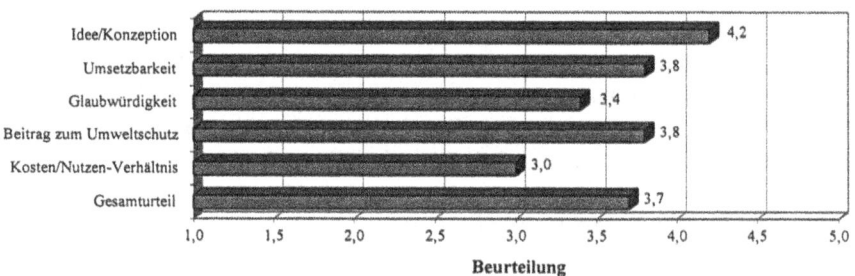

Abb. 34. Beurteilung verschiedener Aspekte der Zertifizierung nach ISO 14001

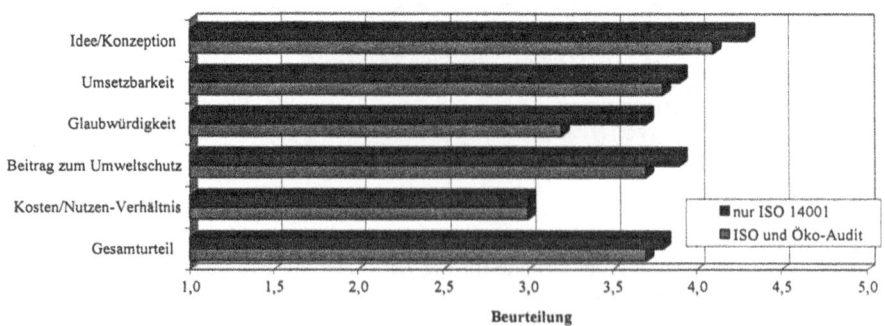

Abb. 35. Differenzierte Beurteilung der Zertifizierung nach ISO 14001

Um festzustellen, ob es Unterschiede in der Beurteilung der ISO 14001 zwischen Unternehmen, die nur dieses Zertifikat erhalten haben und jenen, die daneben auch am Öko-Audit teilgenommen haben, wurden die beiden Gruppen nochmals getrennt betrachtet und bezüglich der verschiedenen Aspekte gegenübergestellt (Abb. 35).

Insgesamt wird die ISO 14001 bei allen Gesichtspunkten von den Unternehmen, die sich an beiden Systemen beteiligt haben etwas schlechter bewertet als das Öko-Audit. Der größte Unterschied besteht bei der Beurteilung der Glaubwürdigkeit der ISO 14001. Das Kosten-Nutzen-Verhältnis wurde gleich eingestuft.

Ein Anteil von 59% aller antwortenden Unternehmen gaben an, schon im Standortverzeichnis der Öko-Audit-Verordnung registriert zu sein. 4% der Betriebe wollen sich noch am Öko-Audit beteiligen, wohingegen 37% keine Beteiligung anstreben. Von letzteren können 41% (d. h. 11 Betriebe) aufgrund ihrer Branchenzugehörigkeit nicht am Öko-Audit teilnehmen.

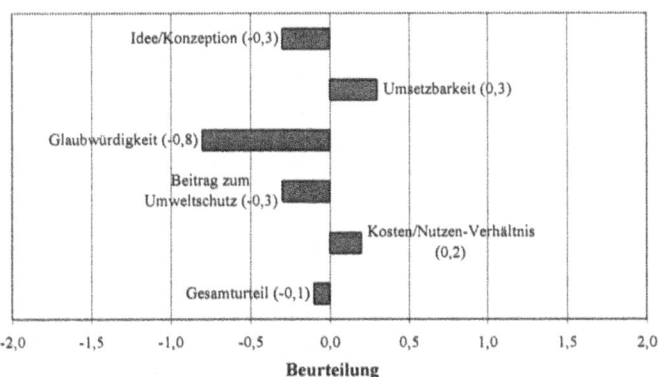

Abb. 36. Vergleichende Beurteilung von ISO 14001 und Öko-Audit

Zudem wurden die Unternehmensvertreter jener Betriebe, die sich bereits auch am Öko-Audit beteiligt haben, gebeten, eine vergleichende Beurteilung von ISO 14001 und Öko-Audit vorzunehmen. Die Frage wurde auf jene Unternehmen beschränkt, da nur sie beide Systeme eingeführt und damit kennengelernt haben (Abb. 36, negative Zahlen: Öko-Audit besser, positive Zahlen: ISO 14001 besser). Der Vergleich läßt erkennen, daß das Öko-Audit insgesamt etwas besser abschneidet als die ISO 14001. Besonders bezüglich der Glaubwürdigkeit wird das Öko-Audit vorteilhafter beurteilt. Ebenfalls erfährt die Konzeption des Öko-Audits eine höhere Akzeptanz, wie auch deren Beitrag zum Umweltschutz von den Unternehmensvertretern als etwas größer empfunden wird. Auf der anderen Seite beurteilen die Unternehmen die ISO 14001 hinsichtlich der Umsetzbarkeit und dem Kosten-Nutzen-Verhältnis als günstiger. Im Gesamturteil der Unternehmen schneiden die beiden Ansätze nahezu gleich ab.

15.2.7 Sonstiges

Unter der Rubrik „Sonstiges" ging es um das Verhältnis von Qualitäts- und Umweltmanagement. Außerdem sollte den Bearbeitern des Fragebogens Platz für Bemerkungen und Kritik eingeräumt werden. Zunächst wurden die Unternehmen gebeten, dazu Stellung zu nehmen, inwiefern sie eine Verknüpfung von Qualitäts- und Umweltmanagement für sinnvoll erachten. Es bestand die Möglichkeit, die Ansicht des Unternehmens auf einer Skala zwischen sinnvoll (=5) und nicht sinnvoll (=1) einzuordnen. Der Durchschnittswert, der sich bei Auswertung der 73 Antworten ergab, lag bei 4,5. Dies zeigt, daß die Betriebe es zum Großteil als sehr zweckmäßig betrachten, diese Bereiche miteinander zu verknüpfen (Abb. 37).

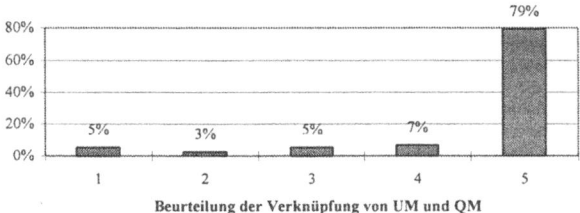

Abb. 37. Beurteilung einer Verknüpfung von Umwelt- und Qualitätsmanagement

Werden die Antworten differenziert nach der Unternehmensgröße betrachtet, so zeigt sich, daß keines der kleinen Unternehmen die Verknüpfung von Umwelt- und Qualtätsmanagement mit weniger als „4" bewertet. Bei den mittleren Unternehmen liegt dieser Anteil bei 7% und bei Großbetrieben sogar bei 26%. Eine Trennung der beiden Bereiche wird demnach eher von großen Unternehmen für sinnvoll erachtet.

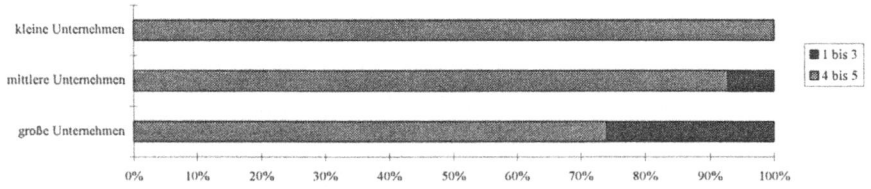

Abb. 38. Zusammenhang von Unternehmensgröße und der Verknüpfung von UM und QM

Fast alle der befragten Betriebe (69 von 73, d. h. 95%) haben sich der Zertifizierung nach der Qualitätsmanagementnorm ISO 9000ff unterzogen. Nur vier weisen kein solches Qualitätszertifikat auf. Auf die Frage nach der Verknüpfung von Umwelt- und Qualitätsmanagementsystem gaben nur 12% der nach ISO 9000ff zertifizierten Unternehmen an, daß zwischen den Systemen keine Verbindung bestehe. Die restlichen 88% haben Qualitäts- und Umweltmanagement gekoppelt.

Von diesen Betrieben wiederum verfügen 62% über ein gemeinsames Handbuch der beiden Bereiche, 38% gaben an, Verweise in den Handbüchern vorgenommen zu haben. Außerdem stellt in 57% der Fälle der Qualitätsbeauftragte auch gleichzeitig den Umweltbeauftragten dar. Demnach sind diese zwei Bereiche in der Praxis sehr stark verflochten.

15.3 Zusammenfassung der Umfrageergebnisse

Die mit einer verwertbaren Rücklaufquote von ca. 45% hohe Resonanz spiegelt das große Interesse der Unternehmen an diesem Themengebiet wider. Die Hauptgründe für die Zertifizierung liegen für die Unternehmen in der Verbesserung des betrieblichen Umweltschutzes, der Verbesserung der Organisation im Umweltbereich sowie der Steigerung ihres Images.

In diesen Bereichen wurden den Unternehmen zufolge auch die größten Verbesserungen erzielt.

Die Verwendung von Umweltmanagementinstrumenten ist bei den meisten Unternehmen besonders im Hinblick auf die Bereiche Analyse/Planung (z. B. Prozeß- und Produktbilanzen), Bewertung (z. B. Punktbewertungsmodelle) und Kontrolle (z. B. Umweltkostenrechnung) noch ausbaufähig. Bekannte Kommunikations- und Dokumentationsmethoden werden dagegen häufig eingesetzt.

Die Verknüpfung von Umwelt- und Qualitätsmanagement ist bei den befragten Unternehmen weit verbreitet.

Die Gesamtbewertung der ISO 14001 fällt positiv aus, schneidet aber bei den befragten Unternehmen etwas schlechter ab als die Öko-Audit-Verordnung. Grund dafür ist vor allem die schlechtere Einschätzung der Glaubwürdigkeit der ISO 14001.

16 Generische Managementsysteme als zukünftige Option

Alexander Pischon und Dirk Iwanowitsch

16.1 Problemstellung und Zielsetzung

Unternehmen sehen sich heute mit einer Vielzahl von Anforderungen konfrontiert, die es zur Erhaltung ihrer Wettbewerbsfähigkeit zu erfüllen gilt. Zusätzlich zu den traditionellen Zielsetzungen, wie der Ausbau von Marktanteilen und die Maximierung von Gewinnen, haben in den letzten Jahren insbesondere die Forderungen aus den Bereichen Qualitätssicherung, Umweltschutz sowie Gesundheitsschutz und Arbeitssicherheit an Bedeutung gewonnen. Geleitet durch den Wunsch, die anwachsende Komplexität in einem schwierigen Unternehmensumfeld besser bewältigen zu können, entstanden insbesondere in größeren Unternehmen in der Vergangenheit verschiedene Arten von Führungs- oder Managementsystemen. So fordern neue Technologien Bewertungssysteme, verlangt die Kundenorientierung Marketingsysteme. In gleicher Weise werden auf höherer Abstraktionsebene durch Globalisierungs- und Deregulierungstendenzen effiziente Managementsysteme notwendig. Diese sind zumeist funktional orientiert. Persönliche Kontakte werden dabei zunehmend ergänzt durch systematisierte, strukturierte Berichterstattungen, Kontrollen und Entscheidungsprozesse (Seghezzi, H.D. und Blankenburg, D., 1997a, S. 1). Da diese Managementsysteme bislang jedoch nur Teilbereiche abdecken, entsteht eine Aufsplittung in Teilführungssysteme, welche ein weitgehendes Eigenleben führen. Themenorientierte Managementmodelle, wie sie beispielsweise die EG-Öko-Audit-Verordnung (im folgenden EMAS[1] genannt) vorsieht oder wie sie von der internationalen Normenorganisation ISO für Qualitäts- und Umweltmanagementsysteme erarbeitet wurden, sind Beispiele einer solchen Spezialisierung. Ähnliches gilt für Leitfäden und Normen zur Gestaltung entsprechender Managementsysteme auf dem Gebiet der Arbeitssicherheit und des Gesundheitsschutzes. Diese extern zertifizier- bzw. validierbaren Teilmanagementsysteme wurden in den letzten Jahren in den Unter-

---

[1] EMAS = Environmental Management and Audit Scheme = EG-Öko-Audit-Verordnung = Verordnung (EWG) Nr. 1836/93 des Rates vom 29. Juni 1993 über die freiwillige Beteiligung gewerblicher Unternehmen an einem Gemeinschaftssystem für das Umweltmanagement und die Umweltbetriebsprüfung.

nehmen zur Optimierung der Bereiche Qualität, Umweltschutz sowie Arbeitssicherheits- und Gesundheitsschutz eingeführt. Vielfach entstanden in diesem Zusammenhang ausführliche Dokumentationen, deren Aktualisierung und Anwendungen durch eigens aufgebaute Stabsstellen unterstützt werden. Diese Entwicklung birgt jedoch die Gefahr, eine ganzheitliche Blickrichtung zu verlieren, welche für eine langfristig erfolgreiche Behauptung eines Unternehmens in dem beschriebenen Umfeld erforderlich ist (Seghezzi, H.D., 1997, S. 3). Je unabhängiger diese Systeme werden, desto weniger sind sie in die unternehmensübergreifende Strategie eingebettet. Aufgrund einer fehlenden Harmonisierung der jeweiligen Organisationseinheiten und einer nicht vorhandenen oder mangelhaften Verknüpfung dieser Teilsysteme existieren heute in vielen Unternehmen funktionsübergreifende Redundanzen. Ausgelöst durch eine fehlende bereichsübergreifende Steuerung des Personaleinsatzes entsteht zudem ein ineffizienter Personalaufwand und eine unzureichende Nutzung des in den verschiedenen Teilbereichen bereits vorhandenen Methodenwissens. Im schlimmsten Falle behindern sich mehrere, nicht miteinander verknüpfte Teilsysteme gegenseitig und führen eher zu einer Erhöhung der Komplexität, als zu einer Senkung. Diese Entwicklung führt zu der Frage: *„Wie viele Teilmanagementsysteme braucht bzw. verkraftet ein Unternehmen maximal?"* Das Thema der Zusammenführung verschiedener Subsysteme zu einem Integrierten Managementsystem ist damit für viele Organisationen zunehmend relevant. Auslöser dafür ist neben den genannten Problemen nicht zuletzt der Kostendruck, der aus den hohen Systemanforderungen bezüglich der Implementierung, Auditierung, Zertifizierung, Aufrechterhaltung und Verbesserung der verschiedenen, parallel in einem Unternehmen bestehenden Managementsysteme resultiert. Durch ein individuell auf die Anforderungen unterschiedlicher Branchen und Unternehmen modifizierbares Integrationskonzept können die Nachteile der separaten Insellösungen vermieden und soweit möglich zu Synergien umgewandelt werden. Als wesentliche Ziele der Integration sind dabei folgende Aspekte zu nennen:

- Komplexitätsreduktion,
- Kosteneinsparung durch Redundanzreduktion,
- Minimierung des Auditierungsaufwands,
- klare Verantwortlichkeiten durch Optimierung der Schnittstellen,
- größere Identifikation und Motivation der Mitarbeiter.

Gleichzeitig sind jedoch die originären, funktionsorientierten Ziele der einzelnen Systeme vollständig zu bewahren. Unfallreduzierung bzw. -vermeidung, optimale Qualität und geringe Umweltbelastungen sind als Primärziele auch nach der Zusammenführung vorrangig zu erfüllen. Bei der Zielformulierung eines integrierten Systems ist auf eine optimale Nutzung der Ressourcen innerhalb des Unternehmens zu achten. Die Voraussetzung für die effektive Einführung eines integrierten Managementsystems ist dabei eine modulare Basis, die es gleichzeitig erlaubt, das bestehende Managementsystem mit einem akzeptablen Zeit- und Kostenaufwand an sich ändernde exogene und endogene Bedingungen anzugleichen. Darüber hinaus soll kein zusätzlicher Aufwand entstehen. Bestehende Maßnahmen, Verfahren etc. sollen genutzt und in der Form systematisiert werden, damit über eine festgelegte Struktur der Aufbau- und Ablauforganisation die Vorteile eines einheitlichen Managementsystems realisiert werden können (Adams, H.W., 1995, S. 17).

Als Basis für eine Zusammenführung der einzelnen Teilbereiche werden im nächsten Abschnitt zunächst die Gemeinsamkeiten und Unterschiede von Managementsystemen für Qualität, Umweltschutz und Arbeitssicherheit aufgezeigt (Abschn. 2). Abschnitt 3 skizziert danach verschiedene Integrationskonzepte. Im vierten Teil dieses Beitrages werden die Möglichkeiten zur Weiterentwicklung der Integrierten Ansätze zu sog. Generischen Managementsystemen beschrieben. Die Ergebnisse dieses Beitrags werden in einer Schlußbemerkung im fünften Abschnitt zusammengefaßt.

16.2 Gemeinsamkeiten und Unterschiede von Managementsystemen für Qualität, Umweltschutz und Arbeitssicherheit

Ohne zunächst auf die Überschneidungen in den Regelungen der spezifischen Normen und Leitfäden auf den Gebieten des Qualitäts-, Umweltschutz und Arbeitssicherheitsmanagements einzugehen, können einige Differenzen zwischen diesen Teilbereichen festgestellt werden. Als grundlegende Unterschiede zwischen den drei Fraktionen lassen sich folgende Punkte nennen:[2]

1. Unterschiedliche Zielsetzungen
In der Art der Zielsetzung der Teilbereiche sind grundlegende Unterschiede zu finden, da jedes der drei Teilsysteme ein eigenes Oberziel des Unternehmens verfolgt. Ziel des Umweltmanagements ist der Schutz der Umwelt, die Erhöhung der Öko-Effizienz sowie die kontinuierliche Verbesserung des Umweltmanagementsystems und der Umweltleistung (Jasch, A., 1995, S. 46). Das Hauptaugenmerk des Qualitätsmanagements wird hingegen auf eine optimale Qualität der Produkte, der Prozesse und des Unternehmens als Ganzes gelegt (Seghezzi, H.D., 1996b, S. 26 ff.). Bei Routineprozessen wird eine Null-Fehler-Mentalität angestrebt (Crosby, P.B., 1990, S. 82 ff.), während bei kreativen und innovativen Prozessen das Lernen aus Fehlern im Vordergrund steht. Qualität bedeutet außerdem die Erfüllung der Bedürfnisse des Kunden, um eine umfassende Kundenzufriedenheit zu erreichen. Auf dem Gebiet der Arbeitssicherheit und des Gesundheitsschutzes steht der Mensch als Mitarbeiter im Vordergrund, den es vor Unfällen und Gesundheitsrisiken zu schützen gilt.

---

[2] Bzgl. Qualitäts- und Umweltmanagement vgl. Dyllick, T. (1996), S. 113; Dyllick, T. (1997a), S. 3 ff.

2. Vielfalt an Anspruchsgruppen und öffentliches Interesse

Auf dem Gebiet des Umweltmanagements besteht eine sehr große Vielfalt an Anspruchsgruppen, wobei hier neben den klassischen Vertretern (Kunden, Geldgeber, Mitarbeiter, Lieferanten etc.) insbesondere interessierte Kreise (Nachbarn, Umweltschutzverbände, Parteien, Gemeinden etc.) zu berücksichtigen sind, welche aufgrund der externen Effekte des Unternehmens an dessen Umweltleistung interessiert sind (Dyllick, T., 1989, S. 43, zitiert bei Janisch, M., 1993, S. 127). Das gestiegene Umweltbewußtsein in der Gesellschaft fördert die Sensibilität dieses Themas. Demgegenüber besteht im Qualitätsmanagement ein überschaubarer Kreis an Anspruchsgruppen, der sich im wesentlichen aus den Kunden zusammensetzt. Das Interesse besteht dabei am vermarktbaren Output des Transformationsprozesses. Der Kunde bewertet die Produkt- bzw. Dienstleistungsqualität ohne ein Interesse an den umwelt- oder arbeitssicherheitsbezogenen Aspekten des Herstellungsprozesses zu zeigen. Ein öffentliches Interesse besteht nicht. Im Bereich der Arbeitssicherheit und des Gesundheitsschutzes setzen sich die relevanten Anspruchsgruppen im wesentlichen aus den Mitarbeitern selbst, der staatlichen Aufsicht und seit jüngster Zeit aus dem marktlichen Bereich zusammen (Kunden fordern Zertifikate über die Einhaltung der Arbeitssicherheit, z. B. auf Baustellen). Ein öffentliches Interesse besteht hier nur im Falle des Bekanntwerdens von drastischen Zuwiderhandlungen, die zu einer vorsätzlichen oder fahrlässigen Beeinträchtigung von Gesundheit und Leben der Mitarbeiter führen.

3. Komplexität der Materie

Aufgrund der Interdisziplinarität auf dem Gebiet des Umweltschutzes sind die Anforderungen bzgl. der Qualifikation von Umweltbeauftragten und Auditoren wesentlich umfassender als in den beiden anderen betrachteten Bereichen. Gefordert werden hier umfassende Kenntnisse der umweltbezogenen Naturwissenschaften (Biologie, Chemie, Physik), der Umwelttechnik, dem Umweltrecht, dem Umweltmanagement und den verschiedenen Normen. Der Qualitätsbereich ist deutlich ingenieurwissenschaftlich geprägt und konzentriert sich auf die Prozeßbeherrschung sowie auf die Reduzierung von Durchlaufzeiten, Fehlerquoten und Ausfallzeiten. Die Anforderungen aus dem Bereich der Arbeitssicherheit und des Gesundheitsschutzes bestehen in einer genauen Kenntnis der umfangreichen gesetzlichen Anforderungen, der Ergonomie und der Sicherheitstechnik. Auf dem Gebiet der Gefahrstoffe bestehen starke Verbindungen zum Umweltschutz, da es sich im Falle von unsachgemäßer Behandlung und daraus resultierenden Unfällen gleichermaßen um Belastungen der Umwelt und der Mitarbeiter handelt.

4. Rechtliche Grundlagen

Die Festschreibung des Umweltschutzes in Artikel 20 a des Grundgesetzes als Staatsziel der Bundesrepublik Deutschland und den umfangreichen Regelungen des Umweltrechts auf allen gesetzlichen Ebenen bilden einen engen Handlungsspielraum im Rahmen des Umweltschutzes. Die Aktivitäten des Qualitätsmanagements unterliegen keinen vergleichbaren gesetzlichen Anforderungen. Zu nennen sind hier das Produkthaftungsgesetz und die vertragsrechtlichen Vereinbarungen, die im Falle von nicht zufriedenstellenden Leistungen zur Kompensation des Mangels führen (Iwanowitsch, D., 1997, S. 25 ff.). Die gesetzlichen Rahmenbedingungen des Arbeits- und Gesundheitsschutzes sind vergleichbar umfangreich und bindend wie auf dem Gebiet des Umweltschutzes. Sie lassen in Deutschland nur einen vergleichsweise geringen Spielraum für die Gestaltung entsprechender Managementsysteme zu.

5. Auswirkungen bei Verstößen gegen die jeweiligen Anforderungen
Beim Vergleich der untersuchten Spezialgebiete liefert die Frage nach den Auswirkungen für ein Unternehmen bei Verstößen gegen die jeweiligen Anforderungen einen weiteren wesentlichen Aspekt. Handelt es sich etwa um einen Verstoß gegen Umweltgesetze, können bei dem Nachweis eines Organisationsverschuldens Haftungsansprüche an das Unternehmen und dessen Leitung gestellt werden (Gellrich, C., 1995, S.91) Neben empfindlichen Geldstrafen können so im schlimmsten Falle strafrechtliche Konsequenzen für die Verantwortlichen entstehen (Jasch, A., 1995, S. 46). Darüber hinaus ist mit starken Imageverlusten in der Öffentlichkeit zu rechnen, die neben dem Verlust des aktuellen Kundenstamms auch die Akquise neuer Kunden erschweren und daher zu wirtschaftlichen Einbußen führen. Bei starken, durch Störfälle verursachten Umweltverschmutzungen ist eine Wiedergutmachung meist unmöglich. Verstößt ein Unternehmen gegen die Qualitätsanforderungen, kann es aufgrund der Produkthaftung insbesondere im Ausland (z. B. USA) zu erheblichen Schadensersatzzahlungen führen. Auch hier ist mit dem Abwandern von Kunden zu rechnen, eine Wiedergutmachung des Schadens ist jedoch meist möglich. In vielen Fällen können Imageverluste durch kulante Regulierungen und Serviceleistungen ausgeglichen werden. Bestehen Mängel bei der Prozeßbeherrschung, die hohe Fehlerkosten entstehen lassen, sind ebenfalls erhebliche wirtschaftliche Verluste die Folge. Die Auswirkungen der Nichteinhaltung von Arbeitssicherheits- und Gesundheitsschutzanforderungen sind wiederum vergleichbar mit denen auf dem Gebiet des Umweltschutzes. Aufgrund der strengen gesetzlichen Bestimmungen entstehen hier ebenso strafrechtliche Konsequenzen für die verantwortlichen Führungspersonen sowie erhebliche finanzielle Belastungen durch Geldstrafen, Renten- und Hinterbliebenenzahlungen etc. Bei erheblichen Verstößen ist auch in diesem Falle mit negativen Auswirkungen auf das Unternehmensimage zu rechnen.

Bei der Frage der Integration von Teilmanagementsystemen ist des weiteren die Möglichkeit der Zusammenführung der in den einzelnen Teilgebieten bestehenden Normen, Verordnungen und Leitfäden zu prüfen. Die Grundlage der vorliegenden Untersuchung bilden die folgenden Regelwerke:[3]

---

[3] Auf einen formalen Vergleich der einzelnen Elemente dieser Standards wird hier verzichtet, eine ausführlichere Darstellung zu diesem Thema findet sich bei Pischon, A. (1998).

318   Teil IV: Umweltmanagementsysteme: Vergleich und Ausblick

- Qualität ⇒ DIN EN ISO 9001: 1994[4]
- Umweltschutz ⇒ EG-Öko-Audit-Verordnung / DIN EN ISO 14001: 1996[5]
- Arbeitssicherheit u. Gesundheitsschutz ⇒ Safety Checklist Contractors (SCC)[6], BS 8800: 1996[7]

Die allgemeinen Unterschiede zwischen den genannten Standards lassen sich innerhalb der folgenden Kategorien darstellen:[8]

1. Systemarchitektur

Wird die Struktur der Umweltnorm ISO 14001 einem Umweltmanagementsystem zugrundegelegt, so ist eine Integration in das allgemeine Managementsystem eines Unternehmens relativ einfach vorzunehmen. Durch die dem allgemeinen Controlling- bzw. Managementkreislauf entsprechende Systematik Politik, Planung, Durchführung, Kontrolle und Korrektur, besteht hier eine moderne Gliederung, welche sich als Basis für ein IMS sehr gut eignet. Die Zusatzanforderungen aus dem EMAS lassen sich ebenfalls problemlos in diese Struktur einordnen. Auf dem Gebiet des Qualitätsmanagements besteht bei der ISO 9001 ein 20 Elemente-Schema, welches den modernen Anforderungen nicht entspricht und keine eindeutige Systematik bzw. Logik erkennen läßt. Da in den nächsten Jahren mit einer grundlegenden Revision dieser Normenreihe zu rechnen ist, scheint eine Orientierung an diesem Schema als Basis für ein IMS nicht sinnvoll (Seghezzi, H.D. und

---

[4] Vgl. DIN EN ISO 9001, Qualitätsmanagementsysteme - Modell zur Qualitätssicherung/QM-Darlegung Design, Entwicklung, Produktion, Montage und Wartung, DIN Deutsches Institut für Normung e.V., Berlin, August 1994. Eine Gegenüberstellung zur ISO 14001 findet sich bei Iwanowitsch, D. (1997), S. 142 ff.

[5] Vgl. DIN EN ISO 14001, Umweltmanagementsysteme, Spezifikation mit Anleitung zur Anwendung, DIN Deutsches Institut für Normung e.V., Berlin, Oktober 1996. Erfüllen einzelstaatliche, europäische und internationale Normen für Umweltmanagementsysteme und Betriebsprüfungsverfahren die einschlägigen Vorschriften der EMAS-Verordnung, so können diese gemäß (EMAS-) Artikel 12 und 19 von der EU-Kommission als gleichwertig anerkannt werden. Vgl. Verordnung (EWG) Nr. 1836/93 des Rates vom 29. Juni 1993, Art. 12 (S. 152) und 19 (S. 153). In einer Entscheidung der EG-Kommission vom 16. April 1997 wurde die ISO 14001 als Basis für das EMAS anerkannt. Diese Entscheidung wurde im Amtsblatt der EG L 104/37 vom 22. April 1997 veröffentlicht. Vgl. Anerkennung der ISO 14001: 1996 in EG-Entscheidung (97/265/EG); Anerkennung des Zertifizierungsverfahrens in EG-Entscheidung (97/264/EG). Die CEN hat in ihrem Bericht CR 12969: 1997 verschiedene Erweiterungen der ISO 14001-Basis vorgesehen. Vgl. CR 12969: 1997.

[6] Vgl. Central Committee of Experts/Unter-Sektorkomitee SCC Deutschland (Hrsg.), (1998).

[7] British Standard 8800: 1996 - Arbeitsschutz- und Sicherheitsmanagementsystem - (Guide to Occupational Health and Safety Management Systems) British Standards Institutions (BSI), London 1996.

[8] Bzgl. Qualitätsmanagement und Umweltmanagement vgl. Dyllick, T. (1996), S. 113; Dyllick, T. (1997a), S. 4 ff.

Blankenburg, D., 1997a). Die Betrachtung des Arbeitssicherheitssektors unter diesem Aspekt ist relativ unproblematisch. Das SCC-Fragebogenschema ist als solches nicht mit einer Norm vergleichbar, läßt sich jedoch größtenteils in das Schema der ISO 14001 eingliedern. Der BS 8800 erleichtert eine solche Vorgehensweise, da er auf den generellen Grundsätzen der „*guten Managementpraktiken* [basiert] *und ... für die Einbindung des Arbeitsschutzmanagements in das Gesamtmanagement geschaffen* [ist].“[9] So wird in einem zweiten Pfad eine Vorgehensweise zur Integration in die Vorgaben der ISO 14001 explizit beschrieben.[10]

2. Bedeutung von Politik und Planung

Im Rahmen der Umweltnorm ISO 14001 nehmen Politik und Planung als Führungsaufgaben gegenüber den bei der ISO 9001 im Vordergrund stehenden operativen Aufgaben der Prozeßbeherrschung eine exponierte Stellung ein (Dyllick, T., 1997b, S. 156). Die Logik der Norm resultiert aus dem oben beschriebenen Managementkreislauf. Er beginnt mit der Ermittlung der für das betrachtete Unternehmen bedeutenden Umweltaspekte sowie der relevanten gesetzlichen und anderen Anforderungen. Diese Bestandsaufnahme bildet die Basis für die erstmalige Ausrichtung der Politik, der Festlegung der längerfristigen Zielsetzungen, der konkreteren Einzelziele und für den Aufbau von Programmen, in welchen die erforderlichen Maßnahmen zur Erreichung der gesetzten Ziele festgelegt werden. Im Gegensatz dazu werden im Rahmen der Qualitätsnorm ISO 9001 systemsteuernde, übergeordnete Elemente (z. B. Politik, Verantwortung etc.) auf einer Ebene und mit gleicher Intensität behandelt wie spezielle prozeßbezogene Elemente (z. B. Beschaffung) oder der Kontrolle (z. B. Prüfungen) zuzuordnende Regelungen. Die Politik basiert auf allgemeinen Zusagen der obersten Leitung, sämtliche Aktivitäten zur Erhaltung und Verbesserung des Qualitätsniveaus zu unterstützen. Eine auf die Politik aufbauende Planung ist nicht grundsätzlich erforderlich. Die sog. Qualitätsplanung ist hauptsächlich für spezielle Projekte vorgesehen, welche Maßnahmen erfordert, die über die üblichen Tätigkeiten hinausgehen. Im Rahmen des Arbeitssicherheits-Leitfadens BS 8800 erfolgt in Pfad 2 eine Erweiterung des beschriebenen Managementkreislaufs um das Element „*Anfängliche Bestandsaufnahme*", welches vergleichbar mit der Ermittlung der bedeutenden Umweltaspekte die Basis der Politik und der Planung in diesem Bereich bildet.

3. Rechtskonformität

Die Konformität mit den bestehenden Rechtsnormen, welche die Tätigkeiten des betrachteten Unternehmens tangieren, ist sowohl im Rahmen der Umweltnormen als auch auf dem Gebiet der Arbeitssicherheit und des Gesundheitsschutzes zwingend erforderlich. Diese gesetzlichen Regelungen sind systematisch zu erfassen und in der Planung zu berücksichtigen. Die Einhaltung dieser Vorschriften ist regelmäßig zu beurteilen. Vergleichbare Anforderungen sieht die Qualitätsnormung nicht vor. Eine Ausnahme bildet hier Artikel 4.4.4 der ISO 9001, welcher

---

[9] Vgl. BS 8800: 1996, Einführung, S. 5.
[10] Vgl. BS 8800: 1996, S. 18 ff. und Anhang A (informativ), S. 27 ff.

die Einhaltung der gesetzlichen und behördlichen Forderungen im Rahmen der Entwicklung neuer Produkte vorschreibt.[11]

4. Kommunikation

Die Kommunikation spielt im Rahmen des Umweltmanagements eine besondere Rolle. So sieht die ISO 14001 vor, spezielle Verfahren für die interne und externe Kommunikation bzgl. umweltrelevanter Aspekte zu installieren.[12] Dies gilt ebenso im Rahmen des EMAS, welches eine Erstellung und Veröffentlichung einer Umwelterklärung nach der ersten Umweltprüfung und nach jeder folgenden Betriebsprüfung bzw. nach jedem Betriebsprüfungszyklus fordert.[13] Derartige Regelungen existieren bei der ISO 9001 nicht. Eine Erweiterung um die Institutionalisierung einer internen Kommunikation ist im Rahmen der Integration jedoch denkbar. So kann in Form einer Implementierung von regelmäßig veranstalteten Qualitäts- und Lernzirkeln den Anforderungen eines im Sinne des TQM erweiterten Qualitätsmanagements entsprochen werden. Das SCC-Auditschema fordert ebenfalls explizit die regelmäßige Durchführung von Informationsveranstaltungen und die Festschreibung interner arbeitssicherheitsbezogener Kommunikationsverfahren.[14] Eine effektive, offene Kommunikation und Information über die Belange der Arbeitssicherheit bei Einbezug aller Mitarbeiter ist ebenso eine zentrale Forderung des BS 8800.[15]

5. Leistung

Während die ISO 9001 und der BS 8800 die kontinuierliche Verbesserung des Managementsystems anstreben, gehen die Forderungen der Umweltnorm ISO 14001 und des EMAS deutlich darüber hinaus. Bei beiden Anforderungskatalogen wird eine meßbare Verbesserung der Umweltleistung des Unternehmens festgeschrieben. So ist eine Reduzierung der Umweltbelastungen, welche aus den Tätigkeiten, Produkten und Dienstleistungen des Unternehmens resultieren, anzustreben und nach jedem Auditzyklus nachzuweisen.

6. Bewertung durch die oberste Leitung

Die Bewertung der Auditergebnisse durch die oberste Leitung, das sog. Review, bildet das letzte Modul eines Durchlaufs durch den Managementkreislauf innerhalb der ISO 14001 und des BS 8800. Somit ist sowohl im Umwelt- als auch im Arbeitssicherheitsbereich eine Einbindung des obersten Managements in die Überprüfung der Systemfunktion, der Rechtskonformität und der Zielerreichung bzgl. der Umweltleistung bzw. der Arbeitssicherheits- und Gesundheitsschutzsituation festgeschrieben. Diese Forderung besteht im Bereich des Qualitätsmanagements nur zum Teil. So ist der Qualitätsbeauftragte der obersten Leitung gegen-

---

[11] Vgl. ISO 9001: 1994, Artikel 4.4.4, S. 11.
[12] Vgl. ISO 14001: 1996, Artikel 4.4.3, S. 10.
[13] Vgl. Verordnung (EWG) Nr. 1836/93 des Rates vom 29. Juni 1993, Artikel 5, S. 150.
[14] Vgl. Central Committee of Experts/Unter-Sektorkomitee SCC Deutschland (Hrsg.), (1998), S. 6a.
[15] Vgl. BS 8800: 1996, Artikel 4.3.3, S. 22.

über verpflichtet, dieser „ ... *einen Überblick über die Leistung des QM-Systems als Grundlage für dessen Verbesserung zu geben.* "[16]

Neben den vorgestellten Unterschieden zwischen den betrachteten Normen, Leitfäden und Verordnungen lassen sich einige grundsätzliche Gemeinsamkeiten aufzeigen. Der Zusammenhang zwischen Qualitäts-, Umwelt- und Arbeitssicherheitsaspekten wird z. B. bei der Aufnahme und Analyse von Abweichungen und der Einleitung von Korrekturmaßnahmen deutlich. So beruhen die Behandlung von Abweichungen festgelegter Grenzwerte oder Beinaheunfällen zur vorbeugenden Vermeidung von Unfällen auf den gleichen Prinzipien, wie die Behandlung fehlerhafter Einheiten in den QM-Systemen. GLAAP sieht des weiteren erste mögliche Ansätze der Verknüpfung aller drei Bereiche bei der qualitätsorientierten Lieferanten-Auditierung im Sinne der ISO 9000er-Reihe, bei deren Durchführung gleichzeitig die Sicherheitsarbeit dieser Lieferanten und die umweltbezogenen Anforderungen überprüft werden sollten (Glaap, W., 1995, S. 15). Die grundlegenden Strukturanforderungen, Aufgaben und Ziele von Managementsystemen lassen sich für die betrachteten Teilgebiete bestätigen und in den folgenden vier Punkten zusammenfassen (Dyllick, T., 1996, S. 114; Kiesgen, G. und Schnauber, H., 1995, S. 239f.):

1. Philosophie
Eine verbindende Philosophie aller hier betrachteten Teilsysteme ist das zugrundeliegende Prinzip der kontinuierlichen Verbesserung. Die Eigenverantwortung des Unternehmens für die Erreichung der selbstgesetzten Ziele soll gefördert und methodisch unterstützt werden. Die Prozeßbeherrschung erfolgt aufgrund der lenkenden Wirkung der funktionierenden Managementsysteme, deren Aufbau durch die vorgegebenen Modelle unterstützt wird. Diese Hifestellung erfolgt im wesentlichen nicht durch konkrete inhaltliche Vorgaben zur Ausgestaltung der Systeme, sondern vielmehr in Form eines Aufzeigens von Rahmenbedingungen und Implementierungshilfen. Dies gilt nicht für das SCC, da hier projektspezifische Anforderungen für die Überprüfung von zeitlich begrenzten Aktivitäten insbesondere auf Baustellen gestellt werden.

2. Systemelemente
Bei den betrachteten Modellen lassen sich einige Überschneidungen hinsichtlich der Systemelemente, insbesondere auf den Stufen der Implementierung und Kontrolle erkennen. Beispiele hierfür sind die Elemente Organisationsstruktur und Verantwortlichkeit, Schulung, Dokumentation, Lenkung der Dokumente und einige Teilelemente unter der ISO 14001-Überschrift: „*Ablauflenkung*". Auf der Stufe der Kontrolle sind die Elemente Überwachung und Messung, Ermittlung von Abweichungen, Ergreifen von Korrektur- und Vorsorgemaßnahmen, Aufzeichnungen und internes Audit zu nennen, welche, wenn auch nicht immer mit identischer Formulierung, inhaltlich kongruente Anforderungen stellen.

---

[16] Vgl. ISO 9001: 1994, Artikel 4.1.2.3, S. 8.

3. Erfahrungen und Organisationsstrukturen

Die allgemeinen Strukturanforderungen und Hauptaufgaben von Managementsystemen basieren auf der Logik des klassischen Controlling-Kreislaufs. Bestehen bereits ein oder mehrere Teilmanagementsysteme, so sind beim Aufbau eines weiteren Systems oder bei der Integration der bestehenden Systeme die Erfahrungen des Systemaufbaus, der Dokumentation, der Durchführung, der Zuordnung von Verantwortlichkeiten, der Auditierung und der Beurteilung der bestehenden Systeme durchaus hilfreich.

4. Zertifizierung

Auf dem Gebiet der Zertifizierung sind ebenfalls Gemeinsamkeiten zu erkennen. In den meisten Fällen ist die Zertifizierung des jeweiligen Teilmanagementsystems durch eine akkreditierte, externe Stelle ein erklärtes Ziel der Implementierung. Darüber hinaus erfolgt die Zertifizierung der Teilsysteme zumeist durch dieselbe Zertifizierungsstelle und in neuester Zeit immer häufiger durch denselben Auditor bzw. Gutachter. Daraus lassen sich bei einer Integration Synergien erzeugen, welche zu einem erheblich vereinfachten Auditablauf und zu deutlichen Kosteneinsparungen führen (Herzog, H., 1995, S. 67.).

16.3 Konzepte zur Integration von Teilmanagementsystemen

Das Hauptaugenmerk dieses Abschnittes liegt auf der *„technischen"* Integration der einzelnen Teilsystemelemente. Es werden verschiedene Konzepte zur Zusammenführung von Qualitäts-, Umwelt- und Arbeitssicherheitsmanagementsystemen zu einem *Integrierten Managementsystem* vorgestellt. Nach einer kurzen Beschreibung der Ausgangssituation (Startposition) und einer Differenzierung möglicher sog. Integrationstiefen, werden verschiedene Vorläufer der Integration skizziert. Während SCHWANINGER eine Heuristik für die Gestaltung und Implementierung von Führungssystemen von Grund auf beschreibt (Schwaninger, M., 1994, S. 307 ff.), wählen Unternehmen zumeist einen pragmatischeren Ansatz. Dabei versuchen sie, die bereits bestehenden Teilsysteme zu verbinden und um erforderliche Erweiterungen zu ergänzen (Seghezzi, H.D., 1997, S. 13.). Bei dieser Vorgehensweise können im wesentlichen drei Wege (Integrationskonzepte) charakterisiert werden: Das Verfahren der sog. *„Partiellen Integration"*, die Methodik der *„Systemübergreifenden Integration"* und die *„Prozeßorientierte Integration"*. Obwohl die verschiedenen Integrationskonzepte hier getrennt vorgestellt werden, ist deren Kombination durchaus möglich und zum Teil bereits in der Praxis zu beobachten.

16.3.1 Startpositionen des Unternehmens

Beim Aufbau eines Integrierten Managementsystems sind grundsätzlich verschiedene Rahmenbedingungen zu unterscheiden. So können zunächst folgende Ausgangssituationen in einem Unternehmen bestehen:

> I. Es besteht bislang noch keines der drei betrachteten Spezial-Managementsysteme.
> II. Es besteht ein Qualitätsmanagementsystem nach der entsprechenden Norm der ISO 9000er-Reihe. Umwelt- und Arbeitssicherheitsmanagementsysteme existieren noch nicht.
> III. Es besteht ein jeweils separat aufgebautes und noch nicht verknüpftes Qualitäts- und Umweltmanagementsystem, aber noch kein Arbeitssicherheitsmanagementsystem.
> IV. Alle drei Systeme existieren bereits, sind jedoch noch nicht miteinander verknüpft.[17]

Je nach Ausgangssituation sind verschiedene Vorgehensweisen der Integration möglich. So stellt sich die Frage, ob in Situation I zunächst alle gewünschten Managementsysteme getrennt aufgebaut und erst in einem zweiten Schritt zusammengefaßt werden sollen oder ob bereits von Anfang an ein integriertes System aufgebaut werden soll. Aufgrund der Erfahrungen aus verschiedenen Praxisprojekten ist hier relativ eindeutig der von Beginn an integrierte Ansatz zu präferieren, um Redundanzen von vornherein zu vermeiden und frühzeitig eine Abstimmung zwischen den Bereichen vorzunehmen. HALLAY geht von einem Integrationsansatz auf der Basis der unter Punkt II beschriebenen Situation aus. Diese Ausgangssituation (bestehendes QMS) entspricht zur Zeit der am häufigsten in der Praxis vorzufindenden Realität. Er sieht dabei einige Kompatibilitätsprobleme bei der Integration des Umweltmanagements in ein bereits bestehendes Qualitätsmanagementsystem. Dabei unterscheidet HALLAY unter dem Blickpunkt der Aufbauorganisation (getrennte versus integrierte Funktionsbereiche) und der Dokumentation (Handbuch getrennt, Arbeitsanweisungen integriert) wiederum verschiedene Spielarten der Zusammenführung (Hallay, H., 1995, S. 262 f.). Die in Situation II grundsätzlich bestehenden Vorgehensweisen bei der Integration werden in Abbildung 1 dargestellt. Die durchgezogene Linie symbolisiert das bereits bestehende Managementsystem. Fünf unterschiedliche Grobkonzepte für die Zusammenführung der Systeme (A-E) werden hier abgebildet (Schwerdtle, H., 1996, S. 21 ff.):

---

[17] Die Unterscheidung: verknüpftes QM/UM und kein bzw. ein separat aufgebautes AGMS soll aufgrund der fehlenden Praxisrelevanz hier nicht berücksichtigt werden, zumal bei Verknüpfung von QM/UM bereits eine Integration stattgefunden hat.

- **Grobkonzept A:**
  Simultane Einführung (gestrichelte Linie) eines UMS und eines AMS mit gleichzeitiger Integration in das bestehende QMS innerhalb der ersten Phase.
- **Grobkonzept B:**
  Einführung eines UMS und Verknüpfung mit QMS in der ersten Phase. Danach vollständige Integration durch zusätzliches Integrieren des AMS in Phase zwei.
- **Grobkonzept C:**
  Gemeinsame Einführung und Verknüpfung eines UMS mit einem AMS in der ersten Phase und erst in einer zweiten Phase vollständige Integration durch das Zusammenführen mit dem bestehenden QMS.
- **Grobkonzept D:**
  Einführung des AMS bei gleichzeitiger Integration in das bestehende QMS und in einer zweiten Phase Integration des UMS in dieses Managementsystem.
- **Grobkonzept E:**
  Separate Einführung beider Systeme in Phase eins. Anschließende Durchführung der Integrationskonzepte B, C oder D in einer zweiten und dritten Phase.

Erfolgt wie bei den Grobkonzepten A - D die Integration innerhalb der ersten Phase, also während des Systemaufbaus, hat dies den Vorteil, daß noch keine festen Strukturen etabliert sind, die während eines Änderungsprozesses zu Widerständen der Mitarbeiter führen könnten. Diese Problematik ist jedoch zu erwarten, wenn die Integration während des Systembetriebs bzw. während der Systemweiterentwicklung und somit in den Phasen zwei und drei vollzogen wird. Allerdings besteht bei letzterer Vorgehensweise ein geringerer Komplexitätsgrad während der Anfangsphase der Integration, so daß die Gefahr einer Überforderung der Mitarbeiter geringer ist als bei Grobkonzept A (Felix, R./Pischon, A., Riemenschneider, F. und Schwerdtle, H., 1997, S. 81 ff.). Der Vorteil von Grobkonzept A besteht in der Nutzung von Erfahrungen aus dem Qualitätsmanagement und in der kürzeren Implementierungsphase. Es erfolgt hier nur eine Überarbeitung des bestehenden QMS. Negativ zu bewerten ist die hohe Komplexität dieser Vorgehensweise, da zwei neue Systeme gleichzeitig eingebunden werden müssen. Das Grobkonzept B wird in der Praxis zur Zeit präferiert, da in vielen Fällen noch keine Entscheidungen für die Einführung eines AGMS getroffen wurden. Die bestehenden Erfahrungen können bei dieser Vorgehensweise genutzt werden. Durch eine spätere Einbindung eines AGMS kann die Komplexität in der ersten Phase reduziert werden. Grobkonzept C ist in Bereichen mit hohen Arbeitssicherheits- und Umweltrelevanzen zu beobachten (Chemieindustrie). Da die größte Problematik erst bei der Verbindung mit dem QMS zu erwarten ist, werden die eigentlichen Integrationsaktivitäten um eine Zeitphase hinausgezögert, die Erfahrungen aus dem Qualitätswesen werden zunächst nicht genutzt. Sollte jedoch in wenigen Jahren ein Managementmodell für ein Integriertes Managementsystem (IMS) von seiten der ISO angeboten werden, können mit diesem Ansatz langwierige und aufwendige Integrationsbemühungen vermieden werden. Eine spätere Partizipation an diesem System garantiert dann einen weltweit einheitlichen Aufbau eines IMS. Das

Grobkonzept D ist als theoretisches Konstrukt denkbar, hat aber keine Praxisrelevanz, da die Zusammenhänge zwischen AGMS und QMS vergleichsweise gering sind. Eine getrennte Einführung von UMS und AGMS sowie eine spätere zweiphasige Integration zu einem ganzheitlichen System, wie es mit Grobkonzept E beschrieben wird, erscheint ebenso wenig sinnvoll, da eine mehrfache Bearbeitung bereits bestehender Teilkonzepte als ineffizient einzustufen ist.

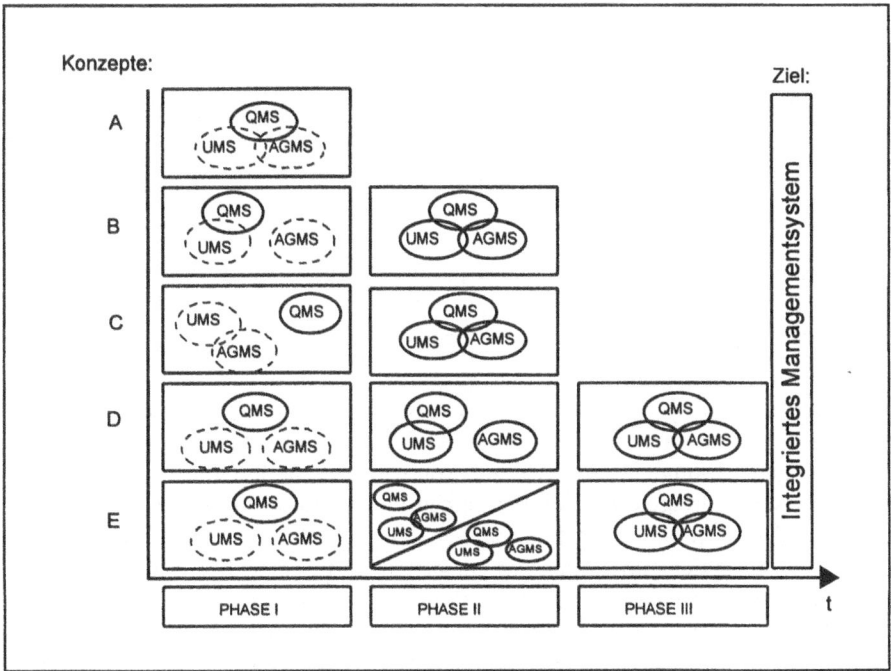

Abb. 1. Ausgangssituationen für die Integration (Quelle: Felix, R., Pischon, A., Riemenschneider, F. und Schwerdtle, H.,1997, S. 81)

Welches dieser Grobkonzepte zum Einsatz kommt ist im wesentlichen abhängig von den unternehmensspezifischen Rahmenbedingungen (Machtverhältnisse zwischen den Funktionsbereichen, externe Anforderungen etc.) und den zeitlichen Zielsetzungen. Liegt die hier beschriebene Situation vor, sollten die Erfahrungen aus dem Bereich des Qualitätsmanagements bereits zu Beginn berücksichtigt werden. Da eine Integration der Umwelt- und Arbeitssicherheitsanforderungen in die 20 Elemente der ISO 9001 als nicht sinnvoll zu bewerten ist, ist jedoch darauf zu achten, daß eine neue, unabhängige Gliederungssystematik für das IMS erarbeitet wird. Die Vorgehensweise bei den Basissituationen III und IV ergibt sich aus den bereits angestellten Überlegungen. In Situation III (QMS und UMS bestehen separat, AGMS existiert noch nicht) sollten parallel zur Integration des Qualitäts- und Umweltmanagementsystems die möglichen Verknüpfungen mit dem neu zu installierenden Arbeitssicherheitsmanagementsystem vorgenommen werden. Bei Situation IV (alle drei Teilsysteme bestehen bereits separat) ist eine Teilintegration von nur zwei Managementsystemen in einer ersten Phase mit der Anbindung des dritten Managementsystems in einer zweiten Phase ebenso denkbar, wie eine Gesamtintegration in der ersten Phase (Felix, R., Pischon, A., Riemenschneider, F. und Schwerdtle, H., 1997, S. 81 ff.).

16.3.2 Integrationstiefe

Bei einer Differenzierung der Integrationsaktivitäten nach ihrer Tiefe können fünf Kategorien gebildet werden:[18]

1. Informationsaustausch.
2. Überlappende Arbeitskreise.
3. Integrierte Richtlinien, Verfahrens- und/oder Arbeitsanweisungen.
4. Gemeinsame Führungsverantwortung.
5. Ernennung eines Systemverantwortlichen.

Es handelt sich bei der Verbindung dieser Teilmanagementsysteme nur dann um eine echte Integration, wenn aus diesen Aktivitäten konkrete Verbesserungen zu den separaten Lösungen erzielt werden können. Dies ist nur möglich, wenn die Integrationsbemühungen deutlich über einen rein verbalen Informationsaustausch zwischen den Fachbereichen hinausgehen. Die Etablierung überlappender Arbeitskreise ermöglicht im Gegensatz zur ersten Stufe einen frühzeitigen, umfassenden Erfahrungsaustausch, der in der Regel zu gemeinsamen Projekten führt, in die wiederum gegenseitige Erfahrungen einfließen. Die dritte Kategorie der integrierten Richtlinien, Verfahrens- und/oder Arbeitsanweisungen beruht auf einer Integration einzelner Prozesse sowie Abläufe und stellt somit eine Integration im engeren Sinne dar. Um bei der Dokumentation dieser Prozesse und Abläufe Redundanzen zu vermeiden und potentielle Synergien optimal zu nutzen, ist innerhalb dieser Kategorie 3 eine weitere unternehmensspezifische Differenzierung der Integrationstiefe vorzunehmen. Dabei entstehen in Abhängigkeit des Tätigkeitsfeldes der betrachteten Organisation jeweils unterschiedliche Möglichkeiten einer sinnvollen Systemzusammenführung. Diese unternehmensspezifische Differenzierung der Integrationstiefe wird auch als „Integrationsgrad" (IG) bezeichnet. Der Integrationsgrad gibt an, wie viele Normelemente sinnvoll zu einem integrierten Element zusammengefügt werden können. Dabei handelt es sich um ein theoretisches Konstrukt, welches die Verschiedenartigkeit der Integrationsmöglichkeiten zwischen verschiedenen Unternehmen kennzeichnet. Ein Integrationsgrad von 0

---

[18] Vgl. Vortrag von Prof. Dyllick im Rahmen eines Arbeitskreises an der Hochschule St. Gallen am 3. März 1997.

besteht, wenn keine sinnvolle Integration möglich ist und alle Managementsysteme weiter separat geführt werden. Ein Integrationsgrad von 100 wäre erreicht, wenn alle Elemente zu einem Integrierten Managementsystem verschmolzen werden. Der in der Realität zu erreichende Grad wird zwischen diesen Werten liegen. Nach den Erfahrungen bei Integrationsprojekten in der Praxis ist auf der Ebene der Verfahrens- und Arbeitsanweisungen mit Werten um 70 (%) zu rechnen (Pischon, A., 1998, S. 245.). Bei einer organisatorischen Verankerung des IMS ist es vorstellbar, daß ein Managementvertreter ausgewählt wird, der eine gemeinsame Führungsverantwortung für die integrierten Teilbereiche trägt. Eine noch weitreichendere Integration stellt die Ernennung eines Systemverantwortlichen dar, welcher die operative Verantwortung für das gesamte IMS trägt (Felix, R., Pischon, A., Riemenschneider, F. und Schwerdtle, H., 1997, S. 83). Alle fünf Stufen schließen sich gegenseitig nicht aus und können im Laufe des Integrationsprozesses nacheinander durchschritten werden.

16.3.3 Vorläufer der Integrationskonzepte

Bereits mit dem Beginn der Zertifizierungsaktivitäten von Umweltmanagementsystemen entstand die Diskussion über die Möglichkeiten der Zusammenführung von Umwelt- und Qualitätsmanagementsystemen. Da in zahlreichen Unternehmen bereits seit Mitte der 80er Jahre ein Qualitätsmanagementsystem nach den Forderungen der ISO 9000er-Reihe implementiert worden war, wurde diese Integrationsdiskussion in der Anfangsphase stark von seiten des Qualitätsmanagements geprägt. Dabei bestand bei den bereits etablierten Qualitätsabteilungen zum Teil das Bestreben, ihr Aufgabengebiet durch „Annektierung" des Umweltmanagements auszudehnen und damit ihre Stellung im Unternehmen zu stärken. Da sich die in den folgenden Unterabschnitten beschriebenen Konzepte in der Praxis größtenteils nicht bewährt haben, werden sie hier als Vorläufer der Integrationskonzepte bezeichnet.

16.3.3.1 Addition

Als einen ersten Ansatz der Zusammenführung kann zunächst eine als „Addition"[19] bezeichnete Methode genannt werden, die bestenfalls als ein Vorläufer der Integration angesehen werden kann. Hierbei werden lediglich die Handbücher der drei zu integrierenden Themengebiete Qualität, Umwelt und Arbeitssicherheit in einer Dokumentation zusammengefaßt, ohne daß eine tief-

---

[19] Vgl. Felix, R., Pischon, A., Riemenschneider, F. und Schwerdtle, H. (1997, S. 43). Seghezzi, H.D. und Caduff, D. (1997, S. 56) bezeichnen die gemeinsame Dokumentation inhaltlich getrennter UMS und QMS anhand der Struktur der ISO 14001 als „Addition". Sie unterscheiden darüber hinaus die sog. „Verschmelzung" eines UMS mit einem bestehenden QMS nach ISO 9001 sowie eine prozessorientierte Vorgehensweise (s. Abschn. 0) im Rahmen der Integration [Anm. d. Verf.].

greifende inhaltliche Abstimmung erfolgt. In Form von Referenzlisten, welche die Interdependenzen der Teilsysteme aufzeigen, werden die beschriebenen Systeme zueinander in Verbindung gebracht. Konflikte und Widersprüche werden in den Inhalten der Teilführungssysteme weitgehend eliminiert. Eine Abstimmung der Aufbau- bzw. Ablauforganisation findet hierbei nicht statt, die einzelnen Teilsysteme bleiben erhalten. Das Zusammenfassen der Dokumentationen ist jedoch nicht mit der inhaltlichen Integration verschiedener Managementsysteme gleichzusetzen. Somit lassen sich bei der *Addition* kaum Verbesserungen erkennen, die über erste Konfliktlösungsansätze und eine übersichtlichere Anordnung, bedingt durch ein gemeinsames Inhaltsverzeichnis, hinausgehen. Allerdings führt diese in der Praxis häufig angewendete Methode zu einer Sensibilisierung der Beteiligten, wodurch ihr Problemverhalten angeregt wird, so daß die Addition häufig weiterführende Integrationsaktivitäten anstößt.

16.3.3.2 Integration der Umweltaspekte in die 20 Elemente der ISO 9001

Eine in der unternehmerischen Praxis relativ häufig anzutreffende Form der Integration ist die Eingliederung aller Anforderungen aus der ISO 14001[20] in die bestehenden 20 Elemente der ISO 9001 ohne jegliche Zusätze. Von den Befürwortern dieser sog. *„20 + 0 Elemente-Integration"* wurden vor allem die bereits bestehenden Erfahrungen aus der Einführung eines Qualitätsmanagementsystems angeführt. Die ausführlichen Qualitätsdokumentationen in Form von Handbüchern, Verfahrens- und Arbeitsanweisungen sollten nun lediglich um einige Aspekte erweitert werden. So sollte durch die 1994 erschienene DGQ-Schrift 100-21 die volle Systemverträglichkeit zwischen ISO 9001 und EMAS nachgewiesen werden.[21] Die Erfahrungen bei der konkreten Umsetzung dieser Ansätze haben jedoch gezeigt, daß eine solche Vorgehensweise kaum sinnvoll ist. Den zum Teil sehr unterschiedlichen Qualitäts- und Umweltanforderungen kann diese Methode nicht gerecht werden, da sich eine Reihe von Elementen des Umweltmanagements nicht in die bestehenden 20 Elemente der ISO 9000er-Reihe eingliedern lassen (Nagel, U. und Wegner, U., 1995, S. 3). Der logische Aufbau der ISO 14001 (Planen-Durchführen-Prüfen-Verbessern) *„ ... wird durch die Eingliederung in die ganz andere, funktionale Struktur des QMS zerrissen. Die Zusammenhänge zwischen den einzelnen Schritten des UMS werden zerstört"* (Dyllick, T., Gebhardt, P. und Häfliger, B., 1998, S. 11). Somit ist die Struktur der ISO 9001 nicht geeig-

---

[20] Zur Vereinfachung der Ausführungen wird hier lediglich von einer Integration von Umweltanforderungen gemäß der ISO 14001 gesprochen. Hier wird davon ausgegangen, daß ein Unternehmen entweder ausschließlich die ISO 14001 berücksichtigt oder diese um die Zusatzanforderungen des EMAS ergänzt hat (s. Fußnote 5) [Anm. d. Verf.].
[21] Vgl. DGQ, (1994); Petrick, K. und Eggert, R. (1994) sowie die 1996 erschienene DGQ-Schrift 19-41: Aufbau eines Umweltmanagementsystems, welche ebenfalls eine Einbindung der Umweltanforderungen in die ISO 9001-Struktur vorsieht, vgl. DGQ (1996).

net, um die Lernprozesse, wie sie durch den Ablauf der ISO 14001 vorgesehen sind, sinnvoll zu unterstützen (ebenda, S. 12). Ähnliches gilt für die Integration von Arbeitssicherheitssystemelementen. So kritisierte STARK die hier durchgeführte analoge Übersetzung der Umweltanforderungen in das Gerüst der ISO 9001 folgendermaßen: *„Diese Schrift ist (...) geradezu der Beweis, daß es nicht möglich ist, die Aufgaben des Umweltmanagements nach den Kategorien der ISO 9000 zu ordnen. Es reicht eben nicht aus, die Elemente der ISO 9001 (...) analog zu interpretieren, um so die Elemente für ein Umweltmanagementsystem zu erhalten."* (Stark, R., 1995, S. 37) Parallel zu der Einbindung der Umweltaspekte in die 20 Qualitätselemente entstand eine ebenso wenig erfolgversprechende Variante, wonach die gesamten Umweltanforderungen in einem 21. Kapitel an die Qualitätselemente angekoppelt werden sollten. Diese Vorgehensweise entspricht jedoch im wesentlichen einer Addition und beschränkt sich auf eine schlichte Modifikation der Gliederung. Ein zusätzliches Kapitel reicht nicht aus, um die im Qualitätsmanagementsystem ungeregelten Umweltelemente ernsthaft zu berücksichtigen.[22]

Butterbrodt unterscheidet ein *„Summarisches-"* und ein *„Adaptives Integrationsmodell"* (Butterbrodt, D., 1997a, S. 83 ff; Butterbrodt, D., 1997b, S. 42 ff.). Das *„Summarische Modell"* basiert ebenfalls auf der Annahme, daß ein Unternehmen bereits ein QMS nach ISO 9001 implementiert hat und den Umweltschutz als 21. Element an diese Qualitätsnorm *„anhängt"*. Dabei werden die folgenden vier Varianten innerhalb des zusätzlichen 21. Umweltelements angeboten (Butterbrodt, D., 1997a, S. 84; Butterbrodt, D., 1997b, S. 43 ff.):

1. Ordnung der umweltspezifischen Aspekte nach dem Schema der 20 ISO 9001-Elemente.
2. Ordnung der umweltspezifischen Aspekte nach dem Schema einer anerkannten Umweltnorm (z. B. BS 7750, ISO 14001).
3. Durchführung einer umweltmedienorientierten Untersuchung (Boden, Wasser, Luft) aller Unternehmenstätigkeiten und Darlegung innerhalb des entsprechenden Elements des QMH.
4. Ausrichtung des 21. Umweltkapitels an der Gliederung des Anhang I der EMAS.

Das *„Adaptive Integrationsmodell"* unterscheidet ebenfalls zwei Varianten. Variante 1 beschreibt die Adaption der ISO 9001 zum Aufbau eines eigenständigen Umweltmanagementsystems und dessen Darlegung in einem separaten Umweltmanagementhandbuch. Variante 2 beschreibt die Adaption der ISO 9001 zum Aufbau eines gemeinsamen Qualitäts- und Umweltmanagementsystems und des-

---

[22] Zenk (1995, S. 113 ff.) sieht das Anhängen eines 21. Kapitels an die ISO 9001 als Übergangslösung. Zur Umgehung dieses 21. Kapitels erweitert er das Element 2 der ISO 9001 „Qualitätsmanagementsystem" um die folgenden Komponenten der EMAS: Umweltpolitik, -ziele und Programme, Organisation und Personal, Auswirkungen auf die Umwelt, Aufbau und Ablaufkontrolle, Umweltmanagement-Dokumentation, Umweltbetriebsprüfungen und Umwelterklärung.

sen Darlegung in einem gemeinsamen Managementhandbuch. Dabei erfolgt die Erweiterung des Qualitätsbegriffs, indem die gesamte Gesellschaft mit ihren Anforderungen als Kunde des Unternehmens verstanden wird, so daß im Rahmen der Kundenorientierung der Umweltschutz einbezogen wird. Innerhalb dieser Variante lassen sich zwei weitere Untervarianten ableiten. Variante 2.1 unterstellt, daß eine Verbindung von QMS und UMS auf Basis der 20 Qualitätselemente nicht vollständig gelingt, damit ist eine Ergänzung der Struktur um operative Elemente des UMS erforderlich.[23] Variante 2.2 geht von einer vollständigen Einbindung der Umweltelemente auf Basis der 20 Elemente der ISO 9001 aus (Butterbrodt, D., 1997a, S. 84; Butterbrodt, D., 1997b, S. 50 ff.).

16.3.4 Elementorientierte Partielle Integration

Aufgrund der heterogenen unternehmensspezifischen Ausgangssituationen und Anforderungsprofile an ein einheitliches Managementsystem, ist eine rein schematische Integration aller Normelemente auf allen Dokumentationsebenen nicht vorbehaltlos zu empfehlen. Daher erscheint es sinnvoll, in Abhängigkeit von dem jeweiligen Anwendungsgebiet die Zusammenfassung jedes einzelnen Elements fallweise zu entscheiden. Demnach wird in einigen Fällen lediglich partiell integriert, d. h. nicht alle Elemente können sinnvoll zusammengefaßt werden, so daß einige von ihnen nach den Integrationsaktivitäten weiterhin separat zu behandeln sind. Die sog. Partielle Integration ist folglich eine Methode zur formalen Abstimmung der verschiedenen zugrunde gelegten Normen bzw. Verordnungen. Sie kann zum einen auf der Ebene der Handbücher, zum anderen auf der Ebene der Verfahrensanweisungen und Arbeitsanweisungen durchgeführt werden (Pischon, A., 1997, S. 55). Die Integrationsbasis können hier sowohl die 20 Elemente der ISO 9001 bilden als auch die Systemarchitektur der ISO 14001. Eine Einordnung in ein bestehendes Arbeitssicherheitsmanagementsystem ist ebenso denkbar, entspricht aber nicht den aktuellen Gegebenheiten in den Unternehmen. Da in vielen Unternehmen bereits ein Qualitätsmanagement nach ISO 9001 existiert, wird die Partielle Integration hier am Beispiel eines bestehenden QMS beschrieben.

16.3.4.1 *Partielle Integration auf Ebene der Handbücher*

In die nach den 20 ISO 9001-Elementen gegliederten Kapitel des Qualitätshandbuchs werden zunächst die sinngemäß passenden Pendants der ISO 14001 eingeordnet. So lassen sich zum Beispiel die Bereiche *Politik, Schulung, Beschaffung* und *Auditierung* formal in die entsprechenden Unterkapitel der Qualitätsnorm einordnen. Umweltelemente, die keine eindeutige Entsprechung auf der Qualitätsseite haben, werden als Zusatzkapitel an die 20 Qualitätselemente „*angehängt*". Demnach könnte z. B. Kapitel 21 die „*Identifikation der Umweltaspekte*" beinhal-

---

[23] Eine vergleichbare Vorgehensweise findet sich bei Tetté, M.A. (1996, S. 22 ff.).

ten oder in Kapitel 22 das „*Notfallmanagement*" geregelt werden. Im Anschluß an die Durchführung der Integration von Umweltschutzanforderungen, kann mit der Integration von Arbeitssicherheitsanforderungen begonnen werden. Werden z. B. die SCC-Anforderungen dem hier zu integrierenden Arbeitssicherheitsmanagement zugrundegelegt, ist die Vorgehensweise analog zur Integration der Umweltanforderungen.[24]

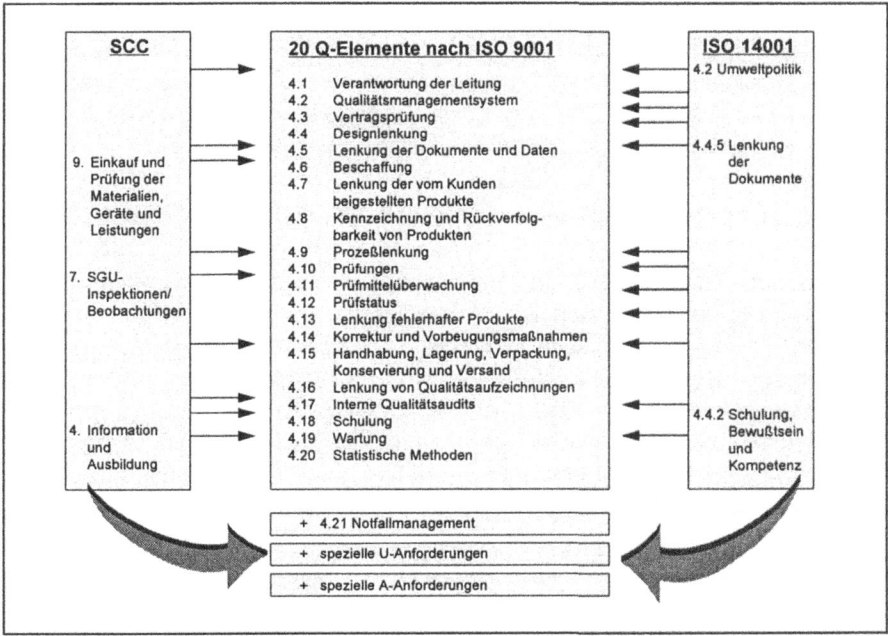

Abb. 2 Die Partielle Integration (beispielhafte Darstellung der Elementeintegration) (Quelle: Felix, R., Pischon, A., Riemenschneider, F. und Schwerdtle, H., 1997, S. 48)

Bei Aspekten, bei denen es sinnvoll erscheint, werden die SCC-/bzw. BS 8800-Kriterien den 20 bereits integrierten Qualitäts-/Umweltelementen bzw. den zuvor um spezielle Umweltanforderungen erweiterten Zusatzelementen zugeordnet. Die Eingruppierung zu *Politik, Verantwortung der obersten Leitung* und *Schulung* ist somit gleichermaßen möglich. Die *Vorbereitung auf Notsituationen* wird in das neu geschaffene 21. Kapitel eingeteilt. Des weiteren würde sich die Einhaltung der Unfallhäufigkeitskennziffer als zusätzliches Element an die bis dahin beste-

---

[24] Soll hingegen eine Orientierung am BS 8800 erfolgen, ist es sinnvoll, zunächst die Umwelt- und Arbeitssicherheitsanforderungen abzustimmen und diese dann gemeinsam in das Qualitätsmanagement zu integrieren. Allerdings bietet sich in diesem Falle eine Orientierung der IMS-Struktur am Beispiel der ISO 14001 an [Anm. d. Verf.].

henden Elemente angliedern, da eine solche konkret meßbare Anforderung in den beiden anderen Managementsystemen nicht besteht. Eine derartige sukzessive Vorgehensweise bietet sich an, da nach dem ersten Integrationsschritt (Q/U-Integration) eine sehr übersichtliche Basis für die weiterführende Integration anderer Managementsystemanforderungen geschaffen ist. Eine parallele Integration ist gleichermaßen denkbar, hierbei ist jedoch die kurzfristige Komplexitätszunahme zu berücksichtigen, die zu relativ unübersichtlichen Strukturen führen kann. Wird dieser partiellen Integrationsweise unter rein formalen Gesichtspunkten gefolgt, ist eine Zusammenfassung auf der Ebene eines gemeinsamen Handbuchs relativ einfach zu handhaben. Die danach erforderliche, konkrete inhaltliche Abstimmung der unterschiedlichen Systeme auf der Ebene der Verfahrensanweisungen weist demgegenüber eine wesentlich größere Komplexität auf (Felix, R., Pischon, A., Riemenschneider, F. und Schwerdtle, H., 1997, S. 48 f.).

16.3.4.2 Partielle Integration auf Ebene der Verfahrensanweisungen

Die eigentliche Hauptaufgabe einer unternehmensspezifischen Integration liegt in der Umsetzung der teilintegrierten Elemente auf der strategischen Ebene, d. h. auf Basis der Verfahrensanweisungen (Dyllick, T., 1996, S. 114). Diese Anweisungen beschreiben den Ablauf von Tätigkeiten bzw. Prozessen in einem Unternehmen und konzentrieren sich vor allem auf eine konkrete Definition der Aufgaben an den Nahtstellen zwischen Abteilungen und/oder Bearbeitungsstufen. Bei der Integration auf dieser Ebene ist das Hauptaugenmerk zunächst auf einen optisch und strukturell einheitlichen Aufbau der Verfahrensanweisungen zu legen, um danach deren inhaltliche Abstimmung vornehmen zu können. Als Vorteil einer einheitlichen, formalen und inhaltlichen Gestaltung der Verfahrensanweisungen ist in erster Linie eine erhöhte Normensicherheit zu nennen, da nur so eine eindeutige Regelung von Aspekten wie Revision, Freigabe etc. gewährleistet werden kann. Darüber hinaus verhilft die inhaltlich eindeutige Beschreibung von Schnittstellen zu einer Transparenz und vermeidet eine Doppelarbeit sowie ein „Übersehen" wichtiger Aspekte (Lieback, J.U., Schmallenbach, J. und Binetti, J.-C., 1996, S. 7). Zudem entsteht aufgrund der besseren Orientierung eine leichtere Handhabung der Dokumentation und somit eine schnellere Zugriffsmöglichkeit. Darüber hinaus werden durch das einheitliche Layout psychologische Barrieren bzgl. der Anwendung von neu hinzugefügten Teilbereichen reduziert. Dies erfolgt aufgrund des bekannten Erscheinungsbildes, welches dem Anwender eine bereits vertraute Vorgehensweise suggeriert. Die Verwirklichung eines nach innen gerichteten „Corporate Design" in Form einheitlicher Verfahrensanweisungen kann schließlich als ein erster sichtbarer Schritt der Integration verschiedener Teilbereiche gesehen werden. Nachteilig kann sich jedoch der relativ große Aufwand bei der Umstellung bereits vorhandener Verfahrensanweisungen auswirken, so daß es innerhalb der betreffenden Organisation zu entscheiden gilt, inwieweit eine schrittweise Umstellung der bestehenden Verfahrensanweisungen sinnvoll ist. In der Regel könnte dies im Rahmen erforderlicher Überarbeitungen in Folge von

Prozeßumstellungen oder Wiederholungsaudits der Fall sein. Bei der Integration der Umwelt-Verfahrensanweisungen mit den bereits bestehenden Qualitätsverfahrens-Anweisungen sind drei Stufen zu unterscheiden, welche einen unterschiedlichen Grad der Integration zulassen (Felix, R., Pischon, A., Riemenschneider, F. und Schwerdtle, H., 1997, S. 51 ff.):

Verfahrensanweisungen der Stufe 1:
Verfahrensanweisungen, welche auf die Handlungsweise des Qualitätsmanagementsystems und damit auf konkrete Qualitäts-Verfahrensanweisungen verweisen, da hier die entsprechenden Vorgehensweisen nahezu übereinstimmend geregelt sind (Beispiel: Dokumentenlenkung, Prüfmittelüberwachung, Schulung). Bei dieser Variante ist eine direkte Integration möglich, da lediglich geringe Modifikationen erforderlich sind. Die Hauptaufgabe liegt darin, die Qualitätsbezeichnungen in den Qualitäts-Verfahrensanweisungen durch die Termini „*Integrierte-...*" oder „*Qualitäts-/ Umwelt-/Arbeitssicherheits-...*" zu ersetzen.

Verfahrensanweisungen der Stufe 2:
Verfahrensanweisungen, welche Tätigkeiten beschreiben, die auch im Qualitätsmanagement geregelt werden, jedoch im Umwelt- bzw. Arbeitssicherheitsmanagement wichtiger Zusätze bedürfen (Beispiel: Beschaffung). Die Integration besteht hier in der Ergänzung der Qualitätsanweisungen um die speziellen Umwelt- und Arbeitssicherheitsanforderungen.

Verfahrensanweisungen der Stufe 3:
Verfahrensanweisungen, die ausschließlich Umwelt- bzw. Arbeitssicherheitsaspekte regeln, welche kein Pendant im Qualitätsbereich aufweisen (Beispiel: Identifikation von Umweltaspekten, Unfallanalyse). Hier findet keine Integration statt, es bestehen weiterhin spezielle Verfahrensanweisungen für den jeweiligen Bereich.

Selbst nach einer vollzogenen Systemabstimmung existieren somit Anweisungen, die nur einen der Bereiche betreffen, einige, die zwei Bereiche abdecken, sowie etliche, welche allen drei zu integrierenden Anforderungskatalogen gerecht werden (Lieback, J.U., Schmallenbach, J. und Binetti, J.-C. (1996), S. 8). Zu beachten ist, daß diese drei Stufen bzgl. ihrer Zielsetzungen in unterschiedlicher Weise miteinander in Zusammenhang stehen können: Verfahrensanweisungen der ersten Stufe weisen eine weitgehend komplementäre Zielerreichung auf. Die Ziele der *Stufe 2-Verfahrensanweisungen* konkurrieren in den meisten Fällen, wohingegen bei der Zielerreichung der dritten Stufe eine Indifferenz zu erwarten ist. Für die Integration der drei Bereiche sind die sog. *Stufe 2-Verfahrensanweisungen* von besonderer Bedeutung. Um bei diesen Verfahren einen reibungslosen Arbeitsablauf gewährleisten zu können, ist eine einheitliche Regelung der unterschiedlichen Bestimmungen innerhalb dieser Verfahrensanweisungen zwingend erforderlich. Findet hier kein Abgleich in Form einer umweltbezogenen Erweiterung statt, können widersprüchliche Mehrfachregelungen desselben Prozesses entstehen (Möller, J. und Pischon, A., 1997, S. 34 f.).

16.3.5 Systemübergreifende Integration

Bei allen betrachteten Managementsystem-Modellen ist eine gewisse Grundstruktur zu verzeichnen. Die detaillierte Analyse der Managementsysteme in den Bereichen Qualität, Umweltschutz und Arbeitssicherheit hat gezeigt, daß jedes System bestimmte Elemente besitzt, die sich in die Bereiche Managementfunktionen, Produktionsprozeß und übergeordnete Querschnittsfunktionen aufteilen lassen (Adams, H.W., 1995, S. 122-125). Der Leitgedanke der systemübergreifenden Integrationsvariante besteht nun darin, diese lenkenden und systematisierenden Elemente eines Managementsystems von den Elementen zu trennen, welche sich den prozeß- oder ablauforientierten Funktionen widmen. Diejenigen Elemente, die sowohl den Managementfunktionen als auch den Querschnittsfunktionen zuzuordnen sind, werden hier unter dem Begriff der „*systemübergreifenden Elemente*" zusammengefaßt. ADAMS bezeichnet die Gesamtheit dieser Elemente als das „*Management der Managementsysteme*" (ebenda, S. XIV). Im Rahmen der Gegenüberstellung von zu berücksichtigenden Spezial-Managementsystemen können die systemübergreifenden Elemente des geplanten IMS zunächst identifiziert und in einem zweiten Schritt zu jeweils einem integrierten Element zusammengefaßt werden. Bildlich gesprochen formen sie ein Dach über die fachspezifischen Elemente in den Modulen Qualität, Umweltschutz und Arbeitssicherheit. Die fachspezifischen Forderungen des Qualitäts-, Umweltschutz- und Arbeitssicherheitsmanagementsystems werden den sog. Modulen „*unter*" den systemübergreifenden Elementen zugewiesen. Die produktionsprozeßbezogenen Elemente verbleiben auf einer zweiten darunterliegenden Systemebene (s. Abb. 3.).

Eine konkrete Umsetzung dieser Integrationsvariante stellt das „*Hoechst Integrierte Management System (HIMS)*" dar. Dieses System wurde von der HOECHST AG in den letzten Jahren entwickelt und wird zur Zeit am Standort Höchst umgesetzt. Das System faßt die Gebiete Umweltschutz, Arbeitsschutz, Anlagensicherheit, Gesundheitsschutz, Notfallmanagement und Qualität zusammen. Es ist modular aufgebaut und damit jederzeit um zusätzliche Themen erweiterbar. Am praktischen Beispiel der HOECHST AG wird im folgenden die Umsetzung für die Gebiete Umweltschutz, Qualität und Arbeitssicherheit skizziert.[25] Die systemübergreifenden Elemente beschäftigen sich mit grundsätzlichen Themenstellungen, die für alle Module gelten. Sie bilden den „*größten gemeinsamen Nenner*" der drei Managementsysteme und betreffen die folgenden Aspekte (Felix, R., Pischon, A., Riemenschneider, F. und Schwerdtle, H., 1997, S. 71):

---

[25] An der Umsetzung und Weiterentwicklung dieses von Adams erarbeiteten Konzepts bei der Hoechst AG ist der Mitautor des IWÖ-Diskussionsbeitrags Nr. 41 (Felix, R., Pischon, A., Riemenschneider, F. und Schwerdtle, H., 1997) Frank Riemenschneider federführend beteiligt. Vgl. Bock, H. und Riemenschneider, F. (1997). Im Rahmen einer von ihm angefertigten Dissertation wird gegen Ende 1998 eine ausführliche Darstellung dieser Vorgehensweise erscheinen [Anm. d. Verf.].

- Die **Zielsetzung des Unternehmens**. Sie kommt in der Vision, der Politik und den daraus abgeleiteten Zielen und Programmen zum Ausdruck. Hier wird geregelt, durch wen und in welcher Form diese Zielsetzung formuliert, freigegeben und fortgeschrieben wird.
- Die **Beschreibung des IMS**. Hierunter zählen u. a. die Aspekte der Verantwortung und der Delegation sowie die Beschreibung der internen und externen Systemgrenzen.
- Die **Lenkung von Aufzeichnungen und Dokumenten**. Sie beschreibt, wie interne und externe Dokumente gelenkt werden. Zusätzlich werden Aufbewahrungsort und -dauer für Aufzeichnungen hier festgeschrieben.
- Ein **dreistufiges Bewertungs- und Kontrollsystem**. Dieses setzt sich zusammen aus der Management-Bewertung (Management Review: Bewertung der Wirksamkeit des Systems durch die oberste Leitung), der Auditierung (Planung, Durchführung, Auswertung und Dokumentation der Auditierung) und den Routine- und Beauftragtenüberprüfungen (Planung, Durchführung, Auswertung und Dokumentation der Überprüfungen).
- Die Verpflichtung für eine **kontinuierliche Verbesserung**. Sie spiegelt sich in den Regelungen zur Effizienzsteigerung, zu Korrektur- und Vorbeugemaßnahmen, Motivation, interner Kommunikation, Personalqualifikation und Schulung wider.
- Die **rechtlichen Aspekte**. Hierunter lassen sich z. B. die Regelwerksverfolgung und der Umgang mit Genehmigungen bzw. die Auflagenverfolgung subsumieren.
- Sonstige Aspekte wie **Risiko- und Versicherungsmanagement, Statistische Methoden, Öffentlichkeitsarbeit**.

Die Regelungstiefe dieser lenkenden, systematisierenden Elemente ist abhängig von den jeweiligen unternehmensspezifischen Gegebenheiten. Aspekte wie Größe des Unternehmens, bestehende Unternehmenskultur und Mitarbeiterqualifikation sind in diesem Zusammenhang wichtige Determinanten. In den darunter liegenden, fachlichen Modulen der Bereiche Qualitäts-, Umwelt- und Arbeitssicherheitsmanagement verbleiben die Elemente, welche nicht in den übergreifenden Teil eingeflossen sind: So finden sich im *„Modul Qualitätsmanagement"* die nicht vorangestellten Elemente der ISO 9001, welche um die relevanten Umwelt- und Arbeitssicherheitsaspekte zu ergänzen sind. Beispielsweise werden auf dem Themengebiet Beschaffung Vorgaben für den Einkauf von Roh- und Hilfsstoffen, Materialien, Geräten, Anlagen, Anlagenteilen und Dienstleistungen festgelegt. Hierbei werden die Zuständigkeiten für diese Tätigkeiten eindeutig geregelt und die erforderlichen Merkmale für die zu beschaffenden Güter und Dienstleistungen festgelegt. Die Leistungsmerkmale sind aus den betrieblichen Forderungen abgeleitet und enthalten die Anforderungen aus Sicht der Qualität, des Umweltschutzes und der Arbeitssicherheit. Eine solche Forderung ist etwa die Einstufung aller zu

336 Teil IV: Umweltmanagementsysteme: Vergleich und Ausblick

beschaffenden Güter in eine Risikoklasse (z. B. Wassergefährdungsklassen nach VAWS) sowie die Forderung ab Stufe II, aktuelle Sicherheitsdatenblätter bereitzustellen, aus denen die relevanten Sicherheits- und Umweltschutzdaten hervorgehen.

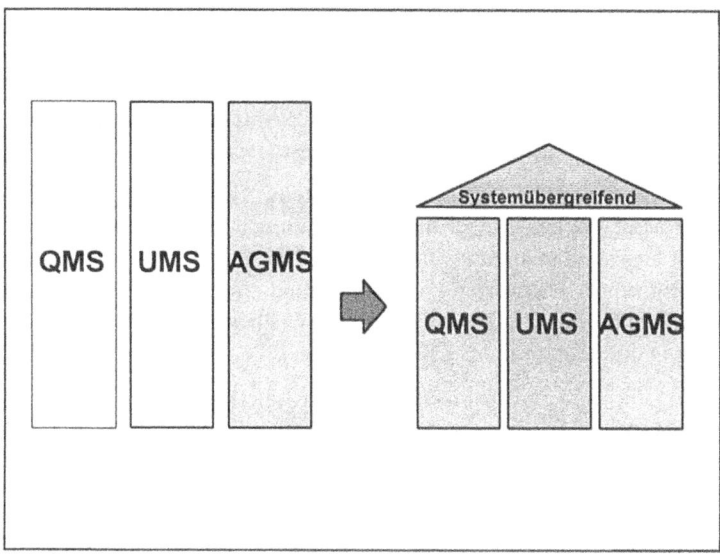

Abb. 3. Systemübergreifende Integration (Quelle: Felix, R., Pischon, A., Riemenschneider, F. und Schwerdtle, H., 1997, S. 70)

Im „*Modul* Arbeitssicherheit" wird u. a. das Thema des vorbeugenden Umweltschutzes behandelt. Hier finden sich Forderungen zur Vermeidung von Betriebsunfällen bzw. zur größtmöglichen Begrenzung deren arbeitssicherheits-, gesundheitsschutz- und umweltschutzbezogenen Auswirkungen. Eine charakteristische Forderung innerhalb dieses Elements ist die regelmäßige Durchführung und Dokumentation von Gefährdungsermittlungen sowie die Einleitung geeigneter Maßnahmen nach Unfällen und Beinaheunfällen. Die Spezial-Regelungen im „*Modul Umweltschutz*" behandeln u. a. den Gewässerschutz. Hier werden Vorgaben zur Wasserentnahme, Wassernutzung, Abwasserbehandlung und Einleitung von Abwässern getroffen. So sind z. B. alle Einwirkungen auf Umwelt und Mitarbeiter abzuschätzen, die sich aufgrund der Tätigkeiten und der Eigenschaften der Produkte bei der beabsichtigten und unbeabsichtigten Ableitung in Gewässer ergeben können.

Der Ansatz des systemübergreifenden Integrierten Managementsystems ist bei jeder Unternehmensgröße anwendbar. Dabei kann die Struktur des Systems grundsätzlich beibehalten werden. Je nach Unternehmensgröße ergeben sich Änderungen im Sinne von unterschiedlichen Detaillierungsgraden der Elemente. Der

Umfang und die Tiefe der Regelungen sind an die Tätigkeiten des Unternehmens anzupassen. So können komplette Themengebiete, wie der Umgang mit Gefahrstoffen, innerhalb eines Moduls entfallen, wenn im betrachteten Unternehmen keine derartigen Tätigkeiten durchgeführt werden. Bei der Reduzierung der Themen ist jedoch mit Bedacht vorzugehen, da es sich bei strenger Auslegung selbst bei einem Klebestift um einen Gefahrstoff handeln kann. Ab einer gewissen Unternehmensgröße bzw. innerhalb von Großkonzernen kann eine Zwischenstufe innerhalb des Systems sinnvoll sein, um die Zusammenarbeit im Unternehmen zu beschreiben und somit Schnittstellen zu definieren. Auf dieser Ebene werden unternehmensweit gültige Regelungen getroffen, die bei der betrieblichen Umsetzung als Richtlinien benutzt werden können. Innerhalb der Teilbereiche werden diese Regelungen auf den jeweilig erforderlichen Detaillierungsgrad angepaßt. Neben der systemübergreifenden Integration auf der obersten Ebene des Unternehmens, ist auf der Ebene der Teilbereiche letztendlich sowohl eine systemübergreifende als auch eine prozeßorientierte oder partielle Integration möglich. Der Vorteil dieser Vorgehensweise besteht darin, daß ein identischer Aufbau und eine einheitliche Methodik für die inhaltlich unterschiedlichen Managementsysteme geschaffen werden. Durch die Vermeidung einer parallelen Mehrfachregelung der systemübergreifenden Elemente in separaten Systemen wird die Komplexität reduziert, die Transparenz erhöht und das System für alle Mitarbeiter nachvollziehbarer und verständlicher gestaltet. Effektivitäts- und Effizienzsteigerungen sind somit das Ergebnis einer systemübergreifenden Integration (Felix, R., Pischon, A., Riemenschneider, F. und Schwerdtle, H., 1997, S. 69-74).

16.3.6 Prozeßorientierte Integration

Eine Orientierung an den in den Unternehmen anzutreffenden Unternehmensprozessen bietet eine weitere Möglichkeit der Integration von Qualitäts-, Umwelt- und Arbeitssicherheitsmanagement. Diese Vorgehensweise ist dann sinnvoll, wenn das betrachtete Unternehmen seine Ablauforganisation im Rahmen des „Lean Production" oder des „Reengineering" in eine Prozeßorganisation umgestaltet hat. GAITANIDES definiert den Prozeß als „*Abfolge von Aktivitäten, die in einem logischen inneren Zusammenhang dadurch stehen, daß sie im Ergebnis zu einem Produkt bzw. einer Leistung führen, die durch einen Kunden(-prozeß) nachgefragt wird.*" (Gaitanides, M., 1996, Sp. 1683) Dabei bildet eine Aktivität, als zielgerichteter Einzelvorgang oder Einzelmaßnahme, das Grundelement der Unternehmenstätigkeit. So kann die Ausführung einer Bestellung als Beispiel für eine Aktivität genannt werden (Baumgarten, H., 1996, Sp. 1672). Eine Prozeßorganisation zeichnet sich vorwiegend durch die folgenden zwei Eigenschaften aus:

1. Die Grundlage der Unternehmensstruktur bilden die Prozesse. Somit wird das CHANDLER`SCHE Strategiekonzept „*structure follows strategy*" (Chandler, A.D., 1966) in „*structure follows process and process follows strategy*" modifiziert (Scholz, R., 1994, S. 356-363.).

2. Die Prozeßorganisation besitzt einen funktionsübergreifenden Charakter. Im Unterschied zur Aufbauorganisation, die auf die Aufgabenerfüllung und somit auf die funktionale Aufgabenspezialisierung ausgerichtet ist, hat die Prozeßorganisation eine ganzheitliche Vorgangsbearbeitung zum Ziel (Davenport, T.H. und Nohria, N., 1995, S. 81-90).

Den folgenden Ausführungen wird ein Unternehmen zugrunde gelegt, welches bereits eine Prozeßorganisation eingeführt hat.[26] Eine Möglichkeit der Prozeßstrukturierung bietet die zur Zeit im Rahmen der Revision 2000 der ISO 9001 diskutierte Unterteilung in Management-, Ressourcen-, Leistungserstellungs-, Kunden- sowie unterstützende Prozesse (s. Abb. 4.).

Diese fünf Prozesse stellen die erste Ebene der Prozeßstruktur dar. Auf der zweiten Ebene erfolgt eine Konkretisierung hinsichtlich spezieller Unternehmensprozesse sowie einzelner Prozeßschritte.[27] Die Prozesse sind insgesamt an den Bedürfnissen des jeweiligen Kunden ausgerichtet. Kunde des Prozesses kann in diesem Zusammenhang der darauffolgende Prozeß (interner Kunde) oder der externe Käufer des Produkts bzw. der Dienstleistung sein. Die Integration der Anforderungen der einzelnen Managementsysteme kann anhand der folgenden vier Schritte geschehen:

1. Analyse der Prozesse nach qualitäts-, umweltschutz- bzw. arbeitssicherheitsrelevanten Aktivitäten.
2. Erweiterung der Prozeßbeschreibung um die jeweiligen qualitäts-, umweltschutz- bzw. arbeitssicherheitsrelevanten Aktivitäten.
3. Überprüfung jeder einzelnen Forderung der zugrundeliegenden Normen, Leitfäden und Verordnungen (ISO 9001, ISO 14001, EMAS, BS 8800, SCC) hinsichtlich ihrer Erfüllung und Identifikation des jeweiligen Prozesses, in welchen sie integriert sind.
4. Erstellung jeweils separater Prüfmatrizen für Qualität, Umweltschutz und Arbeitssicherheit. Diese verdeutlichen, in welchem Prozeß das entsprechende Normelement einwirkt bzw. durch welchen Prozeß das jeweilige Element erfüllt wird.

---

[26] Zur Einführung einer Prozeßorganisation vgl. Krickl, O.Ch. (1994); Gaitanides, M., Scholz, R., Vrohlings, A., et al. (1994); Hess, T. und Brecht, L. (1995) sowie Chrobock, R. und Tiemeyer, E. (1996).

[27] Die Unternehmensberatung Dr. Adams und Partner hat in einem Verbundprojekt mit dem nordrhein-westfälischen Wirtschaftsministerium ein integriertes Q-/UMS-Musterhandbuch für KMU erstellt, welches auf einer vergleichbaren Prozeßdarstellung basiert [Anm. d. Verf.]. Vgl. Adams, H.W. (1996, S. 5). Die Unternehmensberatung Coopers & Lybrand hat im Auftrag der Hessischen Landesanstalt für Umwelt einen Leitfaden für Integrierte Managementsysteme entwickelt, der sich ebenfalls an den Unternehmensprozessen orientiert [Anm. d. Verf.]. Vgl. Meuche, T., Doerner, U., Hofmann-Kamensky, M., Langefeld, L. et al. (1997).

16 Generische Managementsysteme als zukünftige Optionen

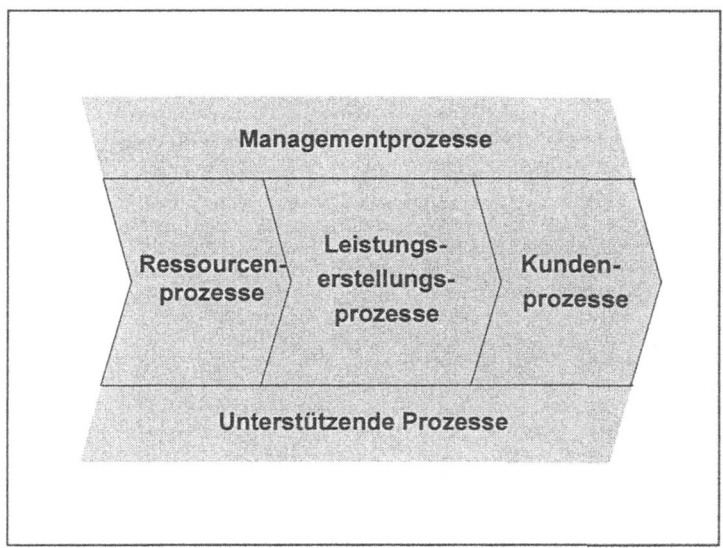

Abb. 4. ISO-Gliederungsstruktur der Prozesse (Quelle: Dyllick, T., 1996, S. 10)

Abbildung 5 zeigt eine beispielhafte Einbindung verschiedener Systemelemente in die beschriebene Prozeßstruktur. Zur Erhöhung der Transparenz der Prozeßorganisation und zur Überwachung der Vollständigkeit des Systems ist eine Übersichts- bzw. Prüfmatrix erforderlich. Sie trägt dazu bei, einem externen Prüfer den Zertifizierungsvorgang zu erleichtern.

Die in Abbildung 6 dargestellte Prüfmatrix kann beispielsweise für ein zu zertifizierendes Umweltmanagement eingesetzt werden. Der Buchstabe U in der ersten Zeile enthält die Information, daß die Erstellung der Umweltpolitik innerhalb der Managementprozesse geregelt ist. Alle weiteren Eintragungen verdeutlichen exemplarisch den in Abbildung 5 dargestellten Zusammenhang. Für die Bereiche des Qualitäts- sowie Arbeitssicherheitsmanagements sind vergleichbare Prüfmatrizen zu erstellen. Für die Einhaltung der jeweiligen Aktivität ist nach Abschluß dieser Tätigkeiten der sog. *„Prozeß-Owner"* verantwortlich. Die Aufgaben der Fachbereiche für Qualität, Umweltschutz und Arbeitssicherheit beschränken sich nach einer solchen Prozeßausrichtung auf die Beratung und Unterstützung der einzelnen Prozeßteams. Der Vorteil einer solchen prozeßorientierten Integration besteht im wesentlichen in der Möglichkeit, den überwiegenden Teil der zur Aufrechterhaltung der einzelnen Spezial-Managementsysteme erforderlichen Tätigkeiten in die Linie zu verlagern. Damit wird die Verantwortung für Qualität, Umweltschutz und Arbeitssicherheit in den täglichen Entscheidungsprozeß nahezu jedes Mitarbeiters eingebunden. Die Größe der Stabsabteilungen kann somit auf ein Mindestmaß reduziert werden.[28]

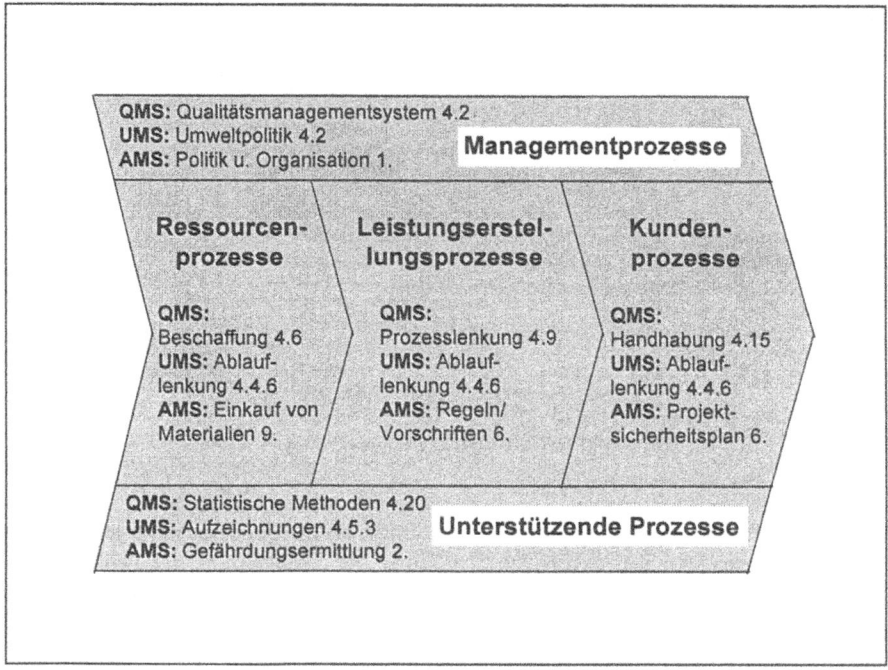

Abb. 5. Beispielhafte Einbindung verschiedener Systemelemente in die Prozeßstruktur (Quelle: Felix, R., Pischon, A., Riemenschneider, F. und Schwerdtle, H., 1997, S. 67)

---

[28] An der Umsetzung und Weiterentwicklung dieses Konzepts im Rahmen der Micro Compact Car GmbH ist der Mitautor des IWÖ-Diskussionsbeitrags Nr. 41 (Vgl. Felix, R., Pischon, A., Riemenschneider, F. und Schwerdtle, H., 1997) H. Schwerdtle federführend beteiligt. Im Rahmen einer von ihm angefertigten Dissertation wird Ende 1998 eine ausführliche Darstellung dieser Vorgehensweise erscheinen [Anm. d. Verf.].

16 Generische Managementsysteme als zukünftige Optionen

Anforderungen der DIN EN ISO 14001 / Unternehmensprozesse	4.1 Allgemeine Forderungen	4.2 Umweltpolitik	4.3 Planung	4.3.1 Umweltaspekte	4.3.2 Gesetzliche und andere Forderungen	4.3.3 Zielsetzungen und Einzelziele	4.3.4 Umweltmanagement-programm(e)	4.4 Implementierung und Durchführung	4.4.1 Organisationsstruktur und Verantwortlichkeit	4.4.2 Schulung, Bewußtsein und Kompetenz	4.4.3 Kommunikation	4.4.4 Dokumentation des Umweltmanagementsystems	4.4.5 Lenkung der Dokumente	4.4.6 Ablauflenkung	4.4.7 Notfallvorsorge und -maßnahmen	4.5 Kontroll- und Korrekturmaßnahmen	4.5.1 Überwachung und Messung	4.5.2 Abweichungen, Korrektur- und Vorsorgemaßnahmen	4.5.3 Aufzeichnungen	4.5.4 Umweltmanagementsystem-Audit	4.6 Bewertung durch die oberste Leitung
Managementprozesse	U																				
Ressourcenprozesse															U						
Leistungserstellungsprozesse																	U				
Kundenprozesse																	U				
Unterstützende Prozesse																			U		

Abb. 6. Prüfmatrix für das Umweltmanagementsystem (Quelle: Felix, R., Pischon, A., Riemenschneider, F. und Schwerdtle, H., 1997, S. 68)

16.4 Weiterentwicklung zu Generischen Managementsystemen

In der Literatur zur Integration von Managementsystemen wird häufig der Begriff des „*Generic Management System*" verwendet, welcher mit „*generischem Führungssystem*" zu übersetzen ist. Der aus der Biologie stammende Begriff „*generic*" bezieht sich ursprünglich auf eine gleiche Gattung; in der allgemeinsprachlichen Form bezeichnet der englische Ausdruck „*generic term*" einen Oberbegriff. Übertragen auf die Betriebswirtschaftslehre wird unter einem Generischen Managementsystem (GMS) ein umfassendes, übergeordnetes Managementsystem verstanden. Da diese Definition einen weitreichenden Interpretationsspielraum offen läßt, werden hier zwei grundsätzliche Auslegungsarten unterschieden: Zum einen wird von einem Generischen Managementsystem gesprochen werden, wenn zwei oder mehrere Teilsysteme so umfassend integriert sind, daß sie praktisch nicht mehr als eigene Systeme unterschieden werden können. Aufgrund der vollständigen Verschmelzung und Auflösung im Generischen Managementsystem, haben sie ihre eigene Identität aufgegeben (Weick, K.E., 1976, S. 3; Orton, J. D. und Weick, K.E., 1990, S. 205). Diese Auffassung entspricht jedoch nicht der eines Generischen Managementsystems im eigentlichen Sinne. Eine geeignetere Interpretation bietet das Verständnis des generischen Managementsystems als übergeordnetes System, welches die Koordination der untergeordneten Teilsysteme sicherstellt. Das Generische Managementsystem weist in dieser Form keine eigenen fachlichen Inhalte auf, wie ein Qualitäts-, Umwelt-, Arbeitssicherheits- oder Finanzmanagementsystem. Vielmehr bildet es ein abstrakt formuliertes Steuerungssystem auf übergeordneter Ebene (Felix, R., Pischon, A., Riemenschneider, F. und Schwerdtle, H., 1997, S. 75 ff.). Die Beobachtung, daß es in den Unternehmen zunehmend mehr Managementsysteme gibt, die oftmals weitgehend isoliert voneinander existieren und nur wenig koordiniert sind, führt ADAMS zu der Forderung nach einem *„Management der Managementsysteme"* (Adams, H.W., 1995, S. XIV). Einen vergleichbaren Vorschlag formuliert SEGHEZZI, der eine Einordnung der Teilmanagementsysteme in ein übergeordnetes GMS als Basissystem fordert (Seghezzi, H.D., 1997, S. 16) und dazu anmerkt: *„Je größer und komplexer ein Unternehmen ist, desto mehr ist es notwendig, die Komplexität der Führung durch Aufsplittung in Teilführungssysteme zu reduzieren und gleichzeitig diese Teilführungssysteme zu einem ganzheitlichen Führungssystem zusammenzufassen, das in seiner umfassenden Ganzheitlichkeit die Komplexität nicht reduziert, sondern ihr Rechnung trägt und sie in Wettbewerbsvorteile ummünzt."* (ebenda, S. 8.) SCHWANINGER (1994, o. S., zitiert bei Seghezzi, H.D., 1997, S. 8.) hält hierzu fest: *„Je besser [die Teilsysteme] mit dem allgemeinen Managementsystem einer Unternehmung verschmolzen sind, je weniger sie aufgepfropfte Anhängsel sind, die neben der bereits bestehenden Führungspraxis zusätzlich gehandhabt werden müssen (etwa weil entsprechende Reglemente bestehen), um so größer kann im Prinzip ihre Effektivität sein."* Bei einem so verstandenen Generischen Managementsystem handelt es sich also nicht um ein neues oder ein zusätzliches Managementsystem, sondern um ein gemeinsames Konstruktionsprinzip für alle vorhandenen Teilsysteme. Zur Festlegung dieses gemeinsamen Konstruktionsprinzips unterscheidet ADAMS grundsätzlich zwei Möglichkeiten (Adams, H.W., 1995, S. XIV-XIV sowie 154-174):

1. Entwicklung einer abstrakten Norm und daraus eine deduktive Ableitung des IMS mit seinen verschiedenen Ausprägungen in den Regelungsbereichen.
2. Induktive Vorgehensweise durch Befreiung der verfügbaren Teilsysteme (z. B. ISO 9001 oder ISO 14001) in einem bottom-up-Ansatz von ihren (fachspezifischen) Prozeßfunktionen, so daß die übrig bleibenden allgemeinen Management- und Querschnittsfunktionen die Anforderungen an ein IMS festlegen. Die Summe der Anforderungen, die auf diese Weise das integrierte Managementsystem erzeugen, bezeichnet ADAMS als Generic Management System. Erst in einem zweiten Schritt soll das so erarbeitete Generic Management System top-down als Gestaltungsprinzip für alle zu errichtenden Teilsysteme eingeführt werden.

Der von ADAMS favorisierte, induktive Ansatz soll zu einer höheren Akzeptanz der Mitarbeiter führen, da sie in den Gestaltungsprozeß des Generic Management Systems partizipativ einbezogen werden. Die Struktur eines solchen universellen Managementsytems ist hochflexibel und lernfähig. Damit ist es in der Lage, alle zukünftigen Anforderungen an ein Unternehmen zu erfüllen, gleichzeitig erfüllt es jedoch auch die Forderung nach Stabilität, indem es von neuen Anforderungen weder in seiner Lebensfähigkeit noch bezüglich der betrieblichen Relevanz beeinträchtigt wird (ebenda, S. 161 ff.; Adams. H.W. und Haker, W., 1996, S. 778 ff.).

Als Kritiker von ADAMS sieht DYLLICK weder in der Zusammenführung von Qualitäts-, Umweltschutz- und Arbeitssicherheitsmanagementsystemen noch in dem Aufbau eines übergeordneten Managementsystems durch das *„vor die Klammer ziehen"* systemübergreifender Elemente bereits eine Realisation eines Generischen Managementsystems. Vielmehr besteht eine seiner Hauptanforderungen an ein generisches Modell, daß es jede Art der Gestaltung offen läßt. Es handelt sich demnach um ein allgemeines Strukturmodell, welches allen Managementsystemen zugrunde gelegt werden kann. Dieser Auffassung nach entspricht ein GMS einem Leerstellengerüst bzw. einem Ordnungsrahmen im Sinne des St. Galler Management-Konzepts. Das Ziel bei dem Aufbau eines GMS, welches als Grundlage für ein IMS dienen kann, ist die Formulierung einer grundsätzlichen Gliederungsvorschrift und einer Vorschrift zur inhaltlichen Gestaltung der jeweiligen Teilsysteme (Dyllick, T., 1997b, S. 158 f.). Dabei ist z. B. eine fraktale Gliederungsstruktur denkbar, welche sich in den verbleibenden Teilsystemen wiederfindet.[29] Ein GMS soll nach DYLLICK *„...ein neues, ideales Haus sein, in das jeder seine Möbel stellen kann."*[30] Es sollte nach seiner Ansicht Eingang in die Normung finden und die Möglichkeit eröffnen, sämtliche unternehmensrelevante Aspekte, etwa Finanzen und Personal, zu integrieren, so daß daraus langfristig eine neue Gliederung der Betriebswirtschaftslehre entstehe. SEGHEZZI (Seghezzi, H.D. und Blankenburg, D., 1997b, S. 1 ff.; Seghezzi, H.D., 1998, S. 9) formuliert demnach die folgenden Kriterien, an welchen ein generisches Organisationsmodell gemessen werden kann:

1. Modularität und Offenheit (Einbindung weiterer Subsysteme muß möglich sein),
2. Vollständigkeit/Ganzheitlichkeit (alle Führungsaspekte i. S. des St. Galler Konzepts: drei Ebenen, drei Säulen und die Unternehmensentwicklung müssen berücksichtigt werden),
3. Neutralität bezüglich der funktionalen Ausrichtung (nicht spezifisch für Qualität, Umwelt, Finanzen etc.),
4. Komplexitätsbewältigungskapazität,
5. Flexibilität (Anpassungsfähigkeit an sich änderndes Unternehmensumfeld),
6. Einfachheit/Verständlichkeit, Akzeptanz,

---

[29] Unter dem Begriff „Fraktal" wird eine mathematisch-geometrische Beschreibung natürlicher Strukturen bei lebenden Organismen und Materie verstanden. Die Fraktale sind gekennzeichnet durch eine hohe Selbstähnlichkeit von Strukturen und dem Verhalten des gesamten Systems sowie seiner Subsysteme und Elemente. Hier angewendet bedeutet dies, daß jede Gliederungsstruktur der einzelnen Subsysteme der Struktur des Gesamtsystems entspricht. Die fraktale Struktur (bzw. Rekursivität) eines IMS bedeutet, daß auf jeder Organisationsebene und bei Konzernen innerhalb jeder Teilgesellschaft eine identische Struktur besteht [Anm. d. Verf.]. Vgl. Warnecke, H.J. (1992a); Warnecke, H.J. (1992b, S. 52); Seghezzi, H.D. und Blankenburg, D. (1997b, S. 5).

[30] Vortrag von Prof. Dyllick im Rahmen eines Arbeitskreises an der Hochschule St. Gallen am 3. März 1997.

7. Differenzierbarkeit,
8. Einbindung des spezifischen Unternehmensumfelds,
9. Identifizierung und Berücksichtigung von Interdependenzen,
10. Selbstreflektion, Institutionalisierung von Rückkopplungen (Feedback-Schleifen),
11. Robustheit,
12. Innovationsförderung und Dynamik,
13. Einheitlichkeit der Abstraktionsgrade auf jeder Ebene,
14. Rekursivität (fraktale Struktur),
15. Anwendbarkeit für sämtliche Branchen und Unternehmensgrößen,
16. Eindeutigkeit,
17. Fähigkeit zur Weiterleitung der Unternehmensphilosophie sowie
18. Internationalität und Freiheit von kulturellen Eigenheiten.

Die Punkte 1-5 werden hierbei unter dem Stichwort „*Integrationskraft*" zusammengefaßt und können als sog. „*Muß-Kriterien*" verstanden werden (Seghezzi, H.D., 1997, S. 16 ff.). Bei den übrigen Aspekten handelt es sich um sog. „*Kann-Kriterien*", aus denen ein Anwender auswählen kann, welche Gesichtspunkte für seine Zielsetzungen relevant sind.[31] Die Aufstellung dieses Kriterienkatalogs macht deutlich, daß ein IMS bzw. ein GMS im ADAMS'schen Sinne lediglich eine Weiterentwicklung der nach bestehenden Normen aufgebauten Systeme hin zu einem vollständig verschmolzenen System darstellt. Den Anforderungen an ein GMS wird es somit noch nicht gerecht. Als Basis für ein „*echtes*" GMS können folgende Ansätze dienen (Pischon, A., 1998):

---

[31] Hierbei wird vorausgesetzt, daß es sich bei dem Anwender der Kriterien um eine normgebende Instanz handelt. Für ein Unternehmen werden als grundsätzliche Auswahl- und Bewertungskriterien weiterhin Aspekte wie Kosten, Effizienz, Personalaufwand, Akzeptanz im Vordergrund stehen [Anm. d. Verf.].

1. Das St. Galler Management-Konzept, das 1992 von BLEICHER erstmals vorgestellt wurde, gibt einen guten Bewertungsmaßstab, inwieweit alle genannten Kriterien erfüllt sind. Bei gezielter Betreuung eines Unternehmens kann dieses Konzept zu einer maßgeschneiderten Lösung beitragen. Als allgemeines Modell für alle weiteren ISO-Normen erscheint es jedoch aufgrund seiner Kompliziertheit nicht geeignet, da es für potentielle Praxisanwender Defizite hinsichtlich der Möglichkeit einer autodidaktischen Erarbeitung aufweist (Bleicher, K., 1996; Pischon, A. und Liesegang, D.G., 1997, S. 47 ff.).
2. Prozeßmodelle wie z. B. PORTERS „Wertkettenansatz" (Porter, M.E., 1986, S. 62 ff.) gehen von den Unternehmensprozessen aus und binden die Führungsaufgaben darin ein. Sie systematisieren die Aktivitäten und ordnen die Inhalte darin ein. Auf der operativen Ebene sind sie leicht verständlich. Die normative und strategische Ebene wird jedoch vernachlässigt.[32]
3. Der Qualitätsbewertungsansatz der European Foundation for Quality Mmanagement EFQM (1993) bindet weiche Faktoren (i. S. des „7 S-Modells" von McKinsey[33]) ein und berücksichtigt alle Ebenen und Säulen. Es erfüllt die gestellten Anforderungen weitgehend. Die Unternehmensentwicklung wird jedoch nicht berücksichtigt. Das Problem bei diesem Befähiger/Kriterienmodell besteht darin, daß ein schlechtes System gute Ergebnisse bringen kann und umgekehrt.

16.5 Schlußbemerkungen

Studien über sog. „exzellente" Unternehmen, die über lange Zeit hervorragende Ergebnisse erreicht haben, betonen, daß diese hauptsächlich durch den optimalen Einsatz „weicher" Faktoren (Motivation, Bewußtseinsbildung, Teamgeist etc.) erzielt worden seien. Dabei gilt es zu beachten, daß dies in keiner Weise ein Verzicht auf „harte" Faktoren (strukturelle Maßnahmen, Veränderung von Abläufen)

---

[32] Vgl. Seghezzi, H.D. (1996a, S. 4). Zur prozeßorientierten Vorgehensweise im Rahmen der Integration s. Dissertation zu diesem Thema von H. Schwerdtle, voraussichtl. Erscheinungstermin 1998/99 [Anm. d. Verf.].

[33] Das „7 S-Modell" beschreibt eine Organisation als vernetztes System von sieben Dimensionen und zeigt deren Verknüpfungen und Interdependenzen auf. Dabei werden drei harte "S" Strategie (strategy), Struktur (structure) und Systeme (systems) sowie vier weiche "S" Stil (style), Mitarbeiter (staffing), Fähigkeiten (skills), Werte (shared values) unterschieden. Die harten "S" sind eindeutiger meßbar und wurden dadurch bislang eher in den Vordergrund von Analysen und Veränderungsansätzen gestellt. Es wird aber auf die zunehmende Bedeutung der weniger greifbaren weichen "S" hingewiesen, an denen die Veränderungen ansetzen sollen. Dabei ist zu beachten, daß bei einer isolierten Konzentration auf eine Dimension und der Vernachlässigung des Zusammenspiels aller Dimensionen ein Umsetzungsdefizit entstehen kann [Anm. d. Verf.]. Vgl. Peters, T. und Waterman, R.H. (1991, S. 32).

bedeutet. Vielmehr ist zwischen diesen Faktoren eine Wechselwirkung im Sinne einer gegenseitigen Beeinflussung zu beobachten. Erfolgreiche Unternehmen verzichten damit nicht auf den Einsatz der hier beschriebenen Managementsysteme, vielmehr bedienen sie sich derer zur diskreten Unterstützung des Unternehmensgeschehens (Bhushan, A.K. und MacKenzie, J, 1994, S. 78 f.). Eine rein normenorientierte Bürokratisierung und damit Belastung oder gar Behinderung des Gesamtsystems kann so verhindert werden (Schwaninger, M., 1994, S. 47; Wohlgemuth, A., 1989). Zusammenfassend ergibt sich, daß ein Unternehmen langfristig ein ganzheitliches Managementsystem anstreben sollte. Auf dem Wege der Integration sind dabei nachfolgende Aspekte zu beachten:

1. Das Einverständnis und die proaktive Unterstützung der Unternehmensleitung sind die Grundvoraussetzung der Systemintegration.
2. Der Einfluß von Kontextvariablen - also die Situation in der sich das Unternehmen vor der Integration befindet - muß berücksichtigt werden.
3. Nicht alle Elemente der jeweiligen Subsysteme sind sinnvoll integrierbar.
4. Es existiert lediglich eine spezielle Unternehmenslösung - eine Pauschallösung erscheint nicht sinnvoll.
5. Der unternehmensindividuelle Grad der Integration ist zu bestimmen, der den speziellen Unternehmensanforderungen entspricht.
6. Eine schrittweise Integration verspricht eine erfolgreiche Systemkombination.
7. Eine frühe Einbindung aller betroffenen Mitarbeiter (auf allen hierarchischen Ebenen) in den Integrationsprozeß unterstützt eine erfolgreiche Implementierung und wird daher befürwortet.
8. Die Kostenreduktion und eine geringere Auditierungshäufigkeit bilden nur einen Teil des Zielbündels der Integration.
9. Ein verhaltensorientierter Ansatz, die Berücksichtigung der Basisziele und letztendlich die Gesamtleistung des Systems sind nicht zu vernachlässigende Aspekte bei der Zusammenführung von Managementsystemen.
10. Es ist zu unterscheiden zwischen einer formalen, rein elementorientierten und einer tatsächlichen, „gelebten" Integration im Rahmen eines Generischen Managementsystems. Das Ziel der Zusammenführung liegt in der Verschmelzung aller Zielsetzungen der einzelnen Teilsysteme mit der gelebten Unternehmenskultur. Diese Entwicklung besteht aus einem partizipativen Lernprozeß, der u. a. durch intensive Schulungen, vor allem aber durch gezielte Bewußtseinsbildung und Förderung einer intrinsischen Motivation hinsichtlich der Erreichung der festgelegten Ziele vorangetrieben werden kann (Liesegang, D.G., 1995, S. 137).

Literatur

Adams, H.W. (1995): Integriertes Managementsystem für Sicherheit und Umweltschutz - Generic Management System. München, Wien.

Adams, H.W. (1996): Integration von Managementsystemen für kleine und mittlere Unternehmen (KMU), Ministerium für Wirtschaft und Mittelstand, Technologie und Verkehr des Landes Nordrhein-Westfalen (Hrsg.), Duisburg.

Adams, H.W. und Haker, W. (1996): Generic Management System - Eine Metastruktur für Managementsysteme. In: QZ, 41. Jg. Heft 7/1996, S. 776-779.

Baumgarten, H. (1996): Prozeßkettenmanagement. In: Kern, W. (Hrsg.): Handwörterbuch der Produktionswirtschaft. Stuttgart, Sp. 1669-1682.

Bhushan, A.K. und MacKenzie, J (1994): „Environmental leadership plus Total Quality Management equals continuous improvement". In: Willig, J.T. (Hrsg.): Environmental TQM, Second Edition, New York, S. 71-93.

Bläsing, J.P. (1995): Umweltmanagement - Qualitätsmanagement, Analogien und Synergien. Ulm.

Bleicher, K. (1996): Das Konzept Integriertes Management. 4. revidierte und erweiterte Aufl., Frankfurt am Main, New York.

Bock, H. und Riemenschneider, F. (1997): Das Hoechst Integrierte Management System. In: UWF, 5. Jg., H. 1, März 1997, S. 45-48.

Butterbrodt, D. (1997a): Praxishandbuch umweltorientiertes Management - Grundlagen - Konzept - Praxisbeispiel. Berlin, Heidelberg.

Butterbrodt, D. (1997b): Integration von Qualitäts- und Umweltmanagement und ihre betriebliche Umsetzung. Techn. Univ. Berlin, Diss., Spur, G. (Hrsg.), Berlin.

Central Committee of Experts, Unter-Sektorkomitee SCC (1998): Sicherheits Certifikat Contractoren - Checkliste für die Beurteilung des Managementsystems für Sicherheit, Gesundheit und Umweltschutz bei Kontraktoren in den Mineralöl-, chemischen und anverwandten Industrie. Stand 12.02.1998, o. O..

Chandler, A.D. (1966): Strategy and Structure. Capters in the history of the industrial enterprise. 3. Print, Cambridge, Massachusetts.

Chrobock, R. und Tiemeyer, E. (1996): Geschäftsprozeßorganisation - Vorgehensweise und unterstützende Tools. Sonderdruck aus der zfo 3/1996.

Crosby, P.B. (1990): Qualität ist machbar. Hamburg.

Davenport, T.H. und Nohria, N. (1995): Geschäftsvorfall ganz in einer Hand - Case Management. In: Harvard Business Manager, Heft 1/1995, S. 81-90.

DGQ - Deutsche Gesellschaft für Qualität e. V. (1994): Umweltmanagementsysteme: Modell zur Darlegung der umweltschutzbezogenen Fähigkeit einer Organisation. DGQ-Schrift 100-21. Berlin, Wien, Zürich.

DGQ - Deutsche Gesellschaft für Qualität e. V. (1996): Aufbau eines Umweltmanagementsystems-Empfehlungen für die betriebliche Umsetzung. DGQ-Schrift 19-41. Berlin.

Dyllick, T. (1989): Management der Umweltbeziehungen: Öffentliche Auseinandersetzungen als Herausforderung. Wiesbaden.

Dyllick, T. (1996): Managementsysteme für Qualität und Umwelt - Integration oder Separation?. In: SNV Bulletin 1996/12, S. 112-115, Schweizerischer Ausschuß für Prüfung und Zertifizierung (SAPUZ), (Hrsg.), Bern.

Dyllick, T. (1997a): Von der Debatte EMAS vs. ISO 14001 zur Integration von Managementsystemen. In: UWF, 5. Jg., H. 1, März 1997, S. 3-9.

Dyllick, T. (1997b): Wo stehen wir bezüglich Umweltmanagementsystemen. In: Tagungsband der Jahrestagung der SAQ (Schweizerische Arbeitsgemeinschaft für Qualitätsförderung) am 24.6.1997, Bern, S. 147-159.

Dyllick, T., Gebhardt, P. und Häfliger, B. (1998): Leitfaden zur Integration von Umweltmanagementsystem und Qualitätsmanagementsystem. Schweizerische Normenvereinigung (Hrsg.), Zürich.

EFQM (1993): The European Quality Award 1994. Brüssel, Belgien.

Ellringmann, H., Schmihing, C. und Chrobock, R. (1995): Umweltschutz Management: von der Öko-Audit-Verordnung zum integrierten Managementsystem. Berlin.

Felix, R., Pischon, A., Riemenschneider, F. und Schwerdtle, H. (1997): Integrierte Managementsysteme: Ansätze zur Integration von Qualitäts-, Umwelt- und Arbeitssicherheitsmanagementsystemen. IWÖ Diskussionsbeitrag Nr. 41, St. Gallen.

Fichter, K. (1995): Die EG-Öko-Audit-Verordnung, Mit Öko-Controlling zum zertifizierten Umweltmanagementsystem. München, Wien.

Gaitanides, M. (1996): Prozeßorganisation. In: Kern, W. (Hrsg.): Handwörterbuch der Produktionswirtschaft. Stuttgart, Sp. 1682-1696.

Gaitanides, M., Scholz, R., Vrohlings, A., et al. (1994): Prozessmanagement. München.

Gellrich, C. (1995): Erfassung und Dokumentation von Umweltvorschriften. In: Fichter, K. (Hrsg.): Die EG-Öko-Audit-Verordnung, Mit Öko-Controlling zum zertifizierten Umweltmanagementsystem. München, Wien, S. 85-93.

Glaap, W. (1995): Umweltmanagement leichtgemacht. München, Wien.

Hallay, H. (1995): Die Integration des Umweltmanagementsystems und des Qualitätssicherungs-Systems nach ISO 900x. In: Fichter, K. (Hrsg.): Die EG-Öko-Audit-Verordnung, Mit Öko-Controlling zum zertifizierten Umweltmanagementsystem. München, Wien, S. 261-270.

Herzog, H. (1995): Ein Ansatz zur Verbindung von Qualitäts- und Umweltmanagement. In: UWF, 3. Jg., H. 4, Dezember 1995, S. 66-67.

Hess, T. und Brecht, L. (1995): State of the art des Business Process Redesigns: Darstellung und Vergleich bestehender Methoden. Wiesbaden.

Iwanowitsch, D. (1997): Die Produkt- und Umwelthaftung im Rahmen des betrieblichen Risikomanagements, Liesegang, D.G. (Hrsg.), Berlin, Heidelberg, New York et. al.

Janisch, M. (1993): Das strategische Anspruchsgruppenmanagement: vom Shareholder Value zum Stakeholder Value. Bern.

Jasch, A. (1995): Die ISO 14001-Norm und ihre Bedeutung für die EG-Öko-Audit-Verordnung. In: Fichter, K. (Hrsg.): Die EG-Öko-Audit-Verordnung, Mit Öko-Controlling zum zertifizierten Umweltmanagementsystem. München, Wien, S. 41-51.

Klemmer, P. und Meuser, T. (1995): EG-Umweltaudit: Der Weg zum ökologischen Zertifikat. Wiesbaden.

Kiesgen, G. und Schnauber, H. (1995): Umweltaudits als Werkzeug zur Umsetzung integrierter Umwelt- und Qualitätsmanagementsysteme. In: Klemmer, P. und Meuser, T. (Hrsg.): EG-Umweltaudit: Der Weg zum ökologischen Zertifikat. Wiesbaden, S. 237-249.

Lieback, J.U., Schmallenbach, J. und Binetti, J.-C. (1996): Erfahrungen aus der Arbeit eines Umweltgutachters: Auswertung der Validierungen in Deutschland. GUT, Gesellschaft für Umwelttechnik und Unternehmensberatung mbH, Umweltgutachterorganisation, Berlin.

Liesegang, D.G. (1995): Lernprozesse zur ökologiegerechten Systemmodifikation im Unternehmen. In: ZfB Ergänzungsheft 3/95, Wiesbaden.

Meuche, T., Doerner, U., Hofmann-Kamensky, M., Langefeld, L. et. al. (1997): Leitfaden Integrierte Managementsysteme. Heft 240 der Schriftenreihe Umweltplanung, Arbeits- und Umweltschutz, Hessische Landesanstalt für Umwelt (HLfU), (Hrsg.), Wiesbaden.

Möller, J. und Pischon, A. (1997): Chancen der Harmonisierung von Umwelt- und Qualitätsmanagement im Gesundheitswesen. In: UWF, 5.Jg., H. 1, März 1997, S. 32-36.

Nagel, U. und Wegner, U. (1995): Aufbau und Zertifizierung von integrierten Managementsystemen. In: Ellringmann, H., Schmihing, C. und Chrobock, R. (Hrsg.): Umweltschutz Management: von der Öko-Audit-Verordnung zum integrierten Managementsystem. Berlin, Bd. 2; Kap. VI-III, S. 1-6.

Orton, J.D. und Weick, K. E. (1990): Loosely Coupled Systems: A Reconceptualization. In: Academy of Management Review, 2/1990, Seite 203-223.

Peters, T. und Waterman, R. H. (1991): Auf der Suche nach Spitzenleistungen. 3. Aufl., München.

Petrick, K. und Eggert, R. (1994): Synthese von Qualitätsmanagement und Umweltmanagement. In: UWF, 2. Jg., H. 6, Juli 1994, S. 44-46.

Pischon, A. (1997): Die Deutsche Asea Brown Boveri AG - Ansätze zur Integration von Qualitäts- Umwelt und Arbeitssicherheitsmanagementsystemen. In: UWF, 5. Jg., H. 2, Juni 1997, S. 54-57.

Pischon, A. (1998): Integrierte Managementsysteme für Qualität, Umweltschutz und Arbeitssicherheit. Analyse-Konzeption-Praxisanwendung (voraussichtl. Titel). Diss. (Erscheinungstermin Herbst 1998), Heidelberg.

Pischon, A. und Liesegang D.G. (1997): Arbeitssicherheit als Bestandteil eines umfassenden Managementsystems - Bestandsaufnahme, Modellbildung, Lösungsansätze. Verband Deutscher Sicherheitsingenieure e.V. (VDSI), (Hrsg.), Heidelberg.

Porter, M.E. (1986): Wettbewerbsvorteile (Competitive Advantage), Spitzenleistungen erreichen und behaupten. Frankfurt am Main, New York.

Scholz, R. (1994): Geschäftsprozeßoptimierung. Bergisch-Gladbach.

Schwaninger, M. (1994): Managementsysteme. Das St.Galler Managementkonzept (Bd.4), Frankfurt am Main, New York.

Schwerdtle, H. (1996): Business Excellence System Review (BESR), Feasibility-Study for integration of ISO 9001, TQSR, EMAS, ISO, DIS 14001, Arbeitssicherheit, ABB Management Consulting GmbH, Heidelberg.

Seghezzi, H.D. (1996a): Integrated Management for Business Excellence. Unveröffentlichtes Manuskript, St. Gallen.

Seghezzi, H.D. (1996b): Integriertes Qualitätsmanagement: Das St. Galler Konzept. München, Wien.

Seghezzi, H.D. (1997): Notwendigkeit und Realität ganzheitlicher Unternehmensführung. ITEM Diskussionspapier, St. Gallen.

Seghezzi, H.D. und Blankenburg, D. (1997a): Proposition for a generic organisation model. Bislang unveröffentlichtes Manuskript als Vorlage für die ISO-Normungsgremien, vorgestellt von den Autoren am IWÖ an der HSG in St. Gallen am 18. August 1997.

Seghezzi, H.D.und Blankenburg, D. (1997b): Requirements, Criteria for a Generic Organization Model. Bislang unveröffentlichtes Manuskript als Vorlage für die ISO-Normungsgremien, vorgestellt von den Autoren am IWÖ an der HSG in St.Gallen am 18. August 1997.

Seghezzi, H.D. und Caduff, D. (1997): Aufbau integrierter Führungssysteme. Die Orientierung 106, Credit Suisse (Hrsg.), Bern.

Stark, R. (1995): Struktur und Inhalte des Umweltmanagementsystems der Continental AG. In: Bläsing, J.P. (Hrsg.): Umweltmanagement - Qualitätsmanagement, Analogien und Synergien, Ulm, S. 31-52.

Tetté, M.A. (1996): Praktischer Ansatz zum Aufbau eines einheitlichen Managementsystems für Umweltschutz und Qualität. In: UWF, 4. Jg., H. 2, Juni 1996, S. 20-25.

Warnecke, H.J. (1992a): Die Fraktale Fabrik - Revolution der Unternehmenskultur. Berlin, Heidelberg, New York.

Warnecke, H.J. (1992b): Neue Organisationsform für die Zukunft. In: Logistik Heute, 4/92, S. 50 - 52.

Weick, K. E. (1976): Educational Organizations as Loosely Coupled Systems. In: Administrative Science Quarterly, 1/1976, Seite 1-19.

Willig, J.T. (1994): Environmental TQM, Second Edition, New York.

Wohlgemuth, A. (1989): Unternehmungsdiagnose in Schweizer Unternehmungen. Bern.

Zenk, G. (1995): Öko-Audits nach der Verordnung der EU - Konsequenzen für das strategische Umweltmanagement. Wiesbaden.

Gesetzestexte, Verordnungen, Richtlinien und Normen

British Standard 8800 (BS 8800): 1996 - Arbeitsschutz- und Sicherheitsmanagementsystem - (Guide to Occupational Health and Safety Management Systems) British Standards Institutions (BSI), London 1996.

CR 12969: 1997, Use of EN ISO 14001, ISO 14010, ISO 14011 and ISO 14012 for EMAS related purposes, CEN Report CR 12969, July 1997.

DIN EN ISO 9001, (ISO 9001: 1994), Qualitätsmanagementsysteme - Modell zur Qualitätssicherung/QM-Darlegung Design, Entwicklung, Produktion, Montage und Wartung, DIN Deutsches Institut für Normung e.V., Berlin, August 1994.

DIN EN ISO 14001, (ISO 14001: 1996), Umweltmanagementsysteme, Spezifikation mit Anleitung zur Anwendung, DIN Deutsches Institut für Normung e.V., Berlin, Oktober.

EG-Entscheidung (97/264/EG), Entscheidung der Kommission vom 16. April 1997 zur Anerkennung der Zertifizierungsverfahren gemäß Artikel 12 der Verordnung (EWG) Nr. 1836/93 des Rates über die freiwillige Beteiligung gewerblicher Unternehmen an einem Gemeinschaftssystem für das Umweltmanagement und die Umweltbetriebsprüfung. In: Amtsblatt der Europäischen Gemeinschaften Nr. L 104/35.

EG-Entscheidung (97/265/EG), Entscheidung der Kommission vom 16. April 1997 zur Anerkennung der Internationalen Norm ISO 14001: 1996 und der Europäischen Norm EN ISO 14001: 1996 für Umweltmanagementsysteme gemäß Artikel 12 der Verordnung (EWG) Nr. 1836/93 des Rates über die freiwillige Beteiligung gewerblicher Unternehmen an einem Gemeinschaftssystem für das Umweltmanagement und die Umweltbetriebsprüfung, in: Amtsblatt der Europäischen Gemeinschaften Nr. L 104/37.

Sicherheits Certifikat Contractoren (Safety Checklist Contractors - SCC) - Checkliste für die Beurteilung des Managementsystems für Sicherheit, Gesundheit und Umweltschutz bei Kontraktoren in den Mineralöl-, chemischen und anverwandten Industrie, Stand 12.02.1998, Central Committee of Experts/Unter-Sektorkomitee SCC Deutschland.

Verordnung (EWG) Nr. 1836/93 des Rates vom 29. Juni 1993 über die freiwillige Beteiligung gewerblicher Unternehmen an einem Gemeinschaftssystem für das Umweltmanagement und die Umweltbetriebsprüfung, Amtsblatt der Europäischen Gemeinschaften Nr. L 168/1-1 vom 10. Juli 1993, (EG-Öko-Audit-Verordnung / EMAS Environmental Management and Audit Scheme).

Autorinnen und Autoren

Dipl.-Ök. Annett Baumast

Studium der Wirtschaftswissenschaften an der Universität Hannover sowie der ESC Rouen, Frankreich 10/90 bis 11/95 (Abschluß: Diplom-Ökonomin). 12/95 bis 12/96 Projektmitarbeiterin an der Abteilung „Unternehmensführung & Organisation" des Fachbereichs Wirtschaftswissenschaften der Universität Hannover. Seit 4/96 freie Dozentin für Umweltmanagement. Seit 4/97 Assistentin und Doktorandin bei Prof. Dr. Thomas Dyllick am Institut für Wirtschaft und Ökologie an der Universität St. Gallen (IWÖ-HSG), Schweiz. Ebenfalls seit 4/97 Leitung des in einen internationalen Rahmen eingebundenen Projektes „Umweltmanagement-Barometer Schweiz 1997/98" am IWÖ.

Dipl.-Geogr. Jörg Bentlage

Geboren am 03.03.1968 in Gütersloh. Studium der Physischen Geographie, Geologie und Physik an der Universität Erlangen-Nürnberg von 1989 bis 1994. Werkstudententätigkeit bei der Münchener Rückversicherungs-AG zu Elementarschadensrisiken 1992. Tätigkeit als Umweltberater für verschiedene Ingenieurbüros, Mitarbeit an Gutachten in den Bereichen Hydrogeologie und -chemie, Altlastenerkundung und -sanierung sowie Umweltverträglichkeitsprüfungen (von 1991 bis 1995). Seit 1995 selbständig tätig als Unternehmensberater in den Bereichen Umweltrisikoprüfungen, Aufbau von Umweltmanagementsystemen (EMAS, ISO 14001, Integration mit ISO 9000). Seit 1995 Promotion zum Aufbau eines Umweltmanagementsystems nach EMAS für eine Stadtverwaltung. Seit 1996 Lehrauftrag an der Universität Erlangen-Nürnberg zum Thema Umweltmanagementsysteme.

Referendarin Sandra Mirjam van Bon

Geboren 1971 in Sevelen. 1990 - 1995 Studium der Rechtswissenschaften an den Universitäten Bielefeld, Lausanne, Trier und Münster. 1995 - 1996 Studium an der Universität Paris X. Abschluß: maître en droit. 1996 - 1998 wissenschaftliche Mitarbeiterin von Prof. Dr. Lübbe-Wolf an der Universität Bielefeld und Beginn einer Promotion. Seit Februar 1998 Rechtsreferendarin beim Oberlandesgericht Hamburg.

Dipl.-Ing. Andreas Chudalla

Geboren 1964. 1983 – 1995 Offizier auf Zeit im Technischen Dienst der Luftwaffe. 10/84 – 04/88 Studium Luft- und Raumfahrttechnik an der Universität der Bundeswehr München (Abschluß: Diplomingenieur). 05/88 - 09/90 Fachgruppenleiter Flugtriebwerkinstandsetzung in der Luftwaffenwerft 11, Erding. 09/90 – 03/91 sechsmonatiges Aufbaustudium Umweltschutz an der Bundesakademie für Wehrverwaltung und Wehrtechnik in Mannheim. 04/91 - 06/95 Aufbau und Leitung des Teilsachgebiets Umweltschutz, Arbeitssicherheit sowie Gefahrgutbeauftragter im Stab Luftwaffenversorgungsregiment 1, Erding. Während dieser Zeit Durchführung von Pilotprojekten zum Aufbau der Umweltschutz- und Gefahrgutstrukturen in der Luftwaffe, als Gastdozent bei Umweltschutz- und Gefahrgutlehrgängen in der Bundeswehr tätig. Seit 01/96 Projektingenieur für Umweltinformationssysteme. Seit 07/97 Wissenschaftlicher Mitarbeiter und Doktorand an der Universität der Bundeswehr München. Gefahrgutbeauftragter und Sicherheitsingenieur.

Dr. iur. Heiko Falk

Jahrgang 1969; von 1989 bis 1994 Studium der Rechtswissenschaften an der Ruprecht-Karls-Universität Heidelberg, Mitglied der Studienstiftung des deutschen Volkes, Januar 1994 Erste juristische Staatsprüfung; 1994-1995 wissenschaftliche Mitarbeit am Institut für Deutsches und Europäisches Technologie- und Umweltrecht der Universität Heidelberg; 1994-1996 Stipendiat im von der Deutschen Forschungsgemeinschaft eingerichteten Graduiertenkolleg „Unternehmensorganisation und unternehmerisches Handeln nach deutschem, europäischem und internationalem Recht"; Mitinitiator des „Doktoranden-Netzwerk Öko-Audit e.V."; Frühjahr 1996 Forschungsaufenthalt in London, „Institute for Environmental Policy". 1997 Promotion zum Dr. iur. 1996-1998 Rechtsreferendar in Heidelberg und Köln, April 1998 Zweite juristische Staatsprüfung. Verschiedene Veröffentlichungen zum Umweltrecht.

Dipl.-Ing. sc. agr. Alexandra S. Fuchs

Jahrgang 1969; von 1990 bis 1995 Studium der Allgemeinen Agrarwissenschaften, Fachrichtung Wirtschafts- und Sozialwissenschaften des Landbaus, an der Universität Hohenheim. Von 1993 bis 1995 Mitarbeiterin in der Arbeitsgruppe betrieblicher Umweltschutz im Agrargewerbe (ARUMA) an der Universität Hohenheim. Diplomarbeit zum Thema betrieblicher Umweltschutz im Agrargewerbe. Seit 1996 wissenschaftliche Mitarbeiterin und Doktorandin am Institut für Landwirtschaftliche Betriebslehre, Fachgebiet Agrarinformatik und Unternehmensführung, an der Universität Hohenheim. In diesem Rahmen kontinuierliche Lehrtätigkeit im Themengebiet Landwirtschaftliche Unternehmensführung. Betreuung eines Projektes mit dem Ziel der Umsetzung der EG-Öko-Audit-Verordnung im landwirtschaftlichen Betrieb. Wissenschaftlicher Arbeitsschwerpunkt: Betriebliches Umweltmanagement im landwirtschaftlichen Produktionsbetrieb.

Dr.-Ing. Harald Hagel

Geboren 1953. Studium des Maschinenbaus und des Arbeits- und wirtschaftswissenschaftlichen Aufbaustudiums (AWA) an der Technischen Universität München. Danach wissenschaftlicher Mitarbeiter an der Universität der Bundeswehr München. Dort (1988) Promotion zum Dr.-Ing. auf dem Gebiet der numerischen Simulation. Seit 1995 akademischer Direktor an der UniBw München. Zur Zeit Habilitand mit dem Forschungsschwerpunkt "Erschließung organisatorischer Wirkungspotentiale in Klein- und mittelständischen Unternehmen durch den Einsatz integrierter Anwendungssysteme". In diesem Zusammenhang, zahlreiche Drittmittelforschungsprojekte mit Industriefirmen auf dem Gebiet der Implementierung integrierter Prozeßketten durch Standard- bzw. Individualsoftwareprodukte.

Dr. rer. pol. Dirk Iwanowitsch

1970 in Weinheim geboren. Von 1989 bis 1994 Studium der Volkswirtschaft an der Universität Heidelberg mit Rechtswissenschaft als Wahlpflichtfach. Diplomarbeit zum Thema „Die Haushaltsplanung in der Bundesrepublik Deutschland — Darstellung und kritische Würdigung". Abschluß zum Diplom-Volkswirt. Von Dezember 1994 bis Juli 1997 Promotionsstudium an der Universität Heidelberg, Lehrstuhl für Betriebswirtschaftslehre bei Prof. Dr. Liesegang. Dissertationsthema „Betriebliches Risikomanagement unter besonderer Berücksichtigung der Produkt- und Umwelthaftung". Studienbegleitende Tätigkeit als Produktionsarbeiter und Lohn- und Gehaltsabrechner bei Fa. Freudenberg in Weinheim. 1996 und 1997 als freier Mitarbeiter beim Institut für Umweltwirtschaftsanalysen e.V. (Heidelberg) tätig. Seit November 1997 Auditor bei der Unternehmensgruppe Tengelmann in Wiesbaden.

Prof. Dr. Henrik Janzen

Geboren 1963; Studium der Betriebswirtschaftslehre in Essen. Danach wissenschaftlicher Mitarbeiter zunächst am dortigen Lehrstuhl für Produktion und Kosten mit Schwerpunkt Unternehmung und Umwelt, dann (ab 1991) am Lehrstuhl für Produktionswirtschaft und Umweltökonomie an der Heinrich-Heine-Universität Düsseldorf. Dort Promotion zum Dr. rer. pol. mit einer Arbeit zum Thema „Ökologisches Controlling". Zahlreiche Beratungsprojekte insbesondere bei Unternehmen der Ver- und Entsorgung. Seit Oktober 1997 Professor für Allgemeine Betriebswirtschaftslehre im Fachbereich Maschinenbau an der Fachhochschule Schmalkalden. Dort Mitarbeit beim Aufbau des Studienschwerpunktes „Wirtschaftsingenieur, Fachrichtung Betrieblicher Umweltschutz".

Dipl.-Ing. Helga Kanning

Von 1984 - 1991 Studium der Landschafts- und Freiraumplanung am Fachbereich für Landschaftsarchitektur und Umweltentwicklung der Universität Hannover; Diplomarbeit zum Thema Bewertung im Rahmen von Umweltverträglichkeitsprüfungen; von März-September 1992 Tätigkeit als Dipl.-Ing. in einem Umweltplanungsbüro (Hannover); seit November 1992 Wissenschaftliche Mitarbeiterin am Institut für Landesplanung und Raumforschung der Universität Hannover (Fachbereich für Landschaftsarchitektur und Umweltentwicklung), in diesem Rahmen kontinuierlich Lehraufträge zur Betreuung studentischer Projekt- und Diplomarbeiten; fachliche Schwerpunkte: Methoden und Instrumente der Raum- und Umweltplanung.

Dr. rer. pol. Guido Kaupe

Studium der Betriebswirtschaftslehre an der Universität Mannheim mit den Schwerpunkten Industrie- und Bankbetriebslehre. Von 1991-1997 wissenschaftlicher Angestellter und Doktorand an den Lehrstühlen für Allgemeine Betriebswirtschaftslehre und Industriebetriebslehre I an der Universität Mannheim sowie Produktionswirtschaft an der Johannes Gutenberg-Universität Mainz. Von 1994-1995 Mitarbeit am EU-finanzierten Projekt 'Eine deutsch-englisch vergleichende Untersuchung der Informations- und Kommunikationsstrukturen bei innovativen Umweltschutz-Projekten'. Von 1994-1997 Lehrbeauftragter an der Universität Mainz für das Fach 'Kosten- und Leistungsrechnung'. Seit 1997 Referent in der Hauptabteilung 'Controlling Systeme' bei der Generaldirektion der Deutschen Post AG in Darmstadt.

Dipl.-Ing. agr. Thomas Keßeler

Studium der Landwirtschaft an der Universität Bonn, Fachrichtung Wirtschafts- und Sozialwissenschaften des Landbaus, Schwerpunkt: Marketing von ökologisch erzeugten Produkten, gutachterliche Tätigkeit in diesem Bereich, mehrere Studien- und Forschungsaufenthalte in Lateinamerika. Nach dem Studium Anstellung bei der DELVENA-Lebensmittelkontor GmbH, im Hause der Pfeifer & Langen KG, Köln, im Bereich des Handels und Marketings von Produkten des ökologischen Landbaus. Von Nov. 1994 bis April 1995 Agrarreferent der Bundestagsfraktion von BÜNDNIS 90 / DIE GRÜNEN. Seit 1995 wissenschaftlicher Mitarbeiter und Projektleiter Umweltmanagement am Lehrstuhl für Unternehmensführung, Organisation und Informationsmanagement der Universität Bonn. Seit dem Sommersemester 1996 Lehrauftrag für Agrarökonomie und landwirtschaftliche BWL am Fachbereich Landmaschinentechnik der Fachhochschule Köln.

Dipl. agr.-biol. Gerald Kreiner-Cordes

Von 1981-1983 Wehrdienst auf Zeit im Sanitätsdienst [SanLehrBtl. 851], München. 1986 - 1992 Studium zum Diplom-Agrarbiologen an der Universität Hohenheim: Diverse Praktika, u.a. Landwirtschaftliches Praktikum, fachspezifische Praktika bei Daimler-Benz AG, Werk Sindelfingen und am Institut für Mikrobiologie der Sanitätsakademie München. Von 1992-01/1995 als wissenschaftlicher Mitarbeiter (Doktorand bei Prof. Haider, Universität Stuttgart) und stellvertretender Laborleiter im Biolabor der Mercedes-Benz-AG, Werk Sindelfingen tätig. Seit 02/1995 Daimler-Benz AG, Werk Wörth: Mitarbeiter im Umweltschutz des Werkes Wörth und zuständig für die Entwicklung und Umsetzung des Umweltmanagementsystems sowie Gewässerschutz.

Dipl.-Kfm. Martin Müller

Studium der Betriebswirtschaftslehre an der Johann-Wolfgang-Goethe-Universität in Frankfurt am Main von 1990 bis 1995. Von August 1993 bis Mai 1994 Praktikum mit anschließender Diplomarbeit bei der AEG-Frankfurt. Vorbereitung und Durchführung eines Umwelt-Audit nach der EG-Verordnung in einem AEG-Werk in Konstanz. Seit 1995 wissenschaftlicher Mitarbeiter bei Prof. Dr. H.-U. Zabel am Lehrstuhl für Betriebliches Umweltmanagement der Martin-Luther-Universität Halle-Wittenberg. Seit 1998 Vorstandsmitglied des Doktoranden-Netzwerkes Öko-Audit e.V.

Dipl.-Ing. Carsten Nagel

Studium des Maschinenbaus mit der Vertiefungsrichtung Maschinentechnik an der Universität Dortmund (1986 - 1993); seit 1994 wissenschaftlicher Mitarbeiter der Abteilung Entsorgungslogistik im Fraunhofer-Institut für Materialfluß und Logistik IML, Dortmund, seit 1997 Gruppenleiter; Hauptarbeitsgebiete: Umweltmanagement, Stoffstrommanagement und Life-Cycle-Engineering; Sprecher der Arbeitsgruppe „Betriebliche Kennzahlen für das Umweltmanagement" der VDI-Koordinierungsstelle Umwelttechnik; Gründungsmitglied des Doktoranden-Netzwerk Öko-Audit e.V.

Dipl.-Wirtsch.-Ing. Ulrich Nissen

Gesellenbrief des Kfz.-Elektriker-Handwerks; Dipl.-Wirtschaftsingenieur (Uni Hamburg), Diplom (FH) für Umweltschutz (FH Nürtingen); Marketingtätigkeit bei Autotrol Technology Inc. (Denver, 1988/89); Tätigkeit bei der Umweltberatung GUT (Berlin, 1991); Wiss. Mitarbeiter am Fraunhofer-Institut IPA im Bereich Umweltmanagement und unweltgerechte Produktentwicklung (Stuttgart, 1992-94); Doktorand zum Thema EG-Öko-Audit-Verordnung an der Uni Erlangen-Nürnberg (seit 1994); seit 7'94 freischaffender Umweltmanagementtrainer bei verschiedenen Bildungseinrichtungen; Durchführung eines Forschungsprojektes zum Thema Öko-Audit bei der Firma Stihl (Waiblingen, 1996); Mitarbeiter des Arbeitsausschusses „Umweltmanagement und Öko-Audit" des Deutschen Instituts für Normung DIN (seit 1993); Mitglied in der „ad-hoc-Projektgruppe Öko-Audit" des Deutschen Naturschutzringes DNR (seit 1993); Mitglied des „International Steering Commitee on Environmental Information Labeling" (seit 1994); Mitinitiator des „Doktoranden-Netzwerk Öko-Audit e.V.".

Dipl.-Wirtsch.-Ing. Frank Orthmann

Geboren 1968 in Bonn. 1989 - 1995 Studium des Wirtschaftsingenieurwesens (Fachrichtung Maschinenbau) an der Technischen Universität Darmstadt und der University of California, Berkeley, USA. 1995 Diplom, Thema: „Entwicklung eines praktisch anwendbaren Bewertungs- und Managementsystems umweltgerechter Produktion". 1993 Werksstudent bei Western Star Trucks Inc., Kelowna, Kanada (Factory Engineering), 1995 Assistent der Geschäftsleitung bei Vossloh-Schwabe Australia Pty. Ltd., Sydney, Australien. Seit 1996 Projektmitarbeiter bei Andersen Consulting, Sulzbach/Taunus, Projekt Research und Graphik. 1991 - 1995 wissenschaftlicher Mitarbeiter und seit 1996 Doktorand bei Prof. G. Poser, Institut für VWL, Wirtschaftspolitik; Interessenschwerpunkt Umweltpolitik. Mitglied des Doktoranden-Netzwerkes Öko-Audit e.V. seit 1996.

Dipl.-Ing. sc. agr. Jens Pape

Geboren 1968. Von 1989 bis 1995 Studium der Allgemeinen Agrarwissenschaften an der Justus-Liebig-Universität Gießen, Hauptstudium an der Universität Hohenheim, Fachrichtung Wirtschafts- und Sozialwissenschaften des Landbaus. Diplomarbeit über das Thema Informationsversorgung zum betrieblichen Umweltschutz. Seit Ende 1995 wissenschaftlicher Mitarbeiter am Institut für Landwirtschaftliche Betriebslehre, Fachgebiet Agrarinformatik und Unternehmensführung an der Universität Hohenheim, Lehrtätigkeit sowie freier Dozent zum Thema betriebliches Umweltmanagement. 1996 Qualifizierung zum Umweltbetriebsprüfer (Institut für Management und Umwelt, Augsburg). Arbeitsschwerpunkte: betrieblicher Umweltschutz in der Ernährungsindustrie, insbesondere betriebliches Umweltmanagement nach EG-Öko-Audit-Verordnung und ISO 14.001. Seit 1996 Vorstandsmitglied des Doktoranden-Netzwerkes Öko-Audit e.V.

Diplom-Volkswirt Alexander Pischon

Jahrgang 1966, studierte nach einer Ausbildung zum Bankkaufmann Volkswirtschaftslehre an der FU Berlin und an der Universität Heidelberg. Danach arbeitete er als Assistent am Lehrstuhl für BWL I bei Prof. Dr. D. G. Liesegang an der Universität Heidelberg. Parallel hierzu leitete er im Rahmen seiner Promotion ein zweijähriges Forschungsprojekt bei der Deutschen ABB AG zum Thema *„Integration von Managementsystemen für Qualität, Umweltschutz und Arbeitssicherheit"* (Promotion im Sommer 1998). Seit April 1998 ist er als Referent für den Bereich Service / Outsourcing bei der ABB Leistungszentrum Elektronik GmbH in Eberbach beschäftigt.

Dipl.-Ing. Gabriele Poltermann

Geboren 1970 in Ludwigsburg. 1989-1995 Maschinenbaustudium an der Universität Stuttgart mit den Hauptfächern Energiesysteme und Technologiemanagement. Seit Juli 1995 Wissenschaftliche Mitarbeiterin am Institut für Energiewirtschaft und Rationelle Energieanwendung, Universität Stuttgart. Tätigkeitsbereiche: Energie- und Umweltberatung in Betrieben. Gründungsmitglied des Doktoranden-Netzwerkes Öko-Audit e.V.

Dipl.-Ing. Heike Rieger

Geboren 1968. Von 1987-1994 Studium des Bauingenieurwesens an der Universität Essen mit der Vertiefungsrichtung „Siedlungswesen und Umwelttechnik". Diplomarbeit über das Thema „Reaktivierung von biologisch behandeltem Restmüll". Seit 1994 wissenschaftliche Mitarbeiterin am Institut für Baubetrieb und Bauwirtschaft der Universität Essen mit dem wissenschaftlichen Arbeitsschwerpunkt „Implementierung von Umweltmanagementsystemen in Bauunternehmungen". Gründungsmitglied des Doktoranden-Netzwerks Öko-Audit e.V.

Dipl.-Ing. Achim Schwan

Geboren 1968. Studium der Fertigungstechnik an der Friedrich-Alexander-Universität Erlangen-Nürnberg von 11/88 bis 12/93. Seit Anfang 1994 wissenschaftlicher Mitarbeiter am Lehrstuhl Qualitätsmanagement und Fertigungsmeßtechnik. Seit 1997 Koordinator der Gruppe "Umweltmanagement / Wirtschaftlichkeit". Forschungsschwerpunkt: Entwicklung präventiver ökologischer Bewertungsverfahren für Produkte und Prozesse mit Fuzzy-Set-Modellierungen von unsicheren Eingangsinformationen. Mitarbeit in der Arbeitsgruppe "Betriebliche Kennzahlen für das Umweltmanagement" der VDI-Koordinierungsstelle Umwelttechnik sowie der Arbeitsgruppe "Umwelt-orientiertes Prozeßmanagement" der Deutschen Gesellschaft für Qualität (DGQ). 1996 und 97 Vorstandsmitglied des Doktoranden-Netzwerkes Öko-Audit e.V.

Dipl.-Chem. Peter M. Thimme

Nach dem Chemiestudium an der Universität Würzburg ist Dipl-Chem. Peter M. Thimme für den Aufbaustudiengang Umweltwissenschaften an die RWTH Aachen gewechselt. Nach erfolgreicher Magisterprüfung hat er im Frühjahr 1996 bei Benchmark Environmental Consulting in Portland, ME, USA, gearbeitet und im Rahmen eines Projektes für die UNCTAD (United Nations Conference on Trade and Development) mögliche ökologische und ökonomische Konsequenzen der Umweltmanagementnorm ISO 14001 für Entwicklungs- und Schwellenländer untersucht. Seit Ende 1996 ist Herr Thimme als Referent bei der Industrie- und Handelskammer Frankfurt a. M. angestellt und hier u.a. für die Standortregistrierung nach der EMAS-Verordnung verantwortlich.

MSc, MEM Simone A.M. Vollmer

Studierte Georgaphie, Geologie und Meteorologie von 1987-92 in Köln und Grenoble. Aufbaustudium zum europäischen Master in Environmental Management in Arlon und Tilburg (1993-94). Seit 1994 Forschungstätigkeit auf dem Gebiet Umweltkommunikation und Mitarbeiterin der TÜV Management Systems GmbH, Köln, dort tätig als Managementberaterin in verschiedenen Projekten zum Aufbau und zur Implementierung von Umweltmanagementsystemen in großen und mittelständischen Unternehmen. Mitinitiatorin des Arbeitskreises „Wirtschaftsgeographische Umweltmanagementforschung" an den Universitäten Bonn-Köln-Mainz und Gründungsmitglied des Doktoranden-Netzwerkes Öko-Audit e.V..

Dipl.-Ing. (FH) Thorsten Zellmann

Jahrgang 1971. Studium an der Fachhochschule Bingen, Fachbereich Umweltschutz von 1992 - 96, Abschluß als Dipl.-Ing. (FH) Umweltschutz. 1995 Praktikum im Bereich Umweltmanagement und Altlasten. Bis November 1997 Aufbaustudium an der Universität Mainz. Aufnahme des Promotionsvorhabens an der Universität Rostock, Agrarwissenschaftliche Fakultät, Fachbereich für Agrarökologie im November 1997. Praktische Tätigkeit im Bereich Umweltberatung der Harress Pickel Consult GmbH in Kriftel / Taunus, Mitarbeit beim Aufbau von Umwelt- und Qualitätsmanagementsystemen verschiedener Tätigkeitsfelder.

SPRINGER NATURE

GPSR Compliance

The European Union's (EU) General Product Safety Regulation (GPSR) is a set of rules that requires consumer products to be safe and our obligations to ensure this.

If you have any concerns about our products, you can contact us on ProductSafety@springernature.com

In case Publisher is established outside the EU, the EU authorized representative is:

Springer Nature Customer Service Center GmbH
Europaplatz 3
69115 Heidelberg, Germany

The manufacturer's authorised representative in the EU is Springer Nature Customer Service Centre GmbH, Europaplatz 3, 69115 Heidelberg, Germany. If you have any concerns regarding our products, please contact ProductSafety@springernature.com

Printed and bound by CPI Group (UK) Ltd, Croydon, CR0 4YY
25/03/2026
02078189-0018